Adobe

Adobe Photoshop CC 2019 经典教程 彩色版

[美] 安德鲁·福克纳（Andrew Faulkner） 康拉德·查韦斯（Conrad Chavez） 著
董俊霞 译

人 民 邮 电 出 版 社
北 京

图书在版编目（CIP）数据

Adobe Photoshop CC 2019经典教程 ：彩色版 / (美) 安德鲁·福克纳 (Andrew Faulkner) ，(美) 康拉德·查韦斯 (Conrad Chavez) 著 ；董俊霞译. -- 北京 ：人民邮电出版社，2019.11（2020.8 重印）
ISBN 978-7-115-51949-8

Ⅰ. ①A… Ⅱ. ①安… ②康… ③董… Ⅲ. ①图象处理软件－教材 Ⅳ. ①TP391.413

中国版本图书馆CIP数据核字(2019)第209550号

版权声明

◆ 著　[美]安德鲁·福克纳（Andrew Faulkner）
　　[美]康拉德·查韦斯（Conrad Chavez）
译　董俊霞
责任编辑　武晓燕
责任印制　焦志炜

◆ 人民邮电出版社出版发行　北京市丰台区成寿寺路 11 号
邮编　100164　电子邮件　315@ptpress.com.cn
网址　http://www.ptpress.com.cn
临西县阅读时光印刷有限公司印刷

◆ 开本：800×1000　1/16
印张：22.25
字数：497 千字　2019 年 11 月第 1 版
印数：26 001 – 29 000 册　2020 年 8 月河北第 7 次印刷

著作权合同登记号　图字：01-2019-6280 号

定价：108.00 元

读者服务热线：(010) 81055410　印装质量热线：(010) 81055316
反盗版热线：(010) 81055315
广告经营许可证：京东市监广登字 20170147 号

内容提要

本书由 Adobe 的专家编写，是 Adobe Photoshop CC 2019 软件的正规学习用书。

本书包括 15 课，涵盖工作区的介绍，照片校正的基础知识，选区、图层、蒙版和通道的用法，文字设计、矢量绘制的技巧，高级合成技术，混合器画笔的用法，视频和图像的处理以及打印 3D 对象等内容。

本书语言通俗易懂并配以大量的图示，特别适合 Photoshop 新手阅读，也适合有一定使用经验的用户，用户从中可学到大量高级功能和 Photoshop CC 2019 新增的功能，还适合 Photoshop 相关培训班学员及广大爱好者学习。

前　言

Adobe Photoshop CC 是一款使用广泛的数字图像处理软件。它提供了卓越的性能、强大的图像编辑功能和直观的界面。Adobe Photoshop CC 内含 Adobe Camera Raw，在处理原始数字图像、TIFF 和 JPEG 图像等方面极具灵活性和控制力。Photoshop CC 提供了必要的数字编辑工具，让你能够比以往任何时候更轻松地处理图像。

关于经典教程

本书是在 Adobe 产品专家的支持下编写的 Adobe 图形和出版软件官方培训系列图书之一。如果读者是 Photoshop 的新手，学完本书能够掌握 Photoshop 的基本概念和功能；如果读者有一定的 Photoshop 使用经验，将发现本书介绍了很多高级功能，其中包括使用最新版本和准备 Web 图像的提示和技巧。

本书每个课程都提供了完成项目的具体步骤，同时给读者提供了探索和试验的空间。读者可按顺序从头到尾地阅读本书，也可根据兴趣和需要选读其中的课程。每课的末尾都有复习题，对该课介绍的内容做了总结。

本书新增的内容

本书介绍了 Photoshop CC 新增的众多功能（与 2018 版相比）：使用改后的内容识别填充功能删除物体；使用新增的图框工具创建占位符；使用对称绘画设计反射和径向型作品；使用改进的还原功能校正错误；使用经过简化的变换（如缩放和旋转图层）节省时间；使用经过重新设计的主页。

本书还提供了大量有关 Photoshop 功能的额外信息以及如何充分利用这个功能强大的应用程序。读者还将学习有关组织、管理、展示照片以及优化用于 Web 的图像的最佳实践。另外，来自 Photoshop 专家和 Photoshop 布道者 Julieanne Kost 的提示和技巧贯穿本书。

必须具备的知识

要使用本书，读者应能熟练使用计算机和操作系统，包括如何使用鼠标、标准菜单和命令以及打开、保存和关闭文件。如果需要复习这方面的内容，请参阅 Microsoft Windows 或 Apple Mac 文档。

要完成本书的课程，需要安装 Adobe Photoshop CC 2019 和 Adobe Bridge CC 2019。

安装 Adobe Photoshop 和 Adobe Bridge

使用本书前，应确保系统设置正确并安装必要的软件和硬件。你必须专门购买 Adobe

Photoshop CC 软件。有关安装该软件的系统需求和详细说明，请参阅官方网站。请注意，Photoshop CC 的有些功能（包括所有 3D 功能）要求至少有 512MB 的 VRAM（显存），且使用的 Windows 操作系统是 64 位的。

本书的很多课程使用了 Adobe Bridge。要在计算机上安装 Photoshop 和 Bridge，你必须使用桌面应用程序 Adobe Creative Cloud，这个应用程序可从其官方网站下载。有关如何安装这些应用程序，请参阅说明。

启动 Adobe Photoshop

可以像启动大多数软件应用程序那样启动 Adobe Photoshop。

在 Windows 中启动 Adobe Photoshop：选择“开始”>“所有程序”>“Adobe Photoshop CC 2019”。

在 macOS 中启动 Adobe Photoshop：在 Launchpad 或 Dock 中，双击图标 Adobe Photoshop CC 2019。

如果找不到 Adobe Photoshop CC，请在任务栏（Windows）或 Spotlight（Mac）中的搜索框中输入 Photoshop，再选择应用程序图标 Adobe Photoshop CC 2019 并按回车键。

恢复默认首选项

首选项文件存储了有关面板和命令设置的信息。用户退出 Adobe Photoshop 时，面板位置和某些命令设置将存储到首选项文件中；用户在“首选项”对话框中所做的设置也将存储在首选项文件中。

在每课开头，读者都应重置默认首选项，以确保在屏幕上看到的图像和命令与书中描述的相同。也可不重置首选项，但在这种情况下，Photoshop CC 中的工具、面板和其他设置可能与书中描述的不同。

如果你定制了颜色设置，请按下面的步骤将其存储为预设。这样，当你需要恢复颜色设置时，只需选择你存储的预设即可。

保存当前颜色设置

1. 启动 Adobe Photoshop。
2. 选择“编辑”>“颜色设置”。
3. 查看下拉列表“设置”中的值。
   - 如果不是“自定”，记录设置文件的名称并单击“确定”按钮关闭对话框，而无须执行第 4 ～ 6 步。
   - 否则，单击“存储”（而不是“确定”）按钮。

这将打开“存储”对话框。默认位置为 Settings 文件夹，你将把文件保存在这里。默认扩展名为 .csf（颜色设置文件）。

4. 在文本框“文件名”（Windows）或“保存为”（Mac）中，为颜色设置指定一个描述性名称，保留扩展名 .csf，再单击“保存”按钮。

5. 在“颜色设置注释”对话框中，输入描述性文本，如日期、具体设置或工作组，以帮助以后识别颜色设置。

6. 单击“确定”按钮关闭“颜色设置注释”对话框，然后再次单击“确定”按钮关闭“颜色设置”对话框。

恢复颜色设置

1. 启动 Adobe Photoshop。

2. 选择“编辑”>“颜色设置”。

3. 在“颜色设置”对话框中的下拉列表“设置”中，选择前面记录或存储的颜色设置文件，再单击“确定”按钮。

其他资源

本书并不能代替程序自带的帮助文档，也不是全面介绍Photoshop CC中每种功能的参考手册。本书只介绍与课程内容相关的命令和选项，有关Photoshop CC功能的详细信息，请参阅以下资源。

- Adobe Photoshop 帮助和支持：在这里可以搜索并浏览 Adobe 官网中的帮助和支持内容。可在 Photoshop 中选择菜单“帮助”>“Photoshop 帮助”来访问该网站。
- 主页：在 Photoshop 主页顶部，单击“学习”按钮将显示一系列网上教程的链接。
- “学习”面板：你可在 Photoshop 中选择菜单“窗口”>“学习”来打开“学习”面板，其中包含一些交互式教程。这些教程加载示例文件，引导你循序渐进地学习基本技能和功能。
- Photoshop 教程：包含初级和高级的在线教程。要访问该网站，可直接在 Photoshop 中选择菜单“帮助”>“Photoshop 教程”。
- Photoshop 博客：提供有关 Photoshop 的教程、新闻以及给人以启迪的文章。
- Julieanne Kost 的博客：出自 Adobe 产品布道师 Julieanne Kost 之手的提示和视频，介绍了最新的 Photoshop 功能，并提供了有关这些功能的宝贵洞见。
- Adobe 论坛：可就 Adobe 产品展开对等讨论以及提出和回答问题。
- Adobe Photoshop CC 主页。
- Adobe 增效工具：在这里可查找补充和扩展 Adobe Creative Cloud 产品的工具、服务、扩展、示例代码等。
- 教员资源：向讲授 Adobe 软件课程的教员提供珍贵的信息。可在这里找到各种级别的教学解决方案（包括使用整合方法介绍 Adobe 软件的免费课程），可用于备考 Adobe 认证工程师考试。

Adobe 授权的培训中心

Adobe 授权的培训中心（AATC）提供由教员讲授的有关 Adobe 产品的课程和培训。

有关 AATC 名录，请访问 Adobe 官网。

资源与支持

本书由异步社区出品，社区（https://www.epubit.com/）为你提供相关资源和后续服务。

配套资源

本书提供如下资源：

- 本书课程资源。

要获得以上配套资源，请在异步社区本书页面中点击 配套资源 ，跳转到下载界面，按提示进行操作即可。注意：为保证购书读者的权益，该操作会给出相关提示，要求输入提取码进行验证。

提交勘误

作者和编辑尽最大努力来确保书中内容的准确性，但难免会存在疏漏。欢迎你将发现的问题反馈给我们，帮助我们提升图书的质量。

当你发现错误时，请登录异步社区，按书名搜索，进入本书页面，点击“提交勘误”，输入勘误信息，点击“提交”按钮即可。本书的作者和编辑会对你提交的勘误进行审核，确认并接受后，你将获赠异步社区的100积分。积分可用于在异步社区兑换优惠券、样书或奖品。

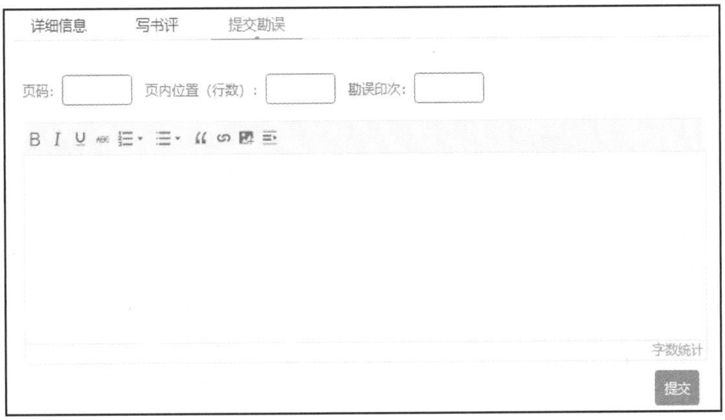

扫码关注本书

扫描下方二维码，你将会在异步社区微信服务号中看到本书信息及相关的服务提示。

与我们联系

我们的联系邮箱是 contact@epubit.com.cn。

如果你对本书有任何疑问或建议，请你发邮件给我们，并请在邮件标题中注明本书书名，以便我们更高效地做出反馈。

如果你有兴趣出版图书、录制教学视频，或者参与图书翻译、技术审校等工作，可以发邮件给我们；有意出版图书的作者也可以到异步社区在线提交投稿（直接访问 www.epubit.com/selfpublish/submission 即可）。

如果你是学校、培训机构或企业，想批量购买本书或异步社区出版的其他图书，也可以发邮件给我们。

如果你在网上发现有针对异步社区出品图书的各种形式的盗版行为，包括对图书全部或部分内容的非授权传播，请你将怀疑有侵权行为的链接发邮件给我们。你的这一举动是对作者权益的保护，也是我们持续为你提供有价值的内容的动力之源。

关于异步社区和异步图书

“异步社区”是人民邮电出版社旗下 IT 专业图书社区，致力于出版精品 IT 技术图书和相关学习产品，为作译者提供优质出版服务。异步社区创办于 2015 年 8 月，提供大量精品 IT 技术图书和电子书，以及高品质技术文章和视频课程。更多详情请访问异步社区官网 https://www.epubit.com。

“异步图书”是由异步社区编辑团队策划出版的精品 IT 专业图书的品牌，依托于人民邮电出版社近 30 年的计算机图书出版积累和专业编辑团队，相关图书在封面上印有异步图书的 LOGO。异步图书的出版领域包括软件开发、大数据、AI、测试、前端、网络技术等。

异步社区

微信服务号

目　录

第1课 熟悉工作区

在本课中，你将学习以下内容：

- 在 Adobe Photoshop 中打开图像文件；
- 选择和使用工具面板中的工具；
- 在选项栏中设置所选工具的选项；
- 使用各种方法缩放图像；
- 选择、重排和使用面板；
- 使用面板菜单和上下文菜单中的命令；
- 打开和使用停放在面板井中的面板；
- 撤销操作以修正错误或进行不同的选择。

本课大约需要 1 小时。启动 Photoshop 之前，请先在异步社区将本书的课程资源下载到本地硬盘中，并进行解压。在学习本课时，请打开相应的课程文件。建议先做好原始课程文件的备份工作，以免后期用到这些原始文件时，还需重新下载。

在 Adobe Photoshop 中，完成同一项任务的方法常常有很多种。要充分利用 Photoshop 丰富的编辑功能，必须知道如何在工作区中导航。

1.1 开始在 Adobe Photoshop 中工作

Adobe Photoshop 的工作区包括菜单、工具栏和面板，使用它们可快速找到用来编辑图像和向图像中添加元素的各种工具和选项。通过安装第三方软件（增效工具），可以向菜单中添加其他命令和滤镜。

Adobe Photoshop 可以处理数字位图（被转换为一系列小方块或图像元素（像素）的连续调图像），还可以处理矢量图形（由缩放时不会失真的光滑线条构成的图形）。在 Photoshop 中，用户既可以创建图像，也可以从以下资源中导入图像：

- 用数码相机或手机拍摄的照片；
- 诸如 Adobe Stock 等照片库中的图像；
- 扫描的照片、正片、负片、图形或其他文档；
- 捕获的视频图像；
- 在绘画程序中创建的图像。

启动 Photoshop 并打开文件

要开始工作，首先启动 Adobe Photoshop 并重置到默认首选项。

注意：通常在设计自己的作品时无须重置这些默认参数。但在学习本书的大部分课程前，都需要重置这些参数，以确保在屏幕上看到的内容与书中描述的一致。详细信息请参阅前言中的“恢复默认首选项”。

1. 单击“开始”菜单（Windows）或者 Launchpad 或 Dock（Mac）中的图标 Adobe Photoshop CC 2019，然后立刻按 Ctrl + Alt + Shift 键（Windows）或 Command + Option + Shift 键（Mac）重置默认设置。

如果找不到 Adobe Photoshop CC 2019 图标，请在任务栏的搜索框（Windows）或 Spotlight（Mac）中输入 Photoshop，再选择找到的应用程序图标 Adobe Photoshop CC 2019，并按回车键。

2. 出现提示时，单击“是”确认要删除 Adobe Photoshop 设置文件，如图 1.1 所示。

图 1.1

这将打开“主页”，如图 1.2 所示。

Photoshop 刚启动时，显示的是主页，你能够以多种方式开始使用 Photoshop。如果你知道自己要做什么，可单击左上角的 Photoshop 图标直接进入 Photoshop 工作区。右上角的“搜索”图标很有用，你可单击它并输入文本，Photoshop 将在同步的 LR 照片、Adobe Stock 和 Photoshop 学习教程中查找匹配的内容。

主页的左侧是一系列的选项和按钮。

- 主页：显示有关当前版本的信息，包括新功能概览。当你升级到新版本时，该屏幕可能包含有关新功能和变化的信息。主页右下角有一个拖放区，你可将文档拖放到这个地方，从而在 Photoshop 中打开它，但实际上，将文档拖放到主页的任何地方都能打开它。至少打开过一个文档后，你将在主页中看到最近打开的文档。
- 学习：显示各种教程的链接，你可单击这些链接以在 Photoshop 中打开相应的教程。Photoshop 将通过“学习”面板引导你循序渐进地使用 Photoshop 控件。
- LR 照片：列出你已同步到 Creative Cloud 账户的 Lightroom CC 在线照片存储区的图像。

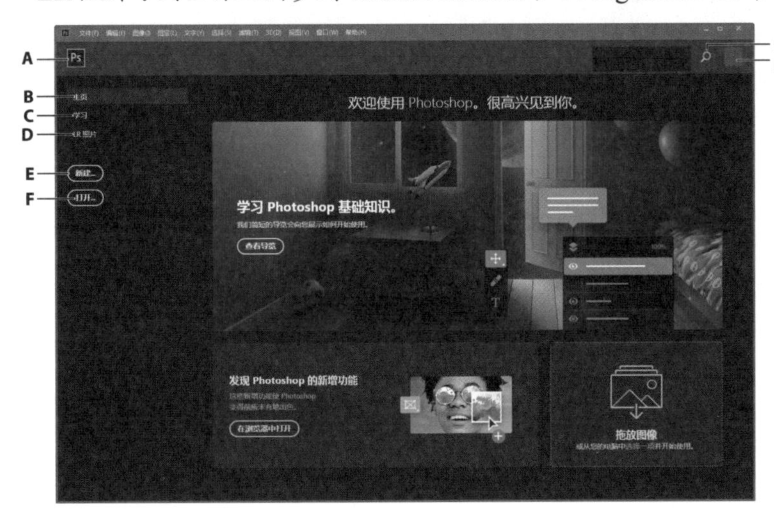

A. 切换到 Photoshop
B. 主页内容
C. 学习教程
D. LR 照片
E. 新建文档
F. 打开文档
G. 搜索
H. Creative Cloud 配置文件

图 1.2

注意：根据 Photoshop 应用程序窗口的宽度，主页的外观可能不同；如果你使用的是试用版，主页的外观也可能不同。

3. 选择菜单“文件”>“打开”，切换到文件夹 Lessons\Lesson01。
4. 选择文件 01A_End.psd 并单击“打开”，如果出现“嵌入的配置文件不匹配”对话框，单击“确定”按钮；如果出现有关更新文字图层的消息，单击“否”按钮。

在独立的图像窗口中打开文件 01A_End.psd，并切换到默认工作区，如图 1.3 所示。在本书中，End 文件展示了项目要达到的目标。在这个项目中，你将创建一个生日卡。

注意：图 1.3 是 Windows 版本的 Photoshop。Mac 版本的 Photoshop 工作区布局与此相同，只是操作系统的风格可能不同而已。

Photoshop 的默认工作区包括顶部的菜单栏和选项栏、左侧的工具面板以及右侧面板井中一些打开的面板。打开文档时，屏幕将出现一个或多个图像窗口，用户可使用选项卡式界面来同时显示它们。Photoshop 的用户界面与 Adobe Illustrator 和 Adobe Indesign 的相同，因此学会在一个应用程序中使用工具和面板后，你便知道如何在其他应用程序中使用它们。

Windows 与 Mac 的 Photoshop 工作区的主要区别如下：Windows 将整个 Photoshop 都包含

在窗口中；而在 Mac 中，你可选择使用包含 Photoshop 文档窗口和面板的应用程序框架，它可能与你以前使用的其他应用程序不同，只有菜单栏在应用程序框架的外面。应用程序框架默认被启用，要禁用它，可选择菜单“窗口”>“应用程序框架”。

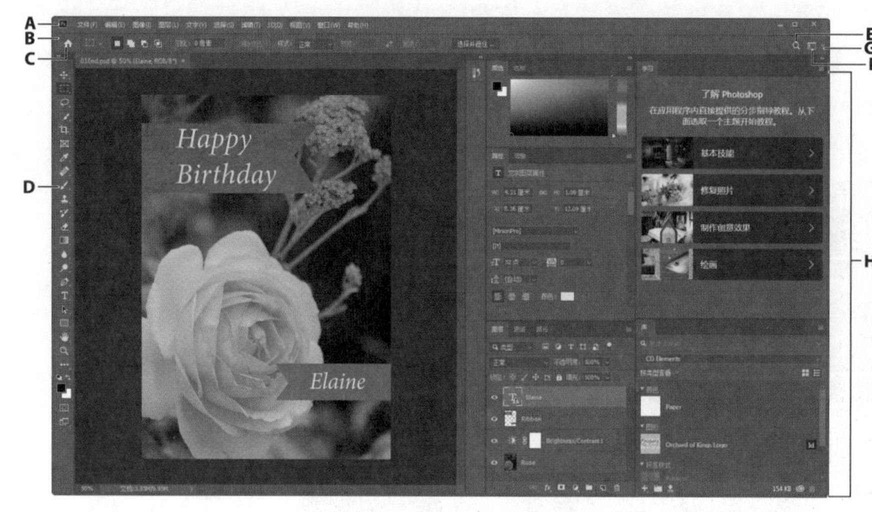

A. 菜单栏
B. 选项栏
C. 切换到主页
D. 工具面板
E. 应用程序内搜索
F. 工作区菜单
G. 分享图像按钮
H. 面板

图 1.3

5. 选择菜单“文件”>“关闭”或单击图像窗口标题栏中的 × 按钮（不要关闭 Photoshop）。注意到屏幕此时切换到了“起点”工作区，而刚才打开的文件包含在“最近打开的文件”列表中。

1.2 使用工具

Photoshop 为制作用于打印、在线浏览和移动观看的高级图形提供了一整套工具。如果详细分类介绍 Photoshop 中所有的工具和工具配置，那么至少需要一整本书才能讲完，这将是一本很有用的参考书，但却不是本书的目标所在。在本书中，你将首先在一个示例项目中配置和使用一些工具，并通过这些操作获得实际经验。每课都将介绍一些工具及其用法。阅读完本书的所有课程后，你将为更深入地研究 Photoshop 工具打下坚实的基础。

1.2.1 选择和使用工具面板中的工具

工具面板（工作区最左边的长条形面板）包括选取工具、绘画和编辑工具、前景色和背景色选择框以及查看工具。

> Ps **注意：**有关工具面板中工具的完整列表，请参阅附录 A。

首先介绍缩放工具，很多其他的 Adobe 应用（如 Illustrator、InDesign 和 Acrobat）中也有缩放工具。

1. 选择菜单“文件”>“打开”，切换到文件夹 Lessons\Lesson01，再双击文件 01Start.psd

将其打开。

这个文件包含背景图像和缎带图像（如图 1.4 所示），你将使用它们来创建你在最终文件中看到的生日卡。

2. 单击工具面板顶部的双箭头按钮可切换到双栏视图，如图 1.5 所示。再次单击双箭头按钮将恢复到单栏视图，这样可提高屏幕空间的使用率。

图 1.4

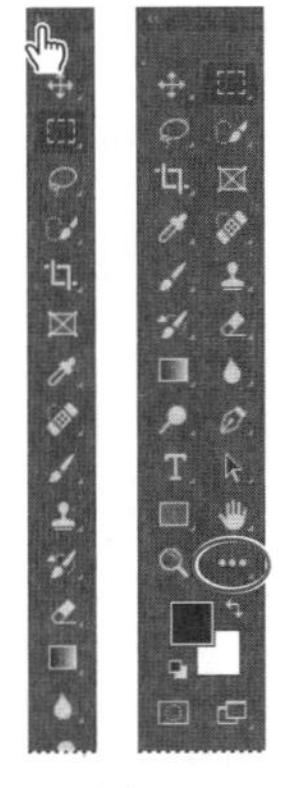

图 1.5

> **提示：** 你可自定义工具面板——重新排列、删除和添加工具。为此，可按住缩放工具下方的“编辑工具栏”图标，并选择“编辑工具栏”。

3. 在工作区（Windows）或图像窗口（Mac）底端的状态栏中，最左边列出的百分比为图像的当前缩放比例，如图 1.6 所示。

4. 将鼠标指针指向工具面板中的放大镜按钮，将出现工具提示，指出了工具名称（缩放工具）和快捷键（Z），如图 1.7 所示。

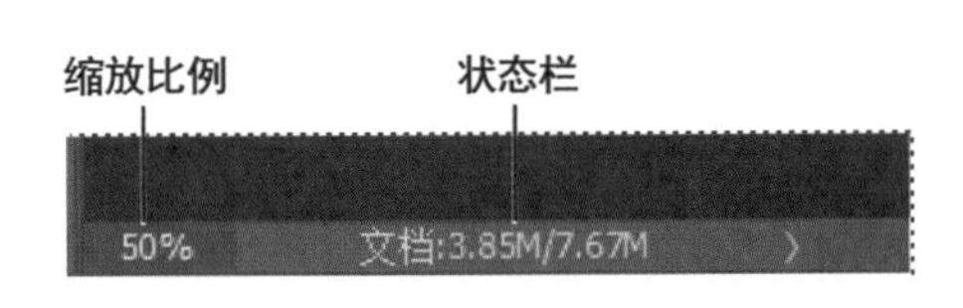

图 1.6

图 1.7

5. 单击工具面板中的缩放工具按钮（🔍）或按 Z 键，以选择缩放工具。

6. 将鼠标指针指向图像窗口，鼠标指针将变成了一个放大镜图标，其中有一个加号（+）。

7. 在图像窗口的任何地方单击。

图像将放大至下一个预设比例，状态栏将显示当前的比例。通过缩放工具单击的位置将成为放大视图的中心，如图 1.8 所示。再次单击将放大至下一个预设比例，最大可放大至 12 800%。

8. 按住 Alt 键（Windows）或 Option 键（Mac），鼠标指针将变成中间带减号（-）的放大镜图标，然后在图像的任何地方单击，再松开 Alt 键或 Option 键。

视图被缩小至下一个预设缩放比例，让读者能够看到更多图像，但图像的细节变少。

图 1.8

> **注意：** 还有其他缩放视图的方法，如选择缩放工具后在选项栏中选择工具模式“放大”或“缩小”，选择菜单“视图”>“放大”或“视图”>“缩小”或者在状态栏中输入缩放比例再按回车键。

9. 如果在选项栏中选择了复选框“细微缩放”（如图 1.9 所示），则使用缩放工具在图像的任何地方单击并向右拖曳时，将放大图像，而向左拖曳将缩小图像。

图 1.9

在选项栏中选择复选框“细微缩放”后，便可在图像中拖曳以缩放视图。

10. 如果在选项栏中选择复选框“细微缩放”，请取消选择它，再使用缩放工具拖曳出一个可覆盖部分玫瑰花的矩形框。

图像将被放大，使得矩形框内的图像部分填满整个图像窗口，如图 1.10 所示。

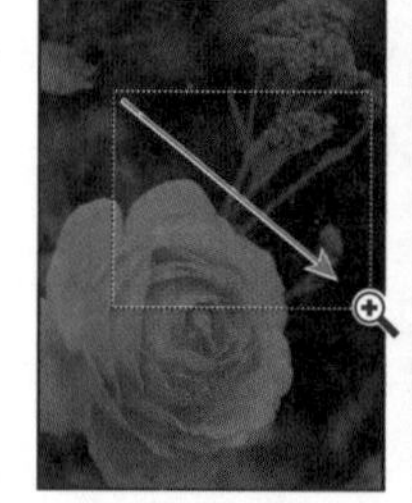

图 1.10

11. 单击选项栏中的“适合屏幕”按钮（如图 1.11 所示），以便能够看到整幅图像。

至此，你尝试了 4 种使用缩放工具改变图像窗口缩放比例的方法：单击、按住 Alt 键并单击、通过拖曳进行缩放以及通过拖曳指定放大区域。工具面板中的很多其他工具也可与键盘和选项配合使用。在本书的课程中，你将有机会使用这些方法。

图 1.11

使用“导航器”面板进行缩放和滚动

“导航器”面板提供了另一种修改缩放比例的快速途径，尤其是在不需要缩放准确的比例时。它也非常适合用于在图像中滚动，因为其中的缩略图准确地指出了图像的哪部分会出现在图像窗口中。打开“导航器”面板，选择菜单“窗口”>“导航器”。

在“导航器”面板中，将图像缩略图下方的滑块向右拖将放大图像，向左拖将缩小图像，如图 1.12 所示。

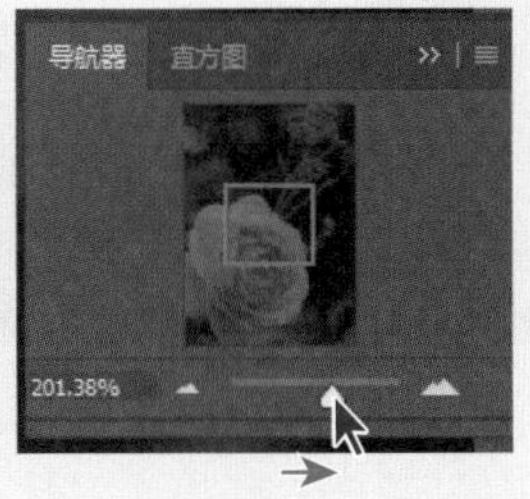

图 1.12

红色矩形框环绕的区域将显示在图像窗口中。图像放大到一定程度后，图像窗口将只能显示图像的一部分。在这种情况下，可拖曳红色矩形框来查看图像的其他区域，如图 1.13 所示。在图像缩放比例非常大时，这也是确定正在处理图像哪部分的一种好方法。

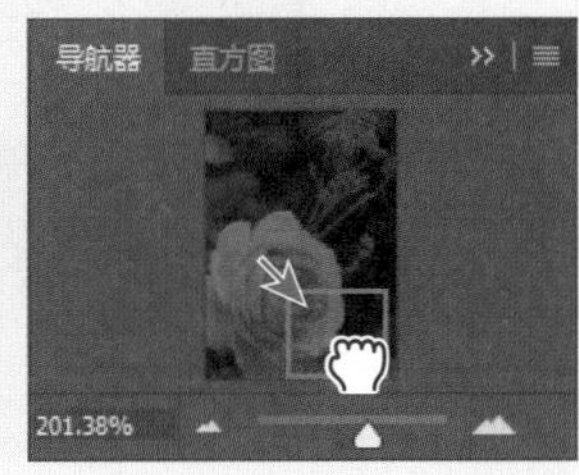

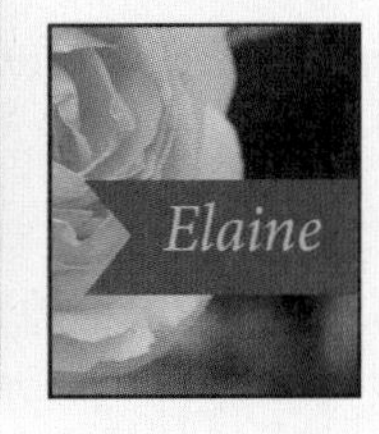

图 1.13

1.2.2 加亮图像

你最常执行的编辑之一是，将使用数码相机或手机拍摄的照片加亮。对于这里的图像，你将通过修改亮度和对比度来加亮它。

1. 在工作区右边的“图层”面板中，确保选择了图层 Rose，如图 1.14 所示。
2. 在“调整”面板（它在面板井中位于“图层”面板的上方）中，单击亮度 / 对比度按钮，添加一个亮度 / 对比度调整图层。“属性”面板将打开，其中显示了“亮度 / 对比度”设置。
3. 在“属性”面板中，将“亮度”滑块移到 98 处，并将“对比度”滑块移到 18 处，如图 1.15 所示。

玫瑰图像变亮了。

在本书中，我们经常会让你在面板和对话框中输入特定的值，以实现特定的效果。你自己在处理图像时，请尝试使用不同的值以查看它们对图像的影响。设置没有对错之分，该使用什么样的值取决于你要获得什么样的结果。

图 1.14

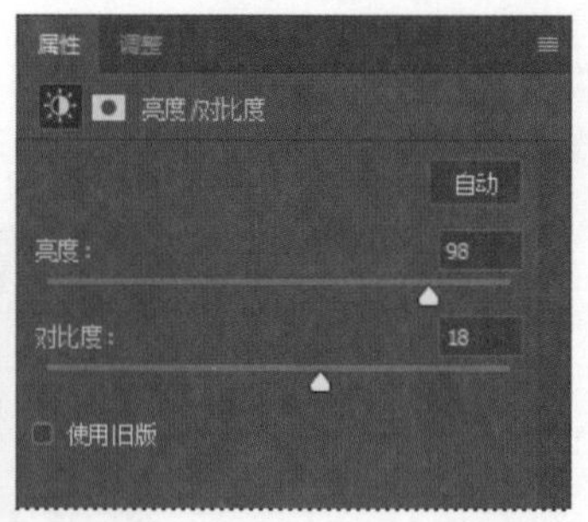

图 1.15

4. 在“图层”面板中，单击“亮度 / 对比度 1”调整图层左边的眼睛图标，以隐藏其效果；然后再次单击该图标，以显示效果，如图 1.16 所示。

调整图层让你能够修改图像（如调整玫瑰花的亮度），而不影响实际像素。由于使用了调整图层，你总是可以通过隐藏或删除调整图层来撤销编辑，还可随时编辑调整图层。在本书的多个课程中，你都将用到调整图层。

图层是 Photoshop 最重要、最强大的功能之一。Photoshop 包含很多类型的图层，其中有些包含图像、文本或纯色，而有些只是与它下面的图层进行交互。第 4 课会更详细地介绍图层。

5. 双击面板标签“属性”，将这个面板折叠起来。

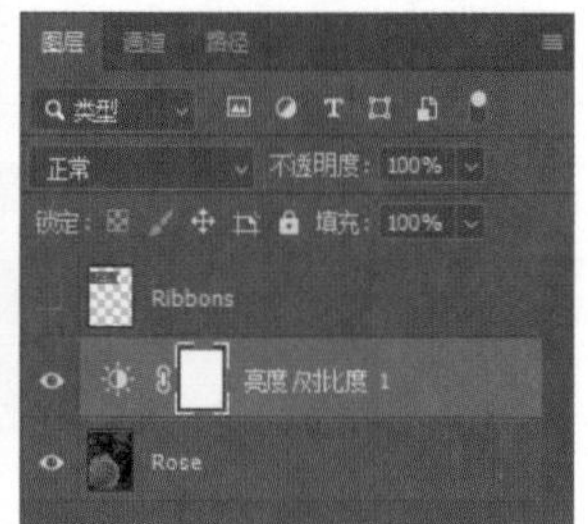

图 1.16

6. 选择菜单“文件”>“存储为”，将文件命名为 01Working.psd，再单击“确定”或“保存”按钮。

7. 在“Photoshop 格式选项”对话框中，单击“确定”按钮。

通过以不同的名称存储文件，可确保原始文件（01Start.psd）保持不变。这样，如果你要重新开始，就可直接使用它了。

至此，你在 Photoshop 中完成了第一项任务。你提高了图像的亮度和对比度，现在可以开始制作生日卡了。

1.3 拾取颜色

在 Photoshop 中，前景色默认为黑色，背景色默认为白色。修改前景色和背景色的方式有很多种，其中一种是使用吸管工具从图像中拾取颜色。你将使用吸管工具从缎带中拾取蓝色，以便使用这种颜色来创建另一条缎带。

注意：如果当前选择了图层蒙版，前景色默认为白色，而背景色默认为黑色。第 6 课将更详细地介绍图层蒙版。

首先，需要显示图层 Ribbons，以便能够看到要拾取的颜色。

1. 在“图层”面板中，单击图层 Ribbons 的可见性栏，让这个图层可见。图层可见时，其可见性栏中将出现一个眼睛图标，如图 1.17 所示。

在图像窗口中，出现了一条带有字样 Happy Birthday 的缎带。

2. 在“图层”面板中，选择图层 Ribbons 使其成为活动图层。
3. 选择工具面板中的吸管工具（![吸管]）。

> **注意：**如果找不到吸管工具，可单击工作区右上角的搜索按钮，输入“吸管”，再单击搜索结果中的“吸管工具”，这将选择工具面板中的吸管工具。

4. 在带字样 Happy Birthday 的缎带中，单击蓝色区域以拾取其中的蓝色。

在工具面板和颜色面板中，前景色将发生变化，如图 1.18 所示。此后绘图时都将使用这种颜色，直到你修改前景色。

图 1.17

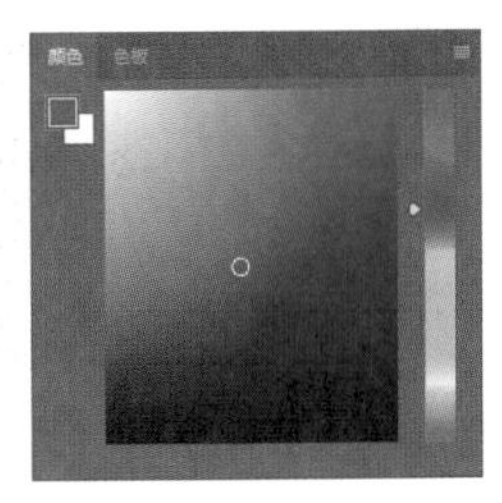

图 1.18

1.4 使用工具和工具属性

在前面的练习中，当你选择缩放工具时，发现选项栏提供了对当前图像窗口的视图进行修改的途径。下面将更详细地介绍如何使用上下文菜单、选项栏、面板和面板菜单来设置工具的属性。使用工具在生日卡中添加第二条缎带时，你将学习所有这些设置工具属性的方法。

1.4.1 使用上下文菜单

上下文菜单是一个简短菜单，它包含的命令和选项随工作区中的元素而异，有时也被称为单击右键菜单或快捷键菜单。通常，上下文菜单中的命令在菜单栏或面板菜单中也能找到，但使用上下文菜单可节省时间。

1. 选择缩放工具（🔍），并将图像放大到能够看清生日卡底部的三分之一。
2. 在工具面板中选择矩形选框工具（⬚）。

矩形选框工具用于选择矩形区域。第 3 课将更详细地介绍选择工具。

3. 拖曳矩形选框工具，创建一个高大约为 3/4in（1.9cm）、宽大约为 2.5in（6.4cm）且右端大致与生日卡右边缘对齐的选区，如图 1.19 所示。当你拖曳矩形选框工具时，Photoshop 将显示选区的宽度和高度。只要你创建的选区与这里显示的相差不大，就没有关系。

选区以移动的虚线显示，这种虚线有时被称为行军蚂蚁。

4. 在工具面板中选择画笔工具（🖌）。
5. 在图像窗口中，在图像的任何地方单击鼠标右键（Windows）或按住 Control 键并单击（Mac），这将打开画笔工具的上下文菜单。

上下文菜单通常是一个命令列表，但这里是一个包含画笔工具选项的弹出面板。

6. 单击文件夹“常规画笔”旁边的箭头，将这个文件夹展开，再选择第一个画笔（柔边圆），并将“大小”改为 65 像素，如图 1.20 所示。

图 1.19

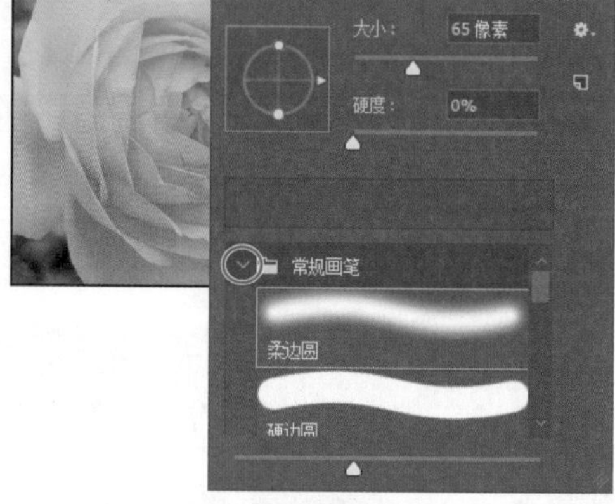

图 1.20

7. 按回车键将上下文菜单关闭。

> **提示：**也可在上下文菜单外面单击来将其关闭。单击时务必小心，以免绘制不必要的描边或修改设置或选区。

8. 在选区内拖曳刷子工具，直到整个选区填满蓝色。绘画时绘制到选区外面也没关系，这不会给选区外面的区域带来任何影响。
9. 绘制好缎带后，选择菜单“选择”>“取消选择”，这样就不会选择任何区域，如图 1.21 所示。

图 1.21

选区消失了，但创建的蓝色缎带还在。

1.4.2 选择和使用隐藏的工具

工具面板中的工具被编组，每组只有一个工具显示出来，其他工具隐藏在该工具的后面。按钮右下角的小三角形表明该工具后面还隐藏有其他工具。

你将使用多边形套索工具从刚创建的缎带中剪掉一个三角形区域，使其与生日卡顶部的缎带匹配。

1. 将鼠标指针指向工具面板顶部的第三个工具，直至出现工具提示，指出该工具为“套索工具”（ ），键盘快捷键为 L。

2. 使用下列方法之一来选择隐藏在套索工具后面的多边形套索工具（ ）：

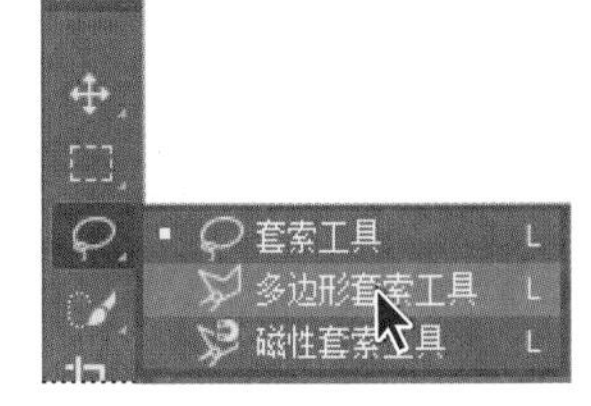

图 1.22

- 在套索工具上单击打开隐藏工具列表，再选择多边形套索工具，如图 1.22 所示；
- 按住 Alt 键（Windows）或 Option 键（Mac）并单击工具面板中的工具按钮，这将遍历隐藏的选框工具，直至选择多边形套索工具；
- 按 Shift + L 键，这将在套索工具、多边形套索工具和磁性套索工具之间来回切换。

使用套索工具可创建任何形状的选区；多边形套索工具让你能够更轻松地创建直边选区。第 3 课将更详细地介绍选择工具、选区的创建和选区内容的调整。

3. 将鼠标指针指向刚创建的蓝色缎带的左边缘，再单击其左上角以开始创建选区。你应该从这个缎带的外边缘开始创建选区。

4. 将鼠标指针右移大约 0.25in（0.64cm），再在缎带中央附近单击，这就创建了三角形的第一条边。单击的位置不用非常精确。

5. 单击缎带左下角以创建三角形的第二条边。

6. 单击起始位置以结束三角形的创建，如图 1.23 所示。

图 1.23

7. 按 Delete 键将选定区域从缎带中删除，让缎带凹进一块。

8. 选择菜单“选择”>“取消选择”，以不再选择刚删除的区域，如图 1.24 所示。

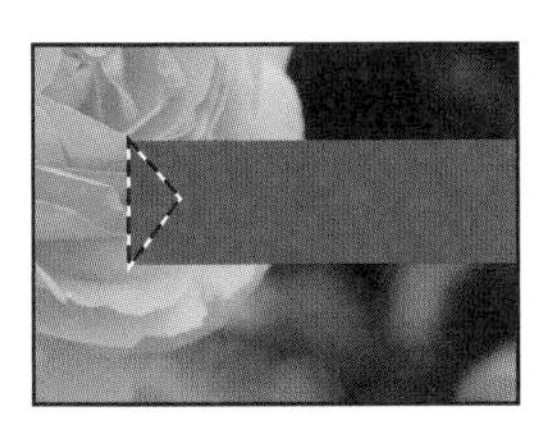
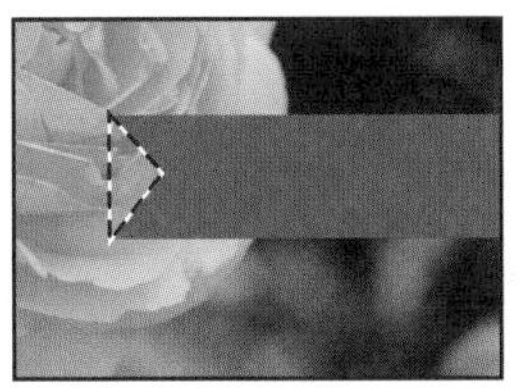

图 1.24

> Ps **注意：**“选择”菜单包含菜单项“取消选择”和“取消选择图层”，请务必选择菜单项“取消选择”。

缎带制作好后，就可在生日卡中添加姓名了。

1.4.3 在选项栏中设置工具属性

接下来，你将使用选项栏来设置文字属性，再输入姓名。

1. 在工具面板中选择横排文字工具（T）。

现在，选项栏中的按钮和下拉列表都与文字工具相关。

2. 在选项栏中，从第一个下拉列表中选择一种字体（这里使用 Minion Pro Italic，你可根据喜好选择其他字体）。

3. 将字体大小设置为 32 点。

可在字体大小文本框中直接输入 32，再按回车键；也可通过拖曳字体大小标签（参见本页的提示）来设置；还可从下拉列表中选择一种标准字体大小，如图 1.25 所示。

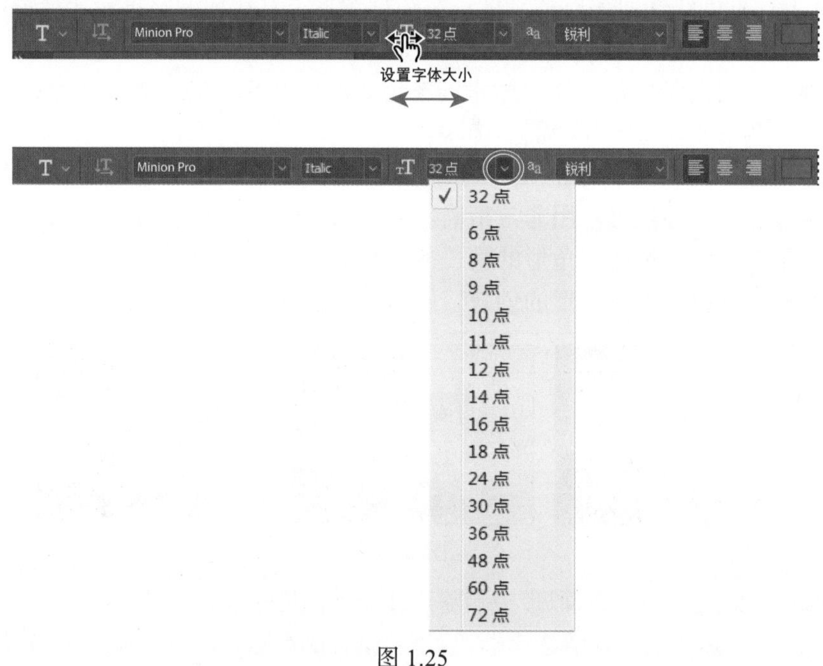

图 1.25

提示：在 Photoshop 中，对于选项栏、面板和对话框中的大部分数字设置，将鼠标指针指向其标签时将显示滑块。向右拖曳该滑块将增大设置，而向左拖曳将降低设置。拖曳时按住 Alt 键（Windows）或 Option 键（Mac）可缩小步长，而按住 Shift 键可增大步长。

4. 在颜色面板组中单击色板标签，将该面板置于最前面。选择一种较淡的颜色（这里选择的是蜡笔黄），如图 1.26 所示。

选择的颜色将出现在两个地方：工具面板中的前景色以及选项栏中的文字颜色，如图 1.26 所示。使用“色板”面板是一种选择颜色的简单方式，后面将介绍在 Photoshop 中选择颜色的其他方式。

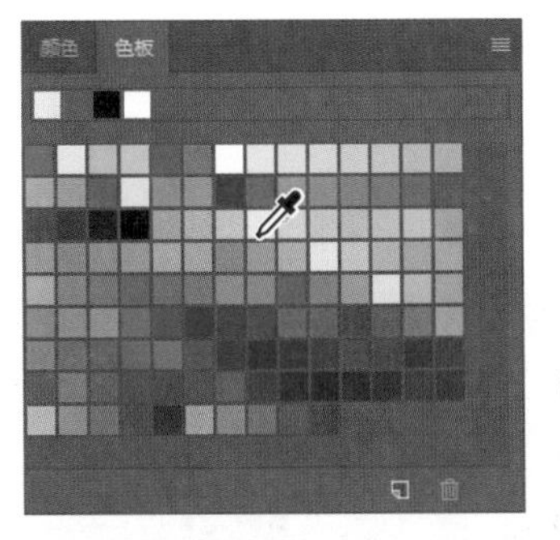

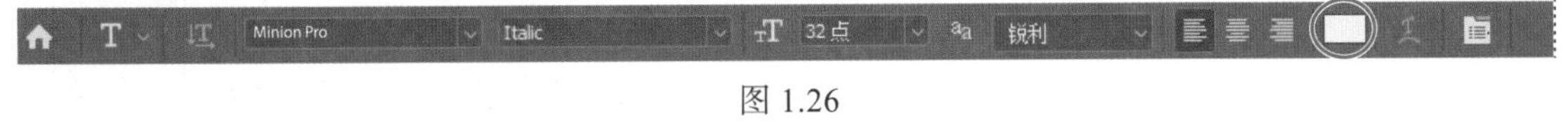

图 1.26

> **注意：**将鼠标指针指向色板时，它将暂时变为吸管形状。将它指向所需的颜色，再单击以选择该颜色。

5. 在缎带左端单击，将出现使用当前字体设置的占位文本 Lorem Ipsum。这些文本被选中，你可以直接输入所需的文本。
6. 输入一个名字（这里输入的是 Elaine），它将替换占位文本，如图 1.27 所示。如果文字的位置不合适，也不用担心，后面将把它移到正确的位置。

图 1.27

7. 单击选项栏中的勾号（✓）以提交文本，这还可以取消选择文本，让你能够看到文本的颜色，如图 1.28 所示。

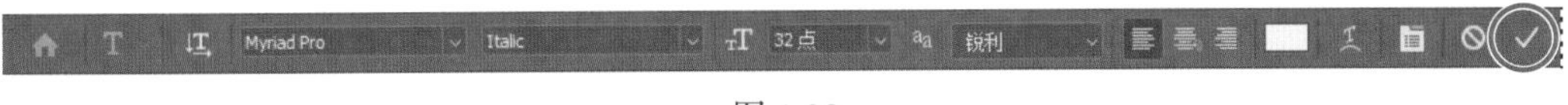

图 1.28

虽然蜡笔黄看起来不错，但这里要使用一种特殊颜色，让这里的文本与另一条缎带中文本的颜色匹配。通过改变色板的显示方式将更容易找到它。

8. 在工具面板中选择其他工具（如移动工具），以取消选择横排文字工具；再单击“色板”面板右上角的图标（≡）打开面板菜单并选择“小列表”，如图 1.29 所示。
9. 选择文字工具，再双击文本以选择它们。

> **提示：**如果只想选择图层中的部分文本，可在选择文字工具后通过拖曳鼠标来选择它们，而不要双击鼠标。

10. 在“色板”面板中向下滚动到色板列表中间，找到“浅黄橙”并选择它，如图 1.30 所示。
11. 单击勾号按钮（✓）提交并取消选择文本。

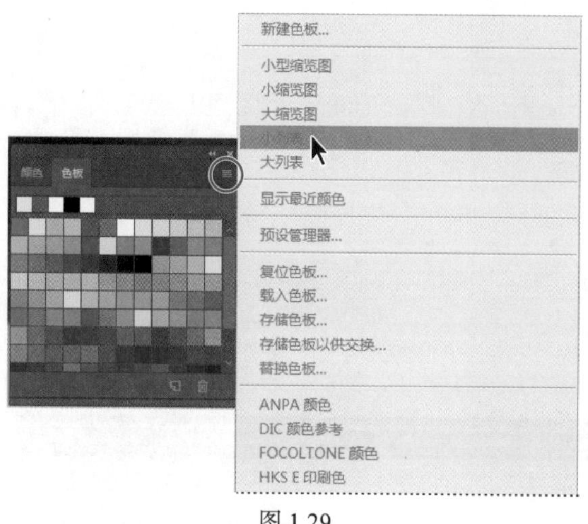

图 1.29

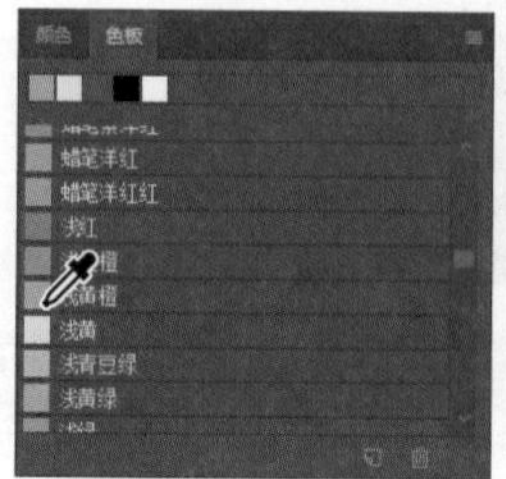

图 1.30

> **提示：**要提交对文字所做的编辑，也可在文字图层外面单击。

现在文本变成了橙色。

1.5　在 Photoshop 中还原操作

在理想的完美世界中，人不会犯任何错误：不会错误地单击对象，一切总能完全按构想进行，并可预知通过哪些操作便可将期望的设计思想体现得淋漓尽致，根本不需要走回头路。

在现实世界中，Photoshop 提供了还原操作的功能，让用户能够尝试其他选项。接下来你将体验自由回溯。

即使是计算机初学者也能很快学会使用和掌握“还原”命令。使用它可后退一步，然后再后退一步。在本节中，你将回溯到你最开始为名字选择的浅色。

1. 选择菜单“编辑”>“还原编辑文字图层”或按 Ctrl+Z 键（Windows）或 Command+Z 键（Mac）撤销最后一个操作。

姓名将恢复到原来的颜色。

2. 选择菜单“编辑”>“重做编辑文字图层”或按 Ctrl+Shift+Z 键（Windows）或 Command+Shift+Z 键（Mac），将姓名重新设置为橙色，如图 1.31 所示。

每执行“还原”命令一次都将撤销一步，因此要撤销 5 步，可执行“还原”命令或按其键盘快捷键 5 次。“重做”命令的工作原理与此相同。

> **提示：**要获悉可撤销和重做的步骤，可查看“历史记录”面板，而要打开这个面板，可选择菜单“窗口”>“历史记录”。

要从当前步骤切换到前一个步骤，可选择菜单“编辑”>“切换最终状态”或按 Ctrl + Alt +

Z 键（Windows）或 Command + Option + Z 键（Mac）。要重新切换到当前步骤，可再次执行这个命令。这个命令提供了一种很好的途径，让你能够对最后一次编辑前后的效果进行比较。

3. 将姓名恢复到想要的颜色后，使用移动工具（✣）将姓名拖曳到缎带中央，如图 1.32 所示。

“还原”撤销最后一个操作

“重做”恢复被撤销的操作

图 1.31

图 1.32

提示： 拖曳时可能出现洋红色的智能参考线。它们可帮助你将拖曳的对象的边缘与其他对象的边缘或参考线对齐。如果智能参考线妨碍你工作，那么可禁止它们出现。其方法是选择菜单“视图”>“显示”>“智能参考线”或在拖曳时按住 Control 键。

4. 将文件存盘。生日卡就做好了。

1.6　再谈面板和面板位置

Photoshop 包含各种功能强大的面板。很少在一个项目中需要同时打开所有面板，这就是在默认情况下，面板被分组且很多面板没有打开的原因。

“窗口”菜单包含所有的面板，如果面板所属的面板组被打开且面板处于活动状态，那么其名称旁边将有选中标记。在“窗口”菜单中选择面板名称可打开或关闭相应的面板。

按 Tab 键可隐藏所有面板（包括选项栏和工具面板），再次按 Tab 键可重新打开这些面板。

注意： 面板井被隐藏时，文档窗口右边有一小条，将鼠标指针指向它可暂时显示面板井。

在使用“图层”面板和“色板”面板时，你已经使用过了面板停放区中的面板了。可将面板从停放区拖出来，也可将其拖进停放区。对于大型面板或偶尔使用但希望容易找到的面板而言，这很方便。

排列面板的其他操作包括：

- 要移动整个面板组，将该面板组的标题栏拖曳到工作区的其他地方；
- 要将面板移到其他面板组中，可将面板标签拖入到目标面板组的标题栏中，待目标面板组内出现蓝色方框后松开鼠标，如图 1.33 所示；

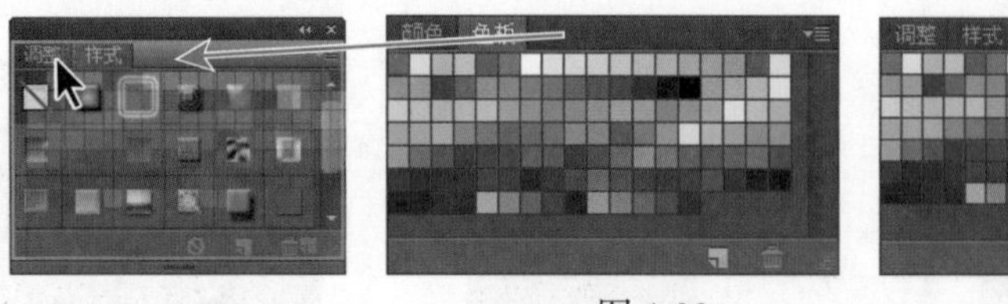

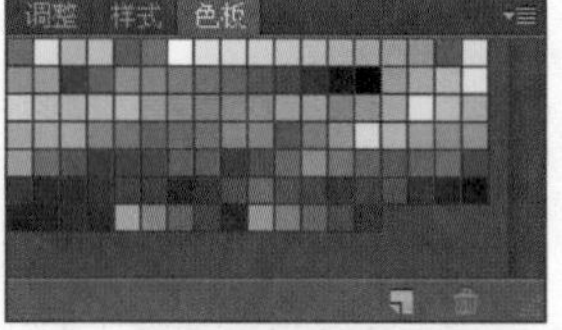

图 1.33

- 要停靠面板或面板组，可将其标题栏或面板标签拖曳到停放区中，如图 1.34 所示；

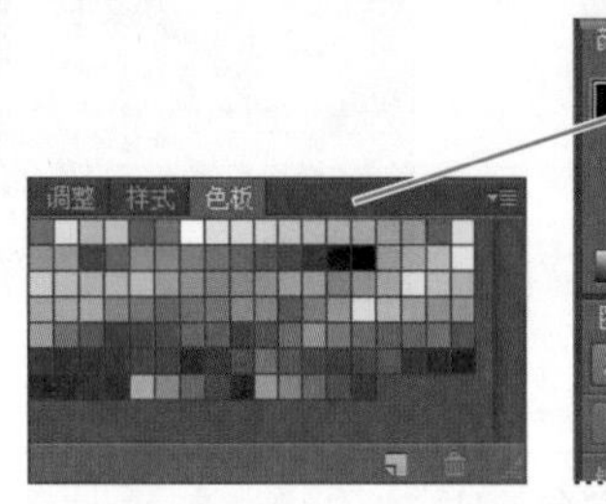

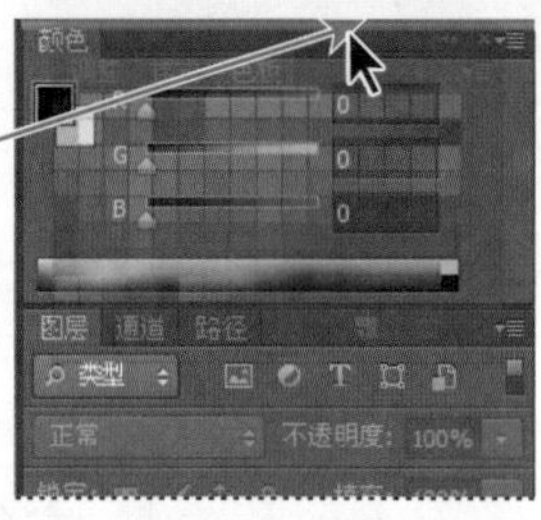

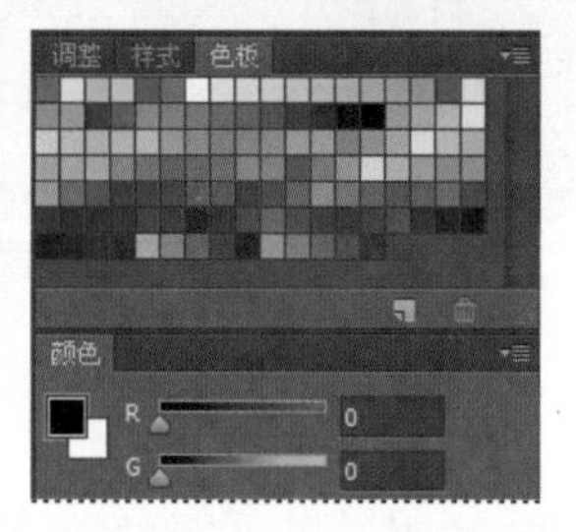

图 1.34

- 要使面板或面板组成为浮动的，可将其标题栏或面板标签从停放区拖曳出去。

1.6.1 展开和折叠面板

通过拖曳或在面板的预设尺寸之间切换，可调整面板的大小，从而更高效地使用屏幕空间并看到更多或更少的选项。

- 要将打开的面板折叠为图标，可单击面板组标题栏上的双箭头；要展开面板，可单击标签或双箭头按钮，如图 1.35 所示；
- 要调整面板的高度，可拖曳其下边缘；
- 要调整面板组的宽度，可将鼠标指针指向其左上角，待鼠标指针变成双箭头时，向左拖曳以增大面板或向右拖曳以缩小面板；
- 要调整浮动面板的大小，可将鼠标指针指向面板的右边缘、左边缘或下边缘，待到鼠标指针变成双箭头时，向内或向外拖曳边界；也可向内或向外拖曳右下角；
- 要折叠面板组让其只显示标题栏，可双击面板标签，如图 1.36 所示。再次双击可恢复面板组，展开其视图。即使面板被折叠，也可打开其面板菜单。

面板被折叠后，面板组中各面板的标签以及面板菜单按钮仍可见。

> Ps **注意：**对于有些面板，如字符面板和段落面板，不能调整其大小，但可折叠它们。

图 1.35

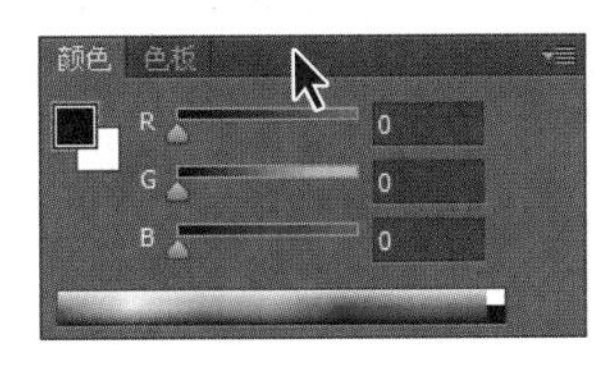

图 1.36

1.6.2 有关工具面板和选项栏的注意事项

工具面板和选项栏与其他面板有一些共同之处：

- 拖曳工具面板的标题栏可将其移到工作区的其他地方，拖曳选项栏最左侧的抓手分隔栏可将其移到其他地方；
- 可隐藏工具面板和选项栏。

提示：要复位基本功能工作区，可单击应用程序窗口右上角的工作区图标，再选择“复位基本功能”。

然而，有些面板特征却是工具面板和选项栏不具备的：

- 不能将工具面板或选项栏与其他面板组合在一起；
- 不能调整工具面板或选项栏的大小；
- 不能将工具面板或选项栏停放到面板组中；
- 工具面板和选项栏都没有面板菜单。

修改界面设置

默认情况下，Photoshop 的面板、对话框和背景都是黑色的。在 Photoshop“首选项”对话框中，可加亮界面或做其他修改。

为此，可按如下步骤操作：

1. 选择菜单“编辑”>“首选项”>“界面”（Windows）或“Photoshop CC”>“首选项”>“界面”（Mac）。
2. 选择其他颜色方案或做其他修改。

选择不同的颜色方案后，你将立刻看到变化，如图 1.37 所示。在这个对话框中，还可以为各种屏幕模式指定颜色并修改其他界面设置。

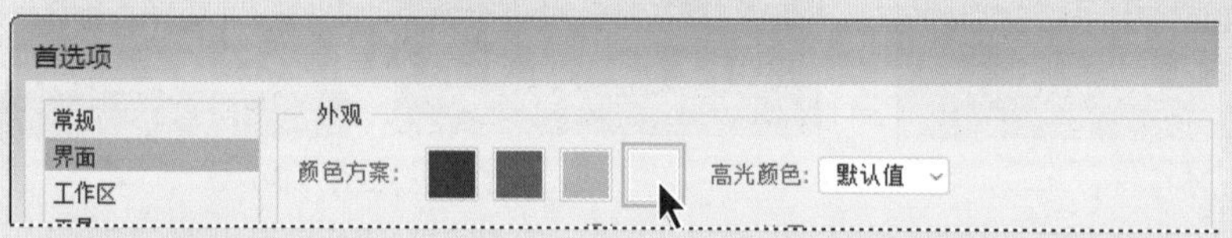

图 1.37

3. 完成修改后，单击“确定”按钮。

1.7 复习题

1. 指出至少两种可在 Photoshop 中打开的图像。
2. 在 Photoshop 中如何选择工具？
3. 描述两种修改图像视图的方法。

1.8 复习题答案

1. 你可打开使用数码相机拍摄的照片，或打开扫描的照片、正片、负片或图形，或打开从互联网下载的图像（如来自 Adobe Stock 的照片以及上传到“Creative Cloud 文件”或“Lightroom CC 照片”中的图像）。
2. 要在 Photoshop 中选择工具，可单击工具面板中相应的按钮或按相应的快捷键。选择的工具将一直处于活动状态，直到选择了其他工具。要选择隐藏的工具，可使用键盘快捷键在工具间切换，也可在工具面板中的工具按钮上单击打开隐藏工具列表。
3. 可从“视图”菜单中选择相应的命令来缩放图像或使图像适合屏幕。也可以使用缩放工具在图像上单击或拖曳来缩放其视图。另外，还可使用键盘快捷键和“导航器”面板来控制图像的显示比例。

第2课　照片校正基础

在本课中，你将学习以下内容：

- 理解图像的分辨率和尺寸；
- 在 Adobe Bridge 中查看和访问文件；
- 拉直和裁剪图像；
- 调整图像的色调范围；
- 使用污点修复画笔工具修复图像；
- 使用内容识别修补工具删除或替换物体；
- 使用仿制图章工具修复区域；
- 消除图像中的数字伪像；
- 应用智能锐化滤镜来完成照片修饰过程。

本课大约需要 1 小时。启动 Photoshop 之前，请先在异步社区将本书的课程资源下载到本地硬盘中，并进行解压。在学习本课时，请打开相应的课程文件。建议先做好原始课程文件的备份工作，以免后期用到这些原始文件时，还需重新下载。

Adobe Photoshop提供了各种改善照片质量的工具和命令。本课将引领读者调整一张旧照片的大小并对其进行修饰。

2.1 修饰策略

修饰工作量取决于你要处理的图像以及要实现的目标。对于很多图像来说，可能只需修改分辨率、调整亮度或消除细微的瑕疵；而对于其他图像，可能需要执行多项任务，并使用更高级的工具和技巧。

> **注意：**在本课中，你将使用 Photoshop 来修复图像。对于有些图像，如以相机原始格式存储的图像，使用随 Adobe Photoshop 安装的 Adobe Camera Raw 来修复的效率可能更高。有关 Camera Raw 提供的工具，将在第 12 课介绍。

2.1.1 组织高效的任务序列

大部分修饰工作遵循以下通用步骤，但并非每个步骤都是必不可少的：

- 复制原始图像或扫描件（务必对图像文件的副本进行处理，这样在必要时可以恢复原来的图像）；
- 确保分辨率适合图像的使用方式；
- 裁剪图像至最终尺寸和方向；
- 消除色偏；
- 调整图片的整体对比度或色调范围；
- 修复受损照片扫描件的缺陷（如裂缝、粉尘、污迹）；
- 调整图像特定部分的颜色和色调，以突出高光、中间调、阴影和不饱和的颜色；
- 锐化图像。

这些任务的执行顺序可能随项目而异，但在任何情况下都应首先复制图像并调整其分辨率，而锐化是最后一个步骤。对于其他任务，可根据项目的情况确定执行顺序，以免某些处理步骤对图像的其他方面带来不合适的影响，导致必须重做某些操作。

2.1.2 根据使用图像的用途调整处理流程

如何修饰图像在某种程度上取决于你将如何使用它。例如，如果图像用于使用新闻纸的黑白出版物，那么采用的裁剪和锐化方式可能与用于彩色网页时不同。Photoshop 支持 RGB 颜色模式（用于 Web 和移动创作以及桌面照片打印）、CMYK 颜色模式（用于处理使用原色印刷的图像）、灰度颜色模式（用于黑白印刷）和其他颜色模式（用于其他特殊目的）。

2.2 图像的分辨率和尺寸

在 Photoshop 中编辑图像时，修饰照片的第一步是确保图像的分辨率适当。分辨率指的是描述图像并生成图像细节的小方块（像素）数量。分辨率由像素尺寸（图像水平和垂直方向的像素数）决定，如图 2.1 所示。

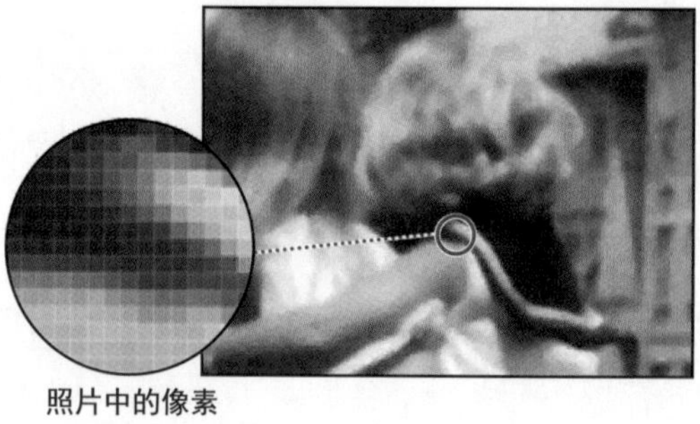

图 2.1　照片中的像素

注意：在 Photoshop 中，在 100% 的缩放比例下预览的不是图像的 ppi 值（分辨率），而是以显示器的 ppi 值显示图像。换而言之，在 100% 的缩放比例下，每个显示器像素都显示一个图像像素。这意味着在 100% 的缩放比例下，屏幕的分辨率越高，显示出来的图像越小。

将图像水平和垂直方向的像素数相乘，就可知道图像包含多少个像素。例如，高和宽都为 1 000 像素的图像包含 1 000 000 像素（100 万像素），而高和宽都为 2 000 像素的图像包含 4 000 000 像素（400 万像素）。像素尺寸对文件大小和上传 / 下载时间都有影响。

在 Photoshop 中，分辨率指的是单位长度的像素数，如每英寸的像素数（ppi）。

注意：对计算机显示器和电视机来说，分辨率通常说的是像素尺寸（如 1 920 像素 ×1 080 像素），而不是像素密度（如 300 像素 / 英寸）。而在 Photoshop 中，分辨率指的是每英寸的像素数，而不是像素尺寸。

修改分辨率是否会影响文件的大小呢？仅当像素尺寸发生变化时才会影响文件的大小。例如，分辨率为 300ppi 时，7in × 7in 的图像包含 2 100 像素 ×2 100 像素；如果修改图像尺寸或 ppi 值（分辨率），但保持图像尺寸 2 100 像素 ×2 100 像素不变，文件大小就不会发生变化。但如果你只修改图像尺寸而不修改 ppi 值（或者相反），像素尺寸必然发生变化，进而导致文件的大小也会发生变化。例如，在前面的示例中，如果保持图像尺寸 7in × 7in 不变，但将分辨率改为 72ppi，像素尺寸将变成 504 像素 ×504 像素，文件的大小也将相应减小。

需要设定多高的分辨率取决于图像文件的输出方式。图像的 ppi 值低于 200 时，可能被视为低分辨率的，而高于 200 时，通常被视为高分辨率的，因为这样的图像包含足够多的细节，可充分利用商用打印机、艺术图片打印机或高分辨率（Retina/HiDPI）显示设备等的分辨率。

观看距离和输出技术等因素也会影响人眼实际感觉的分辨率，这些因素也决定了图像的分辨率需求。例如，220ppi 笔记本显示器可能看起来与 360ppi 智能手机的分辨率一样高，因此观看笔记本屏幕的距离更远。但对高端排照机或艺术图片喷墨打印机来说，220ppi 的分辨率可能不够，因为这些设备能够以 300ppi 甚至更高的分辨率重现大部分细节。而对于用于高速公路广告牌的图片，50ppi 可能看起来就非常清晰，因为观看距离达几十米。

注意：要确定使用照排机印刷的图像的分辨率需求，可遵循如下行业指南：以印刷机使用的半调网频（单位为线 / 英寸，即 lpi）的 1.5 ～ 2 倍的 ppi 值编辑图像。例如，如果图像将以 133lpi 的网频印刷，其分辨率应为 200（133 × 1.5）ppi。

考虑到显示和输出技术的工作原理，图像的分辨率可能无须与高分辨率打印机的设备分辨率相同。例如，有些商用照排机和照片级喷墨打印机的设备分辨率为 2400 点 / 英寸（dpi）甚至更高，但对于要使用这些设备打印的照片，合适的图像分辨率可能是 200 ～ 360ppi。这是因为设备点被编组为加大的半调单元或喷墨图案，它们会累计色调和颜色。同样，在 500ppi 的智能手机上显示图像时，可能不要求图像的分辨率也为 500ppi。不管你使用什么介质，都要向制作团队或输出服务提供商询问该以什么样的分辨率提供最终的图像。

2.3 使用 Adobe Bridge 打开文件

在本书中，每课都将处理不同的原始文件。你可复制这些文件，以不同的名称存储或存储到不同的位置，也可直接处理原始文件，并在需要重新开始时从异步社区下载原始文件。

在本课中，你将修复一张褪色并受损的老照片，以便能够分享或打印它。最终的图像尺寸为 7in × 7in。

在第 1 课，你使用了“打开”命令来打开文件。在本课中，你将在 Adobe Bridge 中对扫描的原件和最终图像进行比较。Adobe Bridge 是一个可视化的文件浏览器，让你可以直接找到所需的图像文件。

1. 启动 Photoshop 并立刻按下 Ctrl + Alt + Shift 键（Windows）或 Command + Option + Shift 键（Mac）以恢复默认首选项。
2. 出现提示对话框时，单击“是”确认要删除 Adobe Photoshop 设置文件。
3. 选择菜单“文件”>“在 Bridge 中浏览”。如果被询问是否要在 Bridge 中启用 Photoshop 扩展，单击“是”或“确定”按钮。

> **注意：** 如果你没有安装 Bridge，需要使用 Adobe Creative Cloud 安装它。更详细的信息请参阅前言。

> **注意：** 如果 Bridge 询问你是否要从上一版 Bridge 中导入首选项，请选择复选框“不再显示”，再单击“否”按钮。

这将打开 Adobe Bridge，其中包含一系列面板，还有菜单和按钮。

4. 单击左上角的“文件夹”标签，再切换到文件夹 Lessons 中，在“内容”面板中显示其内容，如图 2.2 所示。

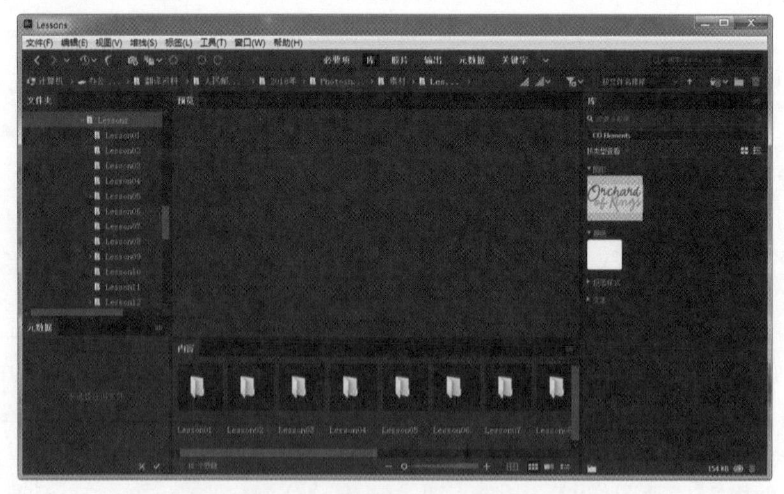

图 2.2

5. 在“文件夹”面板中选择了文件夹 Lessons 的情况下，选择菜单“文件”>“添加到收藏夹”。

对于常用的文件、文件夹、应用程序图标和其他素材，将其添加到收藏夹中让你能够快速访问它们。

6. 单击“收藏夹”标签打开这个面板，再单击文件夹 Lessons 打开它，然后在“内容”面板中双击文件夹 Lesson02。

这个文件夹的内容缩略图将出现在“内容”面板中，如图 2.3 所示。

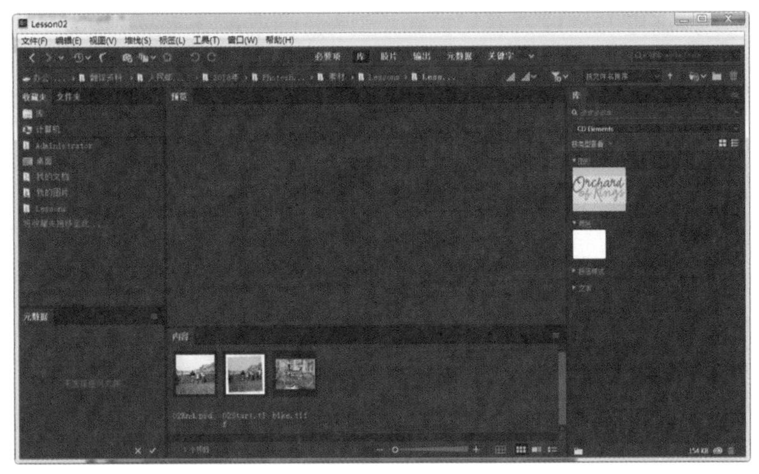

图 2.3

7. 比较文件 02Start.tif 和 02End.psd。要放大“内容”面板中的缩略图，可向右拖曳 Bridge 窗口底部的缩略图滑块。

> **提示：** 在 Bridge 中，要查看选定图像较大的预览图，可选择菜单“窗口”>“预览”来打开“预览”面板。

在文件 02Start.tif 中，注意到图像是斜的，颜色不太鲜艳，同时存在绿色色偏和分散注意力的划痕。先对这幅图像进行裁剪和拉直。

8. 双击文件 02Start.tif 以在 Photoshop 中打开它，如果出现“嵌入的配置文件不匹配”对话框，单击“确定”按钮。

9. 在 Photoshop 中，选择菜单“文件”>“存储为”，将“保存类型”设置为 Photoshop，将文件名指定为 02Working，再单击“保存”按钮，如图 2.4 所示。

图 2.4

2.4 拉直和裁剪图像

下面使用裁剪工具来拉直、修剪和缩放这张照片。默认情况下，裁剪操作会删除裁剪下的像素。

1. 在工具面板中，选择裁剪工具（![crop]）。

窗口上将出现裁剪手柄，还有被裁剪遮盖条遮住了的将裁剪掉的区域，让你能够将注意力放在留下的区域上。

2. 在选项栏中，从下拉列表“选择预设长宽比或裁剪尺寸”中选择“宽 × 高 × 分辨率”（默认设置为“比例”）。
3. 在选项栏中，高度和宽度选择“7 英寸”，分辨率选择“200 像素 / 英寸”，图像上将出现裁剪网格，如图 2.5 所示。

图 2.5

> **提示：** 如果要以非破坏性的方式进行裁剪，以便以后能够调整裁剪，可取消选择复选框“删除裁剪的像素”。

首先来拉直这幅图像。

4. 单击选项栏中的“拉直”图标，鼠标指针将变成拉直工具图标。
5. 单击照片的左上角，按住鼠标左键沿照片上边缘拖曳到右上角（拉出一条直线），再松开鼠标。

Photoshop 将拉直图像，让你绘制的直线与图像区域的上边缘平行，如图 2.6 所示。这里沿照片上边缘绘制了一条直线，但只要你绘制的直线定义了图像的水平或垂直轴就行。

图 2.6

然后将白色边框裁剪掉并缩放图像。

6. 将裁剪网格的各个角向内拖曳到照片的相应角，将所有的白色区域都删除。如果需要调整照片的位置，可在裁剪网格中单击并拖曳。
7. 按回车键执行裁剪。

> **提示：** 要调整裁剪设置，可选择菜单“编辑”>“还原”，再重新裁剪。

图像被裁剪并拉直。现在图像窗口中显示的是裁剪后的图像，其尺寸与指定的值相同，如图 2.7 所示。

> **提示：** 要快速拉直照片并将扫描得到的背景裁剪掉，可选择菜单“文件”>“自动”>“裁剪并修齐照片”。这个命令还能自动将扫描在一幅图像中的多张照片分开。

8. 要查看图像的尺寸，可从 Photoshop 窗口左下角的下拉列表中选择“文档尺寸”，如图 2.8 所示。

图 2.7

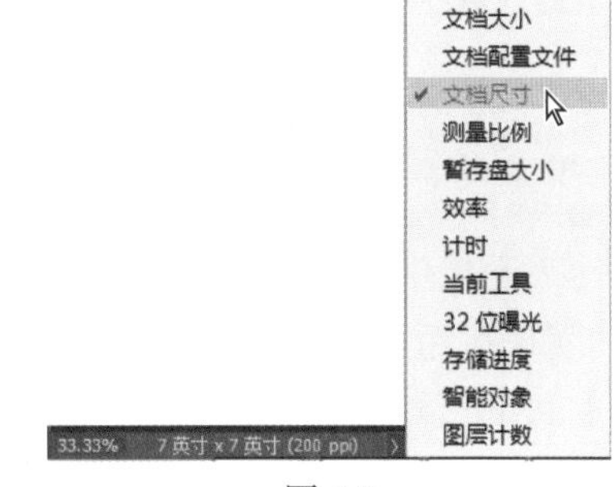

图 2.8

9. 选择菜单“文件”>“存储”保存所做的工作，如果出现“Photoshop 格式选项”对话框，单击“确定”按钮。

2.5 调整颜色和色调

下面使用曲线和色阶调整图层来消除这幅图像的色偏，并调整图像的颜色和色调。曲线和色阶调整选项可能看起来很复杂，但并不难学。在本书后面，你将更深入地使用它们，在这里你将使用它们提供的工具来快速加亮这幅图像并调整其色调。

1. 单击“调整”面板中的“曲线”图标添加一个曲线调整图层。
2. 在“属性”面板中，选择左边的白点工具，如图 2.9 所示。

> **提示：** 如果“库”面板打开了，并占据了大量的屏幕空间，请将其折叠或关闭，因为本章不会用到它。

白点工具用于指定要将哪种颜色值调整为中性白。指定白点后，其他所有颜色和色调都将相应地调整。通过正确地指定白点，可快速地消除色偏并校正图像的亮度。为准确地设置白点，可选择图像中最亮的且包含细节的白色区域。

3. 单击女孩衣服上的白色条带，如图 2.10 所示。

图 2.9

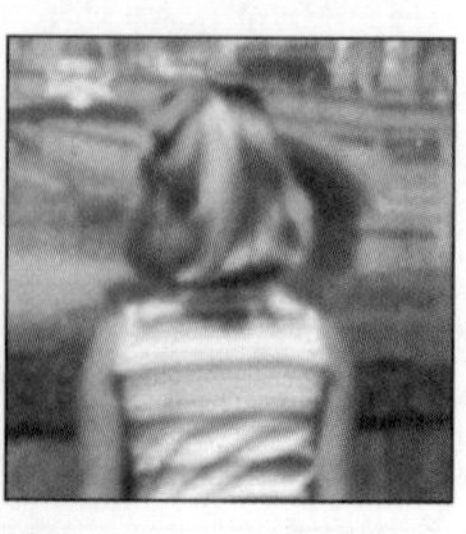

图 2.10

白色条带中存在影响整幅图像的暖色色偏，它不应该这样暗。单击它消除这种色偏并加亮它，从而可以极大地改善这幅图像的颜色和对比度。你可单击其他白色区域，如孩子的水手服、妇女衣服上的条带或女孩的长筒袜，看看各种选择对颜色的影响。

下面使用色阶调整图层来微调这幅图像的色调范围。

4. 单击“调整”面板中的色阶图标（▆）以添加一个色阶调整图层。

> **注意：**本节执行的颜色和色调编辑比较简单，这些编辑原本可使用色阶或曲线调整图层来完成。通常，曲线调整图层用于执行更具体或更复杂的编辑。

“属性”面板中的直方图显示了图像中像素的亮度范围。有关色阶，将在本书后面更详细地介绍，就现在而言，你只需知道左边的三角形表示黑点（Photoshop 将其定义为图像中最暗的点），右边的三角形表示白点（图像中最亮的点），而中间的三角形则表示中间调。

5. 将直方图下方左端的三角形（黑点）拖曳到开始有大量阴影色调出现的地方，这里将其值设置为 15。

6. 将中间的三角形稍微向右拖，以调整中间调。这里将其设置为 0.90，如图 2.11 所示。

调整颜色后，接下来将图像拼合，以方便修复。拼合图像将把所有图层合并到背景图层中，从而缩小文件；拼合后你依然可以对整幅图像进行修改，但仅当不再需要调整以前使用不同的图层所做的编辑时，才应用拼合图像。

7. 选择菜单“图层”>“拼合图像”，结果如图 2.12 所示。

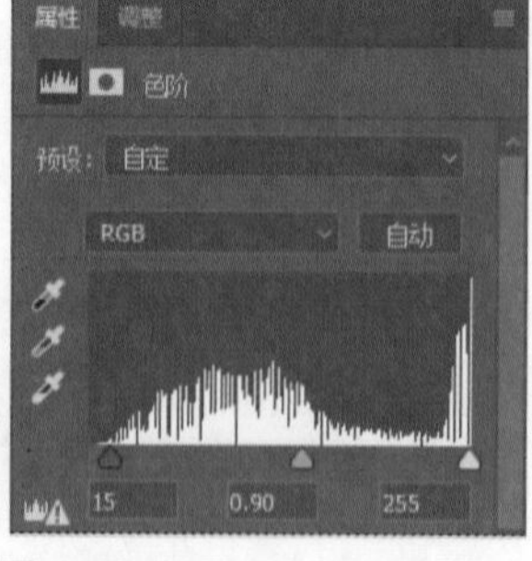

图 2.11

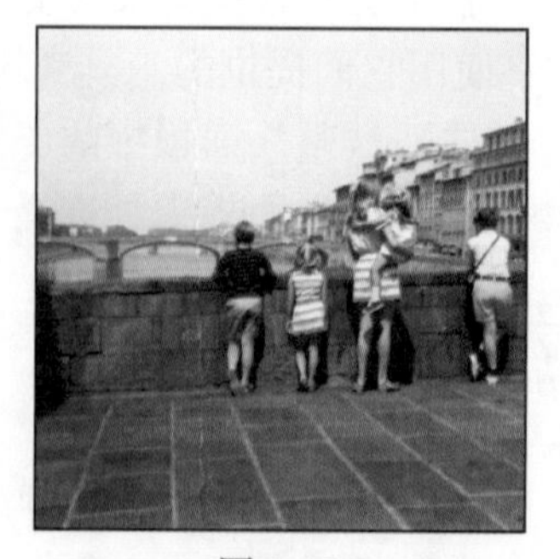

图 2.12

调整图层将被合并到背景图层中。

真实的照片修复案例

Gawain Weaver 是 Gawain Weaver Art Conservation 的主人，修复并挽救了众多艺术家（包括 Eadweard Muybridge、Man Ray、Ansel Adams 和 Cindy Sherman）的原作。他在全球各地和网络上开设有关照片保护和鉴赏的讲座。

Photoshop 提供的工具让修复老旧或受损的照片就像是变魔术，让任何人都能够扫描、修复、打印并装裱自己的影集。

然而，处理艺术家、博物馆、画廊和收藏者的作品时，必须最大限度地保护原件，避免变质或损坏。为清除作品表面的灰尘和污渍、修复褪色和污点、修复破损、保护作品以防进一步受损和补全遗漏的区域，必须由专业的艺术品保护者出手。

下面介绍如何修复如图 2.13 所示的作品上的污点。

Weaver 指出，照片保护既是科学又是艺术，为安全地清洁、保护和改善照片，我们必须利用有关摄影的化学知识、装裱框以及清漆或其他涂层。在保护过程中，我们无法快速“撤销”所做的处理，因此必须万分小心，要充分考虑到摄影作品的脆弱性，无论是用 160 年前的巴黎圣母院盐印法冲印照片，还是用 19 世纪 70 年代的半穹顶明胶银版法冲印照片。

将图 2.13 中的这幅作品从装裱框中取出，消除污点后再装裱好。

图 2.13

艺术品保护者使用的很多手工工具在 Photoshop 都有相应的数字版本。

艺术品保护者可能清洁照片以消除褪色，他们甚至使用温和的漂白剂来氧化并消除彩色污渍或修复褪色问题。在 Photoshop 中，可使用曲线调整图层来消除图像存在的色偏。

处理艺术照片时，保护者可能使用特殊的颜料和美工笔手工修复受损的区域。同样，在 Photoshop 中，你可使用污点修复画笔来消除扫描件中的尘土。

保护者可能使用日本纸和用小麦淀粉做成的糨糊来修复破损的纸张，然后再补全破损的区域。在 Photoshop 中，要消除扫描件中的折痕或修复破损的地方，只需使用仿制图章工具单击几下即可。

为清洁装裱框，可使用小型工笔在艺术家的签名上加上固定剂，如图 2.14 所示。

图 2.14

Weaver 指出，在我们的工作中，首要目标是保护和修复摄影作品原件，但在某些情况下，使用 Photoshop 来完成工作更合适，尤其是修复著名照片时。这样可获得事半功倍的效果。将照片数字化后，就可将原件放在安全的地方，同时还可复制或打印很多件数字版本。对于家庭照片，我们通常竭尽所能地清洁原件，再将其数字化，然后在计算机上修复褪色、污渍和破损部位。

图 2.15 显示了作品修复后的样子。

图 2.15

2.6 使用污点修复画笔工具

下一项任务是消除照片中的折痕，你将使用污点修复画笔工具来完成这项任务。另外，你还将顺便使用这个工具来解决其他几个问题。

污点修复画笔工具可快速删除照片中的污点和其他不理想部分。它使用从图像或图案中采集的像素进行绘画，并将样本像素的纹理、光照、透明度和阴影与所修复的像素进行匹配。

污点修复画笔工具非常适合用于消除人像中的瑕疵，同时适合用于修复与周边一致的区域。

注意：修复画笔工具的工作原理与污点修复画笔工具的类似，只是在修复前需要指定源像素。

1. 放大图像，以便能够看清折痕。
2. 在工具面板中，选择污点修复画笔工具（）。
3. 在选项栏中，打开弹出式画笔面板，将画笔“大小”设置为25像素，将“硬度”设置为100%，并确保选择“内容识别”。
4. 在图像窗口中，从折痕顶端向下拖曳。从上往下拖曳4～6次就可消除整个折痕。拖曳鼠标时，描边为黑色，但松开鼠标后，绘制的区域便修复好了，如图2.16所示。

图2.16

提示：为避免出现明显的接缝或图案，请使用污点修复画笔工具在要修复的区域上绘画，且不要涉及不必要的区域。

5. 放大图像，以便能够看清右上角的白色头发。然后再次选择污点修复画笔工具，并在头发上绘画，如图2.17所示。
6. 如有必要，可缩小图像以便能够看到整个天空，再单击要修复的区域。
7. 保存所做的工作。

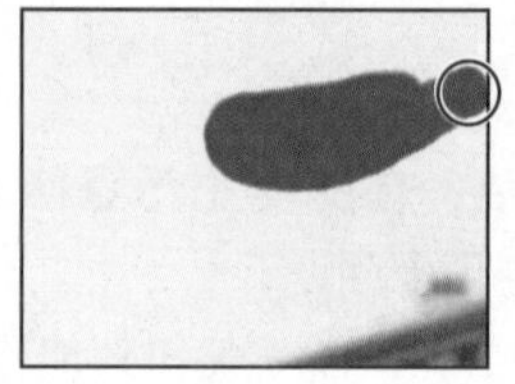

图 2.17

2.7 使用内容识别修补工具

要消除图像中不想要的大型元素，可使用修补工具。下面使用内容识别修补来消除照片右边不相关的人物。在内容识别模式下，修补工具几乎可将内容与周边环境无缝地融合在一起。

1. 在工具面板中，选择隐藏在污点修复画笔工具（）后面的修补工具（）。
2. 在选项栏中，从“修补”下拉列表中选择“内容识别”，再将“结构”滑块移到 4 处。

“结构”下拉列表决定了修补在多大程度上反映了既有的图像模式，你可选择 1 ～ 7 的值，其中 1 表示对遵守原结构的要求最低，而 7 最高。

3. 绕男孩及其影子拖曳修补工具，拖曳时尽可能地紧紧环绕男孩及其影子。为了更清楚地看清男孩，可能需要放大图像。
4. 在刚选定的区域内单击并将向左拖曳，Photoshop 将显示替换男孩的内容的预览。不断向左拖曳，直到预览区域不再与男孩原来所在的区域重叠，同时又不与妇女及其怀抱的女孩重叠。拖曳到满意的地方后松开鼠标。

选区将变得与周围一致：男孩消失了，他原来站立的地方变成了桥梁和建筑，如图 2.18 所示。

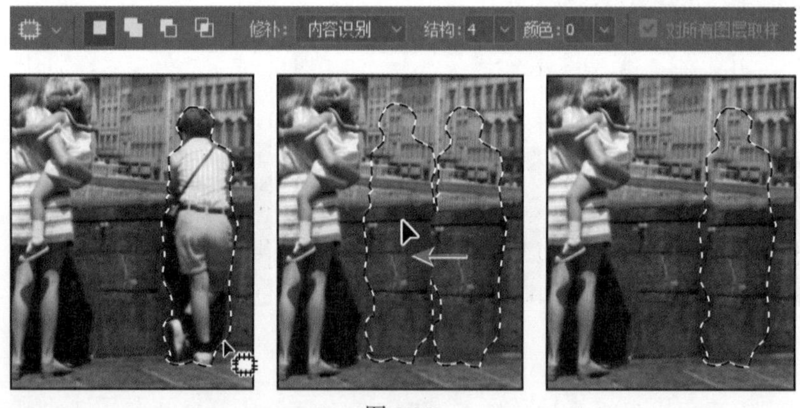

图 2.18

5. 选择菜单“选择” > “取消选择”。

修补效果很好，但并不是非常完美，下面将做进一步修复。

2.8 使用仿制图章工具修复特定区域

仿制图章工具可使用图像中一个区域的像素来替换另一部分的像素。使用它不但可以删除图像中不想要的东西，还可以修补从受损原作扫描得到的图片中缺失的区域。

下面使用仿制图章工具让桥墙和窗户的高度一致。

1. 在工具面板中选择仿制图章工具（![]），将画笔大小和硬度分别设置为 60 像素和 30%，并确保选中了复选框“对齐”。

> Ps **提示**：编辑分辨率更高的图像时，可能需要将画笔设置得更大。

2. 将鼠标指针指向顶部平齐的桥墙部分，即要复制用来让修补的桥墙顶部平齐的区域。
3. 按住 Alt 键（Windows）或 Option 键（Mac）并单击进行取样。按住 Alt 键或 Option 键时，鼠标指针将变成瞄准器图形。
4. 沿修补得到的桥墙顶部拖曳仿制图章工具使其平齐，再松开鼠标，如图 2.19 所示。

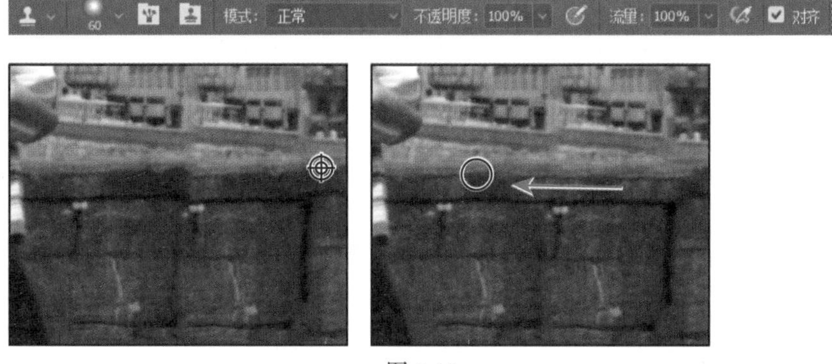

图 2.19

每次单击仿制图章工具时，都将使用新的取样点，且单击点与取样点的相对关系始终与首次仿制时相同。也就是说，如果继续向右绘制，它将从更右边的地方而不是最初的源点取样。这是因为在选项栏中选择了复选框“对齐”。如果希望每次仿制时都从相同的取样点取样，就应取消选择复选框“对齐”。

5. 选择桥墙底部平齐的区域作为取样点，再沿修补生成的桥墙的底部拖曳仿制图章工具，如图 2.20 所示。
6. 缩小画笔，并取消选择复选框“对齐”。将修补生成的大楼最底层右端的窗户作为取样点，再通过单击来创建精确的窗户，如图 2.21 所示。

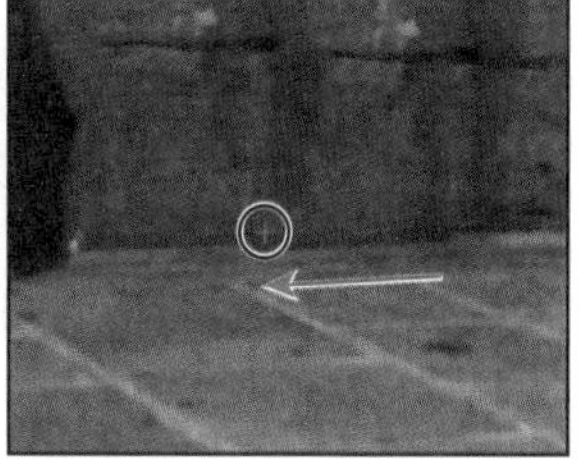

图 2.20

7. 重复第 6 步，对建筑物底部区域及其前面的墙做必要的调整。
8. 如果你愿意，可使用较小的画笔来修饰修补得到的桥墙部分的砖块，结果如图 2.22 所示。
9. 保存所做的工作。

图 2.21

图 2.22

2.9 锐化图像

修饰照片时，你想执行的最后一步可能是锐化图像。在 Photoshop 中，锐化图像的方式有多种，但智能锐化滤镜给你提供的控制权最大。鉴于锐化可能导致伪像更突出，因此需要先消除伪像。

1. 将图像放大到 400%，以便能够看清男孩的 T 恤。你看到的彩色点就是扫描过程中生成的伪像。
2. 选择菜单“滤镜”>“杂色”>“蒙尘与划痕”。
3. 在“蒙尘与划痕”对话框中，保留“半径”和“阈值”的默认设置（1 和 0），并单击“确定”按钮。

阈值决定应删除差异多大的像素，半径决定在多大范围内搜索不同的像素。对于这幅图像中的小型彩色点，默认设置的效果就很好。

注意到伪像消失了（如图 2.23 所示），现在可以锐化图像了。

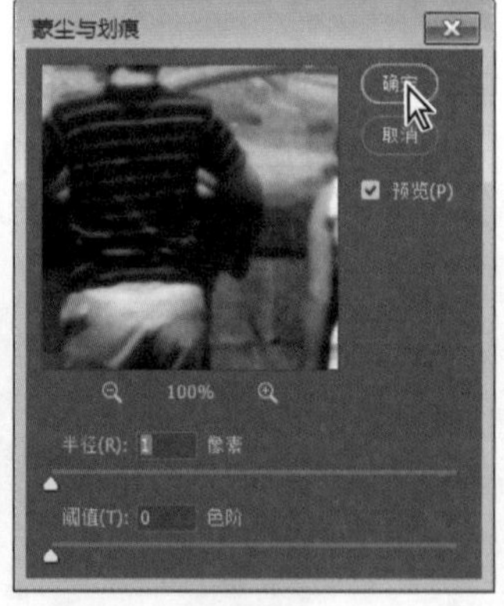

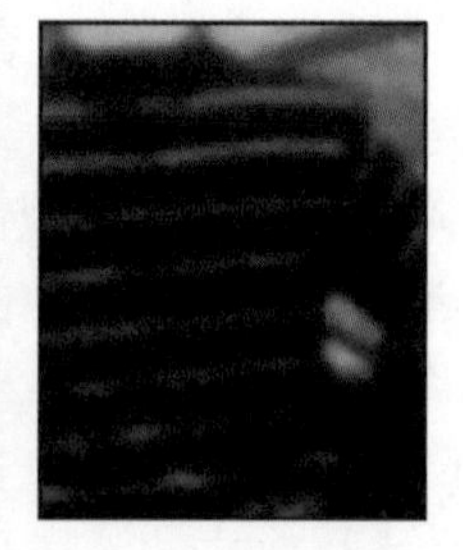

图 2.23

4. 选择“滤镜”>“锐化”>“智能锐化”。
5. 在“智能锐化”对话框中，确保选择了复选框“预览”，以便能够在图像窗口中看到调整设置的效果。

可以在该对话框的预览窗口中拖曳，以查看图像的不同部分；还可以使用缩略图下面的加号和减号按钮缩放图像。

6. 确保从“移去”下拉列表中选择了“镜头模糊”。

在“智能锐化”对话框中，可从“移去”下拉列表中选择“镜头模糊”“高斯模糊”或“动感模糊”。“镜头模糊”提供更精细的细节锐化并减少锐化光晕。“高斯模糊”增强了图像边缘的对比度。“运动模糊”减少了相机或拍摄对象移动时产生的模糊效果。

7. 拖曳“数量”滑块至 60% 左右以锐化图像。

8. 拖曳“半径”滑块至 1.5 左右。

半径值决定边缘像素周围将有多少像素会影响锐化。图像的分辨率越高，“半径”值设置应越大。

9. 对结果满意后，单击“确定”按钮应用智能锐化滤镜，如图 2.24 所示。

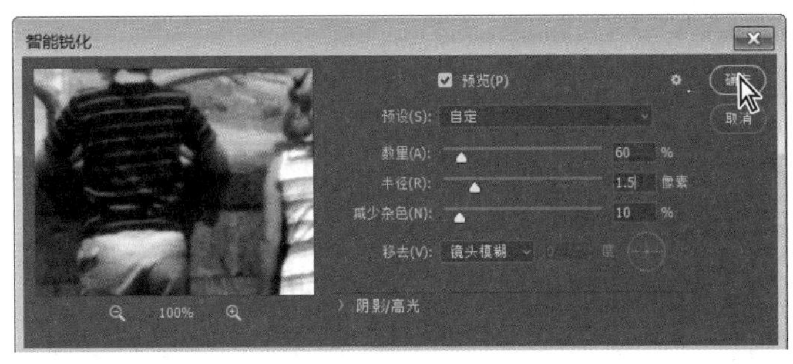

图 2.24

10. 选择菜单“文件”>“存储”，再将文件关闭。

现在，可以分享或打印这幅图像了！

将彩色图像转换为黑白的

无论是否添加色调，在 Photoshop 中将彩色图像转换为黑白的可得到很不错的结果。

1. 选择菜单“文件”>“打开”，选择文件夹 Lesson02 中的文件 bike.tif，再单击“打开”按钮。

2. 在“调整”面板中，单击黑白按钮添加一个黑白调整图层，如图 2.25 所示。

图 2.25

3. 调整颜色滑块以修改颜色的饱和度；也可尝试下拉列表中的预设，如“较暗”和“红外线”；还可选择“属性”面板左上角的目标调整工具（![]），再指向要调整的颜色并沿水平方向拖曳。这个工具将调整与开始拖曳的地方的像素颜色相关联的滑块，例如，在红色车架上拖曳将调整所有红色区域的亮度（这里加暗了自行车，并让背景区域更亮）。
4. 如果要给照片添加色调，可选择复选框“色调”，再单击右边的色板并选择一种颜色（这里选择的颜色的 GRB 值为 227、209、198），如图 2.26 所示。

图 2.26

2.10 复习题

1. 分辨率指的是什么？
2. 裁剪工具有何用途？
3. 如何在 Photoshop 中调整图像的色调和颜色？
4. 可使用哪些工具来消除图像中的瑕疵？
5. 如何消除图像中的伪像（如彩色像素和扫描到图像中的灰尘颗粒）？

2.11 复习题答案

1. 分辨率指的是描述图像并构成图像细节的像素数。图像分辨率和显示器分辨率的单位都是像素 / 英寸（ppi），而打印机分辨率的单位是墨点 / 英寸（dpi）。
2. 可以使用裁剪工具对图像进行裁剪、拉直和缩放。
3. 在 Photoshop 中，可使用曲线和色阶调整图层来调整图像的色调和颜色，例如，使用其中的白点工具。
4. 修复画笔工具、污点修复画笔工具、修补工具和仿制图章工具都让用户能够使用图像中的其他区域来替换图像中不想要的部分。仿制图章工具可精确地复制源区域；修复画笔工具和污点修复画笔工具可将修复区域与周围像素混合；污点修复画笔工具根本不需要设置源点，它可修复区域使其与周围像素匹配。在内容识别模式下，修补工具将选定区域替换为与周边区域匹配的内容。
5. 可使用滤镜“蒙尘与划痕”来消除图像中的伪像。

第3课　使用选区

在本课中，你将学习以下内容：

- 使用选取工具让图像的特定区域处于活动状态；
- 调整选框的位置；
- 移动和复制选区内容；
- 结合使用键盘和鼠标来节省时间和减少手的移动；
- 取消选区；
- 限制选区的移动方式；
- 使用方向键调整选区的位置；
- 将区域加入选区以及将区域从选区中删除；
- 旋转选区；
- 使用多种选取工具创建复杂选区。

本课大约需要 1 小时。启动 Photoshop 之前，请先在异步社区将本书的课程资源下载到本地硬盘中，并进行解压。在学习本课时，请打开相应的课程文件。建议先做好原始课程文件的备份工作，以免后期用到这些原始文件时，还需重新下载。

学习如何选择图像区域至关重要，因为必须先选择要修改的区域。选区处于活动状态时，用户只能编辑选定的内容。

3.1 选择和选取工具

在 Photoshop 中，对图像中的区域进行修改有两个步骤：首先使用某种选取工具来选择要修改的图像区域；然后使用其他工具、滤镜进行修改，如将选中的像素移到其他地方或对选区应用滤镜。你可以基于大小、形状和颜色来创建选区。通过选择，你可以将修改限制在选区内，而其他区域不受影响。

> Ps **注意：**你将在第 8 课学习如何使用钢笔工具选择矢量区域。

对特定的区域而言，什么是最佳的选取工具取决于该区域的特征，如形状和颜色。有 4 种主要的选取工具，具体如下。

- 几何选取工具：矩形选框工具（ ）用于在图像中选择矩形区域；椭圆选框工具（ ）隐藏在矩形选框工具的后面，用于选择椭圆形区域；单行选框工具（ ）和单列选框工具（ ）分别用于选择一行和一列像素，这些工具如图 3.1 所示。
- 手绘选取工具：可以拖曳套索工具（ ）来生成手绘选区；使用多边形套索工具（ ），你可以通过单击设置锚点，进而创建由线段围绕而成的选区；磁性套索工具（ ）类似于另外两种套索工具的组合，最适合在要选择的区域与周边区域有很强的对比度时使用。手绘选取工具如图 3.2 所示。
- 基于边缘的选取工具：快速选择工具（ ）可自动查找边缘并以边缘为边界建立选区。
- 基于颜色的选取工具：魔棒工具（ ）基于像素颜色的相似性来选择图像中的区域。在选择形状古怪但其颜色在特定范围内的区域时，这个工具很有用。快速选择工具和魔棒工具如图 3.3 所示。

图 3.1

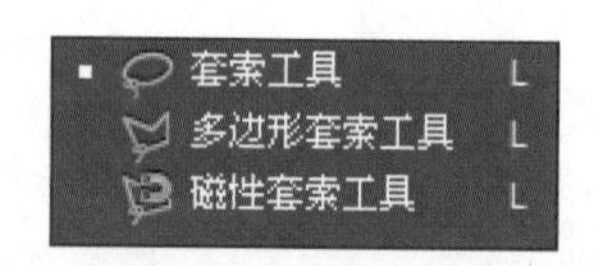

图 3.2

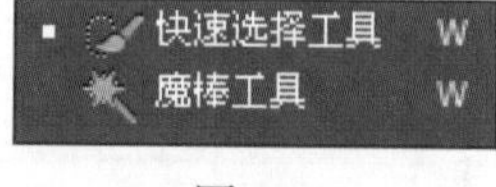

图 3.3

3.2 概述

首先来看看读者在学习 Photoshop 选取工具的过程中将创建的图像。

1. 启动 Photoshop 并立刻按下 Ctrl + Alt + Shift 键（Windows）或 Command + Option + Shift 键（Mac）以恢复默认首选项（参见前言中的“恢复默认首选项”）。
2. 出现提示对话框时，单击“是”确认要删除 Adobe Photoshop 的设置文件。
3. 选择菜单“文件”>“在 Bridge 中浏览”以启动 Adobe Bridge。

> Ps **注意：**如果你没有安装 Bridge，当你选择“在 Bridge 中浏览”时将提示你安装 Bridge。更详细的信息请参阅前言。

Ps **注意：**如果 Bridge 询问你是否要导入上一版的首选项，请单击“否”按钮。

4. 在“收藏夹”面板中单击文件夹 Lessons，再双击“内容”面板中的文件夹 Lesson03，以查看其内容。
5. 观察文件 03End.psd（如图 3.4 所示），如果希望看到图像的更多细节，将缩略图滑块向右移。

图 3.4

该项目是一个陈列柜的图片，其中有一块珊瑚、一个海胆、一个蛤贝、一只鹦鹉螺和一叠贝壳。本课面临的挑战是，如何排列这些元素，这些元素已被扫描到图像 03Start.psd 中。

6. 双击 03Start.psd 的缩略图以在 Photoshop 中打开该图像文件。
7. 选择菜单“文件”>“存储为”，将该文件重命名为 03Working.psd，并单击“保存”按钮。存储原始文件的另一个版本，就不用担心覆盖原始文件了。

3.3 使用快速选择工具

使用快速选择工具是最容易的创建选区的方法之一。用户只需在图像上拖曳，该工具就会自动查找边缘。你也可将区域添加到选区中或从选区中减去，直到获得你想要的选区。

在文件 03Working.psd 中，海胆的边缘非常清晰，非常适合使用快速选择工具来选择。接下来选择海胆，但不选择它后面的背景。

1. 在工具面板中选择缩放工具，然后放大海胆以便能够看得很清楚。
2. 在工具面板中选择快速选择工具（）。
3. 在选项栏中选择“自动增强”。

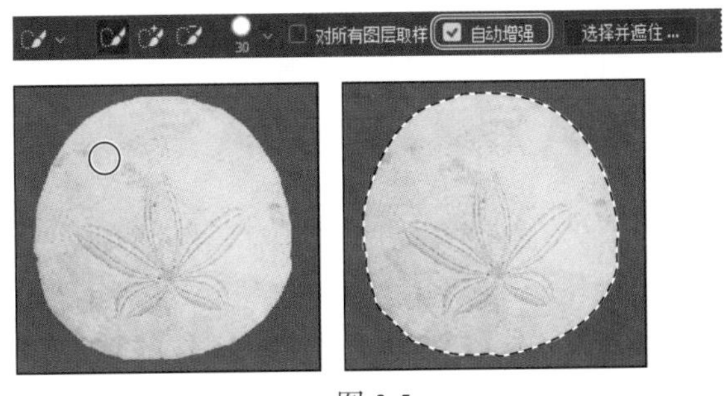

图 3.5

选择了“自动增强”功能后，快速选择工具创建的选区的质量更高——选区边缘更贴近对象边缘。使用自动选择工具时，如果选择了“自动增强”，选择速度会慢些，但结果更佳。

4. 单击海胆边缘附近的米黄色区域，快速选择工具将自动查找全部边缘并选择整个海胆，如图 3.5 所示。

让选区处于活动状态，以便在下个练习中使用它。

3.4 移动选区

建立选区后，修改将只应用于选区内的像素，图像的其他部分不受影响。

要将选中的图像区域移到另一个地方，可使用移动工具。海胆图像只有一个图层，因此移动的像素将替换它下面的像素。仅当取消选择移动的像素后，这种修改才固定下来，因此读者可尝试将选区移到不同位置，然后再做最后决定。

1. 如果海胆没有被选中，请重复前一个练习（见 3.3 节）以选中它。

> **提示：** 如果你不小心取消了选择，可选择菜单“编辑”>“还原”或“选择”>“重新选择”，这样也许能够重建选区。

2. 缩小图像以便可以同时看到陈列柜和海胆。
3. 选择移动工具（![move tool]），注意，海胆仍处于被选中状态。
4. 将选区（海胆）拖曳至陈列柜左上角标有 A 的地方，让海胆与剪影大致重叠，但露出剪影的左下角以呈现投影效果，如图 3.6 所示。
5. 选择菜单“选择”>“取消选择”，再选择菜单“文件”>“存储”。

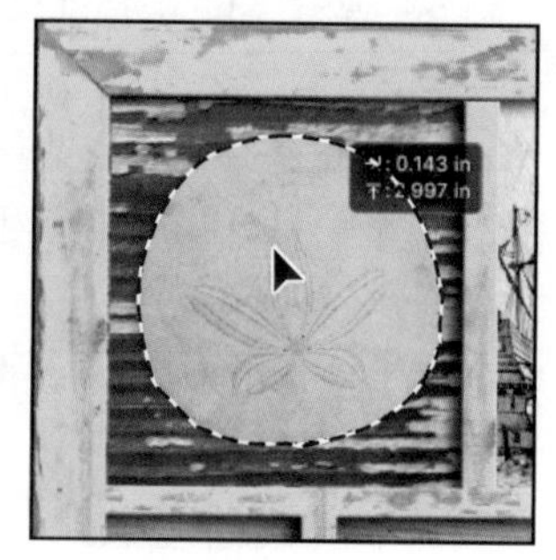

图 3.6

在 Photoshop 中，无意间取消选择的可能性不大。除非某个选取工具处于活动状态，否则在图像的其他地方单击不会取消选择。要取消选择，可使用下列 3 种方法之一：选择菜单“选择”>“取消选择”；按 Ctrl + D 键（Windows）或 Command + D 键（Mac）；在选择了某个选取工具的情况下，在当前选区外单击。

来自 Photoshop 布道者——Julieanne Kost 的提示

移动工具使用技巧

使用移动工具在包含多个图层的文件中移动对象时，如果需要选择其中的一个图层，可以这样做：在选中移动工具后，将鼠标指针指向图像的任何区域，然后单击鼠标右键（Windows）或按住 Control 键并单击（Mac），鼠标指针下面的图层将出现在上下文菜单中，再选择要激活的图层。

3.5 处理选区

创建选区时，你可调整其位置、移动选区并复制选区。在本节，你将学习选区处理的几种方法。这些方法中的大多数可处理所有选区，但这里将使用这些方法和椭圆形选框工具，让你能够选择椭圆形和圆形。

本节将介绍一些键盘快捷键，以节省时间并减少手臂的移动。这些可能是本节最有用的内容之一。

3.5.1 创建选框时调整其位置

选择椭圆形区域或圆形区域需要一些技巧。从什么地方开始拖曳并非总是很明显，有时选区会偏离中心或者长宽比与需求不符。本节将介绍应对这些问题的方法，其中包括两个重要的键盘－鼠标组合，这能够让你更轻松地使用 Photoshop。

在本节中，一定要遵循有关按住鼠标按键和键盘按键的指示。如果松开鼠标的时机不正确，只需要从第 1 步开始重做即可。

1. 选择缩放工具（🔍），单击图像窗口底部的那碟贝壳，将其至少放大到 100%（如果屏幕分辨率足够高，可使用 200% 的视图，前提是这不会导致整碟贝壳超出屏幕）。
2. 选择隐藏在矩形选框工具后面的椭圆选框工具（◌）。
3. 将鼠标指针指向碟子，向右下方拖曳创建一个椭圆形选区，但不要松开鼠标。选区与碟子不重叠没有关系。

如果不小心松开了鼠标，请重新创建选区。在大多数情况下（包括这里），新选区将替代原来的选区。

4. 在按住鼠标的同时按下空格键，并拖曳选区。该操作将移动选区，而不是调整选区大小。调整选区的位置，使其与碟子更匹配。
5. 松开空格键（但不要松开鼠标），继续拖曳使选区的大小和形状尽可能地与碟子匹配。必要时再次按下空格键并拖曳，将选框移到碟子周围的正确位置，如图 3.7 所示。

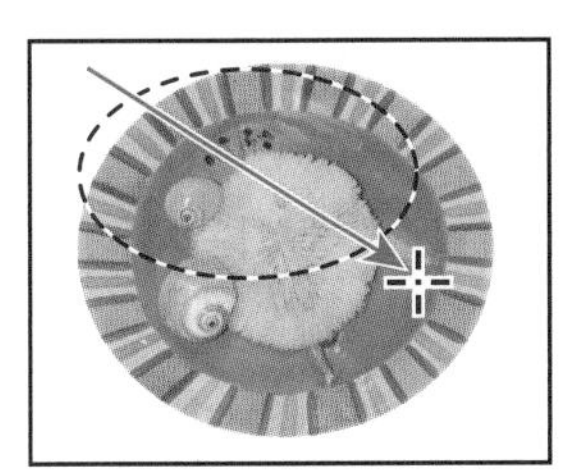

开始拖曳

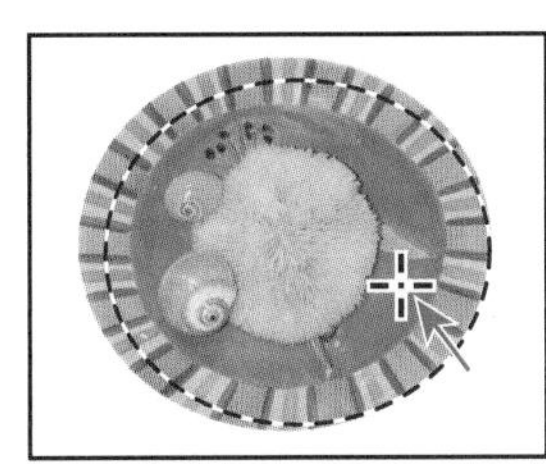

按空格键移动选区

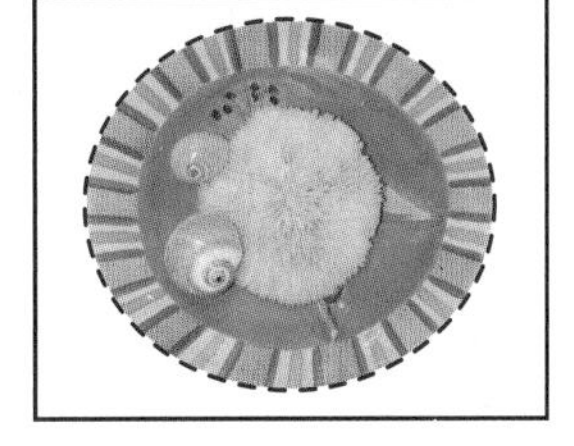

最终创建的选区

图 3.7

注意：不必包含整个碟子，但选区的形状应该与碟子相同，且包含所有贝壳。

6. 在选区的位置合适后松开鼠标。
7. 选择“视图”>“按屏幕大小缩放”或使用“导航器”面板中的滑块来缩小视图，直到能够看到图像窗口中的所有对象为止。

选中椭圆选框工具，让选区处于活动状态供后续使用。

3.5.2 使用键盘快捷键移动选中的像素

下面使用键盘快捷键将选定像素移动到陈列柜中。你可使用键盘快捷键暂时从当前工具切换到移动工具，以免在工具面板中选择它。

1. 如果尚未选择那碟贝壳，请重复前面的步骤选择它。
2. 在选择了椭圆选框工具（◌）的情况下，按住Ctrl键（Windows）或Command键（Mac）并将鼠标指针指向选区，鼠标指针将变成一把剪刀的形状（▸✂），这表明将从当前位置剪切选区。
3. 将整碟贝壳拖曳到陈列柜中标有B的区域（稍后将使用另一种方法微调碟子，使其位于正确的位置），如图3.8所示。

图 3.8

> **注意：**如果你在移动像素时Photoshop指出“无法使用移动工具，因为图层被锁定”，务必先将鼠标指针指向选区，再开始移动。

> **注意：**开始拖曳后就可以松开Ctrl键或Command键了，此时移动工具仍处于活动状态。在选区外单击或使用“取消选择”命令取消选择后，Photoshop将自动恢复到以前选择的工具。

4. 松开鼠标但不要取消选择碟子。

3.5.3 用方向键进行移动

使用方向键可微调选定像素的位置，可以以每次1像素或10像素的节奏来移动椭圆。

当选取工具处于活动状态时，使用方向键可轻松地移动选区边界，但不会移动选区的内容。当移动工具处于活动状态时，使用方向键可同时移动选区的边界和内容。

下面使用箭头键来微移碟子。在执行下面的操作前，确保在图像窗口中选择了碟子。

1. 按键盘中的向上方向键几次，将碟子向上移动。

每按一次方向键，碟子都将移动1像素。尝试按其他方向键，看看这将如何影响选区的位置。

2. 按住Shift键并按方向键。

选区将以每次10像素的方式移动。

有时候，选区边界会妨碍对选区的调整。可暂时隐藏选区边界（而不取消选择），并在完成调整后再显示它。

3. 选择“视图”>“显示”>“选区边缘”来取消选择命令，以隐藏碟子周围的选区边界，如图3.9所示。

> **提示：**选区边缘、参考线等并非实际对象的可见内容被称为额外内容，因此，另一种隐藏选区边缘的方法是取消选择菜单“视图”>“显示额外内容”。

4. 使用方向键轻移碟子，直至其与剪影大致重叠，但让碟子的左下方有投影。然后选择“视图”>“显示”>“选区边缘”再次显示选区边缘，如图3.10所示。
5. 选择“选择”>“取消选择”，也可按Ctrl + D键（Windows）或Command + D键（Mac）。
6. 选择菜单“文件”>“存储”将文件存盘。

隐藏选区边缘

图 3.9

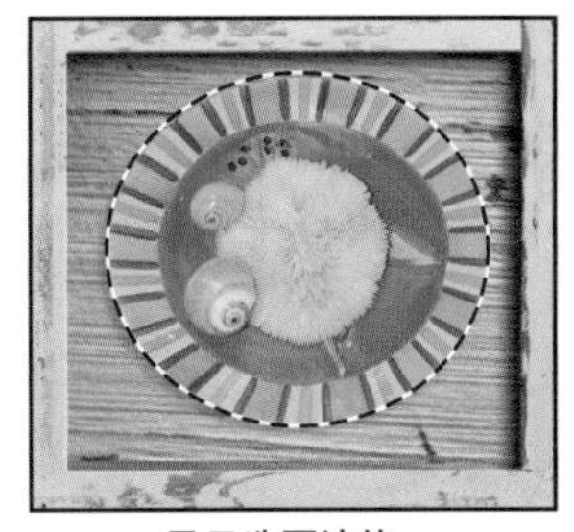

显示选区边缘

图 3.10

3.6 使用魔棒工具

魔棒工具用于选择特定颜色或颜色范围的所有像素，它最适合用于选择被完全不同的颜色包围着的颜色相似的区域。和其他选取工具一样，创建初始选区后，用户可向选区中添加区域或将区域从选区中减去。

“容差”选项可设置魔棒工具的灵敏度，它指定了将选取的像素的类似程度，默认容差值为 32，即选择与指定值相差不超过 32 的颜色。用户可能需要根据图像的颜色范围和变化程度来调整容差值。

如果要选择的区域包含多种颜色，而其背景是另一种颜色，则选择背景比选择该区域更容易。接下来使用矩形选框工具来选择一个大型区域，然后使用魔棒工具将背景从选区中剔除。

1. 选择隐藏在椭圆选框工具（ ）后面的矩形选框工具（ ）。
2. 绘制一个环绕珊瑚的选区。确保选区足够大，以在珊瑚和选区边界之间留一些空白，如图 3.11 所示。

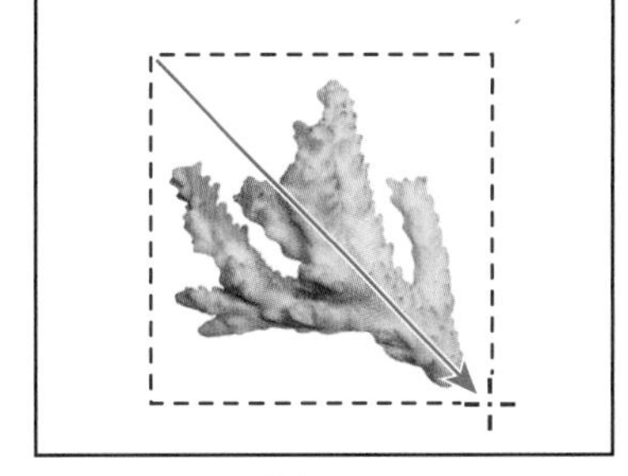

图 3.11

此时，珊瑚和白色背景都被选中了。下面从选区中删去白色背景，以便只选中珊瑚。

3. 选择隐藏在快速选择工具（ ）后面的魔棒工具（ ）。
4. 在选项栏中，确定“容差”为 32，这个值决定了魔棒选择的颜色范围。
5. 在选项栏中选择从选区减去按钮（ ）。

鼠标指针将变成带减号的魔棒，这样你选择的所有区域都将从初始选区中减去。

6. 在选区内的白色背景上单击。

魔棒工具将选择整个背景，并将其从选区中减去。该操作取消选择了所有白色像素，而只选择了珊瑚，如图 3.12 所示。

7. 选择移动工具（ ）并将珊瑚拖曳到陈列柜中标有 C 的区域，并露出珊瑚左下方的投影，如图 3.13 所示。
8. 选择菜单“选择”>“取消选择”，然后保存所做的修改。

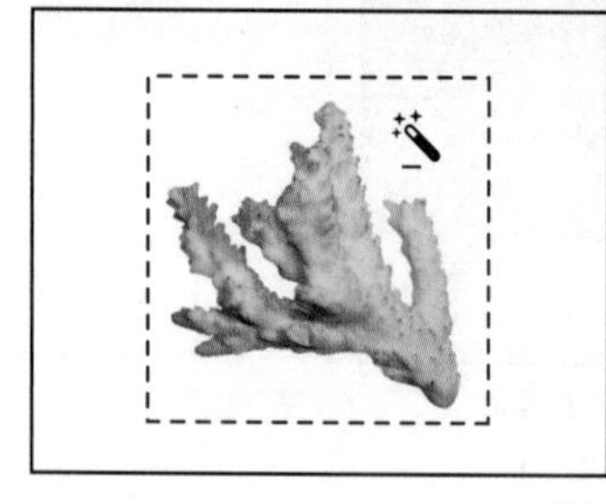

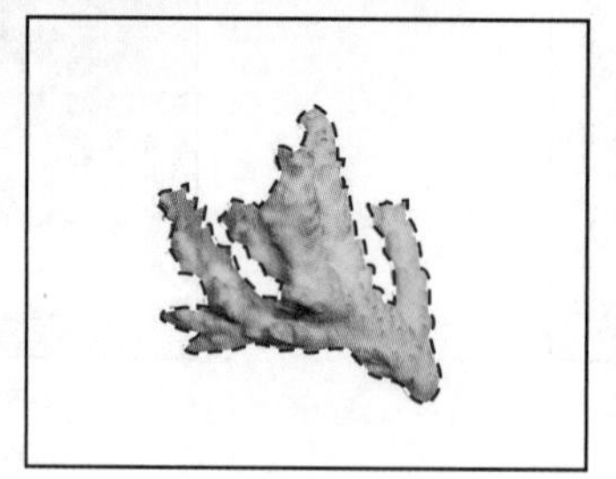

图 3.12

图 3.13

柔化选区边缘

要使选区的硬边缘更光滑，你可应用消除锯齿或羽化功能，也可使用“选择并遮住”选项。

消除锯齿功能通过柔化边缘像素和背景像素之间的颜色过渡使锯齿边缘更光滑。由于只有边缘像素被修改，因此不会丢失细节。在剪切、复制和粘贴选区以创建合成图像时，消除锯齿功能很有用。

使用套索、多边形套索、磁性套索、椭圆选框和魔棒等工具时，你都可以使用消除锯齿功能。选择这些工具后，选项栏将显示详细选项。要使用消除锯齿功能，必须在使用这些工具前选中复选框“消除锯齿”；否则，创建选区后，不能再对其使用消除锯齿功能。

羽化功能通过在选区与其周边像素之前建立过渡边界来模糊边缘。这种模糊可能导致选区边缘的一些细节丢失。

使用选框和套索工具时可启用羽化功能，也可对已有的选区使用羽化功能。在移动、剪切或复制选区时，羽化效果极其明显。

- 要使用“选择并遮住”选项，可先建立一个选区，再单击选项栏中的“选择并遮住”以打开相应的对话框。使用“选择并遮住”选项可柔化、羽化和扩大选区，还可调整对比度。
- 要使用消除锯齿功能，可选择套索工具、椭圆选框或魔棒工具，然后在选项栏中选中复选框“消除锯齿”。
- 要为选取工具定义羽化边缘，可选择任何套索或选框工具，然后在选项栏中输入一个羽化值。这个值指定了羽化后的边缘宽度，其取值范围为 1 ～ 250 像素。
- 要为已有的选区定义羽化边缘，选择菜单“选择”>“修改”>“羽化”，然后在“羽化半径”中输入一个值，并单击“确定”按钮。

3.7 使用套索工具进行选择

前面说过，Photoshop 包括 3 种套索工具：套索工具、多边形套索工具和磁性套索工具。你可使用套索工具选择需要通过手绘和直线选取的区域，并使用键盘快捷键在套索工具和多边形套索工具之间来回切换。下面使用套索工具来选择贻贝。使用套索工具需要经过一些练习，才能在直线和手动选择间自由切换。如果在选择贻贝时出错，只需取消选择并从头开始。

1. 如果缩放比例低于 100%，请选择缩放工具（🔍）并不断单击贻贝，直到缩放比例不低于 100% 为止。
2. 选择套索工具（🔍）。从贻贝的左下角开始，绕贻贝的圆头拖曳鼠标，拖曳时尽可能贴近贻贝边缘。不要松开鼠标。

提示：慢慢地拖曳鼠标，逐渐熟悉套索工具的用法。执行第 2～8 步时，如果犯错了或不小心松开了鼠标，可选择菜单“编辑”>“还原”，再从第 2 步开始重新做。

3. 遇到转角或直线边缘时，按住 Alt 键（Windows）或 Option 键（Mac），再松开鼠标，此时鼠标指针将变成多边形套索形状（🔍）。记住，不要松开 Alt 键或 Option 键。
4. 沿贻贝轮廓单击以放置锚点。在此过程中不要松开 Alt 或 Opiton 键。这让你能够创建线段型选区边缘。

选区边界将像橡皮筋一样沿锚点延伸，如图 3.14 所示。

使用套索工具拖曳

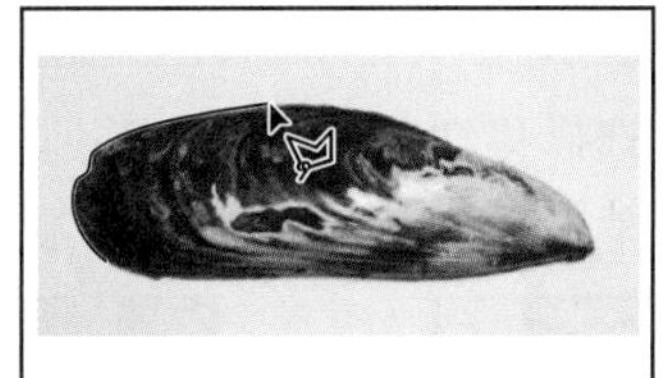

使用多边形套索工具单击

图 3.14

5. 到贻贝较小的一端后，松开 Alt 键或 Option 键，但不要松开鼠标。鼠标指针将恢复为套索图标。
6. 沿贻贝较小的一端拖曳，不要松开鼠标。
7. 绕过贻贝较小的一端，并到了贻贝下方的线段型边缘后，按住 Alt 或 Option 键，再松开鼠标。与对贻贝较大一端所做的一样，使用多边形套索工具沿贻贝的下边缘不断单击，直到回到贻贝较大一端的起点。
8. 单击该起点，再松开 Alt 键或 Option 键。这样就选择了整个贻贝，如图 3.15 所示。不要取消选择贻贝，供后续练习使用。

注意：使用套索工具时，为确保选区是你希望的形状，请拖曳到起点来结束选择。如果起点和终点不重叠，Photoshop 将在它们之间绘制一条线段。

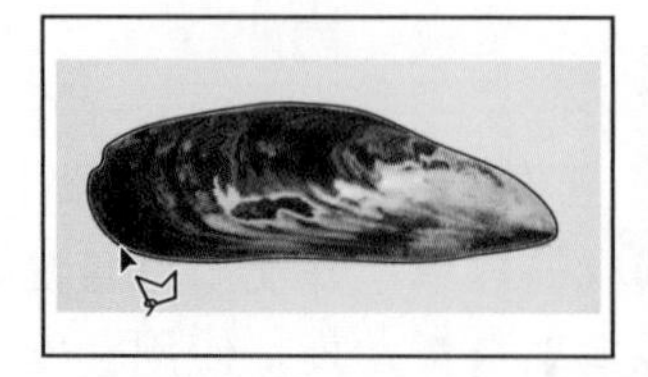

图 3.15

3.8 旋转选区

下面来旋转贻贝。

在执行下面的操作前，确保选择了贻贝。

1. 选择菜单“视图”>“按屏幕大小缩放”，以调整图像窗口的大小使其适合屏幕。
2. 按住 Ctrl 键（Windows）或 Command 键（Mac），鼠标指针将变成移动工具图标，然后将贻贝拖曳到陈列柜中标有 D 的区域，如图 3.16 所示。
3. 选择菜单“编辑”>“变换”>“旋转”，贻贝和选框周围将出现定界框。
4. 将鼠标指针指向定界框的外面，鼠标指针变成弯曲的双向箭头（↰）。通过拖曳将贻贝旋转 90°（如图 3.17 所示），可通过鼠标指针旁边的变换值或选项栏中的“旋转”文本框核实旋转角度。按回车键提交变换。

> **提示：** 拖曳定界框时可按住 Shift 键，这将把旋转角度限制为常见值，如 90°。

5. 如有必要，选择移动工具（▸✥）并通过拖曳调整贻贝的位置，使其像其他元素一样露出投影。对结果满意后，选择菜单“选择”>“取消选择”，结果如图 3.18 所示。

图 3.16

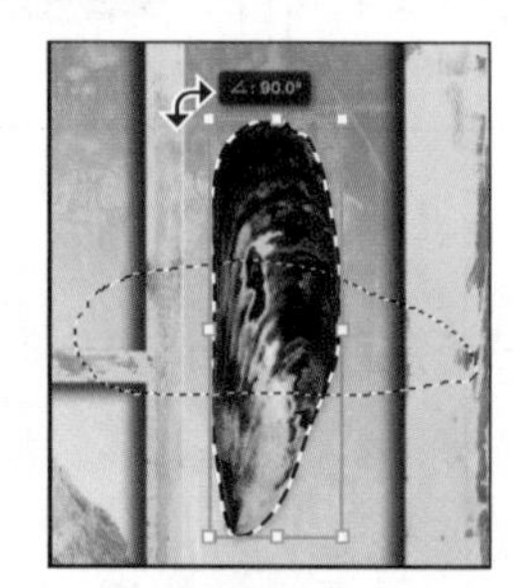

图 3.17

图 3.18

6. 选择菜单“文件”>“存储”。

3.9 使用磁性套索工具进行选择

可使用磁性套索工具手动选择边缘反差强烈的区域。使用磁性套索工具绘制选区时，选区边界将自动与反差强烈的区域边界对齐。你还可单击鼠标，在选区边界上设置锚点以控制选区边界。

下面使用磁性套索工具来选择鹦鹉螺，以便将其移到陈列柜中。

1. 选择缩放工具（）并单击鹦鹉螺，至少将其放大至100%。
2. 选择隐藏在套索工具（）后面的磁性套索工具（）。
3. 在鹦鹉螺左边缘单击，然后沿鹦鹉螺轮廓移动。

即使没有按下鼠标，磁性套索工具也会使选区边界与鹦鹉螺边缘对齐，并自动添加固定点，如图3.19所示。

提示：在反差不大的区域中，可单击鼠标以在边界手工放置固定点。可添加任何数量的固定点；还可按Del键删除最近的固定点，然后将鼠标指针移到留下的固定点并继续选择。

4. 回到鹦鹉螺左侧后双击鼠标，让磁性套索工具回到起点，形成封闭选区，如图3.20所示；也可将鼠标指针指向起点，再单击鼠标。

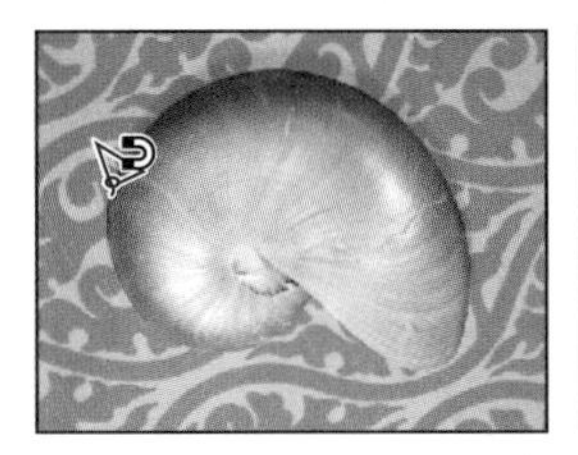
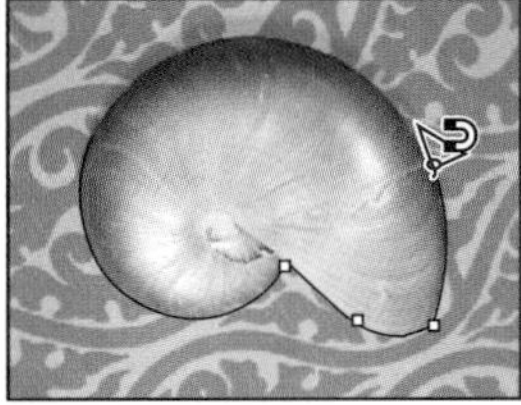

图 3.19

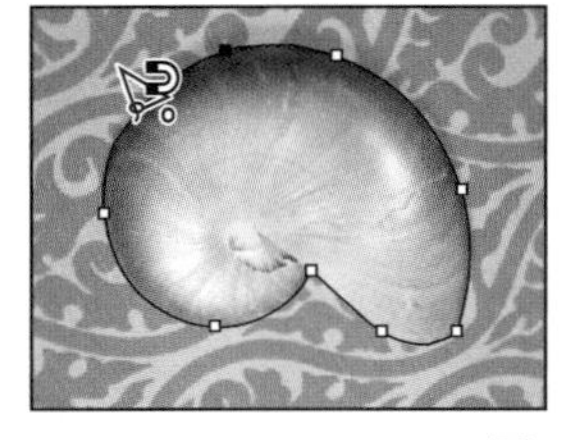

图 3.20

5. 双击抓手工具（）使图像适合图像窗口。
6. 选择移动工具（）并将鹦鹉螺拖曳到陈列柜中标有E的区域，使其与剪影大致重叠，并露出左下方的投影，如图3.21所示。
7. 选择菜单“选择”>“取消选择”，再选择菜单“文件”>“存储”。

图 3.21

3.10 从中心点开始选择

有些情况下，从中心点开始创建椭圆或矩形选区会更容易。下面使用这种方法来选择螺帽，以便将其放到陈列柜的4个角上。

1. 选择缩放工具（），然后单击螺帽将其放大到约300%，确保能够在图像窗口中看到整个螺帽。
2. 在工具面板中选择椭圆选框工具（）。
3. 将鼠标指针指向螺帽中央。
4. 单击鼠标并开始拖曳，然后在不松开鼠标的情况下按住Alt键（Windows）或Option键（Mac），并将选框拖曳到螺帽边缘。

选区将以拖曳的起点为中心。

提示：要确保选区为圆形，可在拖曳的同时按住Shift键。如果在使用矩形选框工具时按住Shift键，选区将为正方形。

5. 选择整个螺帽后，先松开鼠标，再松开 Alt 键或 Option 键（如果按住了 Shift 键，此时也松开它），如图 3.22 所示。不要取消选择，因为后面还要使用它。
6. 如有必要，可使用前面介绍的任一方法调整选区的位置。如果不小心在松开鼠标前松开了 Alt 键或 Option 键，可重新选择螺帽。

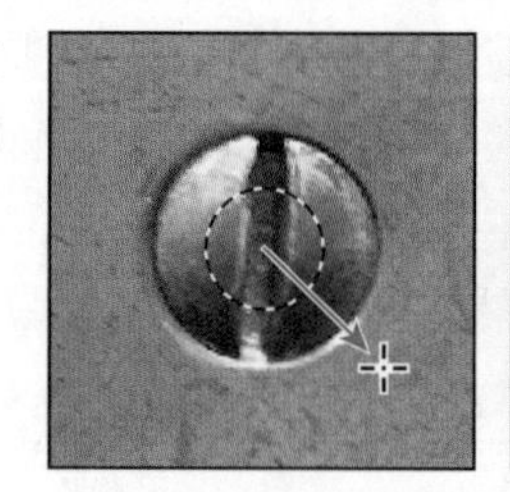
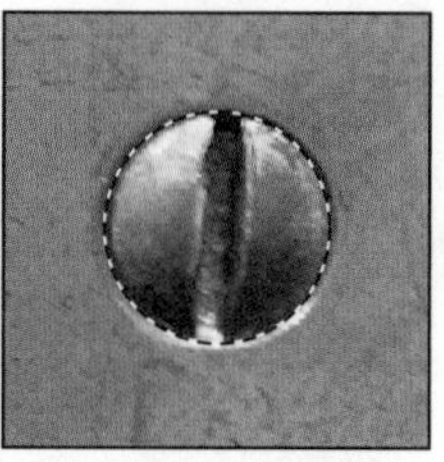

图 3.22

3.11 调整选区内容的大小并复制选区的内容

下面将螺帽移到木质陈列柜的右下角，再将其复制到其他 3 个角上。

3.11.1 调整选区内容的大小

首先来移动螺帽，但对要放置到的地方来说，螺帽太大了，因此还需调整其大小。

在执行下面的操作前，确保螺帽被选中。如果没有，按 3.10 节介绍的步骤重新选择它。

1. 选择“视图”>“按屏幕大小缩放”使整个图像刚好充满图像窗口。
2. 在工具面板中选择移动工具（▸✥）。
3. 将鼠标指针指向螺帽内部，鼠标指针将变成带剪刀的箭头（▸✂），这表明此时拖曳选区将把它从当前位置剪掉并移到新位置。
4. 将螺帽拖曳到陈列柜右下角。
5. 选择菜单“编辑”>“变换”>“缩放”，选区周围将出现一个定界框。
6. 向内拖曳定界框的一角，将螺帽缩小到原来的 40% 左右，即对陈列柜的角来说足够小。然后按回车键提交修改并隐藏定界框。

> **提示：**如果螺帽是被固定住，无法平滑地移动它或调整其大小，那么可在拖曳时按住 Ctrl 键，暂时禁用对齐到智能参考线；也可永久性地禁用对齐到智能参考线，方法是取消选择菜单命令“视图”>“显示”>“智能参考线”。

调整对象大小时，选框大小也将相应地调整。调整对象的大小时，默认会保持宽高比不变。

> **提示：**调整对象的大小时，如果不想保持长宽比不变，可在拖曳变换定界框角上的手柄时按住 Shift 键。

7. 调整螺帽的大小后，使用移动工具调整其位置，使其位于陈列柜右下角中央，如图 3.23 所示。
8. 不要取消选择螺帽。选择菜单“文件”>“存储”保存所做的修改。

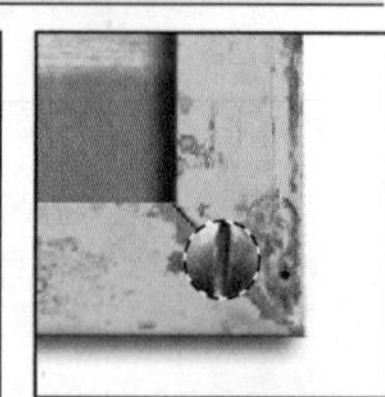

图 3.23

3.11.2 移动的同时进行复制

可在移动选区的同时复制选区。下面将螺帽复制到陈列柜的其他3个角上。如果没有选择螺帽，请使用前面介绍的方法重新选择它。

1. 在选择了移动工具（ ）的情况下，将鼠标指针指向选区内部并按住Alt键（Windows）或Option键（Mac），鼠标指针将变成黑白双箭头，这表明在移动选区的同时将复制选区。
2. 按住Alt键或Option键，将螺帽的副本向上拖曳到陈列柜右上角，然后松开鼠标和Alt（Option）键，但不要取消选择螺帽副本。
3. 按住Alt键+Shift键（Windows）或Option+Shift键（Mac），并将一个螺帽副本向左拖曳到陈列柜左上角。

移动选区时按住Shift键可将移动方向限制为水平、垂直等45度的整数倍方向。

4. 重复第3步，在陈列柜左上角放置第4个螺帽，如图3.24所示。
5. 放置好第4个螺帽后，选择菜单“选择”>“取消选择”，再选择菜单“文件”>“存储”。

图3.24

复制选区

可以使用移动工具，通过拖曳选区在图像内部或图像之间复制它。也可以使用“编辑”菜单中的命令来复制和移动选区。使用移动工具拖曳时可不使用剪贴板，因此可节省内存。

Photoshop提供了多个复制和粘贴命令：

- **“拷贝”**命令将活动图层中选定的区域放入剪贴板；
- **“合并拷贝”**建立选区中所有可见图层的合并副本；
- **“粘贴”**命令将剪贴板中的内容放在图像中央；粘贴到另一幅图像时，粘贴的内容将成为一个新图层。

在子菜单“编辑”>“选择性粘贴”中，Photoshop还提供了几个特殊的粘贴命令，这在某些情况下给用户提供了更多的选择：

- **“原位粘贴”**命令将剪贴板内容粘贴到原来的位置，而不是文档中央；
- **“贴入”**命令将剪贴板内容粘贴到同一幅或另一幅图像的活动选区中，源选区将粘贴到一个新图层中，而选区外面的内容将被转换为图层蒙版；
- **“外部粘贴”**命令与“贴入”命令相同，只是将内容粘贴到活动选区外面，并将选区转换为图层蒙版。

在像素尺寸不同的文档之间粘贴时，内容的尺寸可能看起来变了，这是因为其像素尺寸保持不变，且不受所在文档的影响。对于粘贴的选区，你可调整其大小，但放大可能降低选区的图像质量。

3.12 裁剪图像

图像合成好后，需要将其裁剪到最终尺寸，为此可使用“裁剪”工具，也可使用“裁剪”命令。

1. 选择裁剪工具（ ）或按 C 键从当前工具切换到裁剪工具。Photoshop 将创建一个环绕整幅图像的裁剪框。
2. 在选项栏中，确保从“预设”下拉列表中选择了“比例”，且没有指定比例值，再确定选择了“删除裁剪的像素”。

选择了“比例”且没有指定比例值时，可以以任何宽高比裁剪图像。

> **提示：**要以原来的宽高比裁剪图像，可在选项栏中从“预设”下拉列表中选择“原始比例”。

3. 拖曳裁剪手柄，让裁剪框只包含陈列柜及其周围的一些白色区域，而不包含图像底部的原始对象，如图 3.25 所示。

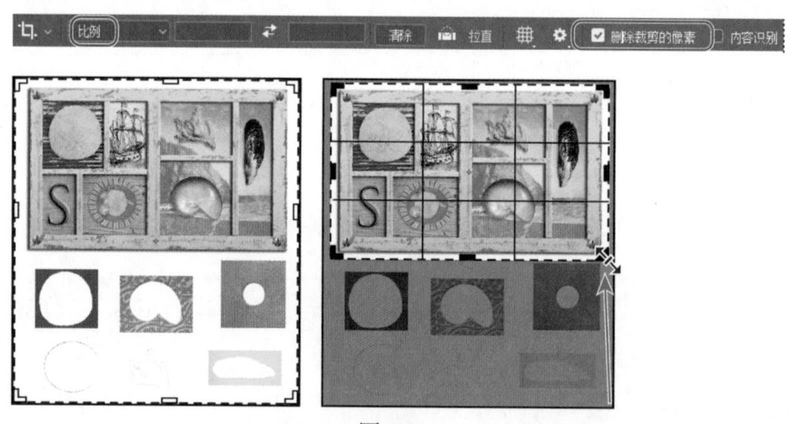

图 3.25

4. 确定了裁剪框的大小和位置后，单击选项栏中的提交当前裁剪操作按钮（✓）。
5. 选择“文件”>“存储”保存所做的工作，最终结果如图 3.26 所示。

在本节中，我们使用几种不同的选取工具将所有海贝壳放到了合适位置。至此，陈列柜便完成了！

图 3.26

3.13 复习题

1. 创建选区后，可对图像的哪些地方进行编辑？
2. 如何将区域加入选区？如何将区域从选区中减去？
3. 如何在创建选区的同时移动它？
4. 快速选择工具有何用途？
5. 魔棒工具如何确定选择图像的哪些区域？什么是容差？它对选区有何影响？

3.14 复习题答案

1. 只能编辑活动选区内的区域。
2. 要将区域加入选区，可单击选项栏中的“添加到选区”按钮，然后单击要添加的区域；要将区域从选区中减去，可单击选项栏中的“从选区减去”按钮，然后单击要减去的区域。也可在单击或拖曳时按住 Shift 键将区域添加到选区中；在单击或拖曳时按住 Alt 键（Windows）或 Option 键（Mac）将区域从选区中减去。
3. 在不松开鼠标的情况下按住空格键，再通过拖曳来调整选区的位置。
4. 快速选择工具可从单击位置向外扩展，并自动查找和跟踪图像中定义的边缘。
5. 魔棒工具可根据颜色的相似性来选择相邻的像素。容差设置决定了魔棒工具将选择的色调范围，容差设置越高，选择的色调越多。

第4课　图层基础

在本课中，你将学习以下内容：

- 使用图层组织图稿；
- 创建、查看、隐藏和选择图层；
- 重新排列图层以修改图稿的堆叠顺序；
- 对图层应用混合模式；
- 调整图层的大小和旋转图层；
- 对图层应用渐变；
- 对图层应用滤镜；
- 在图层中添加文本和图层效果；
- 添加调整图层；
- 保存拼合图层后的文件副本。

本课需要的时间不超过1小时。启动Photoshop之前，请先在异步社区将本书的课程资源下载到本地硬盘中，并进行解压。在学习本课时，请打开相应的课程文件。建议先做好原始课程文件的备份工作，以免后期用到这些原始文件时，还需重新下载。

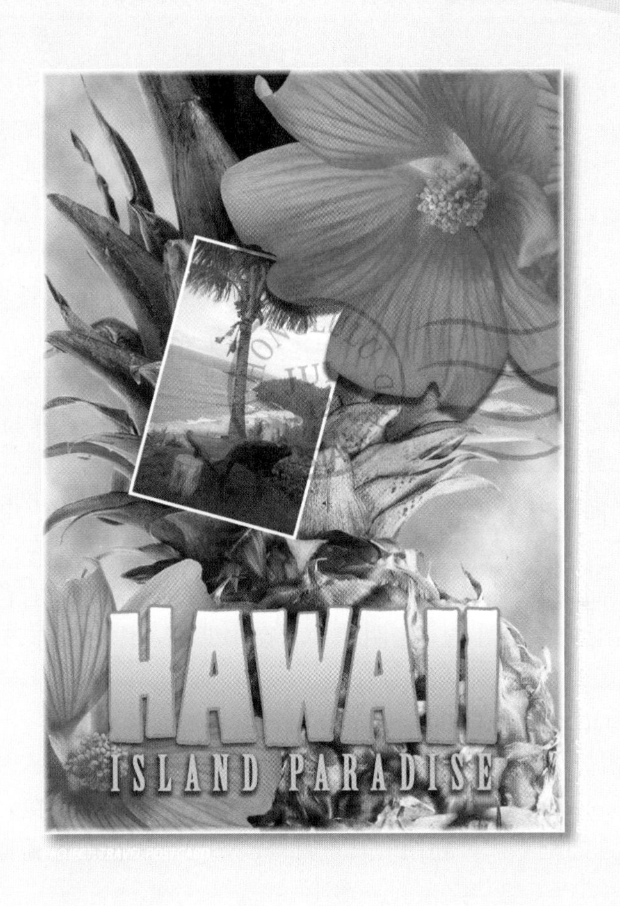

在 Adobe Photoshop 中，可使用图层将图像的不同部分分开。这样，每个图层都可作为独立的图稿进行编辑，这为合成和修订图像提供了极大的灵活性。

4.1 图层简介

每个 Photoshop 文件都包括一个或多个图层。新建的文件通常包含一个背景图层，该图层包含能够透过后续图层的透明区域显示出来的颜色或图像。图像中的所有新图层都是透明的，直到加入文本或图稿为止。

操作图层类似于排列多张透明胶片上的绘画部分，并通过投影仪查看它们。可对每张透明胶片进行编辑、删除和位置调整等操作，而不会影响其他的透明胶片。堆叠透明胶片后，整个合成图便显示出来了。

4.2 概述

首先来查看最终合成的图像。

1. 启动 Photoshop，并立刻按下 Ctrl + Alt + Shift 键（Windows）或 Command + Option + Shift 键（Mac）以恢复默认首选项（参见前言中的“恢复默认首选项”）。
2. 出现提示对话框时，单击“是”确认要删除 Adobe Photoshop 设置文件。
3. 选择菜单“文件” > “在 Bridge 中浏览”以打开 Adobe Bridge。

Ps **注意：**如果没有安装Bridge，将有对话框提示你安装它。更详细的信息请参阅前言。

4. 在“收藏夹”面板中，单击文件夹 Lessons，再在内容“面板”中双击文件夹 Lesson04 以查看其内容。
5. 研究文件 04End.psd。如果要查看这幅图像的更多细节，可向右移动缩略图滑块。

这个包含多个图层的合成图是一张明信片。在本课中，你将制作该明信片，并在制作过程中学习如何创建、编辑和管理图层。

6. 双击文件 04Start.psd 以在 Photoshop 中打开它。
7. 选择菜单“文件” > “存储为”，将文件重命名为 04Working.psd，并单击“保存”按钮。如果出现“Photoshop 格式选项”对话框，请单击“确定”按钮。

通过存储原始文件的副本，可随便对其进行修改，而不用担心覆盖原始文件。

4.3 使用“图层”面板

“图层”面板显示了图像中所有的图层，包括每个图层的名称以及图层中图像的缩略图。可以使用“图层”面板来隐藏、查看、删除、重命名和合并图层，并调整图层位置。编辑图层时，图层缩略图将自动更新。

1. 如果“图层”面板不可见，请选择菜单“窗口” > “图层”。

对于文件 04Working.psd，“图层”面板中列出了 5 个图层，从上到下依次为 Postage、HAWAII、Flower、Pineapple 和 Background 图层，如图 4.1 所示。

2. 如果没有选择 Background 图层，请选择它使其处于活动状态。请注意 Background 图层的缩略图及图标：

- 锁定图标（🔒）表示图层受到保护；
- 眼睛图标（👁）表示图层在图像窗口中可见。如果单击眼睛图标，图像窗口将不再显示该图层。

在这个项目中，第一项任务是在明信片中添加一张海滩照片。首先在 Photoshop 中打开一张海滩照片。

提示：可以使用上下文菜单隐藏图层缩略图或调整其大小。在“图层”面板中的缩略图上单击鼠标右键（Windows）或按住 Control 键并单击（Mac）以打开上下文菜单，然后选择一种缩略图尺寸。

3. 在 Photoshop 中，选择菜单“文件”>“打开”，切换到文件夹 Lesson04，再双击文件 Beach.psd 来打开它，如图 4.2 所示。

图 4.1

图 4.2

“图层”面板将显示处于活动状态的文件 Beach.psd 的图层信息。图像 Beach.psd 只有一个图层：Layer 1 而不是背景图层（background layer）。更详细的信息，请参阅下面的补充内容“背景图层”。

背景图层

使用白色或彩色背景创建新图像时，“图层”面板中最底端的图层名为 Background（背景），该图层总是不透明的。每个图像只能有一个背景图层，用户不能修改背景图层的排列顺序、混合模式和不透明度，但可以将背景图层转换为常规图层。

创建包含透明内容的新图像时，该图像将没有背景图层。最下面的图层不像背景图层那样受到限制，用户可将它移动到“图层”面板中的任何位置，并可修改其不透明度和混合模式。

要将背景图层转换为常规图层，你可：

1. 单击图层名旁边的锁定图标，图层名将变为默认的“图层n”，其中n为编号。
2. 将图层重命名。

要将常规图层转换为背景图层，你可：

1. 在“图层”面板中选择要转换的图层。
2. 选择菜单“图层”>“新建”>“图层背景”。

4.3.1 重命名和复制图层

要给图像添加内容并同时为其创建新图层，只需将对象或图层从一个文件拖曳到另一个文件的图像窗口中即可。无论从源文件的图像窗口还是图层面板中拖曳，都只会在目标文件中复制活动图层。

下面将图像Beach.psd拖曳到文件04Working.psd中。在执行下面的操作前，确保打开了文件04Working.psd和Beach.psd，且Beach.psd处于活动状态。

首先，将Layer 1重命名为更具描述性的名称。

1. 在“图层”面板中双击名称Layer 1，输入Beach并按回车键，如图4.3所示。保持该图层的选中状态。

图4.3

注意：重命名图层时，务必双击图层名。如果你双击图层名外面，出现的可能是其他图层选项。

2. 选择菜单“窗口”>“排列”>“双联垂直”，Photoshop将同时显示两幅打开的图像文件。选择Beach.psd图像让其处于活动状态。
3. 选择移动工具（▸✥），再将Beach.psd图像拖曳到04Working.psd所在的图像窗口，如图4.4所示。

提示：将图像从一个文件拖曳到另一个文件时，如果按住Shift键，那么拖入的图像将自动位于目标图像窗口的中央。

提示：也可通过复制和粘贴在文档之间复制图层，为此可在图层“面板”中选择要复制的图层，并选择菜单“编辑”>“复制”，再切换到另一个文档，并选择菜单“编辑”>“粘贴”。

图层Beach出现在04Working.psd的图像窗口中；同时，在“图层”面板中，该图层位于图层Background和Pineapple之间，如图4.5所示。Photoshop总是将新图层添加到选定图层的上方，而你在前面选择了图层 Background。

图 4.4

图 4.5

提示：对于本课程中介绍的项目，你可从在线库 Adobe Stock 中下载图像，为此可在 Photoshop 中选择菜单“文件”>“搜索 Adobe Stock”。默认下载的是低分辨率的占位图像，但你购买后，Photoshop 将把占位图像替换为高分辨率图像。

4. 关闭文件 Beach.psd 但不保存对其所做的修改。

提示：如果想让图层 Beach 居中，可在“图层”面板中选择它，然后选择菜单“选择”>“全部”，再选择菜单“图层”>“将图层与选区对齐”>“水平居中”或“图层”>“将图层与选区对齐”>“垂直居中”。

4.3.2 查看图层

文件 04Working.psd 现在包含 6 个图层，其中有些图层是可见的，而其他图层被隐藏。在“图层”面板中，图层缩略图左边的眼睛图标（ ）表明图层可见。

1. 单击 Pineapple 图层左边的眼睛图标（ ）将该图层隐藏，如图 4.6 所示。

通过单击眼睛图标或在其方框（也称为显示 / 隐藏栏）内单击，可隐藏或显示相应的图层。

2. 再次单击 Pineapple 图层的显示 / 隐藏栏以重新显示它。

图 4.6

4.3.3 给图层添加边框

接下来将为 Beach 图层添加一个白色边框，以创建老照片效果。

1. 选择 Beach 图层（要选择该图层，在“图层”面板中单击其图层名即可）。

该图层将呈高亮显示，表明它处于活动状态。在图像窗口中所做的修改只会影响活动图层。

2. 为使该图层的不透明区域更明显，按住 Alt 键（Windows）或 Option（Mac）键并单击Beach图层左边的眼睛图标（👁），这将隐藏 Beach 图层外的所有图层，如图 4.7 所示。

图像中的白色背景和其他东西不见了，只有海滩图像出现在棋盘背景上。棋盘指出了活动图层的透明区域。

图 4.7

3. 选择菜单“图层”>“图层样式”>“描边”。

这将打开“图层样式”对话框。下面为海滩图像周围的白色描边设置选项。

4. 指定以下设置，如图 4.8 所示。

- 大小：5 像素。
- 位置：内部。
- 混合模式：正常。
- 不透明度：100%。
- 颜色：白色（单击“颜色”色板，并从“拾色器”中选择白色）。

5. 单击“确定”按钮，海滩图像的四周将出现白色边框，如图 4.9 所示。

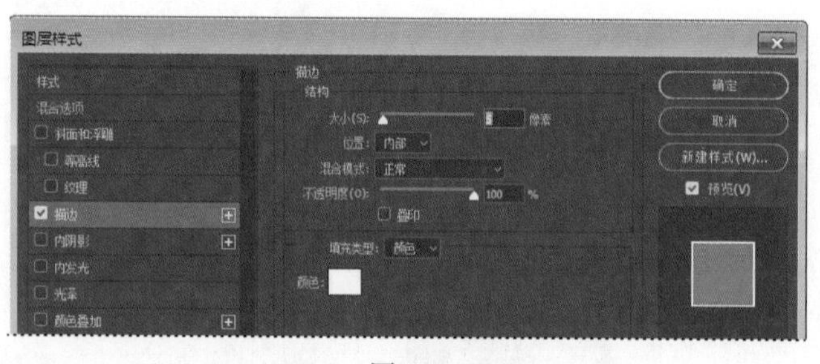

图 4.8

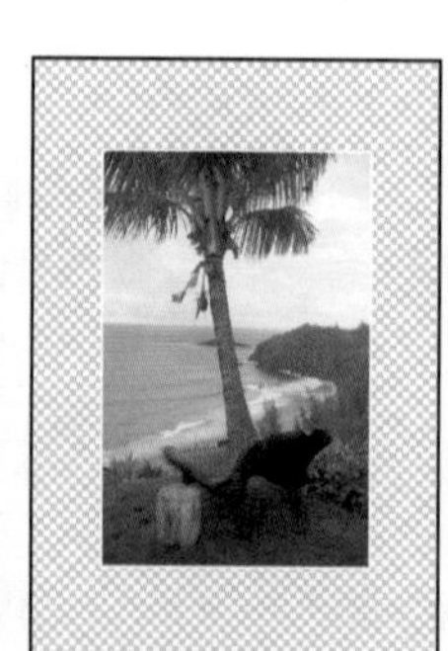

图 4.9

4.4 重新排列图层

图像中图层的排列顺序被称为堆叠顺序。堆叠顺序决定了用户将如何查看图像。你可以修改堆叠顺序，让图像的某些部分出现在其他图层的前面或后面。

下面重新排列图层，让海滩图像出现在文件中当前被隐藏的另一个图像前面。

1. 通过单击图层名左边的显示 / 隐藏栏，让图层 Postage、HAWAII、Flower、Pineapple 和 Background 可见，结果如图 4.10 所示。

海滩图像几乎被其他图层中的图像遮住了。

2. 在“图层”面板中，将 Beach 图层向上拖到图层 Pineapple 和 Flower 之间（此时这两个图层之间将出现两条蓝线），如图 4.11 所示，再松开鼠标。

图 4.10

图 4.11

Beach 图层沿堆叠顺序向上移动了一级，位于菠萝和背景图像上面，但在邮戳、花朵和文字“HAWAII”的下面。

提示：你也可这样控制图像中图层的排列顺序：在“图层”面板中选择图层，然后选择菜单“图层”>“排列”中的子命令“置为顶层”“前移一层”“后移一层”或“置为底层”。

4.4.1 修改图层的不透明度

可降低任何图层的不透明度，使其他图层能够透过它显示出来。在这个图像中，花朵上的邮戳的颜色太深了。下面编辑 Postage 图层的不透明度，让花朵和其他图像透过它显示出来。

1. 选择 Postage 图层，然后单击“不透明度”文本框旁边的箭头以显示不透明度滑块，将滑块拖曳到 25%，如图 4.12 所示。也可在“不透明度”文本框中直接输入数值或在“不透明度”标签上拖曳鼠标。

图 4.12

Postage 图层将变成半透明的，可看到它下面的其他图层。注意，对不透明度所做的修改只影响 Postage 图层的图像区域，图层 Pineapple、Beach、Flower 和 HAWAII 仍是不透明的。

2. 选择菜单“文件”>“存储”保存所做的修改。

4.4.2 复制图层和修改混合模式

可对图层应用各种混合模式。混合模式影响图像中一个图层的颜色像素与它下面图层中的像素的混合方式。首先，使用混合模式提高 Pineapple 图层中的图像的亮度，使其看上去更生动；然后修改 Postage 图层的混合模式。当前，这两个图层的混合模式都是“正常”。

1. 单击图层 HAWAII、Flower 和 Beach 左边的眼睛图标，以隐藏这些图层。
2. 在 Pineapple 图层上单击鼠标右键或按住 Control 键并单击，再从上下文菜单中选择“复制图层”，如图 4.13 所示。确保单击的是图层名称而不是缩略图，否则将打开错误的上下文菜单。在“复制图层”对话框中，单击“确定”按钮。

在“图层”面板中，一个名为“Pineapple 拷贝”的图层出现在了 Pineapple 图层的上面。

3. 在“图层”面板中，在选择了图层“Pineapple 拷贝”的情况下，从“混合模式”下拉列表中选择“叠加”。

> **提示**：注意到当你将鼠标指针指向“混合模式”下拉列表中不同的选项时，图像将相应地变化，这让你能够快速预览各种混合模式的效果。

混合模式“叠加”将图层“Pineapple 拷贝”与它下面的 Pineapple 图层混合，让菠萝更鲜艳、更丰富多彩且阴影更深、高光更亮，如图 4.14 所示。

图 4.13

图 4.14

4. 选择 Postage 图层，并从“混合模式”下拉列表中选择“正片叠底”。混合模式“正片叠底”将上面的图层颜色与下面的图层颜色相重叠。在这个图像中，邮戳将变得更明显，如图 4.15 所示。

图 4.15

5. 选择菜单“文件”>“存储”保存所做的修改。

4.4.3 调整图层的大小和旋转图层

在 Photoshop 中，你可调整图层的大小并对其进行变换。

1. 单击 Beach 图层左边的显示 / 隐藏栏，使该图层可见。
2. 在“图层”面板中选择 Beach 图层，然后选择菜单“编辑”>“自由变换”。海滩图像的四周将出现变换定界框，其每个角和每条边上都有手柄。

首先来调整图层的大小和方向。

3. 向内拖曳定界框角上的手柄，将海滩图像缩小到大约 50%（请注意选项栏中的宽度和高度百分比）。
4. 然后，在定界框仍处于活动状态的情况下，将鼠标指针指向角上手柄的外面，等鼠标指针变成弯曲的双箭头后沿顺时针方向拖曳鼠标，将海滩图像旋转 15°。也可在选项栏中的旋转文本框中输入 15，如图 4.16 所示。

图 4.16

5. 单击选项栏中的提交按钮（✔）。

> **提示：**你也可在变换定界框外面单击来提交变换，只是务必不要单击可能修改设置或图层的地方。

6. 使 Flower 图层可见。选择移动工具（ ），再拖曳海滩图像，使其一角隐藏在花朵的下面，如图 4.17 所示。
7. 选择菜单“文件”>“存储”。

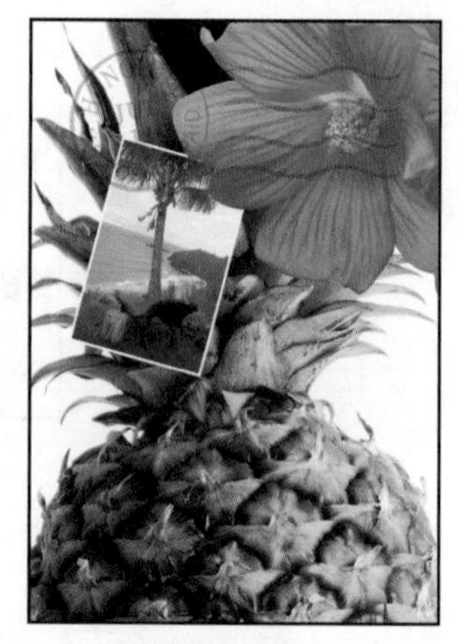

图 4.17

4.4.4 使用滤镜创建图稿

接下来，你将创建一个空白图层（在文件中添加空白图层相当于向一叠图像中添加一张空白胶片），再通过一种 Photoshop 滤镜在该新图层中添加逼真的云彩。

1. 在“图层”面板中，选择 Background 图层使其处于活动状态，再单击“图层”面板底部的创建新图层按钮（ ）。

在 Background 图层和 Pineapple 图层之间将出现一个名为“图层 1”的新图层，该图层没有任何内容，因此对图像没有影响。

> **注意：** 也可选择菜单“图层”>“新建”>“图层”或从图层面板菜单中选择“新建图层”来创建新图层。

2. 双击“图层 1”的名称，输入 Clouds，再按回车键来重命名图层，如图 4.18 所示。
3. 在工具面板中，单击前景色色板，并从“拾色器（前景色）”中选择天蓝色，再单击“确定”按钮。这里使用的颜色值为 R=48、G=138、B=174。保持背景色为白色，如图 4.19 所示。

> **提示：** 对于要在多个文档中使用的颜色，可将其加入到 Creative Cloud 库中。为此，可在“色板”面板中创建这种颜色，再将其拖曳到“库”面板的库中。这样，在任何打开的 Photoshop 文档中都可使用这种颜色。

4. 在 Clouds 图层处于活动状态的情况下，选择菜单“滤镜”>“渲染”>“云彩”。逼真的云彩出现在图像后面，如图 4.20 所示。

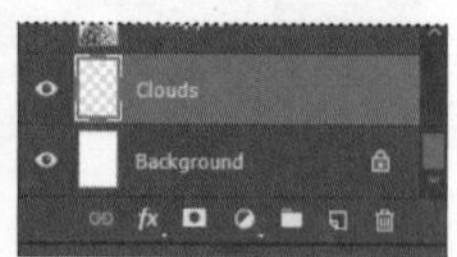

图 4.18

图 4.19

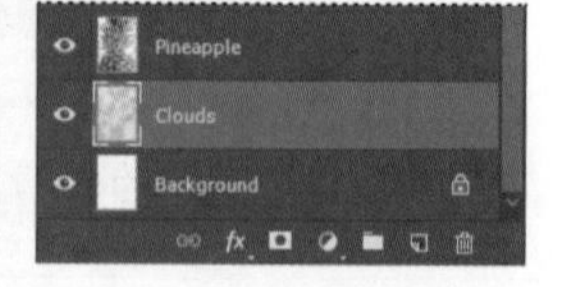

图 4.20

5. 选择菜单“文件”>“存储”。

4.4.5 通过拖曳添加图层

你可这样将图层添加到图像中：从桌面、Bridge、资源管理器（Windows）或 Finder（Mas OS）将图像文件拖曳到图像窗口中。接下来在明信片中再添加一朵花。

提示： 要添加 Creative Cloud 库中的图像，只需将其从“库”面板拖曳到 Photoshop 文档中。这种方法也适用于存储在 Creative Cloud 库中的 Adobe Stock 图像。

1. 如果 Photoshop 窗口充满了整个屏幕，请将其缩小：

- 在 Windows 中，单击窗口右上角的恢复按钮（ ），然后拖曳 Photoshop 窗口的右下角将该窗口缩小；
- 在 Mac 中，单击图像窗口左上角绿色的最大化 / 恢复按钮（ ），也可拖曳 Photoshop 窗口的右下角将该窗口缩小。

2. 在 Photoshop 中，选择“图层”面板中的图层“Pineapple 拷贝”，让其处于活动状态。

混合模式

混合模式指定了上下图层中的像素如何混合。默认混合模式为“正常”，这将隐藏下面的图层中的像素——除非上面的图层是部分或完全透明的。其他混合模式都能让你控制上下图层中像素的交互方式。

通常，要获悉混合模式对图像的影响，最佳的方式是使用它。在“图层”面板中，你可轻松地尝试不同的混合模式，方法是将鼠标指针指向“混合模式”下拉列表中不同的选项，然后查看图像将如何变化。尝试时要注意根据混合模式对图像的影响可将其分成几组。常见的效果有以下几种。

- 加暗图像：尝试使用变暗、正片叠底、颜色加深、线性加深或深色。
- 加亮图像：尝试使用变亮、滤色、颜色减淡、线性减淡或浅色。
- 提高图像的对比度：尝试使用叠加、柔光、强光、亮光、线性光、点光或实色混合。
- 修改图像的颜色值：尝试使用色相、饱和度、颜色或明度。
- 创建反相效果：尝试使用差值或排除。

下面是常用的混合方式，你可挨个进行尝试，其效果如图 4.21 所示。

- 正片叠底：顾名思义，它将上下层像素的颜色相重叠。
- 变亮：上层像素的颜色更亮时，就用上层像素替换下层像素。
- 叠加：根据下层的情况，将颜色或颜色的反相相重叠。图案或颜色覆盖既有的像素，同时保留下层的高光和阴影。
- 明度：将下层像素的明度替换为上层像素的明度。
- 差值：用较淡的颜色值减去较暗的颜色值。

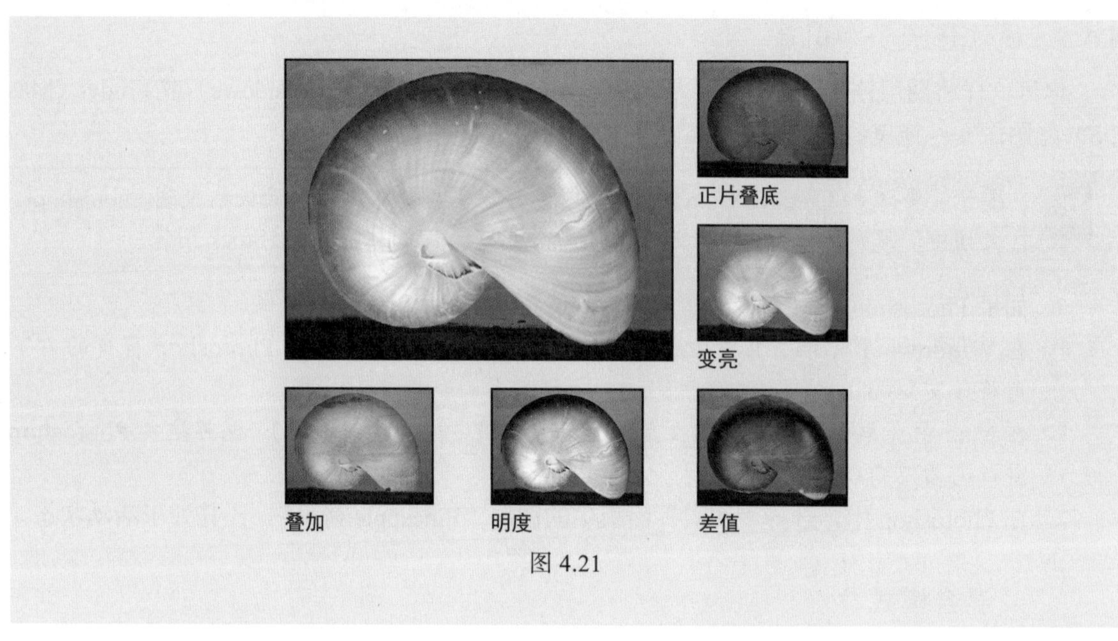

图 4.21

3. 在资源管理器（Windows）或 Finder（Mac）中，切换到文件夹 Lessons，再切换到文件夹 Lesson04。
4. 选择文件 Flower2.psd，并将其从资源管理器或 Finder 拖曳到图像窗口中，如图 4.22 所示。

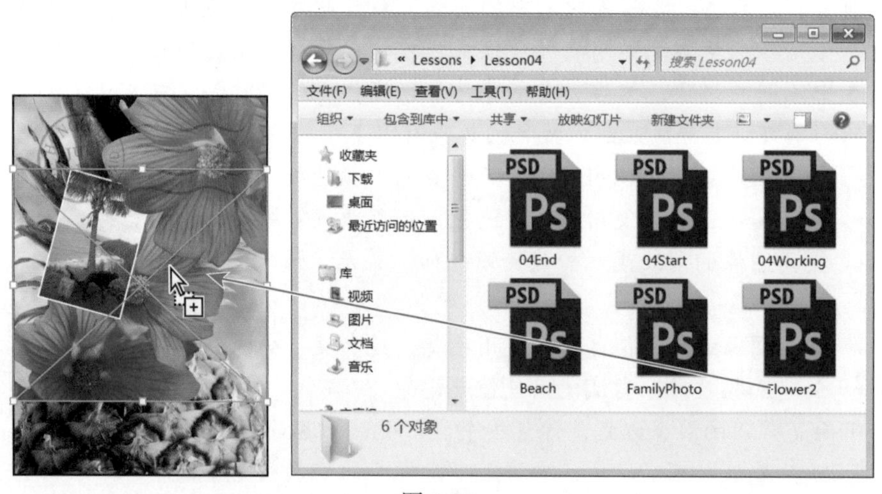

图 4.22

> 提示：也可从 Bridge 窗口将图像拖曳到 Photoshop 中，这与从资源管理器（Windows）或 Finder（Mac）中拖曳图像一样容易。

Flower2 图层将出现在“图层”面板中，并位于图层“Pineapple 拷贝”的上方。Photoshop 将该图层作为智能对象加入，用户对这样的图层进行编辑时，所做的修改不是永久性的。在

第5课中，你将大量地使用智能对象。

5. 将图层 Flower2 放到明信片的左下角，使得只有一半花朵可见，如图 4.23 所示。

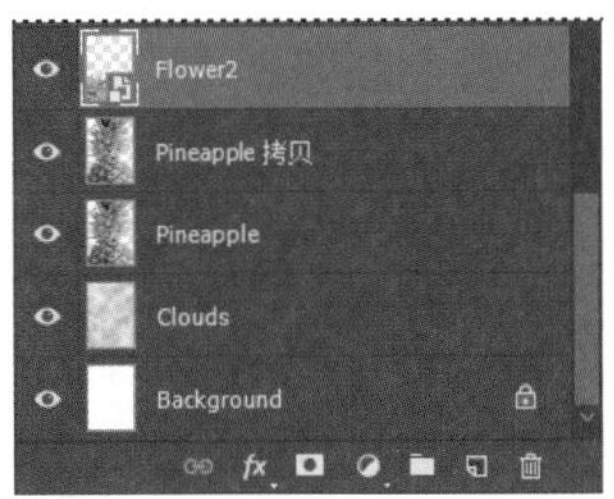

图 4.23

6. 单击选项栏中的提交变换按钮（✓）接受该图层。

> **提示：** 要提交变换，也可按回车键。

4.4.6 添加文本

现在可以使用横排文字工具来创建一些文字了，该工具将文本放在独立的文字图层中。然后你将编辑文本，并将特效应用于该图层。

图 4.24

1. 使 HAWAII 图层可见。接下来在该图层下面添加文本图层，并对这两个图层都应用特效。
2. 选择菜单“选择”>“取消选择图层”，以便不选中任何图层。
3. 在工具面板中，选择横排文字工具（T），然后选择菜单“窗口”>“字符”打开“字符”面板。在“字符”面板中做如下设置（如图 4.24 所示）。

- 选择一种衬线字体（这里使用 Birch Std，如果你使用的是其他字体，请相应地调整其他设置）。
- 选择字体样式（这里使用 Regular）。
- 选择较大的字号（这里使用 36 点）。
- 从字距调整下拉列表中选择较大的字距（这里使用 250）。
- 单击色板，从“拾色器”中选择草绿色，再单击“确定”按钮关闭“拾色器”。
- 单击仿粗体按钮（**T**）。
- 单击全部大写字母按钮（**TT**）。

- 从消除锯齿下拉列表（aa）中选择“锐利”。

4. 在单词 HAWAII 中的字母 H 的下面单击，并输入 Island Paradise 以替换被选中的占位文本，再单击选项栏中的提交所有当前编辑按钮（✔）。

注意：如果单击位置不正确，那么需要在文字外面单击，再重复第 4 步。

现在，“图层”面板中包含了一个名为 Island Paradise 的图层，其缩略图图标为 T，这表明它是一个文字图层。该图层位于图层栈的最上面（如图 4.25 所示），这是因为创建它时没有选择任何图层。

文本出现在单击鼠标的位置，这可能不是你希望的位置。

5. 选择移动工具（▸✥），拖曳文本 Island Paradise 使其与 HAWAII 居中对齐，如图 4.26 所示。

图 4.25

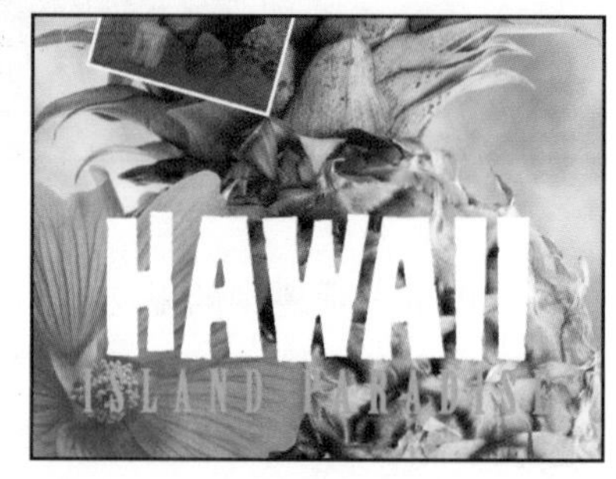

图 4.26

4.5 对图层应用渐变

可对整个图层或其中的一部分应用颜色渐变。在本节中，你将给文字 HAWAII 应用渐变，使其更多姿多彩。首先选择这些字母，然后应用渐变。

1. 在“图层”面板中，选择 HAWAII 图层使其处于活动状态。
2. 在 HAWAII 图层的缩略图上单击鼠标右键或按住 Control 键并单击，再从上下文菜单中选择“选择像素”。这将选择 HAWAII 图层的所有内容（白色字母），如图 4.27 所示。

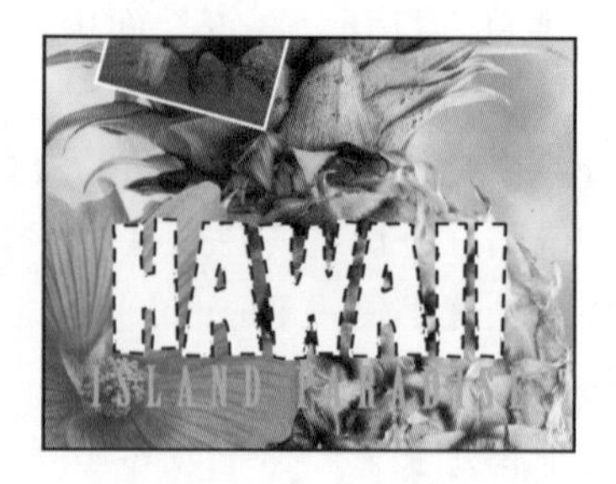

图 4.27

注意： 确保单击的是缩略图而不是图层名，否则看到的将不是这里说的上下文菜单。

选择要填充的区域后，下面来应用渐变。

注意： 虽然这个图层包含单词 HAWAII，但它并不是文字图层。该图层中的文本已被光栅化（转换为像素）。

3. 在工具面板中选择渐变工具（）。
4. 单击工具面板中的前景色色板，再从“拾色器（前景色）”中选择亮橙色，再单击“确定”按钮。背景色应还是白色。

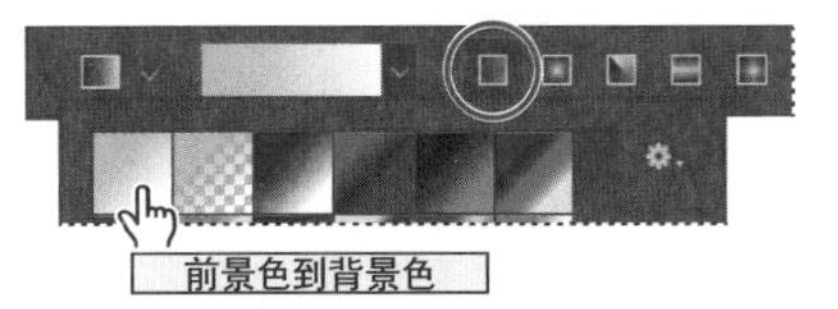

5. 在选项栏中，确保按下了线性渐变按钮（）。
6. 在选项栏中，单击渐变编辑器旁边的箭头打开渐变选择器，再选择色板“前景色到背景色”（第一个），然后在渐变选择器外面单击以关闭它。
7. 在选区仍处于活动状态的情况下，按住鼠标左键从字母底部向顶部拖曳，如图 4.28 所示。要垂直拖曳，可在拖曳时按住 Shift 键。拖曳到字母顶部后松开鼠标。

图 4.28

提示： 可以以名称的方式而不是样本的方式来列出渐变。为此，只需单击渐变选择器中的面板菜单按钮，并选择“小列表”或“大列表”。也可将鼠标指针指向缩略图直到出现工具提示，它指出了渐变名称。

渐变将覆盖文字，从底部的橙色开始，逐渐变为顶部的白色。

8. 选择菜单“选择”>“取消选择”以取消选择文字 HAWAII。
9. 保存所做的修改。

4.6 应用图层样式

你可以添加自动和可编辑的图层样式中的“阴影”“描边”“光泽”或其他特效来改善图层。你可以很容易地将这些样式应用于指定图层，这些样式与指定图层可以直接关联。

和对图层的操作一样，你也可在“图层”面板中单击眼睛（）图标将图层样式隐藏起来。图层样式是非破坏性的，可随时编辑它们或将其删除。你可将效果拖曳到目标图层上，从而将图层样式应用于其他图层。

你在前面使用了一种图层样式给海滩图像添加边框，下面来给文本添加“投影”以突出文字。

1. 选择图层 Island Paradise，然后选择菜单“图层”>“图层样式”>“投影”。

> **提示：** 也可单击“图层”面板底部的添加图层样式按钮（*fx*），然后从下拉列表中选择一种图层样式（如“斜面和浮雕”）来打开“图层样式”对话框。

2. 在“图层样式”对话框中，确保选中了复选框“预览”。如有必要，将对话框移到一边，以便能够看到图像窗口中的文本 Island Paradise。
3. 在对话框的“结构”部分，确保选中了复选框“使用全局光”，然后指定如下设置（如图 4.29 所示）。

- 混合模式：正片叠底。
- 不透明度：75%。
- 角度：78 度。
- 距离：5 像素。
- 扩展：30%。
- 大小：10 像素。

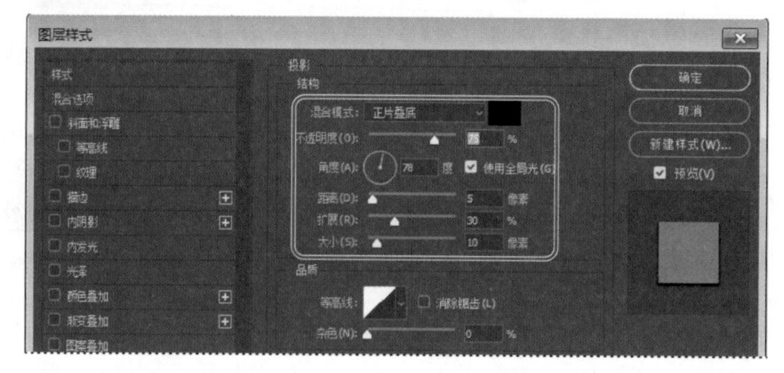

图 4.29

选择了“使用全局光”后，窗口中将有一个“主”光照角度，用于所有使用投影的图层效果。如果你在这些效果之一中设置了光照角度，其他选择了“使用全局光”的效果都将继承这个光照角度设置。

> **提示：** 要修改全局光设置，可选择菜单“图层”>“图层样式”>“全局光”。

角度决定了对图层应用效果时的光照角度，距离决定了投影或光泽效果的偏移距离，扩展决定了阴影向边缘减弱的速度，大小决定了阴影的延伸距离。

Photoshop 将为图像中的文本 Island Paradise 添加投影。

4. 单击“确定”按钮让设置生效并关闭“图层样式”对话框，结果如图 4.30 所示。

在“图层”面板中，图层 Island Paradise 中嵌套了该图层样式。首先列出的是字样“效果”，然后列出了应用于该图层的图层样式。在字样“效果”及每种效果旁边都有一个眼睛图标（👁）。要隐藏一种效果，只需单击其眼睛图标，再次单击可视性栏可恢复效果；要隐藏所有图层样式，可单击“效果”旁边的眼睛图标；要折叠效果列表，可单击图层缩略图右边的箭头。

> **提示：**对于要在多个文档中使用的图层样式，可将其加入到 Creative Cloud 库中。为此，你可选择使用了该样式的图层，然后单击“库”面板底部的“添加内容”按钮，确保选择了复选框“图层样式”，再单击“添加”按钮。这样，就可在任何打开的 Photoshop 文档中使用该样式了。

5. 执行下面的操作前，确保图层 Island Paradise 下面嵌套的两项内容左边都有眼睛图标。
6. 在“图层”面板中，按住 Alt（Windows）或 Option（Mac）键，并将“效果”或 fx 符号拖曳到图层 HAWAII 中。投影（与图层 Island Paradise 使用的设置相同）将被应用于图层 HAWAII，如图 4.31 所示。

图 4.30

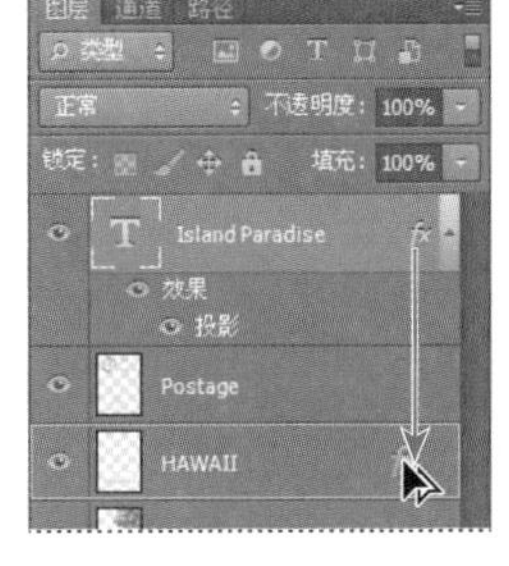

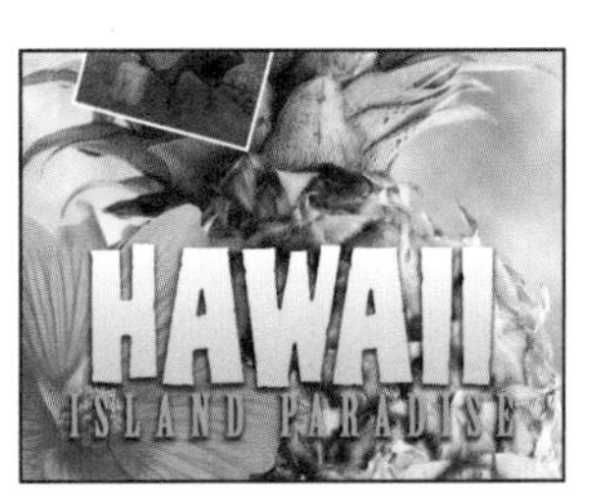

图 4.31

下面在单词 HAWAII 周围添加绿色描边。

7. 在“图层”面板中，选择图层 HAWAII，然后单击“图层”面板底部的添加图层样式按钮（*fx*），并从下拉列表中选择“描边”。
8. 在“图层样式”对话框的“结构”部分，指定如下设置（如图 4.32 所示）。

- 大小：4 像素。
- 位置：外部。
- 混合模式：正常。
- 不透明度：100%。
- 颜色：绿色（选择一种与文本 Island Paradise 的颜色匹配的颜色）。

9. 单击“确定”按钮应用描边，结果如图 4.33 所示。

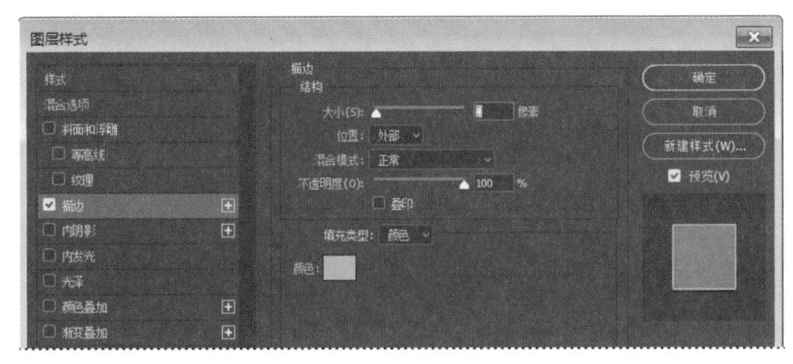

图 4.32

图 4.33

来自 Photoshop 布道者——Julieanne Kost 的提示

混合效果

以不同的顺序或编组混合图层时，得到的效果也不同。将混合模式应用于图层组时，效果与将该模式应用于各个图层截然不同，如图 4.34 所示。将混合模式应用于图层组时，Photoshop 将整个图层组视为单个拼合对象。你可尝试使用不同的混合模式，以获得所需的效果。

图 4.34

下面给花朵添加投影和光泽。

10. 选择图层 Flower，再选择菜单“图层”>“图层样式”>“投影”。在“图层样式”对话框的“结构”部分指定如下设置（如图 4.35 所示）。

- 不透明度：60%。
- 距离：13 像素。

- 扩展：9%。
- 确保选中了复选框“使用全局光”，并从“混合模式”下拉列表中选择了“正片叠底”。现在不要单击“确定”按钮。

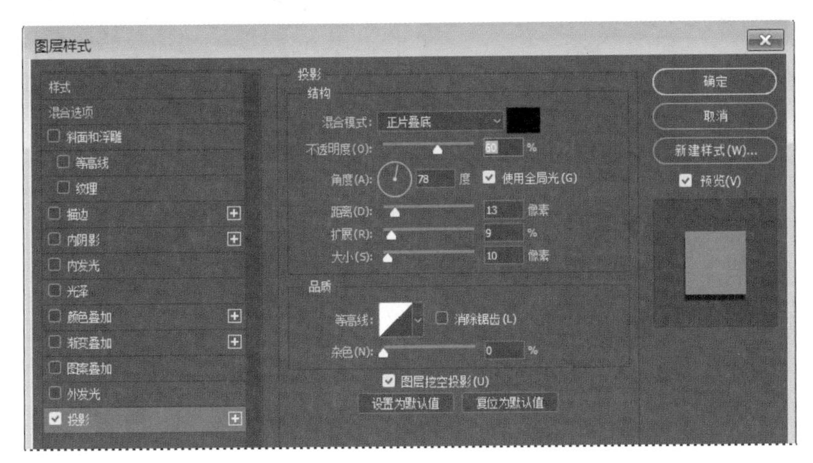

图 4.35

11. 在仍打开的“图层样式”对话框中，单击左边的字样“光泽”。确保选中了复选框“反相”，并应用如下设置（如图 4.36 所示）。

- 颜色（混合模式旁边）：选择一种可改善花朵颜色的颜色，如桃红色。
- 不透明度：20%。
- 距离：22 像素。

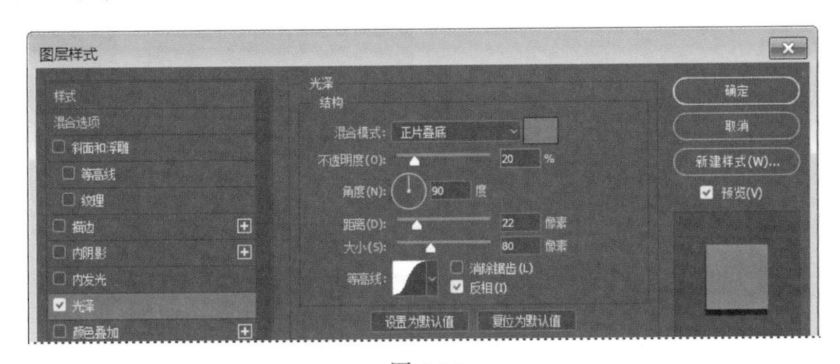

图 4.36

注意：请务必单击字样“光泽”。如果你单击相应的复选框，Photoshop 将使用默认设置来应用图层样式“光泽”，而不会显示相关的选项。

图层效果“光泽”通过添加内部投影来创建磨光效果。“等高线”决定了效果的形状；“反相”用于将等高线反转。

12. 单击“确定”按钮应用这两种图层样式，结果如图 4.37 所示。

应用图层样式前

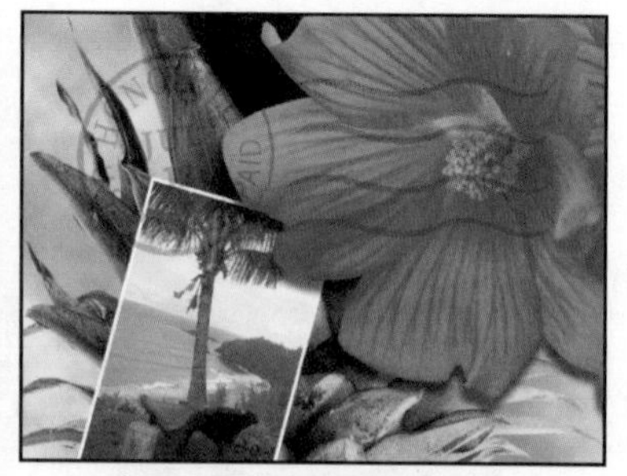

应用图层样式投影和光泽后

图 4.37

4.7 添加调整图层

你可在图像中添加调整图层，以调整颜色和色调，而不永久性地修改图像的像素。例如，在图像中添加色彩平衡调整图层后，就可反复尝试不同的颜色，因为修改是在调整图层中进行的。如果要恢复到原来的像素值，只需隐藏或删除该调整图层即可。

你在本书前面使用过调整图层。这里将添加一个色相 / 饱和度调整图层，以修改紫色花朵的颜色。除非创建调整图层时有活动选区或创建了一个剪贴蒙版，否则调整图层将影响它下面的所有图层。

1. 在“图层”面板中，选择图层 Flower2。
2. 单击“调整”面板中的色相 / 饱和度图标，以添加一个色相 / 饱和度调整图层，如图 4.38 所示。
3. 在“属性”面板中做如下设置（如图 4.39 所示）。

- 色相：43。
- 饱和度：19。
- 明度：0。

图 4.38

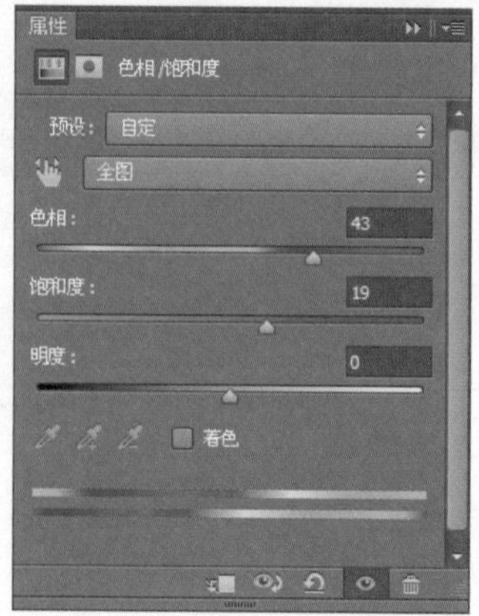

图 4.39

图层 Flower2、Pineapple copy、Pineapple、Clouds 和 Background 都会受到影响。这种效果很有趣，但你只想修改图层 Flower2。

4. 在“图层”面板中色相 / 饱和度调整图层的图层名上单击鼠标右键（Windows）或按住 Control 键并单击（Mac），再选择“创建剪贴蒙版”。

> **注意：**务必要单击图层名而不是缩略图，这样才能打开正确的上下文菜单。

在“图层”面板中，该调整图层左边将出现一个箭头，这表明它只影响图层 Flower2，如图 4.40 所示。第 6 课和第 7 课将更详细地介绍剪贴蒙版。

图 4.40

多次应用相同的图层样式

要改变设计元素的外观，一种极佳的方式是多次应用相同的效果（如描边、发光或投影）。要这样做，无须复制图层，在“图层样式”对话框中即可实现该功能。

1. 打开文件夹 Lesson04 中的文件 04End.psd。
2. 在“图层”面板中，双击应用于图层 HAWAII 的投影效果。
3. 在“图层样式”对话框左侧的“效果”列表中，单击“投影”右边的“+”按钮，并选择第二个“投影”效果，如图 4.41 所示。

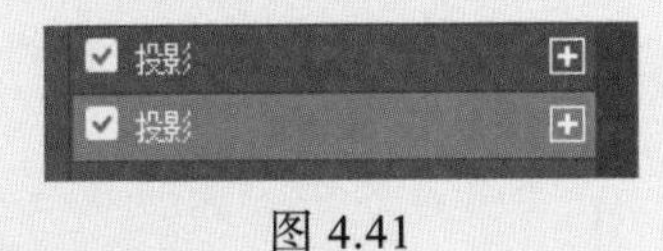

图 4.41

接下来是比较有趣的部分。你可调整第二个投影效果——修改诸如颜色、大小和不透明度等选项。

4. 在投影选项部分单击色块，将鼠标指针移出“图层样式”对话框，鼠标指针将变成吸管形状，然后单击图像底部的花朵，以采集其中的浅紫色。接下来，按图 4.42 进行投影设置，再单击“确定”按钮。

5. 新增的投影让文字 HAWAII 更显眼，如图 4.42 所示。

图 4.42

4.8 更新图层效果

在修改图层时，图层效果将自动更新。你可编辑文字，并观察图层效果将如何相应地更新。

1. 在“图层”面板中，选择图层 Island Paradise。
2. 在工具面板中，选择横排文字工具（T）。
3. 在选项栏中，将字体大小设置为 32 点并按回车键。

> Ps **提示：**在“图层”面板中，可按图层类型、图层名称、效果、模式、属性和颜色等搜索图层。你还可只显示选定的图层。为此，你可选择菜单“选择”>“隔离图层”，也可从“图层”面板中的下拉列表“类型”中选择“选定”，这两种做法都将切换到隔离模式。

尽管没有像在字处理程序中那样通过高亮文本来选中文本，但依然能够修改整个文字图层的设置。这在 Photoshop 中之所以可行，是因为通过在“图层”面板中选择文字图层，就可修改该图层的设置，前提是当前选择了文字工具。Island Paradise 的字体大小变成了 32 点。

4. 使用横排文字工具在单词 Island 和 Paradise 之间单击，再输入单词 of。

当你编辑文本时，图层样式将应用于新文本。

5. 实际上并不需要添加单词 of，因此将它删除。
6. 选择移动工具（▶+），将 Island Paradise 拖曳到单词 HAWAII 下面并与之居中对齐，结果如图 4.43 所示。

添加文本时会自动对其应用图层效果

将Island Paradise放在单词HAWAII下面并与之居中对齐

图 4.43

注意：进行文本编辑后，无须单击“提交所有当前编辑”按钮，选择移动工具有相同的效果。

7. 选择菜单“文件”>“存储”。

4.9 添加边框

这张明信片差不多做好了。现在你已正确地排列了合成图像中的元素。最后需要完成的工作是，调整邮戳的位置并给明信片添加白色边框。

1. 选择移动工具，并确保在选项栏中没有选中复选框“自动选择”。

注意：选择了复选框“自动选择”后，可使用移动工具单击图层来选择它，而无须在“图层”面板中选择它，从而节省时间。但在众多图层重叠在一起的文档中，如果单击时选择的图层不正确，可尝试取消选中复选框“自动选择”。

2. 在“图层”面板中选择图层 Postage，再使用移动工具（▶+）将其拖曳到图像正中央，如图 4.44 所示。
3. 在“图层”面板中，选择图层 Island Paradise，然后单击“图层”面板底部的创建新图层按钮（◻）。
4. 选择菜单“选择”>“全部”。
5. 选择菜单“选择”>“修改”>“边界”。在“边界选区”对话框中，在“宽度”文本框中输入 10，然后单击“确定”按钮。

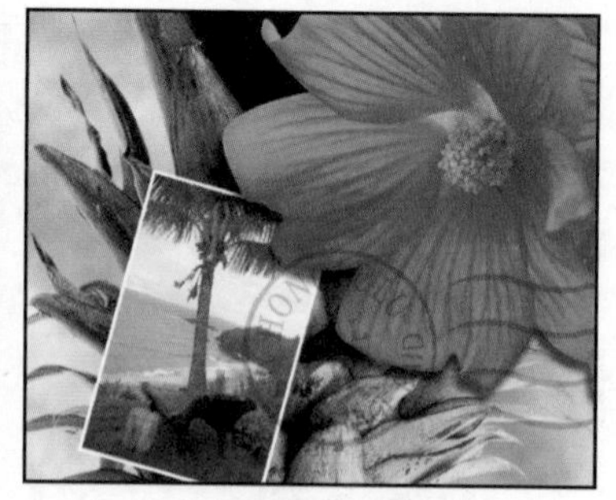

图 4.44

在整幅图像四周选择 10 像素的边界，下面使用白色来填充它。

6. 将前景色设置为白色，再选择菜单“编辑”>“填充”。
7. 在“填充”对话框中，从“内容”下拉列表中选择“前景色”，再单击“确定”按钮，如图 4.45 所示。

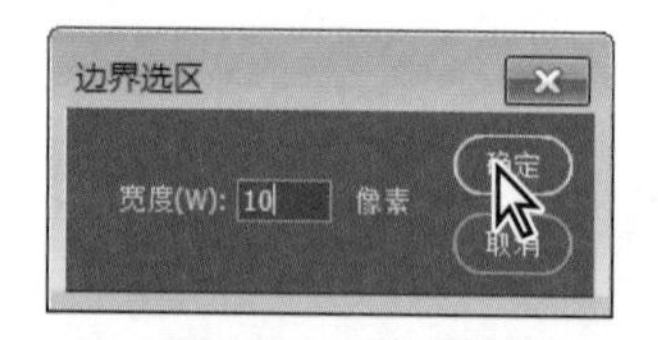

图 4.45

8. 选择菜单“选择”>“取消选择”。
9. 在“图层”面板中，双击图层名“图层 1”，并将该图层重命名为 Border，如图 4.46 所示。

图 4.46

4.10 拼合并保存文件

编辑好图像中的所有图层后，便可合并（拼合）图层以缩小文件。拼合将所有的图层合并为背景；然而，拼合图层后你将不能再编辑它们，因此应在确信对所有设计决定都满意后，才对图像进行拼合。相对于拼合原始 PSD 文件，一种更好的方法是存储包含所有图层的文件副本，以防以后需要编辑某个图层。

为了解拼合的效果，请注意图像窗口底部的状态栏有两个表示文件大小的数字，如图 4.47 所示。

图 4.47

注意：如果状态栏中没有显示文件大小，可单击状态栏中的箭头并选择“文档大小”。

第一个数字表示拼合图像后文件的大小，第二个数字表示未拼合时文件的大小。就本课的文件而言，拼合后为 2 ～ 3MB，而当前的文件要大得多，因此就这里介绍的项目而言，拼合是非常值得的。

1. 选择除文字工具（T）外的任何工具，以确保不再处于文本编辑模式。然后，选择菜单“文件”>“存储”保存所做的所有修改。
2. 选择菜单“图像”>“复制”。
3. 在“复制图像”对话框中将文件命名为 04Flat.psd，再单击“确定”按钮。
4. 关闭 04Working.psd，但让 04Flat.psd 打开。
5. 从图层面板菜单中选择“拼合图像”，如图 4.48 所示。

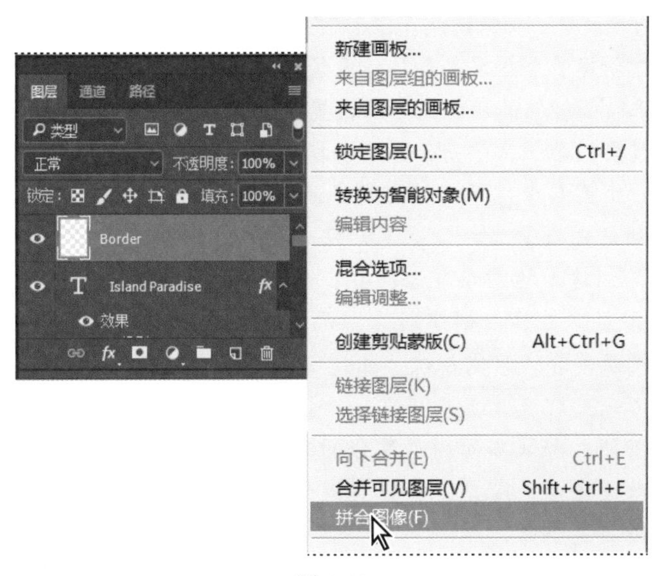

图 4.48

提示：菜单“图层”中也包含命令“拼合图像”；另外，在右键单击（Windows）或按住 Control 键并单击（Mac）图层名打开的上下文菜单中，也包含这个命令。

提示：如果只想拼合文件中的部分图层，可单击眼睛图标隐藏不想拼合的图层，再从图层面板菜单中选择“合并可见图层”。

“图层”面板中将只剩下一个名为 Background 的图层。

6. 选择菜单“文件”>“存储”。虽然选择的是“存储”而不是“存储为”，但仍将打开“存储为”对话框。
7. 确保位置为文件夹 Lesons\Lesson04，然后单击“保存”按钮接受默认设置并保存拼合后的文件。

你存储了文件的两个版本：只有一个图层的拼合版本及包含所有图层的原始文件。

你已经创建了一个色彩丰富、引人入胜的明信片。本课只初步介绍了掌握 Photoshop 图层使用技巧后可获得的大量可能性和灵活性中的很少一部分。在阅读本书时，几乎在每个课程中，你都将获得更多的经验，并尝试使用各种不同的图层使用技巧。

使用图层复合存储多种设计方案并在它们之间切换

“图层复合”面板（可选择菜单“窗口”>“图层复合”来打开它）让用户只需单击鼠标就可在多图层图像文件的不同版本之间切换。图层复合只不过是“图层”面板中设置的一种定义，你可使用“图层复合”面板来处理它们。每当需要保留特定的图层属性组合时，都可新建一个图层复合。这样，可通过从一个图层复合切换到另一个来快速地查看两种设计。在需要演示多种可能的设计方案时，图层复合的优点便将显现出来。通过创建多个图层复合，你无须不厌其烦地在“图层”面板中选择眼睛图标、取消对眼睛图标的选择以及修改设置，就可以查看不同的设计方案。

例如，假设要设计一个小册子，它包括英文版和法文版两个版本。用户可能将法文文本放在一个图层中，而将英文文本放在同一个图像文件中的另一个图层中。为创建两个不同的图层复合，只需显示法文图层并隐藏英文图层，再单击“图层复合”面板中的创建新的图层复合按钮；然后，执行相反的操作——显示英文图层并隐藏法文图层，并单击创建新的图层复合按钮，以创建一个英文图层复合。要查看不同的图层复合，只需依次单击每个图层复合左边的“图层复合”框。

设计方案不断变化或需要创建同一个图像文件的多个版本时，图层复合是一种非常有用的功能。如果不同图层复合的某些方面必须保持一致，那么可在一个图层复合中修改了图层的可见性、位置或外观后进行同步，这样所做的修改将反映到其他所有图层复合中。

使用 Adobe Stock 探索设计选项

使用图像可更轻松地可视化不同的设计理念。Photoshop 库面板让你能够直接访问数以百万计的 Adobe Stock 图像。下面将一幅来自 Adobe Stock 的夏威夷四弦琴图像添加到本章的合成图像中。

1. 打开文件夹 Lesson04 中的文件 04End.psd，并将其另存为 04End_Working.psd。
2. 在“图层”面板中，选择图层 Beach。
3. 在“库”面板中，确保搜索文本库框的内容为“搜索 Adobe Stock”，并输入 ukulele，寻找这样的一幅图像：夏威夷四弦琴垂直放置、背景为白色且没有投影，如图 4.49 所示。
4. 将这幅夏威夷四弦琴图像拖放到文档中。拖曳角上的手柄，将图像缩小到原来的 25% 左右。再应用所做的修改以完成图像导入，如图 4.50 所示。

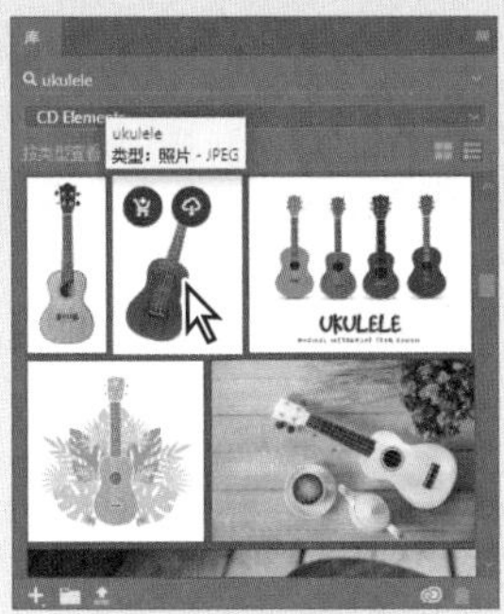

Adobe Stock搜索结果

图 4.49

文档中的Adobe Stock图像

图 4.50

5. 在搜索文本框中，从下拉列表中选择“当前库”，你将发现这幅图像自动添加到了当前库中。单击“关闭”按钮（ ）将搜索结果关闭。
6. 下面将这幅图像的背景删除。在选择了图层 Ukulele 的情况下，选择工具面板中的魔棒工具，再在白色背景中的任何地方单击。如果你选择的图像的角上有 ID 号，选择矩形选框工具，按住 Shift 键并拖曳鼠标以选择它，将其加入到选区中。按住 Alt/Option 键并单击“图层”面板底部的添加图层蒙版按钮（ ）。
7. 使用移动工具拖曳图层 Ukulele，使其与海滩图像部分重叠，如图 4.51 所示。至此，你在明信片图像中添加了一张 Adobe Stock 照片！

获取许可

在获取许可前，夏威夷四弦琴图像为低分辨率版本，且带 Adobe Stock 水印。就这里而言，你无须获得使用这幅图像的许可，但要在最终的项目中使用它，就必须获得许可。为此，确保在“图层”面板中选择了图层 ukulele，再在“属性”面板中单击“授权资源”并按提示做，如图 4.52 所示。获得许可后，图像将被自动替换为没有水印的高分辨率版本。如果你需要获得大量图像的许可，可考虑购买 Adobe Stock 包月套餐。

使用Adobe Stock在明信片中添加了新元素

图 4.51

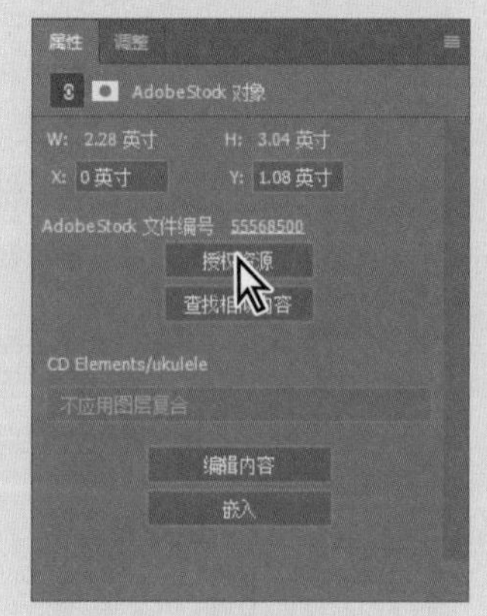

图 4.52

4.11 复习题

1. 使用图层有何优点？
2. 创建新图层时，它将出现在图层堆栈的什么位置？
3. 如何使一个图层中的图像出现在另一个图层前面？
4. 如何应用图层样式？
5. 处理好图像后，如何在不改变图像质量、尺寸和压缩方式的情况下缩小文件？

4.12 复习题答案

1. 图层让用户能够将图像的不同部分作为独立的对象进行移动和编辑。处理某个图层时，也可以隐藏不想看到的图层。
2. 新图层总是出现在活动图层的上面。
3. 你可以在“图层”面板中向上或向下拖动图层，也可以使用菜单“图层”>“排列”中的下述子命令：“置为顶层”“前移一层”“后移一层”和“置为底层”。但是，你不能调整背景图层的位置。
4. 选择要添加图层样式的图层，再单击“图层”面板中的添加图层样式按钮，也可选择菜单“图层”>“图层样式”>“[样式]”。
5. 你可以拼合图像，将所有图层合并成一个背景图层。在合并图层前，最好复制包含所有图层的图像文件，以防以后需要修改图层。

第5课　快速修复

在本课中，你将学习以下内容：

- 消除红眼；
- 加亮图像；
- 调整脸部特征；
- 使用多幅图像合成全景图；
- 裁剪和拉直图像并填充空白区域；
- 使用光圈模糊让图像背景变模糊；
- 合并两幅图像以增大景深；
- 对图像应用光学镜头校正；
- 无缝地删除物体并填充空白区域；
- 调整图像的透视使其与另一幅图像匹配。

本课需要大约 1 小时。启动 Photoshop 之前，请先在异步社区将本书的课程资源下载到本地硬盘中，并进行解压。在学习本课时，请打开相应的课程文件。建议先做好原始课程文件的备份工作，以免后期用到这些原始文件时，还需重新下载。

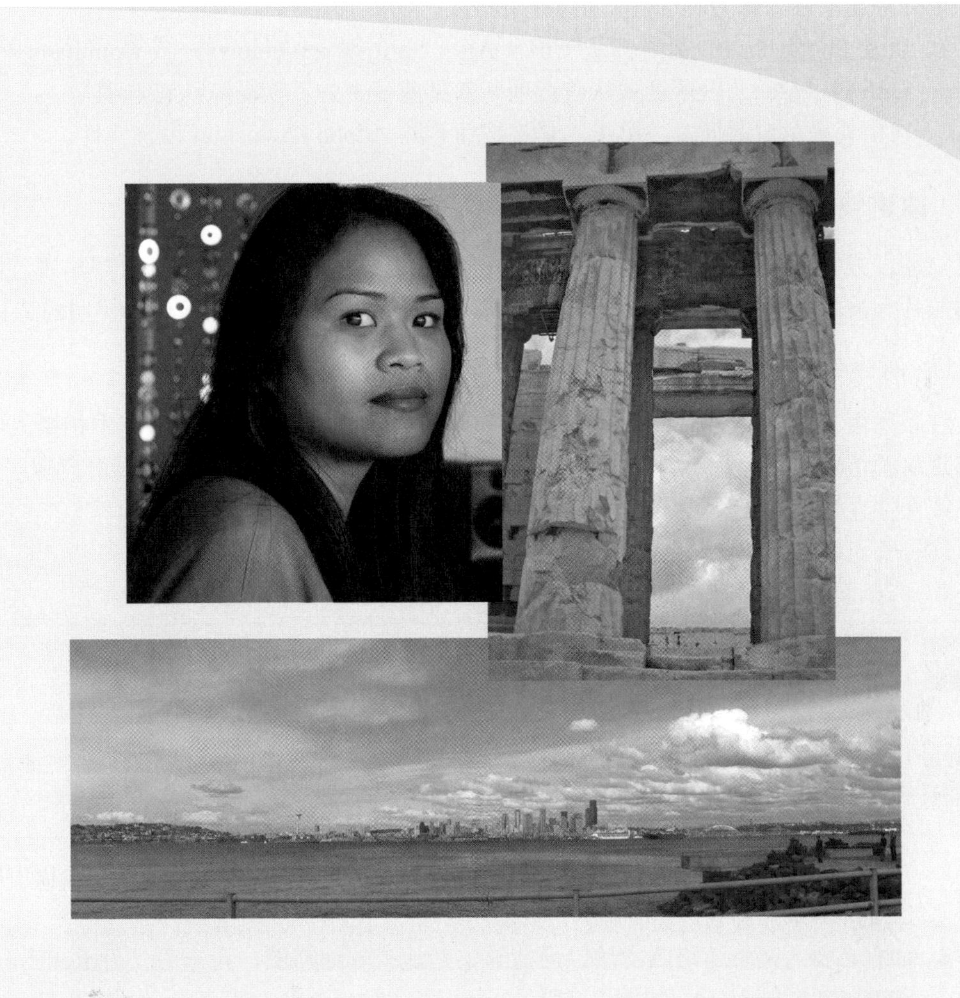

有时候，只需在 Photoshop 中单击几下鼠标，就可让平庸乃至糟糕的图像变得非常出色。快速修复让你能够轻松地获得想要的结果。

5.1 概述

并非每幅图像都需使用 Photoshop 高级功能进行复杂的改进，事实上，熟悉 Photoshop 后，你通常都能快速地改进图像，其中的诀窍在于知道 Photoshop 能够做什么以及如何找到所需的功能。

在本课中，你将使用各种工具和方法快速修复多幅图像。你可单独使用这些方法，也可在图像处理起来较为棘手时综合使用多种方法。

1. 启动 Photoshop 并立刻按下 Ctrl + Alt + Shift 键（Windows）或 Command + Option + Shift 键（Mac）以恢复默认首选项（参见前言中的“恢复默认首选项”）。
2. 在出现提示对话框时，单击“是”按钮删除 Adobe Photoshop 设置文件。

5.2 改进快照

与朋友或家人分享快照时，可能无须让照片看起来很专业，但你不希望出现红眼，也不希望照片太暗而无法呈现重要的细节。Photoshop 提供了让你能够快速修改快照的工具。

5.2.1 消除红眼

红眼是由于闪光灯照射到拍摄对象的视网膜上导致的。在黑暗的房间中拍摄人物时常常会出现这种情况，因为此时人物的瞳孔很大。所幸在 Photoshop 中消除红眼很容易，下面来消除一幅女性人像中的红眼。

你将首先在 Adobe Bridge 中查看消除红眼前后的照片。

1. 选择菜单“文件”>“在 Bridge 中浏览”启动 Adobe Bridge。

注意： 如果你没有安装 Bridge，那么当你选择“在 Bridge 中浏览”时系统将提示你安装 Bridge。更详细的信息请参阅前言。

注意： 如果 Bridge 询问你是否要从导入上一版 Bridge 中导入首选项，单击“否”按钮。

2. 在 Bridge 的“收藏夹”面板中，单击文件夹 Lessons，再双击“内容”面板中的文件夹 Lesson05 来打开它。
3. 如有必要，调整缩略图滑块以便能够清楚地查看缩略图，再查看文件 RedEye_Start.jpg 和 RedEye_End.psd，如图 5.1 所示。

红眼让普通的人或动物看起来很凶恶，还会分散观察者的注意力。在 Photoshop 中消除红眼很容易，这里还将快速加亮这幅图像。

4. 双击文件 RedEye_Start.jpg 以在 Photoshop 中打开它。
5. 选择菜单“文件”>“存储为”，将格式设置为 Photoshop，将名称指定为 RedEye_Working.psd，再单击“保存”按钮。
6. 选择缩放工具（🔍），再通过拖曳来放大以便能够看清女子的眼睛。如果复选框“细微缩放”未被选中，那么拖曳一个环绕眼睛的选框来放大眼睛。

图 5.1

7. 选择隐藏在修复画笔工具（）后面的红眼工具（）。
8. 在选项栏中，将“瞳孔大小”缩小为 23%，将“变暗量”改为 62%。

变暗量决定了瞳孔应该有多暗。

9. 单击女子左眼的瞳孔，红色倒影消失了。
10. 单击女子右眼的瞳孔将这里的倒影也消除，如图 5.2 所示。

瞳孔大小：23% 变暗量：62%

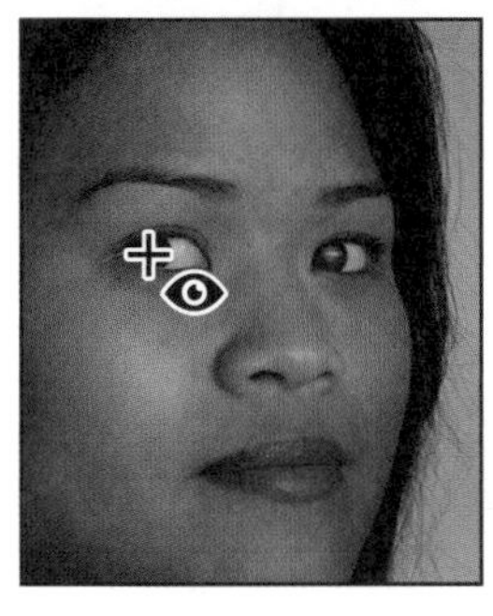
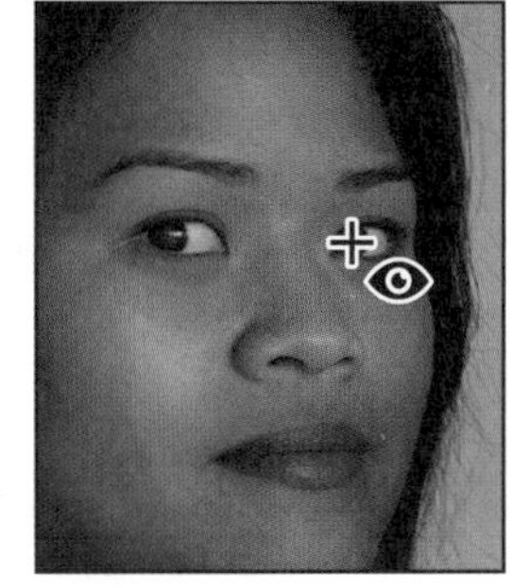
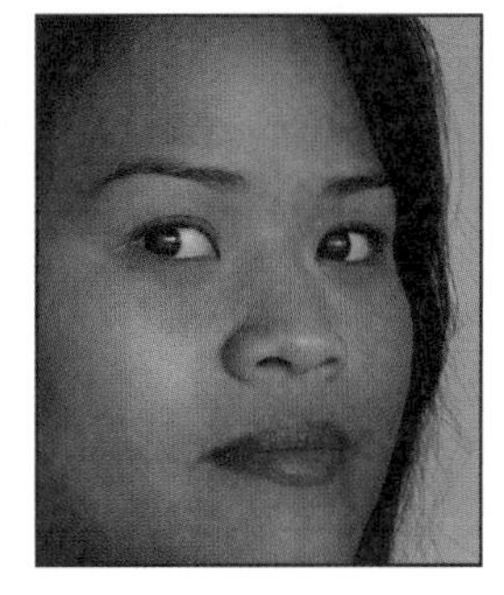

图 5.2

如果倒影在瞳孔上，单击瞳孔来消除它，但如果倒影稍微偏离了瞳孔，请先尝试单击眼睛中的高光区域。你可能需要尝试单击多个不同的地方，但很容易撤销操作并重试。

11. 选择菜单“视图”>“按屏幕大小缩放”以便能够看到整幅图像，如图 5.3 所示。
12. 选择菜单“文件”>“存储”。

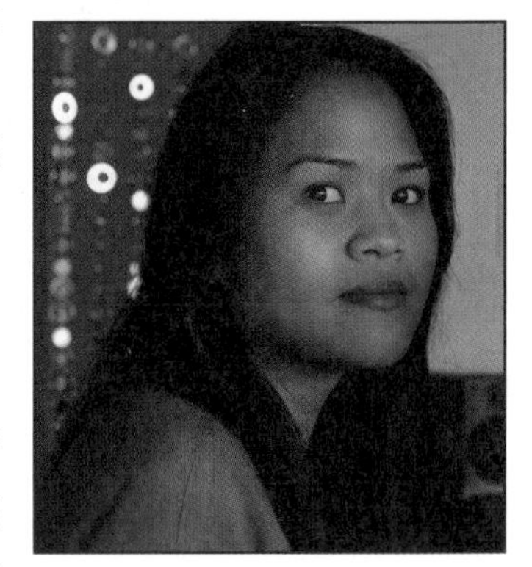

图 5.3

5.2.2 加亮图像

女子的眼睛内不再有红色倒影，但整幅图像有点暗。如你所见，加亮图像的方式有多种。你可根据要调整的程度尝试添加亮度 / 对比度、色阶和曲线调整图层。在进行快速修复时，你可尝试使用“自动”按钮或预设，色阶和曲线调整图层支持这两项功能。下面尝试使用曲线调整图层来调整这幅图像。

1. 在“调整”面板中，单击曲线按钮。
2. 单击“自动”按钮进行自动校正，图像加亮了，如图 5.4 所示。

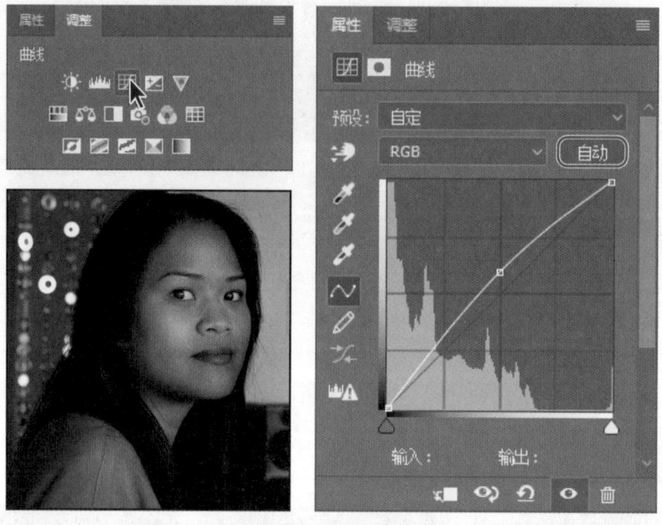

图 5.4

3. 从“预设”下拉列表中选择“较亮（RGB）”，曲线发生了细微的变化，如图 5.5 所示。预设和自动的不同之处在于，预设对所有的图像都应用相同的曲线，而自动对图像进行分析后再应用合适的曲线。

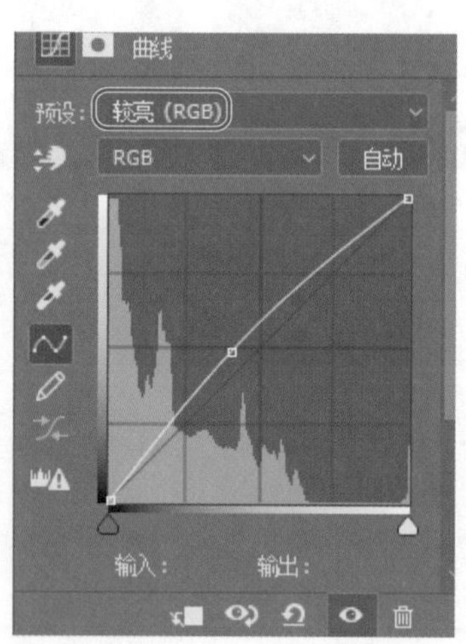

图 5.5

4. 单击“属性”面板底部的复位到调整默认值按钮（），恢复到未调整前。
5. 在“属性”面板中，选择图像调整工具（），再在额头上单击并向上拖曳。这将极大地加亮图像，并提高对比度，如图 5.6 所示。

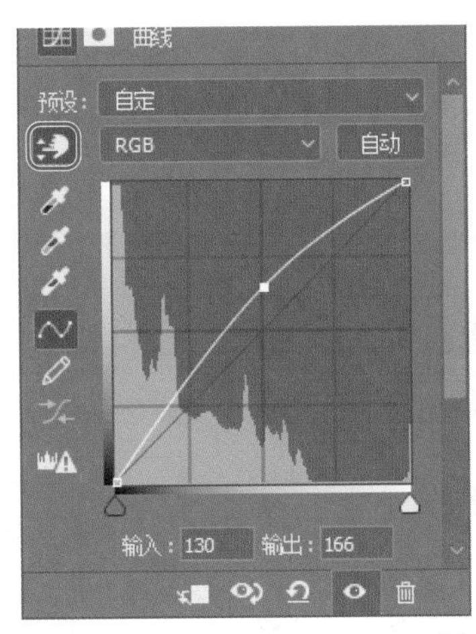

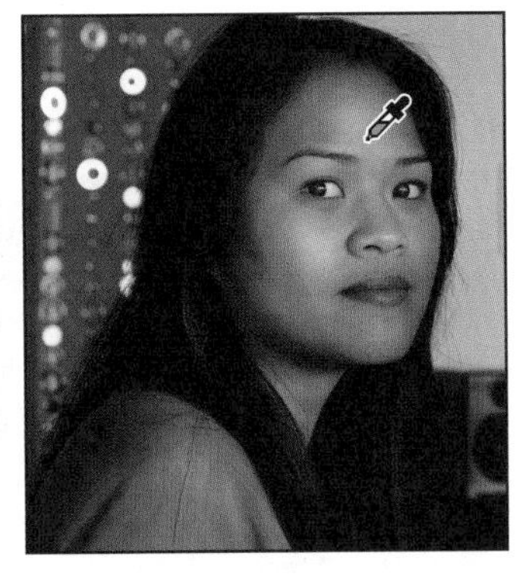

图 5.6

提示：进行曲线或色阶调整时，如果要使用“自动”按钮或白点和黑点取样器（吸管图标），请在应用手工调整前使用它们。与预设一样，使用这些工具所做的调整将覆盖手工调整。

提示：要确定图像被加亮了多少，可隐藏曲线调整图层，然后再显示它。

6. 选择菜单“图层”>“拼合图像”。
7. 将文件存盘。

5.3 使用液化滤镜调整脸部特征

在需要扭曲图像的一部分时，液化滤镜很有用。它包含的人脸识别液化选项能够自动识别人脸，让你能够轻松地调整眼睛、鼻子和嘴巴等脸部特征。例如，你可调整眼睛的大小以及它们之间的距离。在广告和时尚领域，呈现特定的外观和表情比真实地呈现人物更重要，因此对用于这些领域的照片来说，能够调整脸部特征很有用。

1. 在依然打开了 RedEye_Working.psd 的情况下，选择菜单“滤镜”>“液化”。
2. 在“属性”面板中，展开“人脸识别液化”选项。
3. 确保展开了“眼睛”部分，并选择了“眼睛大小”和“眼睛高度”的链接图标，再将眼睛大小和眼睛高度分别设置为 32 和 10。

提示：在液化工具栏中选择脸部工具（）后，当你将鼠标指针指向人脸的不同部分时，都将出现手柄。你可通过拖曳这些手柄来直接调整人脸的不同部分，而不是拖曳人脸识别液化滑块。

在“眼睛”部分，如果没有选择链接图标，就可为左眼和右眼指定不同的值。

4. 确保展开了“嘴唇”部分，再将微笑和嘴唇高度分别设置为 5 和 9。
5. 确保展开了“脸部形状”部分，再将下颚和脸部宽度分别设置为 40 和 50。所有设置如图 5.7 所示。

图 5.7

6. 在选择和取消选择复选框“预览”之间切换，对修改前后的图像进行比较，如图 5.8 所示。

人脸识别液化前

人脸识别液化后

图 5.8

> **提示：** 人脸识别液化选项的取值范围有限，因为它们被设计用于进行细微而可信的扭曲。如果你要让人脸的形状或表情像漫画一样夸张，可能需要使用“液化”对话框左边的更高级的手工调整工具。

请尝试使用各个人脸识别液化选项，以更深入地了解可快速而轻松地进行哪些调整。

7. 单击“确定”按钮关闭“液化”对话框，再关闭文档并保存所做的修改。

仅当 Photoshop 识别出图像中的人脸时，人脸识别液化功能才可用。人脸未正对相机或被头发、太阳镜或帽子遮住时，Photoshop 可能识别不出来。

5.4 模糊背景

模糊画廊中的交互式模糊让你能够设置模糊并预览效果。下面使用光圈模糊来模糊一幅图像的背景，让观察者将注意力放在最重要的元素（这里是白鹭）上。你将以智能滤镜的方式应用模糊，这样以后需要时可修改模糊效果。

首先在 Bridge 中查看处理前后的图像。

1. 选择菜单“文件”>“在 Bridge 中浏览”启动 Adobe Bridge。
2. 在 Bridge 的“收藏夹”面板中，单击文件夹 Lessons，再双击“内容”面板中的文件夹 Lesson05 打开它。
3. 对 Egret_Start.jpg 和 Egret_End.psd 的缩略图进行比较，如图 5.9 所示。

图 5.9

在处理后的图像中，白鹭看起来更清晰，这是因为其倒影和周围的小草变得模糊了。光圈模糊是模糊画廊中的交互式模糊之一，它让你能够轻松地完成这项任务，因为不需要创建蒙版。

4. 选择菜单“文件”>“返回 Adobe Photoshop”；在 Photoshop 中，选择菜单“文件”>“打开为智能对象”。
5. 选择文件夹 Lesson05 中的文件 Egret_Start.jpg，再单击“确定”或“打开”按钮。

Photoshop 将打开这幅图像。“图层”面板中只有一个图层，该图层缩略图中的徽章表明这是一个智能对象，如图 5.10 所示。

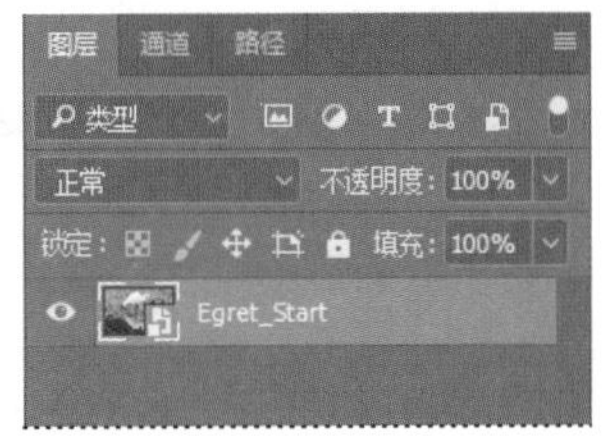

图 5.10

6. 选择菜单“文件”>“存储为”，将格式设置为 Photoshop，将名称指定为 Egret_Working.psd，再单击“保存”按钮。在“Photoshop 格式选项”对话框中，单击“确定”按钮。

7. 选择菜单“滤镜”>“模糊画廊”>“光圈模糊”。

> Ps **提示：**如果你有能够拍摄 HEIF 深度图像（depth map）的 iPhone 手机，如 iPhone Plus 或 iPhone X，可将深度图像载入“镜头模糊”滤镜（选择菜单“滤镜”>“模糊”>“镜头模糊”）来生成更逼真的背景模糊效果。

图像上将出现一个与图像居中对齐的模糊椭圆，通过移动中央的图钉、羽化手柄和椭圆手柄，可调整模糊的位置和范围。在模糊画廊任务空间的右上角，还有可展开的“场景模糊”“倾斜偏移”“路径模糊”和“旋转模糊”面板。

8. 拖曳中央的图钉，使其位于白鹭身体的底部。
9. 单击椭圆并向内拖曳，使得只有白鹭本身是清晰的，如图 5.11 所示。

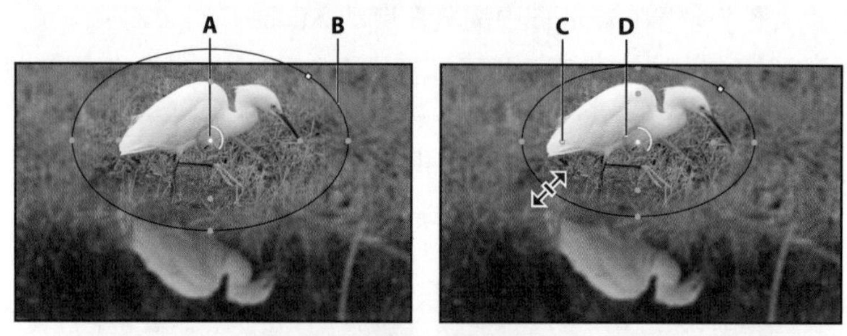

A. 中心　B. 椭圆　C. 羽化手柄　D. 模糊

图 5.11

10. 按住 Alt 键（Windows）或 Option 键（Mac）并拖曳羽化手柄，使其与图 5.12 的第一个示意图类似。按住 Alt 键或 Option 键让你能够分别拖曳每个手柄。
11. 单击并拖曳模糊圈，将模糊量缩小到 5 像素，以实现渐进但明显的模糊。你也可以移动“模糊工具”部分的“模糊”滑块来修改模糊量，如图 5.12 所示。

图 5.12

12. 单击选项栏中的“确定”按钮来应用模糊效果。

模糊效果可能太不明显了，下面来稍微增大些。

13. 在“图层”面板中，双击图层 Egret_Start 中的“模糊画廊”将其再次打开。将“模糊”增大到 6 像素，再单击选项栏中的“确定”按钮让修改生效。

通过模糊图像的其他部分我们突出了白鹭。由于是对智能对象应用的滤镜，因此可以隐藏或编辑滤镜效果，而不修改原始图像。

14. 将这个文件保存，再关闭它。

模糊画廊

模糊画廊包含5种交互式模糊：场景模糊、光圈模糊、移轴模糊、路径模糊和旋转模糊。它们都提供了选择性运动模糊工具，其中包含一个初始模糊图钉，你还可在图像上单击来添加模糊图钉。你可应用一种或多种模糊，对于路径模糊和旋转模糊，还可添加闪光效果。

场景模糊对图钉及其设置指定的图像区域应用渐变模糊，如图5.13所示。默认情况下，场景模糊在图像中央放置一个图钉。你可拖曳模糊手柄或在“模糊工具”面板中指定值来调整相对于图钉处的模糊程度；你还可将这个图钉拖放到其他地方。

移轴模糊模拟使用移轴镜头拍摄的图像。这种模糊指定了从中央逐渐向边缘模糊的区域，你可使用这种效果来模拟微距摄影照片，如图5.14所示。

应用场景模糊前后

图5.13

应用移轴模糊前后

图5.14

光圈模糊可模拟浅景深效果——从焦点向外逐渐模糊，如图5.15所示。你可通过调整椭圆手柄、羽化手柄和模糊量来定制光圈模糊。

旋转模糊是一种使用度数度量的辐射式模糊，如图5.16所示。你可修改椭圆的大小和形状、通过按住Alt键或Option键并拖曳来调整旋转点的位置以及模糊角度。你也可在“模糊工具”面板中指定模糊角度。可使用多个重叠的旋转模糊。

应用光圈模糊前后

图5.15

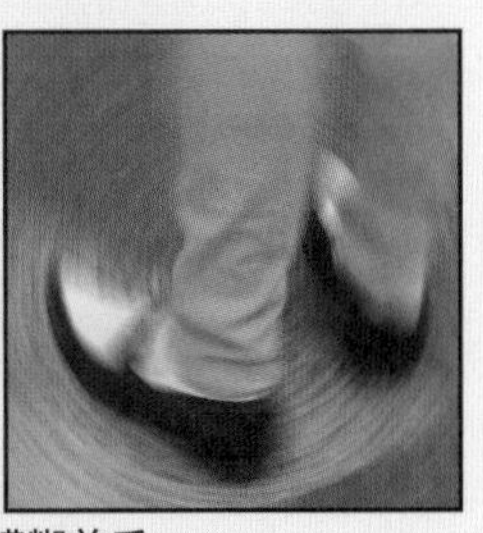

应用旋转模糊前后

图5.16

路径模糊沿你绘制的路径创建动感模糊效果，如图 5.17 所示。你可控制模糊的形状和程度。

在应用路径模糊时，图像上将出现一条默认路径，你可通过拖曳端点的位置，单击并拖曳中心点来修改其形状，还可通过单击来添加曲线点。路径上的箭头指出了模糊的方向。

应用路径模糊前后

图 5.17

你还可创建多点路径或形状。模糊形状定义了局部动感模糊，类似于相机抖动（参见本章后面的“防抖”滤镜）。“模糊工具”面板中的“速度”滑块指定了所有路径模糊的速度，而选项“居中模糊”确保所有像素的模糊形状都与像素居中对齐，这样得到的动感模糊效果显得更稳定。要让动感模糊显得不那么稳定，可取消选择这个选项。

在“效果”选项卡中，你可指定散景参数来控制模糊区域的外观。光源散景加亮模糊区域；散景颜色在已加亮但非纯白色的区域中添加更显眼的颜色；光照范围指定设置影响的色调范围。

对于旋转模糊和路径模糊，你可在“动感效果”选项卡中添加闪光效果，如图 5.18 所示。在这个选项卡中，“闪光灯强度”滑块决定了呈现的模糊程度（0% 不添加闪光效果；100% 为添加完整的闪光效果，这导致呈现的模糊程度很低）；“闪光灯闪光”决定了曝光程度。

应用模糊会消除原始图像中的数字杂色和胶片颗粒，导致模糊区域与原始图像不匹配，让模糊后的图像看起来很假，如图 5.19 所示。你可使用“杂色”选项卡来恢复杂色和胶片颗粒，让模糊区域和未模糊的区域匹配。为此，首先设置“数量”滑块，再使用其他选项来匹配原始颗粒特征：如果原始图像存在杂色，就增大“颜色”值；如果要平衡高光和阴影区域的杂色量，就降低“高光”值。

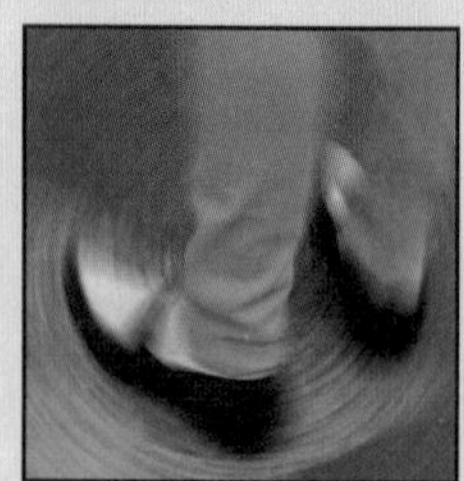

添加闪光效果前后

图 5.18

应用模糊前后

图 5.19

5.5 创建全景图

有时候场景太大，一次拍摄不下来。Photoshop 让你能够轻松地使用多幅图像来合成全景图，从而让欣赏者能够看到全景。

同样，这里也先来看看最终文件，了解你将合成的图像是什么样的。

1. 选择菜单“文件”>“在 Bridge 中浏览”。
2. 切换到文件夹 Lesson05，并查看文件 Skyline_End.psd 的缩略图，如图 5.20 所示。

图 5.20

提示：在 Bridge 中，可按空格键在全屏模式下预览选定的图像，这在你需要预览包含大量细节或非常大的图像时很有用。要关闭全屏模式，可再次按空格键。

你将把 4 张西雅图天际图像合并成一张全景图，让欣赏者知道完整的场景是什么样的。要使用多幅图像来创建全景图，只需单击几下鼠标，Photoshop 将负责完成其他所有的工作。

3. 返回到 Photoshop。
4. 在 Photoshop 没有打开任何文件的情况下，选择菜单“文件”>“自动”>“Photomerge”。

提示：也可在 Bridge 中直接使用 Photomerge 来打开选定的文件，为此可选择菜单“工具”>“Photoshop”>“Photomerge”。

5. 在“源文件”部分，单击“浏览”按钮并切换到文件夹 Lesson05\Files For Panorama。
6. 选择第一个文件，再按住 Shift 键并单击最后一个文件以选择所有文件，再单击“确定”或“打开”按钮。
7. 在“Photomerge”对话框的“版面”部分，选择“透视”。

就合并图像而言，最佳选项并非总是“透视”，这取决于要合并的图像是怎么拍摄的。如果你对合并结果不满意，可重新开始，并尝试使用其他的版面选项。如果你不确定该使用哪个选项，选择“自动”就行。

8. 在“Photomerge”对话框的底部，选中复选框“混合图像”“晕影去除”“几何扭曲校正”和“内容识别填充透明区域”，再单击“确定”按钮，如图 5.21 所示。

“混合图像”根据图像之间的最佳边界混合图像，而不仅仅是创建简单的矩形混合；“晕影去除”对边缘较暗的图像进行曝光补偿；“几何扭曲校正”消除桶形、枕形和鱼眼失真；“内容识别填充透明区域”自动修补图像边缘和画布之间的空白区域。

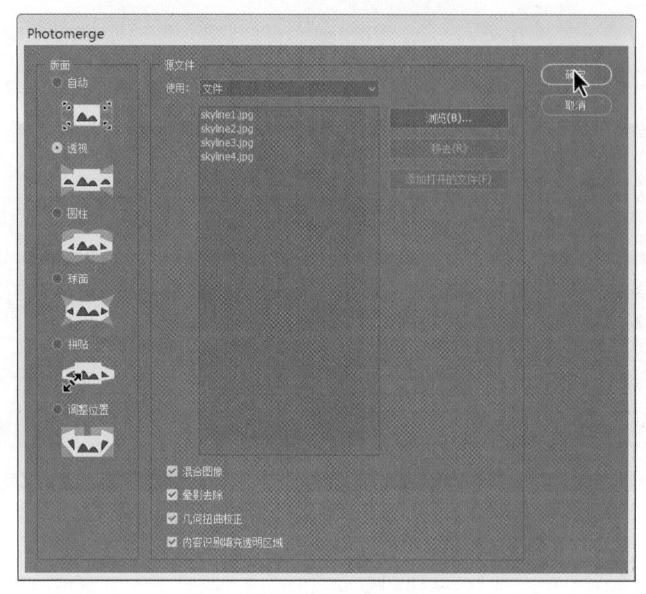

图 5.21

Photoshop 将创建全景图。这是一个复杂的过程，因此在 Photoshop 处理期间你可能需要等待几分钟。完成后，你将在图像窗口中看到一幅全景图。在“图层”面板中有 5 个图层，最下面的 4 个图层是你选择的原始图像。Photoshop 检测图像重叠的区域并匹配了图像，还校正了所有扭曲。最上面的图层的名称包含字样“(合并)”，这是从你选择的图像混合得到的全景图，还包括由“内容识别填充透明区域”填充过的原本为空白的区域，即选区标识的区域，如图 5.22 所示。

图 5.22

Ps **注意：**合并的图像越多、图像的像素尺寸越大，Photomerge 需要的时间就越多。在较新或内存较大的计算机上，Photomerge 的运行速度较快。

Ps **提示：**要知道在没有“内容识别填充透明区域”创建的区域的情况下，全景图是什么样的，可隐藏最上面的图层。

使用 Photomerge 获取最佳结果

拍摄要用于创建全景图的照片时，请牢记以下指导原则，这样才能获得最佳结果。

图像之间重叠 15% ～ 40%。足够的重叠让 Photomerge 能够无缝地混合边缘。重叠超过 50% 毫无意义，只会导致需要拍摄的照片太多。

使用相同的焦距设置。如果你使用的是变焦镜头，那么请确保拍摄用于创建全景图的所有照片时都使用相同的焦距设置。

在条件允许的情况下使用三脚架。如果拍摄每张照片时相机的高度都相同，将获得最佳的结果。带旋转云台的三脚架让你更容易满足这样的条件。

在同一个位置拍摄所有的照片。如果你使用了带旋转云台的三脚架，尽量在同一个位置拍摄所有的照片，确保它们的拍摄角度都相同。

避免使用创意扭曲镜头。这可能影响 Photomerge，虽然选项“自动”能够调整使用鱼眼镜头拍摄的图像。

使用相同的曝光设置。图像的曝光相同时，混合出来的结果将更漂亮。例如，拍摄所有照片时都开启或关闭闪光灯。

尝试使用不同的版面选项。创建全景图时，如果对得到的结果不满意，可尝试使用不同的版面选项。通常，“自动”都是合适的选择，但有时使用其他选项生成的图像更佳。

9. 选择菜单“选择”>“取消选择”。
10. 选择菜单“图层”>“拼合图像”，结果如图 5.23 所示。
11. 选择菜单“文件”>“存储为”。从下拉列表“格式”中选择 Photoshop，将文件命名为 Skyline_Working.psd，将存储位置指定为 Lesson05，再单击“保存”按钮。

这个全景图看起来很好，只是有点暗。下面添加一个色阶调整图层，将这幅全景图加亮些。

12. 单击“调整”面板中的“色阶”图标添加一个色阶调整图层。
13. 在“属性”面板中选择白点吸管，如图 5.24 所示。

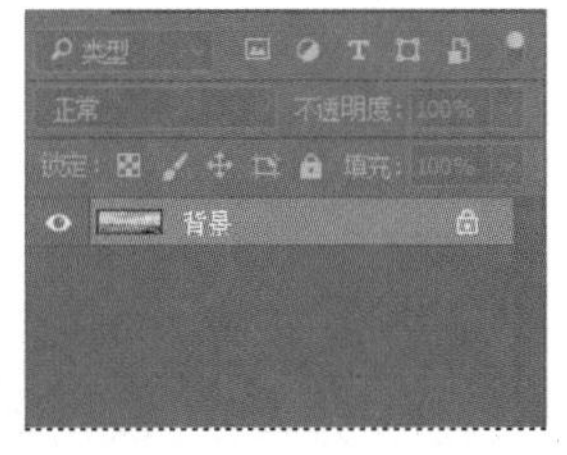

图 5.23

图 5.24

在云彩中的白色区域单击，天空更蓝了，整幅图像也更亮了，如图 5.25 所示。

图 5.25

14. 保存所做的工作。在“Photoshop 格式选项”对话框中单击“确定”按钮。

> **注意：** 这里之所以会出现“Photoshop 格式选项”对话框，是因为新增了一个图层。存储只包含背景图层的 Photoshop 文档时，通常不会出现“Photoshop 格式选项”对话框。

创建全景图就是这样容易！

5.6 裁剪时填充空白区域

这个全景图很好，但有两个小缺点：地平线不太平；底部的栏杆不完整，让人感觉右下角礁石处的栏杆伸到水中去了。如果对这幅图像进行旋转，四角可能出现空白区域，进而需要将图像裁剪得更小，从而丢失部分图像。5.5 节合成全景图时，使用了内容识别技术来填充生成的空白区域，这种技术也可用来填充拉直和裁剪图像时形成的空白区域。

1. 确保打开了 Skyline_Working.psd，并在“图层”面板中选择了“背景”图层。
2. 选择菜单“图层” > “拼合图像”。
3. 选择工具面板中的裁剪工具，图像周围将出现裁剪矩形及其手柄，如图 5.26 所示。

图 5.26

4. 在选项栏中选择拉直按钮（ ），并确保选择了复选框“内容识别”，如图 5.27 所示。

图 5.27

5. 将鼠标指针指向图像中地平线的左端，单击并向右拖曳以创建一条与地平线对齐的直线（如图 5.28 所示），拉到地平线右端后松开鼠标。

图 5.28

注意，矩形的四角附近有些需要填充的白色区域，如图 5.29 所示。

图 5.29

6. 在裁剪矩形依然处于活动状态的情况下，向下拖曳图像，直到底部不完整的栏杆部分位于裁剪矩形外面，如图 5.30 所示。

图 5.30

7. 单击选项栏中的提交按钮（✓）来应用当前裁剪设置，内容识别裁剪将填充图像顶部和两边的空白区域，如图 5.31 所示。

图 5.31

8. 保存所做的修改，再关闭文档。

5.7 校正图像扭曲

镜头校正滤镜可修复常见的相机镜头缺陷，如桶形扭曲、枕形扭曲、晕影和色差。桶形扭曲是一种镜头缺陷，导致直线向图像边缘弯曲；枕形扭曲则相反，导致直线向内弯曲；色差指的是图像对象的边缘出现色带；晕影指的是图像的边缘（尤其是角落）比中央暗。

根据使用的焦距和光圈，有些镜头可能出现上述缺陷。你可以让镜头校正滤镜根据拍摄照片时使用的相机、镜头和焦距进行相应的设置，还可使用该滤镜来旋转图像或修复由于相机垂直方向或水平方向倾斜而导致的图像透视问题。相对于使用“变换”命令，该滤镜显示的网格让这些调整更容易、更准确。

1. 选择菜单“文件”>“在 Bridge 中浏览”。
2. 在 Bridge 中，切换到文件夹 Lesson05，并查看文件 Columns_Start.psd 和 Columns_End.psd 的缩略图，如图 5.32 所示。

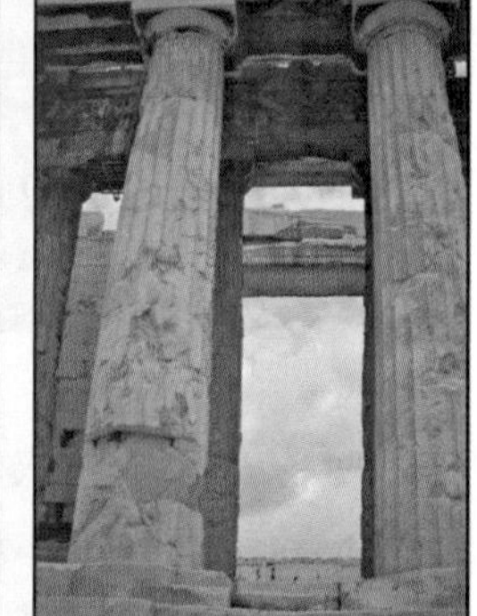

图 5.32

在图 5.32 中，希腊庙宇的原始图像存在扭曲，其中的立柱像是弯曲的。这种扭曲是由于拍摄时距离太近且使用的是广角镜头引起的。

3. 双击文件 Columns_Start.psd 在 Photoshop 中打开它。
4. 选择菜单“文件”>“存储为”。在“存储为”对话框中，将文件命名为 Columns_Working.psd，并将其存储到文件夹 Lesson05 中。如果出现“Photoshop 格式选项”对话框，单击“确定”按钮。

> Ps **提示：**如果 5.6 节中显示的裁剪矩形依然可见且分散了你的注意力，可切换到其他工具，如抓手工具。

5. 选择菜单“滤镜”>“镜头校正”，这将打开“镜头校正”对话框。
6. 选择对话框底部的复选框“显示网格”。

图像上将出现对齐网格。对话框的右边是基于镜头配置文件的“自动校正”选项卡，如图 5.33 所示；“自定”选项卡包含用于手工消除扭曲、校正色差、删除晕影和变换透视的选项。

“镜头校正”对话框包含一个“自动校正”选项卡，你将调整其中的一项设置，再自定其他设置。

图 5.33

7. 在“镜头校正”对话框的“自动校正”选项卡中，确保选择了复选框“自动缩放图像”且从下拉列表“边缘”中选择了“透明度”。
8. 单击标签“自定”。
9. 在“自定”选项卡中，将“移去扭曲”滑块拖曳到+52左右，以消除图像中的桶形扭曲；也可选择“移去扭曲”工具（![]）并在预览区域中拖曳鼠标直到立柱变直。这种调整将导致图像边界向内弯曲，但由于你选择了复选框“自动缩放图像”，所以镜头校正滤镜将自动缩放图像以调整边界。

提示：修改时注意对齐网格，以便知道什么时候立柱变成了垂直的。

10. 单击“确定”按钮使修改生效并关闭“镜头校正”对话框，如图 5.34 所示。

由广角镜头及拍摄角度过低导致的扭曲消除了。

11. （可选）要比较最后一次修改前后的图像，按 Ctrl + Z 键（Windows）或 Command + Z 键（Mac）撤销刚才应用的滤镜，再按 Ctrl+Shift+Z 键（Windows）或 Command+Shift+Z 键（Mac）重新应用该滤镜。
12. 选择菜单“文件”>“存储”保存所做的修改，如果出现“Photoshop 格式选项”对话框，单击“确定”按钮。然后，关闭图像。

这个庙宇现在看起来稳定多了，如图 5.35 所示。

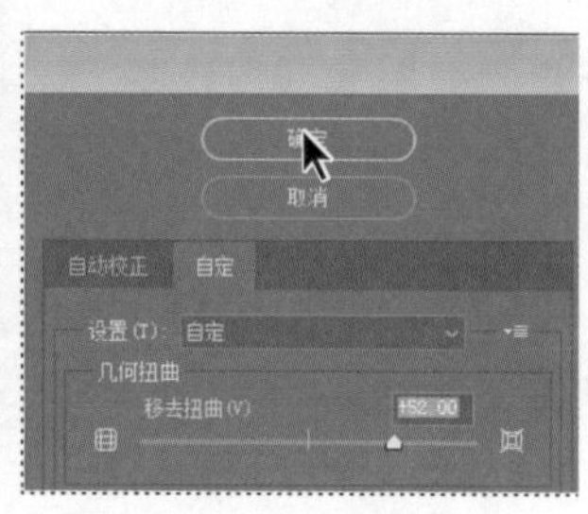

图 5.34

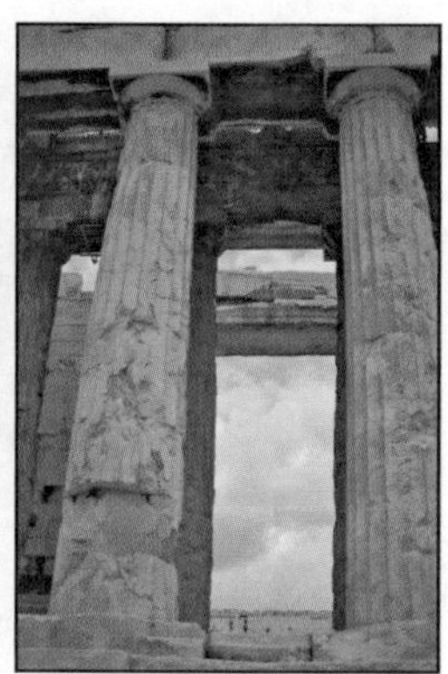

图 5.35

5.8 增大景深

拍摄照片时，常常需要决定让前景清晰还是背景清晰。如果希望整幅照片都清晰，可拍摄两张照片（一张前景清晰，一张背景清晰），再在 Photoshop 中合并它们。

由于需要精确地对齐图像，所以需要使用三角架固定相机。但即便手持相机，只要注意取景并对齐，也可获得不错的结果。下面给海滩上的高脚杯图像增大景深。

1. 选择菜单“文件”>“在 Bridge 中浏览”。
2. 在 Bridge 中，切换到文件夹 Lesson05，并查看文件 Glass_Start.psd 和 Glass_End.psd 的缩略图，如图 5.36 所示。

原始图像包含两个图层，在一个图层中只有沙滩背景是清晰的，另一个图层中只有前景杯子是清晰的。你将让这两者都很清晰以增大景深。

3. 双击文件 Glass_Start.psd 在 Photoshop 中打开它。
4. 选择菜单“文件”>“存储为”，将文件命名为 Glass_Working .psd，并保存到文件夹 Lesson05。如果出现“Photoshop 格式选项”对话框，单击“确定”按钮。
5. 在“图层”面板中，隐藏 Beach 图层，以便只有 Glass 图层可见。高脚杯是清晰的，而背景是模糊的。然后再次显示 Beach 图层，现在海滩是清晰的，而高脚杯是模糊的，如图 5.37 所示。

下面将每个图层中清晰的部分合并起来。首先需要对齐图层。

6. 按住 Shift 键并单击这两个图层以选择它们，如图 5.38 所示。
7. 选择菜单“编辑”>“自动对齐图层”。

由于这两幅图像是从相同的角度拍摄的，所以使用“自动”选项就可对齐得很好。

8. 如果没有选择单选按钮“自动”，请选择它；确保复选框“晕影去除”和“几何扭曲”都没有被选中，再单击“确定”按钮以对齐图层，如图 5.39 所示。

图 5.36

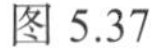

图 5.37

图 5.38

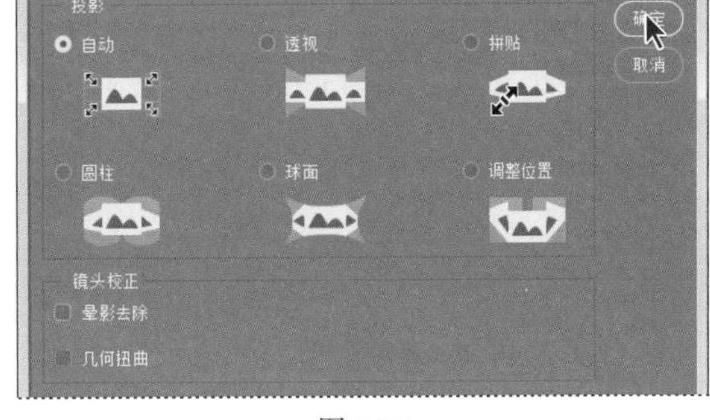

图 5.39

提示：仅对齐图层而不创建全景图时，“调整位置”通常是最合适的对齐选项。在这里，“调整位置”和“自动”的效果相同。

图层完全对齐后，便可混合它们了。

9. 在“图层”面板中，确保依然选择了这两个图层，再选择菜单“编辑”>“自动混合图层”。

提示：这个练习中的技术叫作聚焦叠加，它在微距摄影中非常有用，因为在微距摄影中，景深通常非常浅。在不同的焦距下拍摄多个浅景深的图像，然后将其融合。

10. 选择单选按钮“堆叠图像”和复选框“无缝色调和颜色”，确保没有选择复选框“内容识别填充透明区域”，再单击“确定”按钮。

高脚杯和后面的海滩都很清晰，如图 5.40 所示。

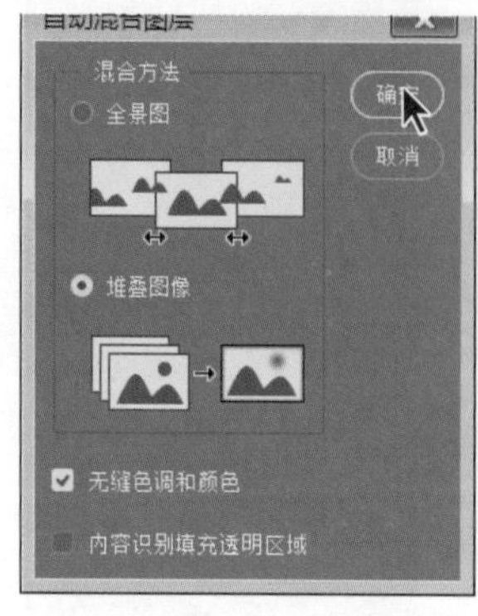

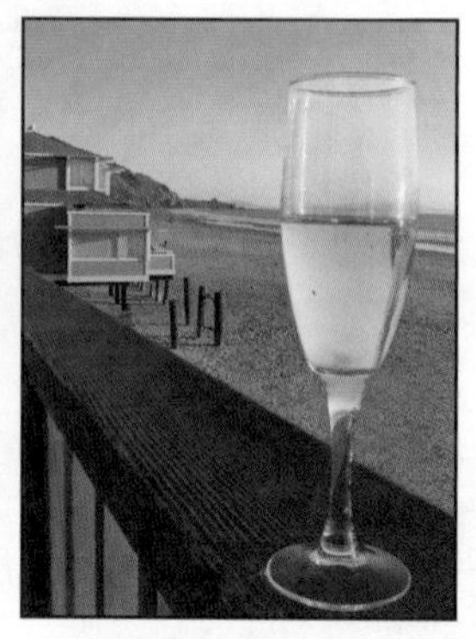

图 5.40

11. 保存所做的工作，并关闭这个文件。

5.9 使用内容识别填充删除物体

在本书前面的内容中，你已经通过一些常见的方式使用了内容感知功能，还使用它来填充了全景图的天空区域。下面使用内容识别填充来删除图像中的物体，并让 Photoshop 填充这个物体原来所在的区域。

1. 选择菜单“文件”>“在 Bridge 中浏览”。
2. 切换到文件夹 Lesson05，并查看 JapaneseGarden_Start.jpg 和 Japanese Garden_End.jpg 的缩略图，如图 5.41 所示。

下面使用内容识别填充工具来删除一块岩石及其倒影。

3. 双击文件 JapaneseGarden_Start.jpg 以在 Photoshop 中打开它。
4. 选择菜单“文件”>“存储为”，将格式设置为 Photoshop，将名称指定为 JapaneseGarden_ Working.psd，再单击“保存”按钮。如果出现了“Photoshop 格式选项”对话框，单击其中的“确定”按钮。

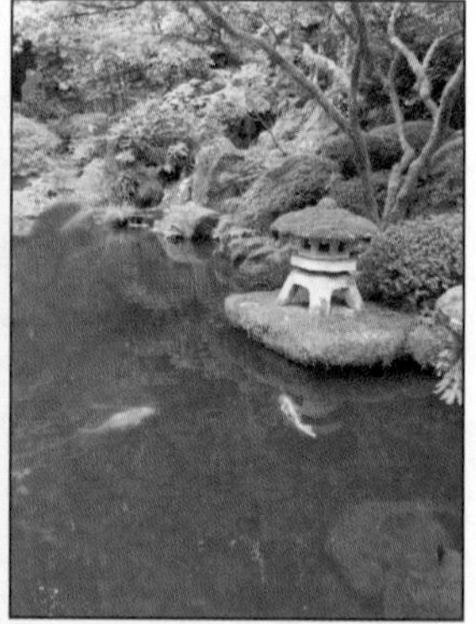

图 5.41

5. 选择套索工具，在选项栏中将“羽化”设置为 25 像素，如图 5.42 所示。

羽化: 25 像素 消除锯齿 选择并遮住 ...

图 5.42

6. 通过拖曳鼠标创建一个选框，该选框包括了左边的岩石及其倒影，还有一些水面区域，如图 5.43 所示。这个选区不必太精确。

7. 选择菜单“编辑”>“内容识别填充”。

这将打开“内容识别填充”对话框。在这个对话框的左侧，显示的是原图像以及你创建的选区，其中的彩色区域（默认为绿色）指出了你要让内容识别填充工具从哪些地方取样，用于填充被删除的区域。右边是预览面板，指出了结合使用当前的取样区域以及“内容识别填充”面板中的设置时，结果是什么样的，如图 5.44 所示。

图 5.43

A.取样画笔工具　B.取样区域　C.内容识别填充选项　D.预览缩放比例　E.复位所有设置

图 5.44

提示：预览是一个面板，你可拖曳它和图像之间的分隔条。通过拖曳“预览”面板的标签，可将该面板解锁，使其变成浮动的面板。仅在使用内容识别填充工具时，才能看到这个面板。

使用当前的取样区域和设置时，你可成功地删除这块岩石，但可能使用取样区域中的树叶来填充岩石原来所在的区域，这是你不希望看到的结果。

8. 按] 键放大取样画笔工具，直到选项栏中显示的画笔大小约为 700 像素，如图 5.45 所示。“内容识别填充”对

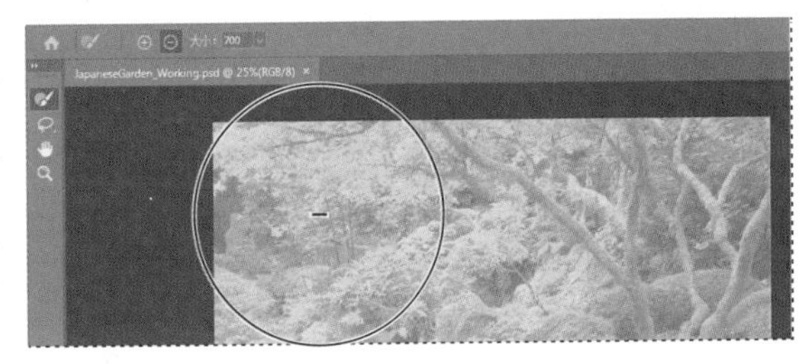

图 5.45

话框打开时，Photoshop 默认选择了取样画笔工具。

注意到鼠标指针中央有一个减号，这是因为取样画笔工具被设置为减去模式，选项栏指出了这一点。

9. 在有植被覆盖的区域中，将它们从取样区域中删除，取样区域不再是绿色的了。在你这样做时，Photoshop 将重新计算填充，而你可在“预览”面板中看到最新的结果，如图 5.46 所示。

10. 用来填充的区域看起来只有水面区域后，就可停止绘画了。

可能需要不断尝试才能获得想要的结果。要改善结果，可使用如下技巧。

- 在减去模式下使用取样画笔工具将更多的区域排除，以防它们导致使用错误的内容来填充。例如，将灯笼以及其他所有不是水面的区域都排除在外可能会有所帮助。
- 使用套索工具修改选区。例如，尝试在减去模式下使用套索工具将植被覆盖的区域排除，同时确保包含所有的岩石区域。

> **提示：**要快速地在套索工具的添加和减去模式之间切换，可按 E 键。

- 调整填充设置。就这个练习而言，调整“颜色适应”设置的效果最好。你可能不应使用其他选项，虽然它们在其他情形下很有用。“旋转适应”对重建缺失的放射型内容区域（如花朵）很有用，“缩放”有助于填充图案区域，而“镜像”对重建对称型内容很有用。

11. 得到想要的结果后，单击“确定”按钮，再选择菜单“选择” > “取消选择”。

在“图层”面板中，注意到填充默认放在一个名为“背景 拷贝”的新图层中，如图 5.47 所示。如果你隐藏这个新图层，就可在背景图层中看到完整的原始图像。

图 5.46

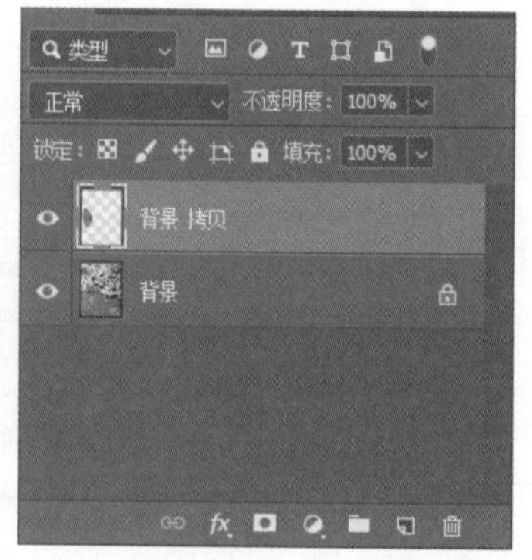

图 5.47

> **提示：**如果你不想让内容识别填充工具将填充放在一个新图层中，可在单击“确定”按钮关闭“内容识别填充”对话框前修改“输出设置”部分中的“输出到”选项。

12. 将文件保存后关闭。

使用内容感知移动工具

处理某些图像时，内容感知移动工具会给人留下非常深刻的印象，但处理其他图像时，它表现得可能不怎样。要获得最佳的结果，请仅在图像的背景完全一致、Photoshop 能够识别并重现其中的图案（如草地、纯色墙壁、天空、木纹或水面）时才使用这个工具。

在扩展模式下，这个工具适合用于处理位于与相机垂直的平面上的建筑物件，但对于与相机不垂直的物件，处理效果不佳。

如果你处理的图像包含多个图层，请在选项栏中选择复选框“对所有图层取样”，以便在选区中包含所有图层的内容。

“结构”和“颜色”选项决定了结果在多大程度上反映了既有的图像图案。在“结构”设置中，1 的反映程度最低，5 的反映程度最高。“颜色”设置的取值范围为 0（不匹配颜色）到 10（尽可能匹配颜色）。请在选择了物体的情况下尝试这些选项，看看在特定图像中哪些设置获得的结果最佳。要查看物体与其新周边环境的匹配情况，可能需要隐藏选区的边缘，为此可选择菜单“视图”>“显示”>“选区边缘”或“视图”>“显示额外内容”。

使用内容感知移动工具进行变换

使用内容感知移动工具只需执行几个简单的步骤，就可复制蓟花，使其与背景配合得天衣无缝，同时与原件差别足够大，根本不像是复制品。

1. 打开文件夹 Lesson05\Extra Credit 中的文件 Thistle.psd。
2. 选择内容感知移动工具（ ），它与修复画笔工具和红眼工具位于同一组。
3. 在选项栏中，从“模式”下拉列表中选择“扩展”，如图 5.48 所示。选择“扩展”将复制蓟花，如果你要移动蓟花，应选择“移动”。

图 5.48

4. 使用内容感知移动工具绘制一个环绕蓟花的选框，并确保选框足够大，该选框可包含蓟花周围的一些小草。
5. 向左拖曳选区，将其放在只包含小草的地方。
6. 右键单击由拖曳生成的蓟花（Windows）或按住 Control 键并单击蓟花（Mac），再选择“水平翻转”，如图 5.49 所示。
7. 拖曳左上角的变换手柄以缩小蓟花。如果你认为蓟花复制品应离原件更远，可将鼠标指针指向变换矩形内，再单击并稍微向左拖曳。
8. 按回车键提交变换，但不要取消选择蓟花，以便能够通过调整“结构”和“颜色”设置让蓟花和背景更加融为一体。

9. 选择菜单“选择”>“取消选择”，再保存所做的修改，结果如图 5.50 所示。

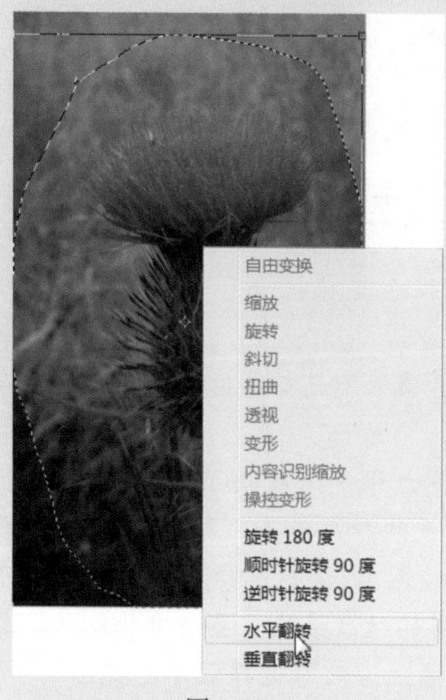

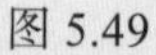
图 5.49

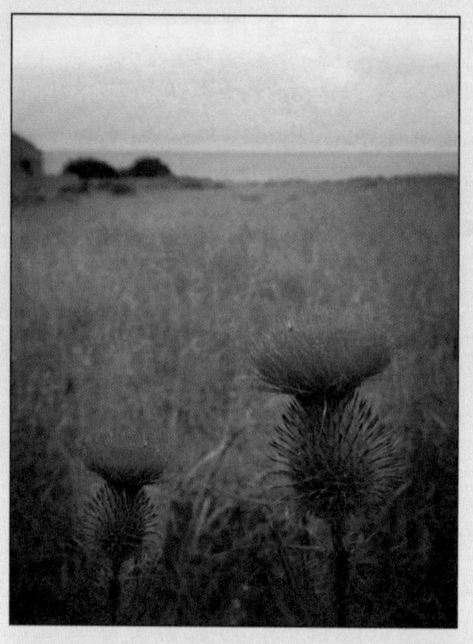

图 5.50

5.10 调整图像的透视

透视变形功能让你能够调整图像中的物体与场景的关系。你可校正扭曲、修改观看物体的角度、调整物体的透视使其与新背景融为一体。

透视变形功能的使用过程包含两个步骤：定义和调整平面。你首先在版面模式下绘制四边形来定义两个或更多的平面；绘制四边形时，最好让其边与物体的线条平行。接下来，切换到变形模式，并对你定义的平面进行操作。

下面使用透视变形来合并两幅透视不同的图像。

1. 选择菜单“文件”>“在 Bridge 中浏览”。
2. 切换到文件夹 Lesson05，并查看文件 Bridge_Start.psd 和 Bridge_End.psd 的缩略图，如图 5.51 所示。

文件 Bridge_Start.psd 合并了一幅火车图像和一幅栈桥图像，但这两幅图像的透视不一致。如果你要讲述飞翔的火车降落在栈桥上的故事，这幅图像也许能很好地说明这一点。但如果你希望图像更逼真，就需要调整火车的透视，使其稳当地停在铁轨上。下面使用透视变形来实现这个目标。

3. 双击文件 Bridge_Start.psd 在 Photoshop 中打开它。
4. 选择菜单“文件”>“存储为”，并将文件重命名为 Bridge_Working.psd。在“Photoshop

格式选项”对话框中，单击“确定”按钮。

图 5.51

5. 选择图层 Train，如图 5.52 所示。

图 5.52

铁轨位于图层 Background 中，而火车位于图层 Train 中。由于图层 Train 是一个智能对象，因此如果对透视变形的结果不满意，可对其进行修改。

6. 选择菜单“编辑”>“透视变形”。

注意：在支持图形加速的计算机上，透视变形的运行速度更快。要了解你的计算机是否支持图形加速，请参阅 Adobe 网站的“Photoshop 系统需求”。

窗口中将出现一个动画式教程，向你演示如何绘制定义平面的四边形。

7. 请观看这个动画，再关闭它。

下面来创建定义火车图像平面的四边形。

8. 绘制表示火车侧面的四边形：单击烟囱顶部的上方，向下拖曳到前轮下面的铁轨，再拖曳到守车的末尾。当前，这个四边形为矩形。
9. 再绘制表示火车正面的四边形：单击排障器下边缘的左端，拖曳到排障器下边缘的右端，再向上拖曳到树木处。向右拖曳这个四边形，使其与第一个四边形的左边重合。
10. 拖曳平面的顶点，使平面的角度与火车一致：侧面平面的下边缘应与火车车轮对齐，上边缘应与烟囱和守车顶部对齐；正面平面应与排障器和车灯顶部的线条平行，如图 5.53 所示。

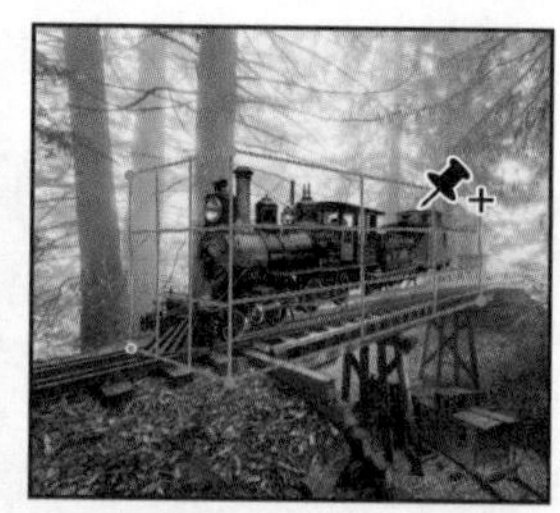

图 5.53

绘制完定义平面的四边形后，就可进入第二步——变形了。

11. 单击选项栏中的“变形”。关闭介绍如何对平面进行变形的教程。

12. 在选项栏中，单击“变形”旁边的自动拉直接近垂直的线段按钮，如图 5.54 所示。

这让火车看起来是垂直的，从而更容易准确地调整透视。

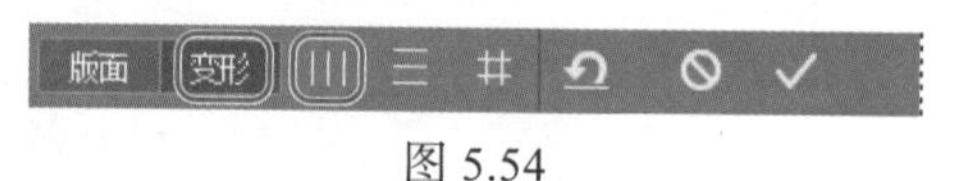

图 5.54

13. 通过拖曳手柄来操作平面，将火车尾部往下拉，使其紧靠在铁轨上。改变守车的透视以获得良好的效果。

14. 根据需要变形火车的其他部分——你可能需要调整火车的正面。进行透视变形时请注意车轮，确保它们未扭曲，如图 5.55 所示。

虽然有精确调整透视的方式，但在很多情况下你都需相信自己的眼睛，并使用它们来判断调整到什么程度合适。别忘了若有需要可回过头来进行微调，因为你是以智能滤镜的方式应用透视变形的。

图 5.55

15. 对透视效果满意后，单击选项栏中的提交透视变形按钮（✓）。

16. 要对修改后的图像与原件进行比较，可在“图层”面板中隐藏“透视变形”滤镜，再显示它。

如果你要做进一步调整，可在“图层”面板中双击“透视变形”滤镜。你可继续调整已有的平面，也可单击选项栏中的“版面”按钮，以便调整这些平面的形状。修改完毕后，别忘了单击提交透视变形按钮让修改生效。

17. 保存所做的工作，再将文件关闭。

修改建筑物的透视

在前面的练习中，你使用透视变形来改变一个图层与另一个图层的关系，还可使用它来改变同一个图层中不同物体之间的关系。例如，你可调整观看建筑物的角度。

在这种情况下，你需要以同样的方式应用透视变形：在版面模式下绘制要影响的物体的平面，然后在变形模式下操作这些平面。当然，由于你要在图层内改变观察角度，因此该图层中的其他物体也将被移动，因此要特别注意不正常的地方。例如，在图 5.56 中，当你调整建筑物的透视时，周围树木的透视也发生了变化。

图 5.56

防抖滤镜

在快门速度很慢或焦距很长时，即便你拿相机的手很稳，相机也可能发生意外的移动。防抖滤镜可减轻相机抖动的影响，让图像更清晰，如图 5.57 所示。

应用防抖滤镜前

图 5.57

要获得最佳的结果，应对图像的特定部分（而不是整幅图像）应用防抖滤镜，在文字因相机抖动而变得字迹模糊时更应如此。

要使用防抖滤镜，可打开要处理的图像，再选择菜单“滤镜”>“锐化”>“防抖”。这个滤镜将自动分析图像、选择相关的区域并消除模糊。你可使用细节放大镜来预览结果，这也许是你唯一需要做的。如果对效果满意，单击“确定”按钮关闭“防抖”对话框，并让这个滤镜生效，结果如图 5.58 所示。

应用防抖滤镜后

图 5.58

你可调整 Photoshop 解读模糊描摹的方式，即 Photoshop 确定的受相机抖动影响的区域的形状和大小。你可调整相关的区域及其大小，还可调整平滑值和伪像抑制值等。有关防抖滤镜的完整信息，请参阅 Photoshop 帮助。

5.11 复习题

1. 何为红眼？在 Photoshop 中如何消除？
2. 如何使用多幅图像创建全景图？
3. 如何在 Photoshop 中修复常见的镜头缺陷？这些缺陷是什么原因导致的？
4. 在什么情况下使用内容感知移动工具可获得最佳的结果？

5.12 复习题答案

1. 红眼是由于闪光灯照射到主体的视网膜上导致的。要在 Photoshop 中消除红眼，可放大人物的眼睛，再选择红眼工具在眼睛上单击。
2. 要将多幅图像合成全景图，可选择菜单“文件”>“自动”>“Photomerge”，然后选择要合并的图像，再单击“确定”按钮。
3. 镜头校正滤镜可修复常见的相机镜头缺陷，如桶形扭曲（直线向图像边缘弯曲）和枕形扭曲（直线向内弯曲）、色差（图像对象的边缘出现色带）以及晕影（图像的边缘，尤其是角落比中央暗）。焦距或光圈设置不正确、相机垂直或水平倾斜都可能导致这些缺陷。
4. 图像的背景一致，让 Photoshop 能够无缝地重现图案时，使用内容感知移动工具的效果最佳。

第6课　蒙版和通道

在本课中，你将学习以下内容：

- 通过创建蒙版将主体与背景分离；
- 调整蒙版使其包含复杂的边缘；
- 创建快速蒙版以修改选定区域；
- 使用“属性”面板编辑蒙版；
- 使用操控变形操纵蒙版；
- 将蒙版保存为 Alpha 通道；
- 使用“通道”面板查看蒙版；
- 提高图像的分辨率以便将图像用于高分辨率印刷。

本课需要大约 1 小时。启动 Photoshop 之前，请先在异步社区将本书的课程资源下载到本地硬盘中，并进行解压。在学习本课时，请打开相应的课程文件。建议先做好原始课程文件的备份工作，以免后期用到这些原始文件时，还需重新下载。

使用蒙版可隔离并操纵图像的特定部分。你可以修改蒙版的挖空部分，但其他区域受到保护，不能修改。你可以创建一次性使用的临时蒙板，也可保存蒙版供以后使用。

6.1 使用蒙版和通道

在 Photoshop 中，蒙版用于隔离并保护部分图像，就像护条一样，可防止油工将油漆喷到窗户玻璃和窗饰上。根据选区创建蒙版时，未选中的区域将被遮住（不能编辑）。使用蒙版可创建和保存耗费大量时间的选区，供以后使用。另外，蒙版还可用于完成其他复杂的编辑任务，如修改图像的颜色或应用滤镜效果。

> Ps **提示：**要删除图像的背景或将多幅图像合成一幅，蒙版必不可少。

在 Adobe Photoshop 中，你可创建被称为快速蒙版的临时蒙版；也可创建永久性蒙版，并将其存储为被称为 Alpha 通道的特殊灰度通道。Photoshop 还可使用通道存储图像的颜色信息。不同于图层，通道是不能打印的。你可使用“通道”面板来查看和处理 Alpha 通道。

在蒙版技术中，一个重要的概念是黑色隐藏，而白色显示。与现实生活中一样，很少有非黑即白的情况。灰色实现部分隐藏，隐藏程度取决于灰度值。

6.2 概述

首先来查看本课中将使用蒙版和通道创建的图像。

1. 启动 Photoshop 并立刻按住 Ctrl + Alt + Shift 键（Windows）或 Command + Option + Shift 键（Mac）以恢复默认首选项（参见前言中的“恢复默认首选项”）。
2. 出现提示对话框时，单击“是”确认要删除 Adobe Photoshop 设置文件。
3. 选择菜单“文件”>“在 Bridge 中浏览”启动 Adobe Bridge。

> Ps **注意：**如果你没有安装 Bridge，当你选择“在 Bridge 中浏览”时将提示你安装 Bridge。更详细的信息请参阅前言。

4. 单击 Bridge 窗口左上角的“收藏夹”标签，选择文件夹 Lessons，再双击“内容”面板中的文件夹 Lesson06。
5. 研究文件 06End.psd。要放大缩略图以便看得更清楚，可将 Bridge 窗口底部的缩略图滑块向右移。

在本课中，你将制作一个杂志封面。该封面使用的模特照片的背景不合适，而且这个背景不是纯色的，因此蒙版创建起来可能比较麻烦。你将使用“选择并遮住”功能将模特放到合适的背景中。

6. 双击文件 06Start.psd 的缩略图在 Photoshop 中打开它，如果出现“嵌入的配置文件不匹配”对话框，单击“确定”按钮。
7. 选择菜单“文件”>“存储为”，将文件重命名为 06Working.psd 并单击“保存”按钮。如果出现“Photoshop 格式选项”对话框，单击“确定”按钮。

存储原始文件的副本，这样做需要时还可使用原始文件。

蒙版概念

Alpha 通道、通道蒙版、剪贴蒙版、图层蒙版和矢量蒙版之间有何不同呢？在有些情况下，它们是同义词：可将通道蒙版转换为图层蒙版，而图层蒙版和矢量蒙版之间也可相互转换。

它们之间的共同之处在于，它们都能存储选区，让用户能够以非破坏性的方式编辑图像，并可随时恢复到原始图像。下面简要地介绍下这些概念。

- **Alpha 通道**是添加到图像中的额外通道，以灰度图像的方式存储选区。你可使用 Alpha 通道存储独立于图层的蒙版，还可将 Alpha 通道转换为选区。
- **图层蒙版**是与特定图层相关联的 Alpha 通道。通过使用图层蒙版，你可控制要显示（隐藏）图层的哪些部分。在“图层”面板中，图层蒙版的缩略图（在添加内容前为空白的）显示在图层缩略图右边，如果周围有黑色边框，则说明图层蒙版当前被选中。
- **矢量蒙版**是由独立于分辨率的矢量（而不是像素）组成的图层蒙版，其边缘犀利，是使用钢笔或形状工具创建的。它们的缩略图看起来与图层蒙版的缩略图相同。
- **剪贴蒙版**是用一个图层来遮盖另一个图层时形成的，让你能够只将效果应用于特定图层，而不是下面的所有图层。若通过使用剪贴蒙版来剪贴图层，则只有剪贴图层受影响。剪贴蒙版的缩略图向右缩进，并通过一个直角箭头指向它下面的图层。被剪贴的图层的名称带下划线。
- **通道蒙版**限定只对特定通道（如 CMYK 图像中的青色通道）进行编辑。通道蒙版对于创建边缘细致的复杂选区很有帮助。你可以根据图像的主要颜色来创建通道蒙版，还可根据通道中主体和背景之间的强烈反差来创建通道蒙版。

6.3 使用“选择并遮住”和“选择主体”

Photoshop 提供了一组专门用于创建和改进蒙版的工具，这些工具放在一个名为“选择并遮住”的任务空间中。在选择和遮住中，你将首先使用选择主体工具创建一个粗略的蒙版，将模特与背景分离；再使用其他选择并遮住工具（如快速选择工具）改进蒙版。

1. 在“图层”面板中，确保两个图层都是可见的且选择了图层 Model。
2. 选择菜单“选择”>“选择并遮住”。

> **提示：**在选择了选取工具的情况下，选项栏中都会出现“选择并遮住”按钮；在选项栏中没有“选择并遮住”按钮时，可选择菜单“选择”>“选择并遮住”。

Ps 提示：在你首次使用选择并遮住时，可能会弹出教程式提示。你可浏览该提示，再接着学习本课，也可单击“以后再说”或“关闭”按钮。

上述操作将在“选择并遮住”对话框中打开图像。在这个对话框的图像区域中，有一张用棋盘图案表示的“洋葱皮”，它指出了哪些区域被遮住。当前，棋盘图案覆盖了整幅图像，因为你还没有指定要显示哪些区域，如图 6.1 所示。

图 6.1

3. 在选项栏中，单击“选择主体”按钮（也可选择菜单“选择”>“主体”），结果如图 6.2 所示。

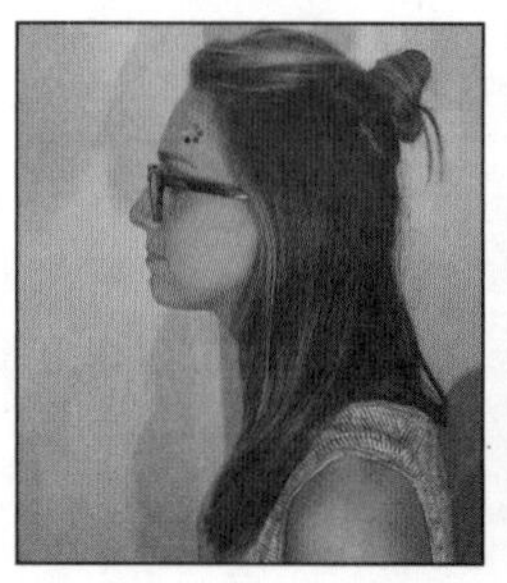
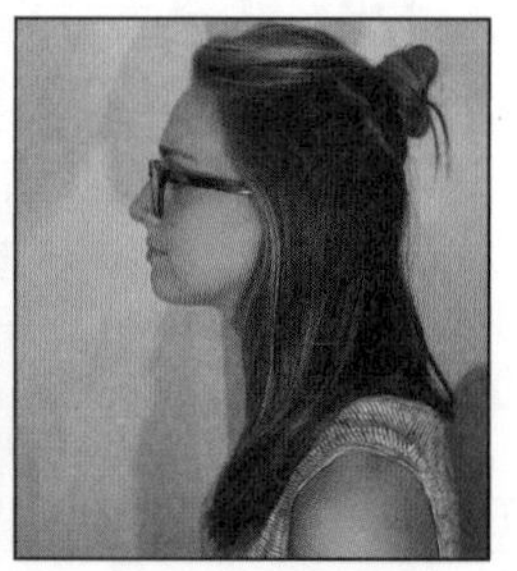

图 6.2

Ps 提示：有关如何建立选区，请参阅第 3 章。

Ps 提示：并非必须在打开了“选择并遮住”对话框的情况下才能选择菜单“选择”>“主体”；相反，即便在没有选择任何选取工具的情况下，也可使用这个命令。另外，在选择了任何选取工具的情况下，选项栏中都会出现“选择主体”按钮。

Photoshop 使用高级机器学习技术对选择主体功能进行了训练，使其能够识别照片中典型的主体（如人物、动物和物体）并根据它们建立选区。它创建的选区可能并不完美，但足够精确，让你能够使用其他选取工具（如快速选择工具）轻松、快速地进行调整。下面首先以另一种不同的方式查看生成的选区，看看它有多精确。

4. 在“视图模式”部分，从“视图”下拉列表中选择“叠加”，将被遮住的区域显示为半透明的红色，而不是表示洋葱皮的棋盘图案，如图 6.3 所示。

图 6.3

> **提示：** 在选择了选择工具的情况下，可单击选项栏中的“选择并遮住”按钮，而不必在菜单中查找命令“选择并遮住”。

Photoshop 有多种不同的视图模式，让你能够在不同背景下轻松地查看蒙版。在这里，红色叠加清晰地指出了遗漏的区域和蓬松头发所处的边缘。

> **提示：** 按 F 键可快速地在不同视图模式之间切换。通过在不同模式下查看，有助于发现在其他模式下不明显的选取错误。

注意到模特胸前的几个地方被“选择主体”遗漏了，你可使用快速选择工具轻松地将这些地方添加到选区中。

5. 确保选择了快速选择工具，再在选项栏中将画笔大小设置为 15 像素。
6. 在遗漏的区域上拖曳鼠标（注意不要拖曳到背景中），将它们添加到选区中，如图 6.4 所示。快速选择工具能够检测出内容边缘，因此拖曳时不用非常精确。拖曳时可松开鼠标，再接着拖曳。

图 6.4

> **提示：** 创建选区时，如果放大图像有助于找出遗漏的区域，那就这样做吧。

拖曳快速选择工具时，不要让鼠标指针位于模特的边缘上或背景区域内。如果不小心这样做了，添加了不想添加的区域，可选择菜单“编辑”>“还原”，也可切换到减去模式，再使用快速选择工具在要剔除的区域绘画。要切换到减去模式，可单击选项栏中的“从选区减去”图标（⊖）。

在模特身上拖曳快速选择工具时，你指定的要显示的区域上的“洋葱皮”将消失。在这个阶段，无须确保蒙版十全十美。

> **提示：** 要调整洋葱皮的不透明度，可拖曳“透明度”滑块。

7. 在“视图模式”部分，从“视图”下拉列表中选择“图层”。这将显示使用当前“选择并遮住”设置时，下面的图层将如何显示出来。在这里，你看到的是当前设置将如何遮住 Magazine Background 图层上面的 Model 图层，如图 6.5 所示。

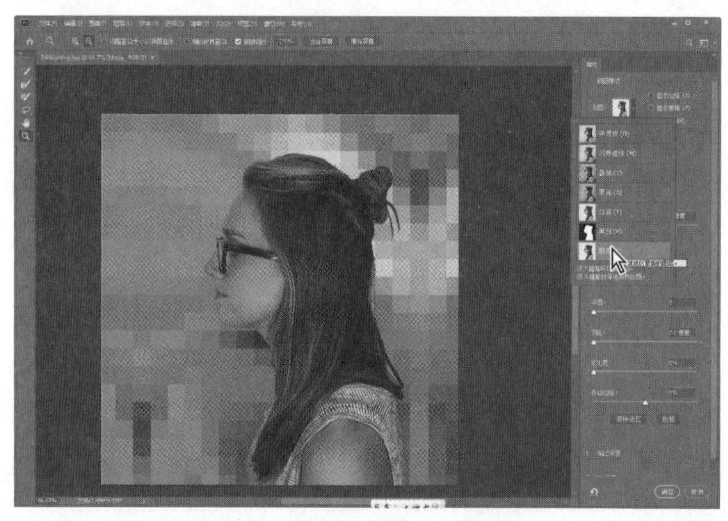

图 6.5

在较高的缩放比例（如 400%）下查看模特的边缘。有些较亮的背景区域依然透过模特显示出来了，但总体而言，选择主体和快速选择工具准确地找出了衬衫和脸庞的边缘。对于一些边缘缺口和不准确的头发边缘，也不用担心，接下来将修复这些问题。

使用“选择并遮住”既快又好地创建蒙版

使用“选择并遮住”时，应使用不同的工具来指定要完全显示、完全遮住和部分显示的区域（如头发），这很重要。请按如下建议做。

- 使用“选择主体”按钮可快速创建初步选区。
- 快速选择工具可用于快速调整“选择主体”生成的选区，还可用于创建初步选区。当你拖曳这个工具时，它将使用边缘检测技术自动找出蒙版边缘。不要在蒙版边缘上拖曳，拖曳时确保鼠标指针完全位于要显示的区域里面（在添加模式下）或外面（在减去模式下）。
- 要想手工指定蒙版边缘（不自动检测边缘），可使用画笔、套索或多边形套索工具。这些工具也有添加模式和减去模式，它们分别指定要显示的区域和要遮住的区域。
- 不用让工具栏在添加和减去模式之间切换。让工具处于添加模式，并在需要临时切换到减去模式时按住 Alt 键（Windows）或 Option（Mac）键。
- 在蒙版边缘为头发等复杂的过渡时，为让边缘更精确，可使用调整边缘画笔工具在这些边缘上拖曳。不要使用调整边缘画笔在需要完全显示或完全遮住的区域内拖曳。
- 不一定要完全使用“选择并遮住”来建立选区。例如，如果你使用其他工具（如色彩范围）建立了选择，可让这个选区处于活动状态，再单击选项栏中的“选择并遮住”以便对蒙版进行调整。

Ps **提示：**在“选择并遮住”对话框中，多边形套索工具和套索工具分在一组。

6.3.1 调整蒙版

蒙版很好用，但快速选择工具没有选择模特的所有头发，如从模特发髻垂下的几丝头发。在“选择并遮住”中，调整边缘画笔工具用于找出细节丰富的边缘。

1. 在缩放比例为 300% 甚至更高的情况下，查看模特发髻附近的头发边缘，如图 6.6 所示。
2. 选择调整边缘画笔工具（）。在选项栏中，将画笔大小设置为 20 像素，硬度设置为 100%，如图 6.7 所示。
3. 在“视图模式”部分的“视图”下拉列表中选择“叠加”，以便能够看到遗漏的头发。
4. 在发髻和遗漏的发丝的末端之间拖曳鼠标。沿从发髻下垂的边缘复杂的发丝拖曳时，你将发现它们被包含在可见区域内了，如图 6.8 所示。
5. 向下拖曳到衬衫后面的头发处。

背景图像透过这些头发显示出来了。你需要将背景替换为杂志背景，因此接下来使用调整边缘画笔工具将这些区域加入到蒙版中。

图 6.6

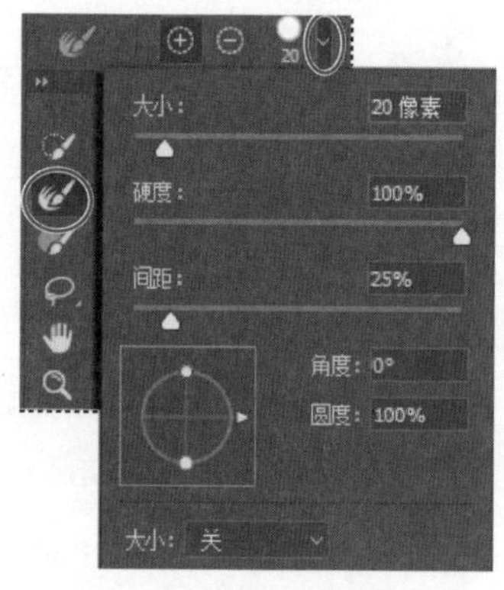

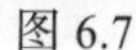

图 6.7

图 6.8

6. 在选项栏中，将调整边缘画笔工具的画笔大小设置为 15 像素，硬度设置为 100%。

来自 Photoshop 布道者——Julieanne Kost 的提示

缩放工具快捷键

在编辑图像时，经常需要放大图像以处理细节，然后缩小图像以查看修改效果。下面是一些快捷键，可以让执行缩放操作更快捷、更容易。

- 在选择了其他工具的情况下，按 Ctrl 和 + 键（Windows）或 Command 和 + 键（Mac）进行放大，按 Ctrl 和 − 键（Windows）或 Command 和 − 键（Mac）进行缩小。
- 双击工具面板中的缩放工具，将图像的缩放比例设置为 100%。
- 选择了选项栏中的复选框“细微缩放”时，向右拖曳可放大视图，而向左拖曳可缩小视图。
- 按住 Alt（Windows）或 Option（Mac）键从放大工具切换到缩小工具，再单击图像。每执行一次这样的操作，图像都将缩小到下一个预设的缩放比例，同时单击的位置在中央显示。

7. 在被遮住的头发上拖曳，将这些头发显示出来。拖曳时将发生两件事情：背景遮住了；发丝显示出来了，如图 6.9 所示。
8. 从“视图”下拉列表中选择“黑白”，这是另一种不错的蒙版检查方式，如图 6.10 所示。在不同的缩放比例下查看蒙版，查看完毕后选择菜单“视图”>“按屏幕大小缩放”。

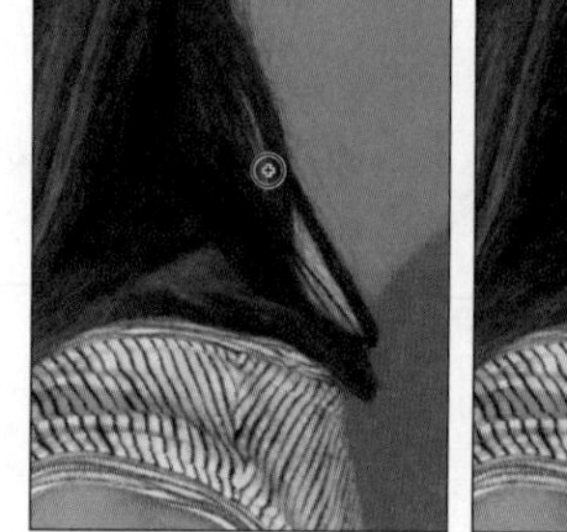

图 6.9

如果你发现头发或其他应显示的细节被遮住，请使用调整边缘画笔在它们上拖曳。要显示的细节越小，就应将调整边缘画笔的大小设置得越小。如果画笔比要显示的细节稍大也没有关系，不用让调整边缘画笔工具刚好覆盖细节。

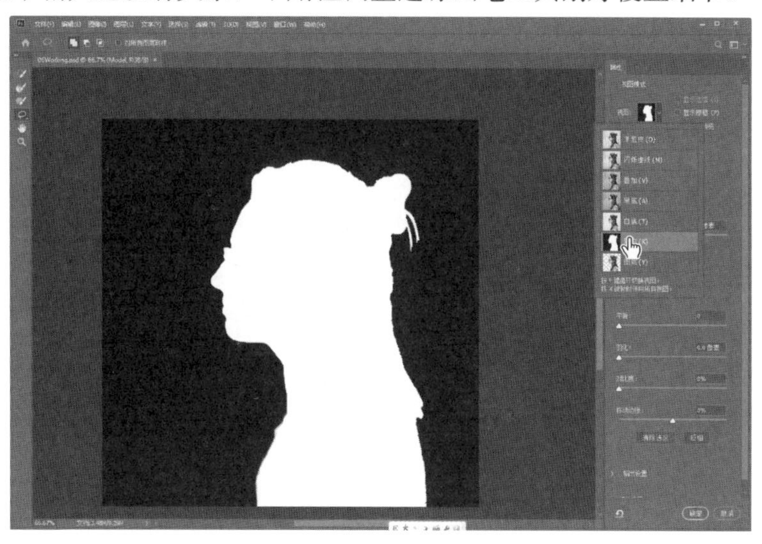

图 6.10

如果使用调整边缘画笔在错误的地方进行了绘画，使它们被指定到了错误的显示区域，可按住 Alt 键（Windows）或 Option 键（Mac），并使用调整边缘画笔工具在这些地方绘画。

6.3.2 全局调整

至此，蒙版已经创建好了，但还需稍微缩小些。要微调蒙版边缘的整体外观，可调整“全局调整”部分的设置。

1. 在“视图模式”部分，从“视图”下拉列表中选择“图层”。这让你能够以图层 Model 下面的图层 Magazine Background 为背景来预览效果。
2. 在“全局调整”部分，通过移动滑块来沿脸庞创建未羽化的平滑边缘。最佳的设置取决于你创建的选区，但应与我们使用的类似。我们将“平滑”滑块移到 5 处，让轮廓更平滑；将“对比度”设置为 20%，让选区边界的过渡加速；将“移动边缘”设置为 -15%，从而将选区边界往内移，以删除不想显示的背景部分（如果将“移动边缘”设置为正值，选区边界将向外移），如图 6.11 所示。
3. 再次以图层 Magazine Background 为背景查看这个蒙版，并根据需要做必要

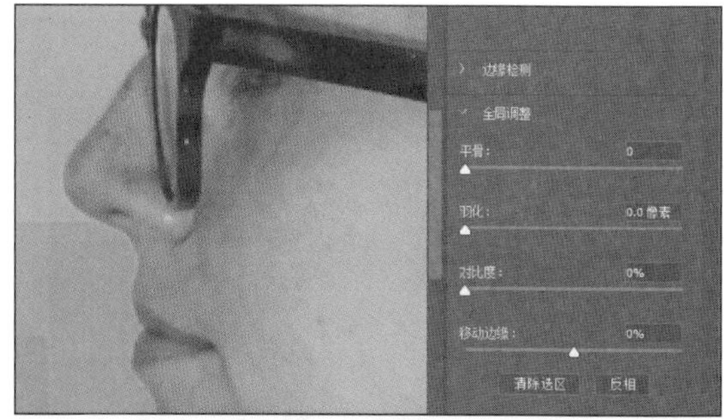

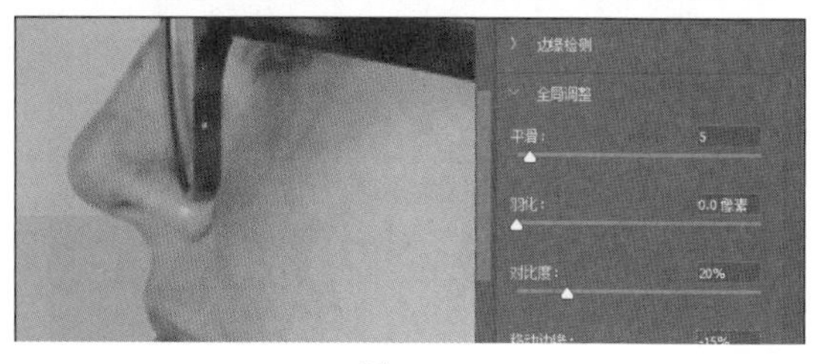

图 6.11

的调整。

6.3.3 完成蒙版创建

对蒙版满意后，就可创建最终输出了，这可以是选区、带透明度的图层、图层蒙版或新文档。在这里，我们要将其用作进入“选择并遮住”对话框时选择的图层 Model 的图层蒙版。

1. 如果输出设置被隐藏，单击展开图标（>）显示它们。
2. 放大到至少 200%，以便能够看清脸庞边缘周围的亮条纹，这些条纹是图层 Model 中的背景透过蒙版渗透进来而形成的。
3. 选择“净化颜色”以消除这些条纹。如果“净化颜色”生成了伪像，可降低“数量”设置，以获得所需的结果。这里将“数量”设置成了 25%。
4. 从“输出到”下拉列表中选择“新建带有图层蒙版的图层”（如图 6.12 所示），再单击“确定”按钮。

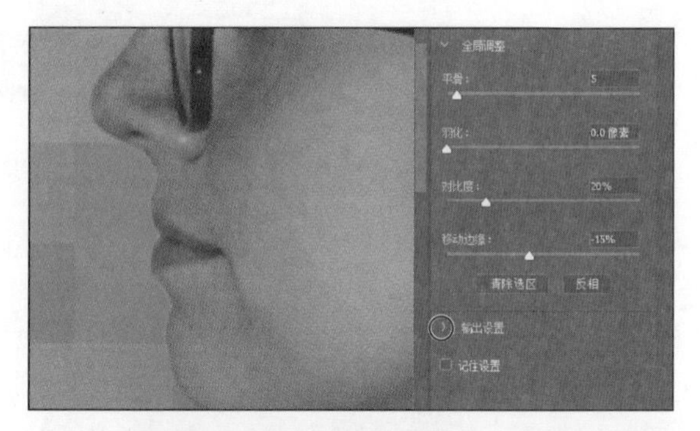

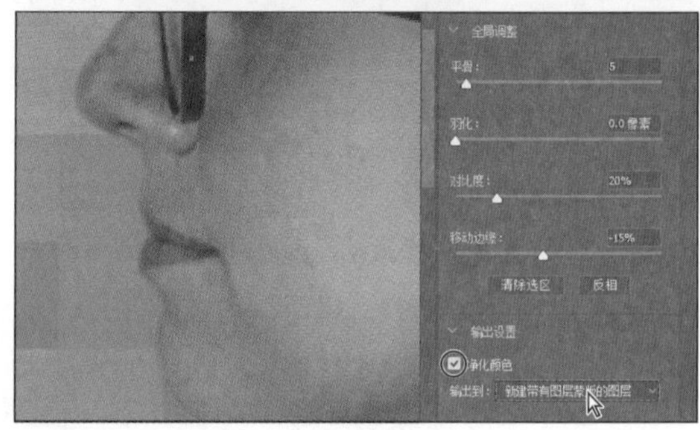

图 6.12

单击“确定”按钮将退出“选择并遮住”。“图层”面板中新增了一个带图层蒙版（像素蒙版）的“Model 拷贝”图层，这个图层是由“选择并遮住”创建的，如图 6.13 所示。

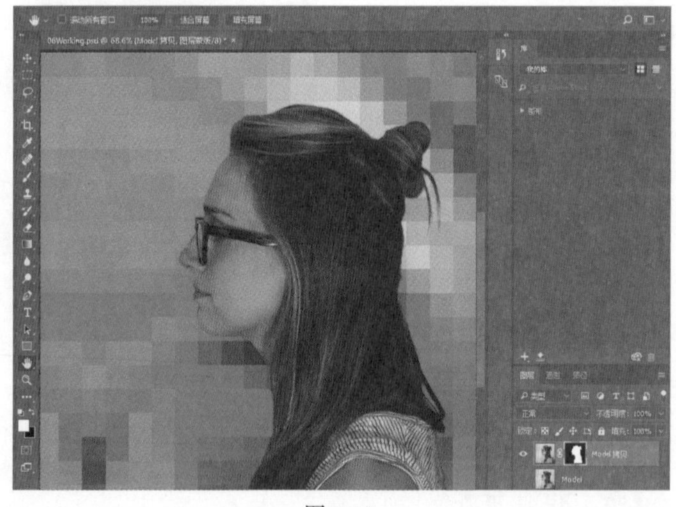

图 6.13

之所以复制 Model 图层，是因为选项“净化颜色”需要使用它来生成新像素。原来的 Model 图层被保留，并自动隐藏了。如果你要重做，可删除“Model 拷贝”图层，并使用原来的 Model 图层重做。

> **注意：** 如果没有选择“净化颜色”，可从“输出到”下拉列表中选择“图层蒙版”。在这种情况下，图层 Model 将添加一个图层蒙版，但不会复制它。

如果蒙版不完美，可随时继续编辑。为此，你可在“图层”面板中选择图层蒙版缩略图，再单击“属性”面板中的“选择并遮住”按钮、单击选项栏中的“选择并遮住”按钮（如果当前选择了一个选择工具）或选择菜单“选择”>“选择并遮住”。

5. 保存所做的工作。

6.4 创建快速蒙版

下面将创建一个快速蒙版以修改镜框的颜色，但在此之前，先清理一下“图层”面板。

1. 隐藏图层 Magazine Background，以便你将注意力集中在模特上；同时确保选择了图层“Model 拷贝”，如图 6.14 所示。
2. 单击工具面板中的以快速蒙版模式编辑按钮（默认情况下在标准模式下编辑），如图 6.15 所示。

在快速蒙版模式下，当你建立选区时，将出现红色叠加层，像传统照片冲印店那样使用红色醋酸纸覆盖选区外的区域（这类似于“选择并遮住”中的“叠加”视图模式）。你只能修改选定并可见的区域，这些区域未受到保护。在“图层”面板中，选定的图层将呈红色，这表明当前处于快速蒙版模式，如图 6.16 所示。

图 6.14

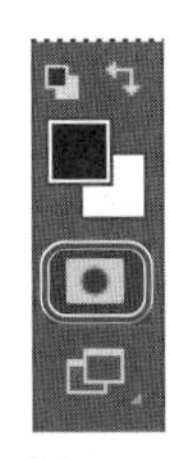

图 6.15

图 6.16

3. 选择工具面板中的画笔工具（🖌）。
4. 在选项栏中，确保模式为“正常”。打开“弹出式画笔”面板并选择一种直径为 13 像素、硬度为 100% 的画笔，再在面板外单击以关闭它。
5. 在眼镜脚上绘画，绘画的区域将变成红色，这就创建了一个蒙版。
6. 继续绘画以覆盖眼镜脚和镜片周围的镜框，如图 6.17 所示。在镜片周围绘画时缩小画笔。不用担心被头发覆盖的眼镜脚部分。

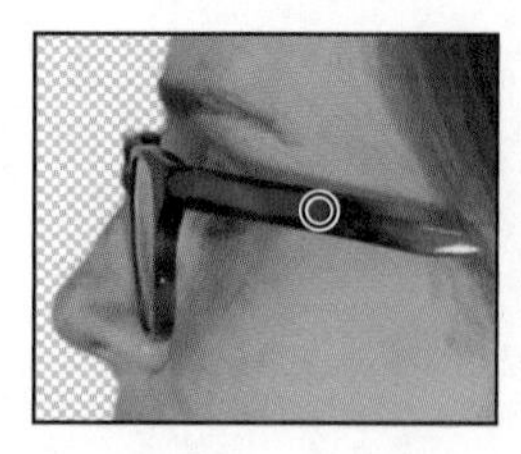
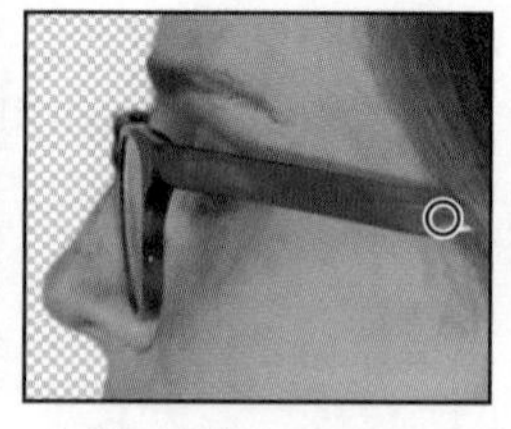
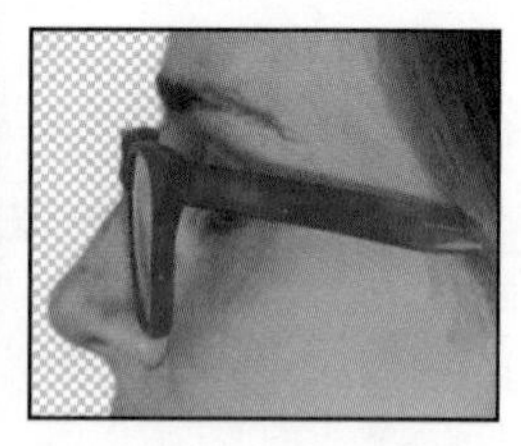

图 6.17

在快速蒙版模式下，Photoshop 自动切换到灰度模式：灰度对应于蒙版的透明度。在快速蒙版模式下使用绘画或编辑工具时，请牢记以下原则。

- 使用黑色绘画将增大蒙版（红色覆盖层）并缩小选区。
- 使用白色绘画将缩小蒙版并增大选区。
- 使用灰色绘画在蒙版中添加半透明区域——灰度越大越透明（遮盖程度越高）。

7. 单击以标准模式编辑按钮退出快速蒙版模式。

未覆盖的区域将被选择，退出快速蒙版模式将把快速蒙版转换为选区。

> Ps **提示：**如果要将选区留到以后使用，请将其保存为 Alpha 通道（选择菜单“选择”>“存储选区”），否则取消选择后，该选区将丢失。

8. 选择菜单“选择”>“反选”选择前面遮盖的区域。
9. 选择菜单“图像”>“调整”>“色相 / 饱和度”。选区将被转换为图层蒙版，确保“色相 / 饱和度”调整只应用于未被遮盖的区域。
10. 在“色相 / 饱和度”对话框中，将“色相”设置改为 70，再单击“确定”按钮，镜框将变成绿色，如图 6.18 所示。

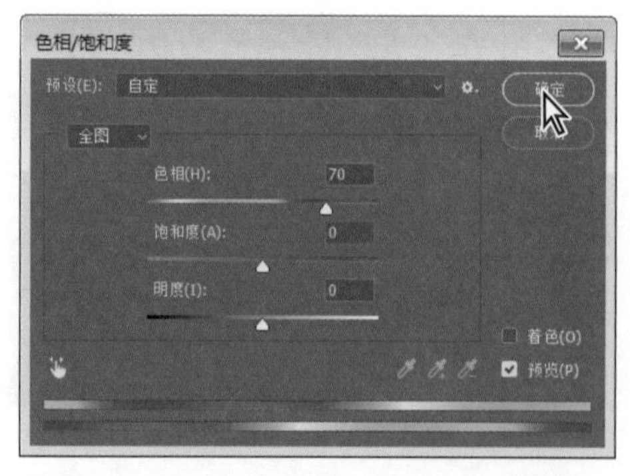

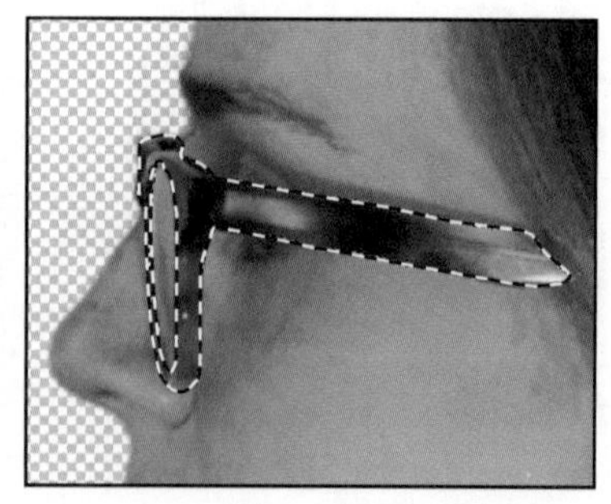

图 6.18

11. 选择菜单“选择”>“取消选择”。

6.5 使用操控变形操纵图像

操控变形让你能够更灵活地操纵图像。你可以调整头发和胳膊等区域的位置，就像提拉木偶上的绳索一样。你还可在要控制移动的地方加入图钉。下面使用操控变形让模特的头后仰，使其就像是向上看一样。

1. 缩小图像以便能够看到整个模特。

2. 在“图层”面板中选择了图层“Model 拷贝”的情况下，选择菜单“编辑”>“操控变形”。

图层的可见区域（这里是模特）将出现一个网格，如图 6.19 所示。你将使用该网格在要控制移动（或确保它不移动）的地方添加图钉。

3. 沿身体边缘和头的下部单击。每当你单击时，操控变形都将添加一颗图钉。添加大约 10 颗图钉就够了。

通过在身体周围添加图钉，可确保倾斜模特头部时身体保持不动。

4. 选择颈背上的图钉，图钉中央将出现一个蓝点，这表明选择了该图钉，如图 6.20 所示。

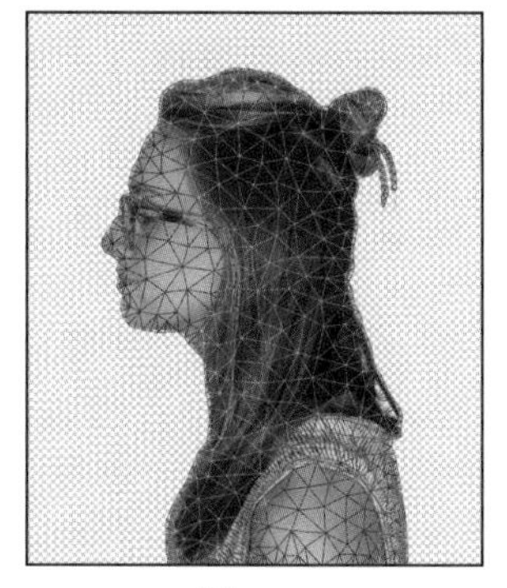

图 6.19

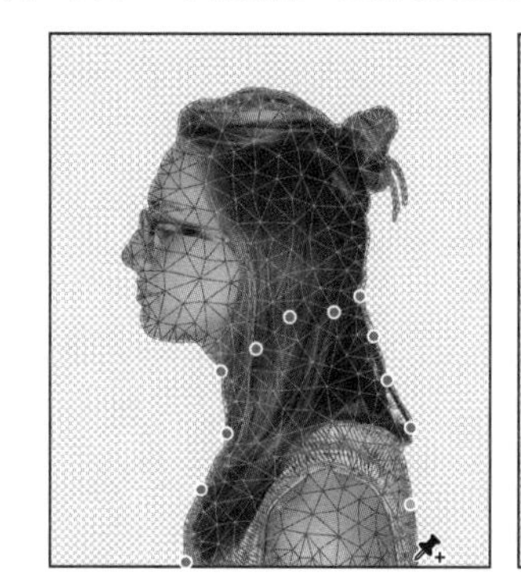

图 6.20

5. 按住 Alt（Windows）或 Option（Mac）键，图钉周围将出现一个更大的圆圈，而鼠标指针将变成弯曲的双箭头，如图 6.21 所示。继续按住 Alt（Windows）键或 Option（Mac）键并拖曳鼠标，让头部后仰，如图 6.22 所示。在选项栏中可看到旋转角度，你也可以在这里输入 170 让头部后仰。

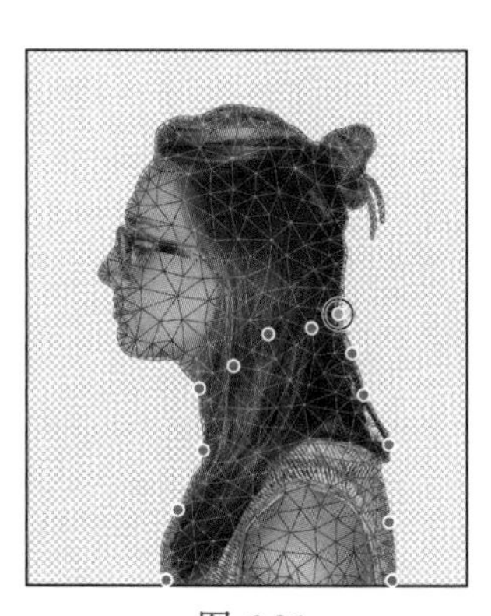

图 6.21

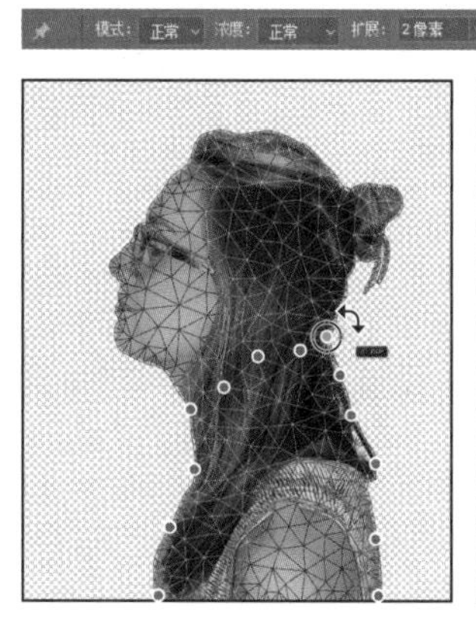

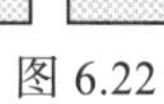

图 6.22

注意：按住 Alt 或 Option 键后不要单击图钉，否则图钉将被删除。

6. 对旋转角度满意后，单击选项栏中的提交操控变形按钮（✓）或按回车键。

7. 保存所做的工作。

6.6 使用 Alpha 通道创建投影

不同的图层存储了图像中的不同信息，同样，通道也让你能够访问特定的信息。Alpha 通道将选区存储为灰度图像，而颜色信息通道存储了图层中每种颜色的信息，例如，RGB 图像默认包含红色、绿色、蓝色和复合通道。

为避免将通道和图层混为一谈，我们可这样认为：通道包含了图像的颜色和选区信息，而图层包含的是绘画、形状、文本和其他内容。

下面使用一个 Alpha 通道来创建选区，再在一个图层中使用黑色填充该选区，以创建投影。

前面创建了一个覆盖模特的蒙版，为创建投影，可复制该蒙版并调整其位置。为实现这个目标，我们可使用 Alpha 通道。

1. 在“图层”面板中，按住 Ctrl 键（Windows）或 Command 键（Mac）并单击图层“Model 拷贝”的缩略图。这将选择蒙版对应的区域。

2. 选择菜单“选择”>“存储选区”。在“存储选区”对话框中，确保从“通道”下拉列表中选择了“新建”，再将通道命名为 Model Outline 并单击“确定”按钮，如图 6.23 所示。

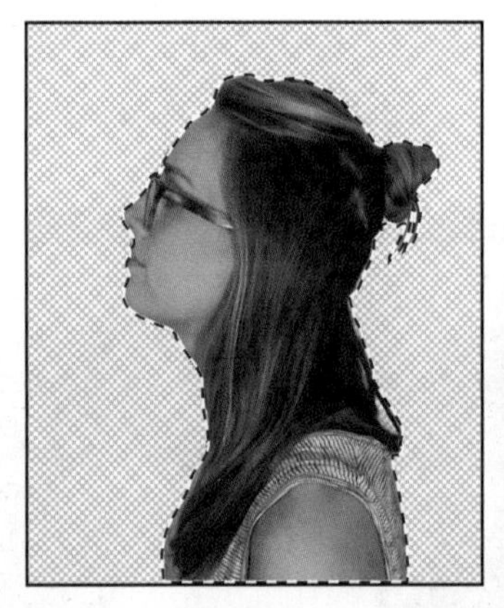

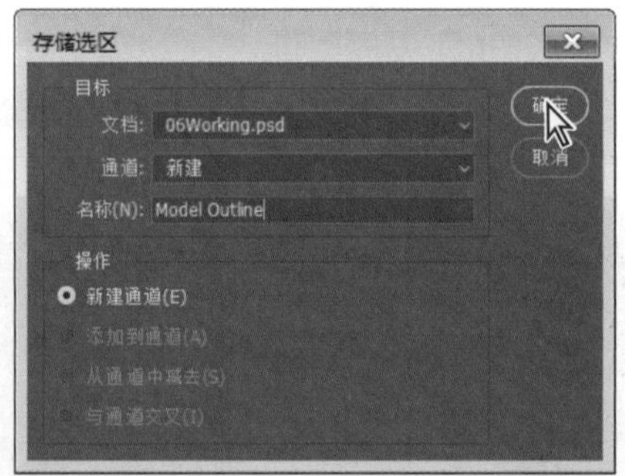

图 6.23

“图层”面板和图像窗口都没有任何变化，但“通道”面板中添加了一个名为 Model Outline 的新通道。

3. 单击图层面板底部的创建新图层按钮，将新图层拖放到图层“Model 拷贝”的下面。然后双击新图层的名称，并将其重命名为 Shadow。

4. 在选择了图层 Shadow 的情况下，选择菜单“选择”>“选择并遮住”。

Alpha 通道简介

使用 Photoshop 时，你迟早要遇到 Alpha 通道。最好了解一些有关 Alpha 通道的知识。

- 一幅图像最多可包含 56 个通道，其中包括所有的颜色通道和 Alpha 通道。
- 所有通道都是 8 位的灰度图像，能够显示 256 种灰度。
- 用户可以指定每个通道的名称、颜色、蒙版选项和不透明度；其中不透明度只影响通道的预览，而不会影响图像。
- 所有新通道的大小和像素数量都与原始图像的相同。
- 可以使用绘画工具、编辑工具和滤镜对 Alpha 通道中的蒙版进行编辑。
- 可以将 Alpha 通道转换为专色通道。

5. 在“视图模式”部分，从“视图”下拉列表中选择“黑底”。
6. 在“全局调整”部分，将“移动边缘”滑块移到 36% 处。
7. 在“输出设置”部分，确保从下拉列表“输出到”中选择了“选区”（如图 6.24 所示），再单击“确定”按钮。

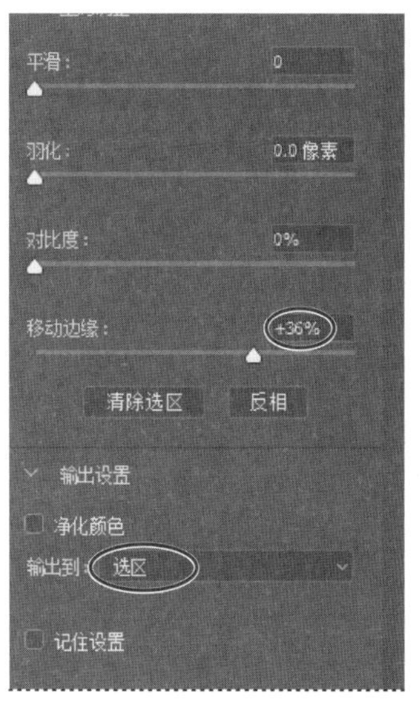

图 6.24

8. 选择菜单“编辑”>“填充”。在“填充”对话框中，从下拉列表“内容”中选择“黑色”，再单击“确定”按钮。

图层 Shadow 将显示用黑色填充的模特轮廓。投影通常没有人那么暗，下面降低该图层的不透明度。

9. 在“图层”面板中，将图层“不透明度”改为 30%，如图 6.25 所示。

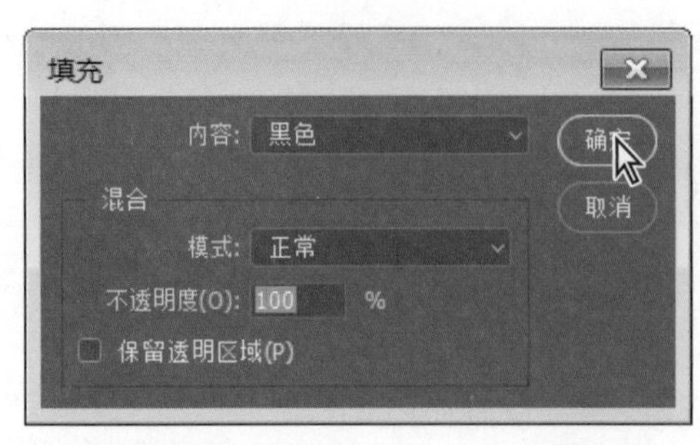

图 6.25

当前，投影与模特完全重合，根本看不到。下面调整投影的位置。

10. 选择菜单“选择”>“取消选择”来移除选区。
11. 选择菜单“编辑”>“变换”>“旋转”。手工旋转投影或在选项栏的“旋转”文本框中输入 −15，然后向左拖曳投影或在选项栏的 X 文本框中输入“545 像素”。单击提交变换按钮或按回车键让变换生效，结果如图 6.26 所示。
12. 单击图层 Magazine Background 的眼睛图标，让这个图层可见，并删除图层 Model，结果如图 6.27 所示。

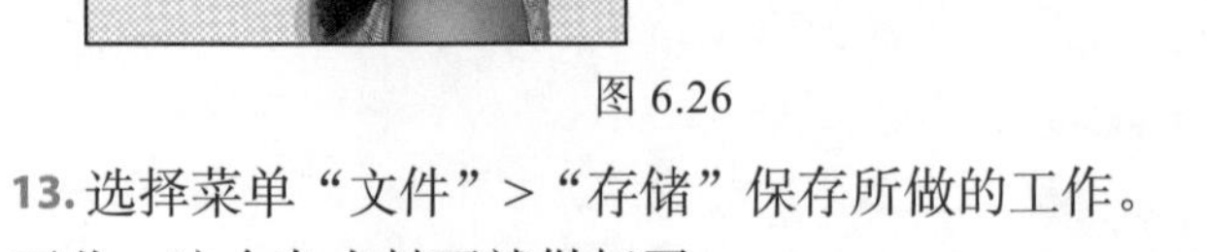

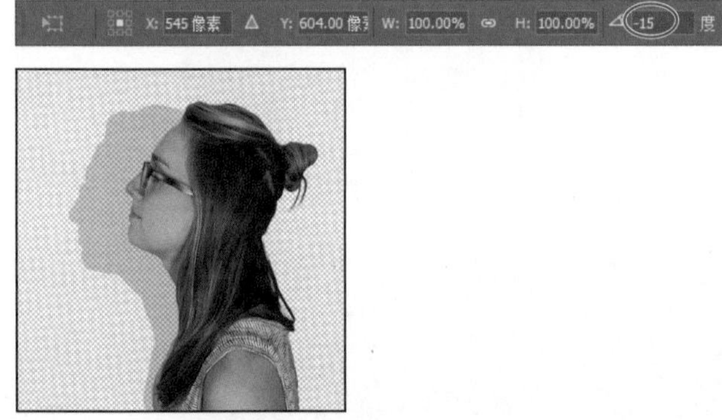

图 6.26

图 6.27

13. 选择菜单“文件”>“存储”保存所做的工作。

至此，这个杂志封面就做好了。

6.7 复习题

1. 使用快速蒙版有何优点？
2. 取消选择快速蒙版时，将发生什么情况？
3. 将选区存储为 Alpha 通道时，Alpha 通道被存储在什么地方？
4. 存储蒙版后如何在通道中编辑蒙版？
5. 通道和图层之间有何不同？

6.8 复习题答案

1. 快速蒙版有助于创建一次性选区。另外，通过使用快速蒙版，你可使用绘图工具轻松地编辑选区。
2. 与其他选区一样，取消选择快速蒙版后它将消失。
3. Alpha 通道与其他可见的颜色通道一起存储在“通道”面板中。
4. 可使用黑色、白色和灰色在 Alpha 通道中的蒙版上绘画。
5. Alpha 通道是用于存储选区的存储区。所有可见图层都将出现在打印或导出的输出中，但在打印或导出的输出中，只有颜色通道可见，而 Alpha 通道不可见。图层包含有关图像内容的信息，而 Alpha 通道包含有关选区和蒙版的信息。

第7课　文字设计

在本课中，你将学习以下内容：

- 利用参考线在合成图像中放置文本；
- 根据文字创建剪贴蒙版；
- 将文字和其他图层合并；
- 预览字体；
- 设置文本的格式；
- 沿路径放置文本；
- 使用高级功能控制文字及其位置。

本课需要的时间不超过 1 小时。启动 Photoshop 之前，请先在异步社区将本书的课程资源下载到本地硬盘中，并进行解压。在学习本课时，请打开相应的课程文件。建议先做好原始课程文件的备份工作，以免后期用到这些原始文件时，还需重新下载。

Photoshop 提供了功能强大且灵活的文字工具，让用户能够轻松、颇具创意地在图像中加入文字。

7.1 关于文字

在 Photoshop 中，文字由基于矢量的形状组成，这些形状描述了某种字体中的字母、数字和符号。很多字体都有多种格式，其中最常见的格式是 TrueType 和 OpenType（有关 OpenType 的更详细信息，请参阅本课后面的“Photoshop 中的 OpenType”）。Type 1（PostScript）字体是一种较老的字体格式，但现在依然在使用。

在 Photoshop 中将文字加入到文档中时，字符由像素组成，其分辨率与图像文件相同——放大字符时将出现锯齿形边缘。然而，Photoshop 保留了基于矢量的文字的轮廓，并在用户缩放文字、保存 PDF 或 EPS 文件或者通过 PostScript 打印机打印图像时使用它们。因此，用户可以创建边缘犀利的独立于分辨率的文字、将效果和样式应用于文字并对其形状和大小进行变换。

7.2 概述

在本课中，你将为一本技术杂志制作封面。你将以第 6 课制作的封面为基础，其中包含一位模特、模特投影和橘色背景。你将在封面中添加文字，并设置其样式，还要对文字进行变形。

首先来查看最终的合成图像。

1. 启动 Photoshop 并立刻按下 Ctrl + Alt + Shift 键（Windows）或 Command + Option + Shift 键（Mac）以恢复默认首选项（参见前言中的“恢复默认首选项”）。
2. 出现提示对话框时，单击“是”确认要删除 Adobe Photoshop 设置文件。
3. 选择菜单“文件”>“在 Bridge 中浏览”启动 Adobe Bridge。

Ps **注意：**如果你没有安装 Bridge，当你选择“在 Bridge 中浏览”时将提示你安装 Bridge。更详细的信息请参阅前言。

4. 在 Bridge 左上角的“收藏夹”面板中，单击文件夹 Lessons，然后双击“内容”面板中的文件夹 Lesson07，以便能够看到其内容。
5. 选择文件 07End.psd。向右拖曳缩略图滑块加大缩略图，以便清晰地查看该图像。

你将使用 Photoshop 的文字功能来完成该杂志封面的制作。所需的所有文字处理功能 Photoshop 都有，无须切换到其他应用程序就能完成这项任务。

注意：虽然本课是第 6 课的延续，但文件 07Start.psd 包含了一条路径和一条注释，这些在你存储的文件 06Working.psd 中没有。

6. 双击文件 07Start.psd 在 Photoshop 中打开它。
7. 选择菜单“文件”>“存储为”，将文件重命名为 07Working.psd，并单击“保存”按钮。
8. 在“Photoshop 格式选项”对话框中单击“确定”按钮。

9. 从选项栏中的工作区切换下拉列表中选择“图形和 Web”，如图 7.1 所示。

图 7.1

图形和 Web 工作区显示了本课将使用的“字符”面板和“段落”面板，它还显示了“图层”面板和“字形”面板。

7.3 使用文字创建剪贴蒙版

剪贴蒙版是一个或一组对象，它们遮住了其他元素，使得只有这些对象内部的区域才是可见的。实际上，这是对其他元素进行裁剪，使其符合剪贴蒙版的形状。在 Photoshop 中，你可以使用形状或字母来创建剪贴蒙版。在本节中，你将把字母用作剪贴蒙版，让另一个图层中的图像能够透过这些字母显示出来。

7.3.1 添加参考线以方便放置文字

文件 07Working.psd 包含了一个 Background 图层，制作的文字将放在它上面。首先放大要处理的区域，并使用标尺参考线来帮助放置文字。

1. 选择菜单“视图”>“按屏幕大小缩放”以便能够看到整个封面。
2. 选择菜单“视图”>“标尺”在图像窗口顶端和左边显示标尺。
3. 从左标尺拖曳出一条垂直参考线，并将其放在封面中央（4.25in 处），如图 7.2 所示。

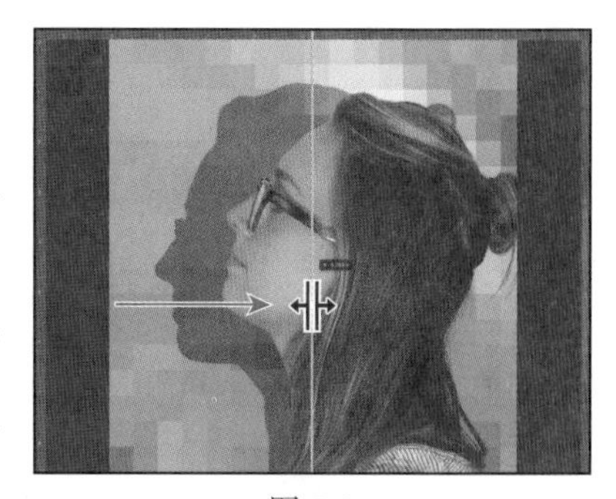

图 7.2

提示：如果难以将垂直标尺参考线放到 4.25in 处，可按住 Shift 键，这样参考线将自动与 4.25in 处的标尺刻度对齐。

7.3.2 添加点文字

现在可以在合成图像中添加文字了。你可在图像的任何位置创建横排或直排文字。你可以输入点文字（一个字母、一个单词或一行）或段落文字。在本课中，你将添加这两种文字，首先来添加点文字。

1. 在“图层”面板中，选择图层 Background。
2. 选择横排文字工具（**T**），并在选项栏中做如下设置（如图 7.3 所示）。

- 在字体系列下拉列表中选择一种带衬线的字体，如 Minion Pro Regular；
- 在字体大小下拉列表中输入 144 点并按回车键；
- 单击居中对齐文本按钮。

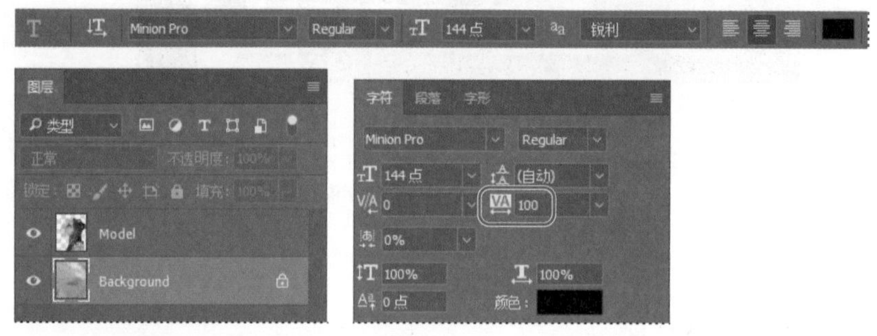

图 7.3

3. 在“字符”面板中，将字距设置为 100。

字距值指定字母之间的间距，影响文本行的紧密程度。

4. 在前面添加的中央参考线上单击以设置插入点，并输入 DIGITAL。然后单击选项栏中的提交所有当前编辑按钮（✓），结果如图 7.4 所示。

图 7.4

> **注意：** 在有些版本的 Photoshop CC 2019 中，新建文字图层中的文字可能是左对齐的，即便你在选择横排文字工具前指定了其他对齐方式。要修复这种问题，可在创建文字图层后再将对齐方式指定为居中对齐。

> **注意：** 输入文字后，要提交编辑，要么单击提交所有当前编辑按钮，要么切换到其他工具或图层，而不能通过按回车键来提交，因为这样做将换行。

单词 DIGITAL 被加入到封面中，并作为一个新文字图层（DIGITAL）出现在“图层”面板中。你可以像对其他图层那样编辑和管理文字图层，可以添加或修改文本、改变文字的朝向、应用消除锯齿、应用图层样式和变换以及创建蒙版等。你还可以像对其他图层一样移动和复制文字图层、调整其排列顺序并编辑其图层选项。

对这个杂志封面来说，文本已足够大，但不够时尚。下面来使用另一种字体。

5. 双击文本 DIGITAL。
6. 打开选项栏中的“字体系列”下拉列表，通过移动鼠标或使用方向键让鼠标指针指向各种字体。

当你将鼠标指针指向字体名时，Photoshop 将暂时把该字体应用于选定文本，让你能够预览效果。

7. 选择 Myriad Pro Semibold，再单击提交所有当前编辑按钮（✓）。

这种字体的效果要好得多，如图 7.5 所示。

8. 如果文字 DIGITAL 不在封面顶部，选择移动工具将这些文字拖曳到封面顶部。
9. 选择菜单“文件” > “存储”将文件存盘。

图 7.5

7.3.3 创建剪贴蒙版及应用投影效果

默认情况下，添加的文字为黑色。这里需要使用一幅电路板图像来填充这些字母，因此接下来你将使用这些字母来创建一个剪贴蒙版，让另一个图层中的图像透过它们显示出来。

1. 选择菜单“文件” > “打开”，打开文件夹 Lesson07 中的文件 circuit_board.tif。
2. 选择菜单“窗口” > “排列” > “双联垂直”。文件 circuit_board.tif 和 07Working.psd 都将出现在屏幕上。单击文件 circuit_board.tif 以确保它处于活动状态。
3. 选择移动工具，再按住 Shift 键将 circuit_board.tif 文件的“背景”图层拖曳到文件 07Working.psd 的中央，如图 7.6 所示。

拖曳时按住 Shift 键可让 circuit_board.tif 图像位于合成图像的中央。

在 07Working.psd 的“图层”面板中将出现一个新图层（图层 1），该图层包含电路板图像，它将透过文字显示出来。然而，在创建剪贴蒙版前，需要缩小电路板图像，因为相对于合成图像它太大了。

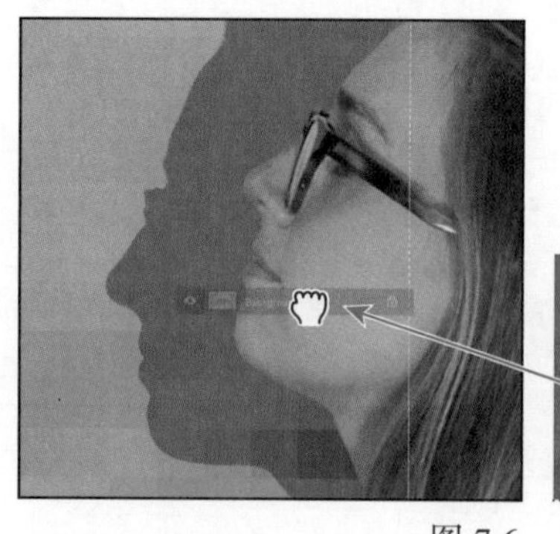

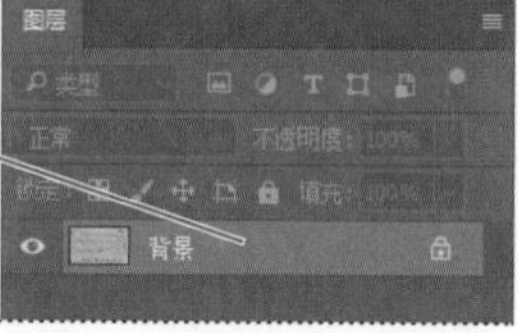

图 7.6

4. 关闭文件 circuit_board.tif，且不保存所做的修改。
5. 在 07Working.psd 文件中，选择图层“图层 1”，再选择菜单“编辑”>“变换”>“缩放”。
6. 抓住定界框角上的一个手柄，按住 Alt 键（Windows）或 Option 键（Mac）并拖曳，将电路板缩小到与文字等宽。

按住 Alt 键或 Option 键可让图像居中。

7. 调整电路板的位置，使其覆盖文字，如图 7.7 所示。在电路板图层外面单击以提交变换。

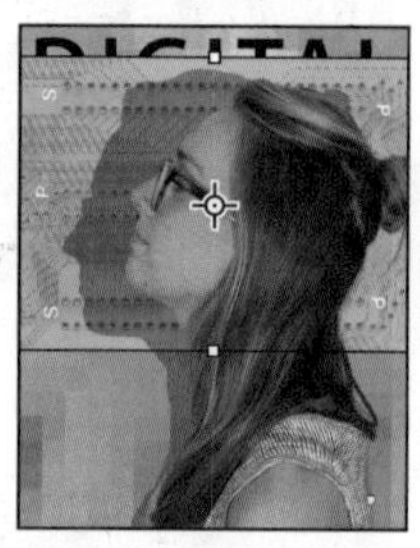

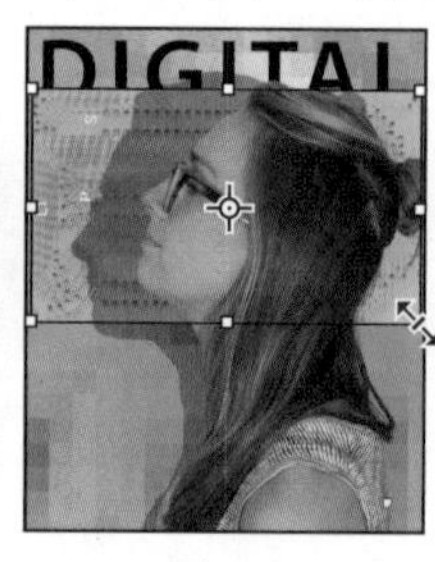

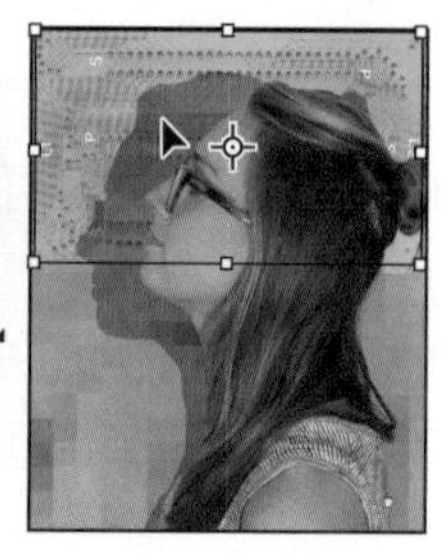

图 7.7

8. 双击图层名“图层 1”并将其改为 Circuit Board。然后，按回车键或单击“图层”面板中图层名的外部使修改生效，如图 7.8 所示。
9. 如果没有选择图层 Circuit Board，请选择它，再从图层面板菜单中选择“创建剪贴蒙版”，如图 7.9 所示。

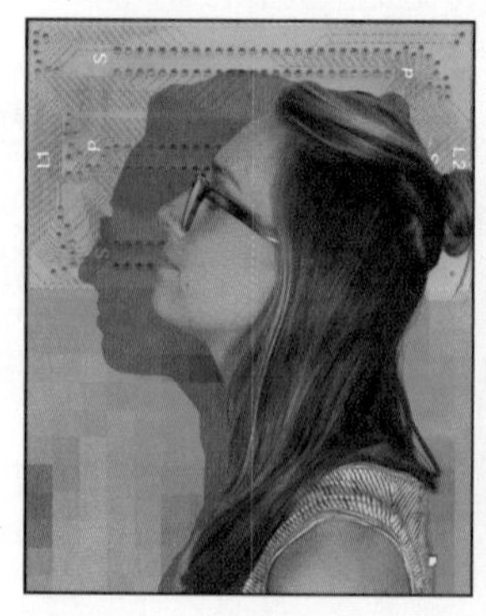

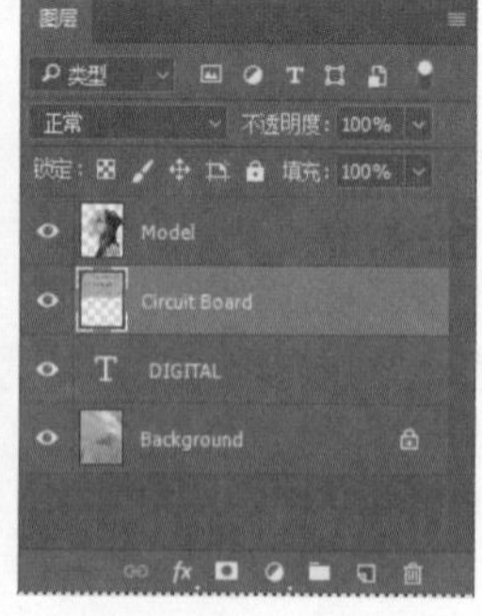

图 7.8

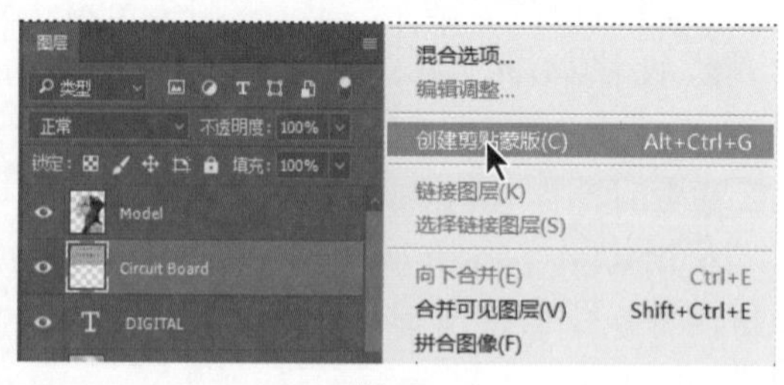

图 7.9

> **提示：** 你也可这样创建剪贴蒙版：按住 Alt 键（Windows）或 Option 键（Mac），并在图层 Circuit Board 和 DIGITAL 之间单击。

电路板图像将透过字母 DIGITAL 显示出来。图层 Circuit Board 的缩略图左边有一个小箭头，而文字图层的名称带下划线，这表明应用了剪贴蒙版。下面添加内阴影效果，赋予字母立体感。

10. 选择文字图层 DIGITAL 使其处于活动状态，单击“图层”面板底部的添加图层样式按钮（*fx*），并从下拉列表中选择“内阴影”，如图 7.10 所示。

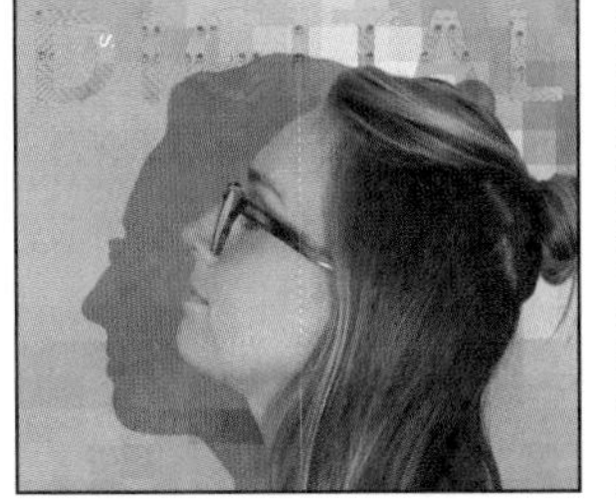

图 7.10

11. 在“图层样式”对话框中，将混合模式设置为“正片叠底”，“不透明度”设置为48%，“距离”设置为8像素，“阻塞”设置为 0，“大小”设置为 16 像素，再单击“确定”按钮，如图 7.11 所示。
12. 选择“文件”>“存储”保存所做的工作，此时的图像如图 7.12 所示。

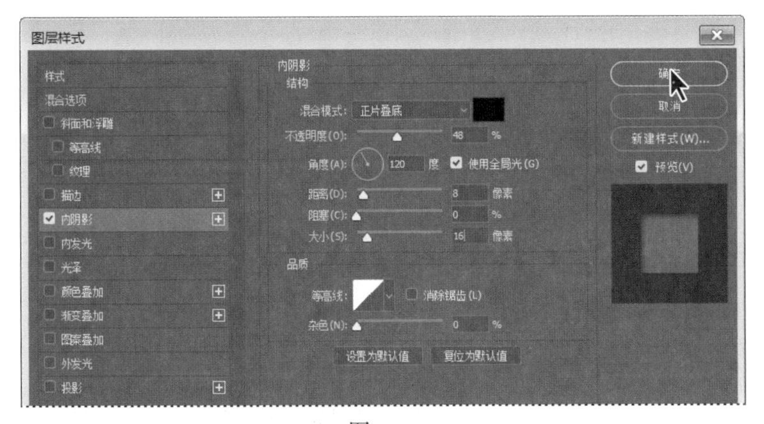

图 7.11

图 7.12

段落样式和字符样式

在 Photoshop 中，如果你经常使用文字，或者需要将图像中大量文字的格式设置成一致的，那么使用段落样式和字符样式可提高工作效率。段落样式是一组文字属性，你只需单击一下鼠标就可将其应用于整段文字；字符样式是一组可应用于各个字符的属性。要使用这些样式，你可打开相应的面板：选择菜单“窗口”>“段落样式”或“窗口”>“字符样式”。

Photoshop 文字样式与 Adobe InDesign 等排版应用程序和 Microsoft Word 等文字处理应用程序中的样式类似，但其行为稍有不同。在 Photoshop 中，为使用文字样式来获得最佳结果，需要牢记以下几点。

- 对于你在 Photoshop 中创建的所有文本，默认都将应用基本段落样式。基本段落样式是由默认的文本设置定义的，但你可修改其属性。
- 创建新样式前，取消选择所有的图层。
- 对于选定的文字，如果做了不同于当前段落样式（通常是基本段落样式）的修改，这些修改（覆盖）将是永久性的，即便你应用了新样式。为确保段落样式的所有属性都应用到了文本，必须在应用样式后，单击“段落样式”面板中的“清除覆盖”按钮。
- 可将同一个段落样式和字符样式用于多个文件。要保存当前样式，将其作为所有新文档的默认设置，可选择菜单“文字”>“存储默认文字样式”；要在既有文档中使用默认样式，可选择菜单“文字”>“载入默认文字样式”。

7.4 沿路径放置文字

Photoshop 可创建沿着你使用钢笔或形状工具创建的路径排列的文字。文字的方向取决于你在路径中添加锚点的顺序。使用横排文字工具在路径上添加文字时，字母将与路径垂直。如果你调整路径的位置或形状，文字也将相应地移动。

下面在一条路径上创建文字，让问题看起来像是从模特嘴中出来的。路径我们已经为你创建好了。

1. 在“图层”面板中，选择图层 Model。
2. 选择菜单“窗口”>“路径”显示“路径”面板。
3. 在“路径”面板中，选择路径 Speech Path，它看起来像是从模特嘴里出来的，如图 7.13 所示。

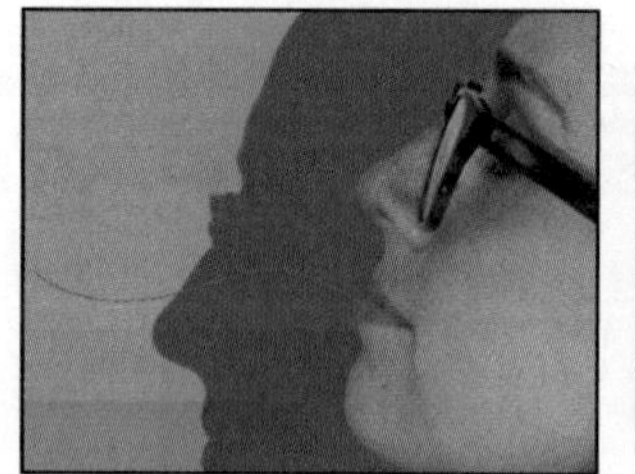

图 7.13

4. 选择横排文字工具。
5. 在选项栏中，单击右对齐文本按钮。

注意：在有些版本的 Photoshop CC 2019 中，新建文字图层中的文字可能是左对齐的，即便你在选择横排文字工具前指定了其他对齐方式。要修复这种问题，可在创建文字图层后再将对齐方式指定为居中对齐。

来自 Photoshop 布道者——Julieanne Kost 的提示

文字工具使用技巧

- 选择横排文字工具后，按住 Shift 键并在图像窗口中单击，这将创建一个新的文字图层。这样做可避免在另一个文字块附近单击时，Photoshop 将自动选择它。
- 在“图层”面板中，双击任何文字图层的缩略图图标，这将选中该图层中所有的文字。
- 选中任何文本后，在该文本上单击鼠标右键（Windows）或按住 Control 键并单击（Mac），可打开上下文菜单，然后选择“拼写检查”可检查拼写。

6. 在“字符”面板中做如下设置。

- 字体系列为 Myriad Pro。
- 字体样式为 Regular。
- 字体大小为 14 点。
- 字距为 −10。
- 颜色为白色。
- 全大写（**TT**）。

7. 将鼠标指针指向路径，等出现一条斜线后单击模特嘴巴附近的路径起点，并输入文字 What’s new with games?，如图 7.14 所示。

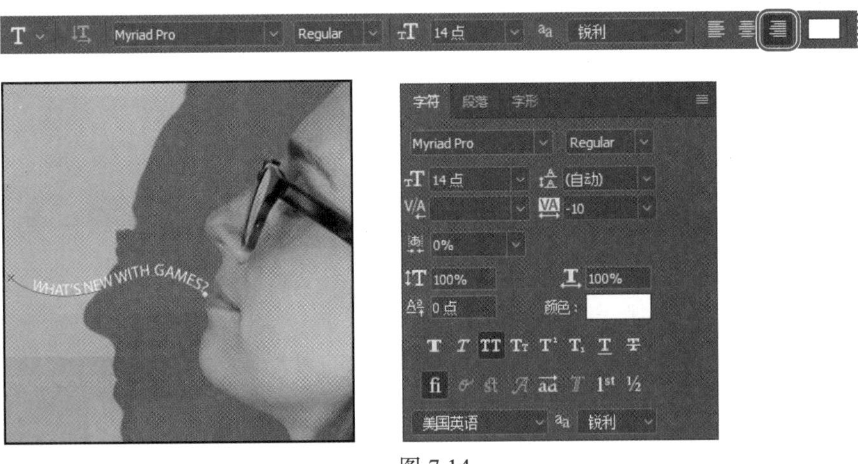

图 7.14

8. 选择单词 GAMES 并将其字体样式改为 Bold，在选项栏中单击提交所有当前编辑按钮（✓），如图 7.15 所示。

9. 在“图层”面板中，选择图层 What’s new with games?，再从图层面板菜单中选择“复制图层”，并将新图层命名为 What’s new with music?。

你看不到复制的文字图层，因为它与原来的图层完全重叠在一起。

10. 使用文字工具选择 games，并将其替换为 music，再单击选项栏中的提交所有当前编辑按钮。

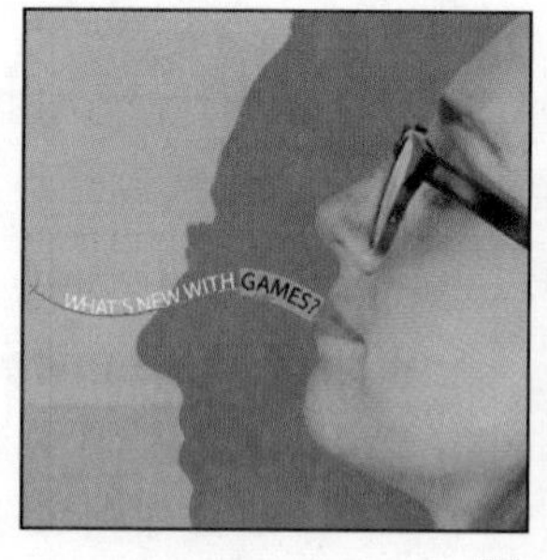

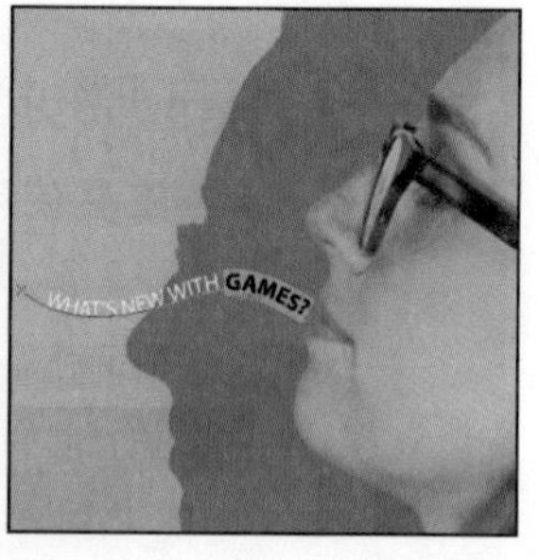

图 7.15

11. 选择菜单“编辑”>“自由变换路径”，将路径左端大约旋转 15°，再将该路径移到第一条路径的右上方。然后，单击选项栏中的提交变换按钮，结果如图 7.16 所示。
12. 重复第 9 ～ 11 步，将单词 games 替换为 phones。将路径左端大约旋转 −15°，并将该路径移到第一条路径的下方，结果如图 7.17 所示。
13. 选择菜单“文件”>“存储”保存所做的工作。

图 7.16

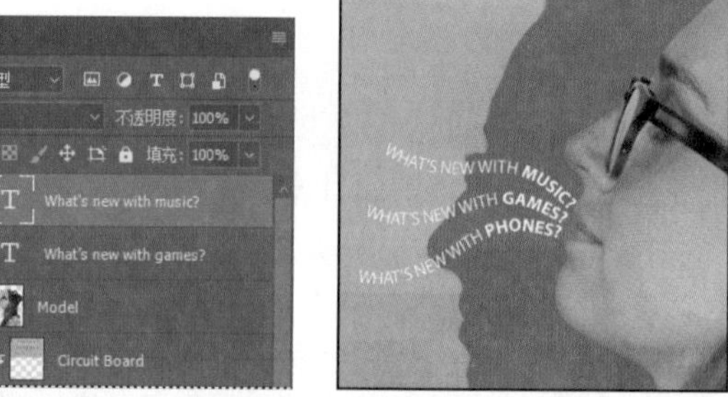

图 7.17

7.5 点文字变形

位于弯曲路径上的文字比直线排列的文字更有趣，但下面将变形文字，让其更有趣。变形让用户能够扭曲文字，使其变成各种形状，如圆弧或波浪。用户选择的变形样式是文字图层的一种属性——用户可以随时修改图层的变形样式，以修改文字的整体形状。变形选项让用户能够准确地控制变形效果的方向和透视。

1. 如有必要，可通过缩放或滚动来移动图像窗口的可见区域，让模特左边的文字位于图像窗口中央。
2. 在“图层”面板中，在图层“What’s new with games?”上单击鼠标右键（Windows）或按住 Control 键并单击（Mac），再从上下文菜单中选择“文字变形”，如图 7.18 所示。
3. 在“文字变形”对话框中，从下拉列表“样式”中选择“波浪”并选中单选按钮“水平”。将“弯曲”设置为 +33%，“水平扭曲”设置为 −23%，“垂直扭曲”设置为 +5%，然后单击“确定”按钮，如图 7.19 所示。

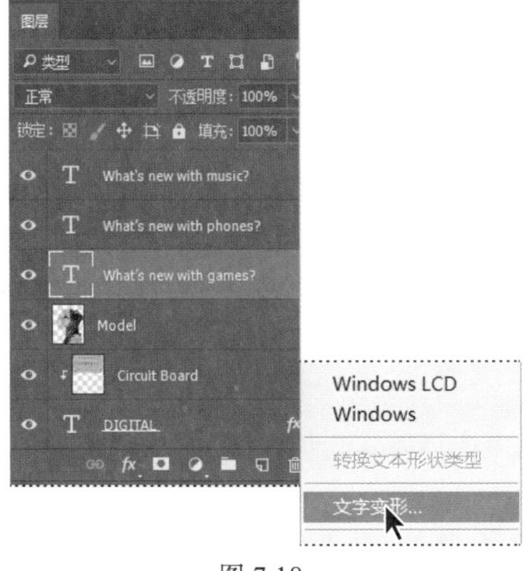

图 7.18

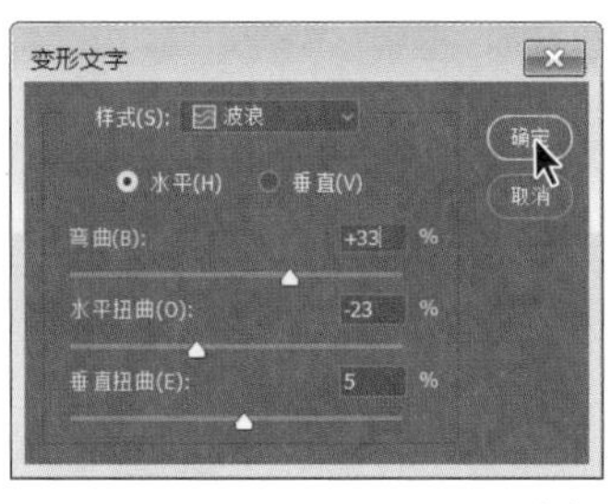

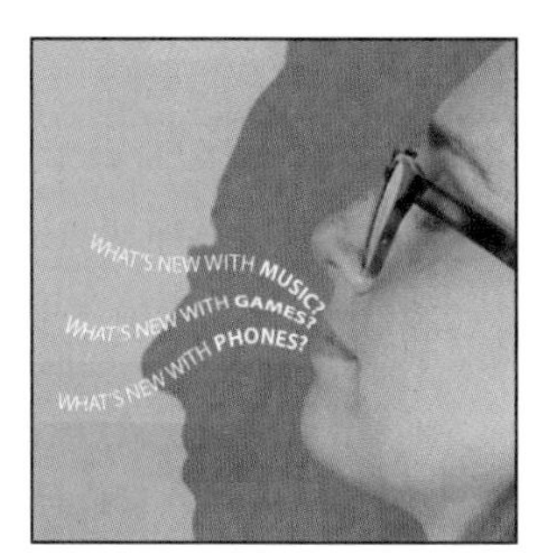

图 7.19

“弯曲”滑块指定变形程度，而“水平扭曲”和“垂直扭曲”滑块指定变形的透视。

单词 WHAT'S NEW WITH GAMES? 看起来是浮动的，就像波浪。

重复第 2 ～ 3 步，对你在路径上添加的其他两段文字进行变形，如图 7.20 所示。

图 7.20

4. 将文件存盘。

7.6 设计段落文字

到目前为止，你在封面上添加的文本都只有几个单词或字符，它们是点文字。然而，很多设计方案要求包含整段文字。在 Photoshop 中，你可以设计整段文字，还可应用段落样式。你无须切换到排版程序来对段落文字进行复杂的控制。

7.6.1 使用参考线来帮助放置段落

下面在封面上添加段落文字。首先在工作区中添加一些参考线以帮助放置段落。

1. 如有必要，你可放大或滚动文档，让文档的上半部分尽收眼底。
2. 从左边的垂直标尺上拖出一条参考线，将其放在距离封面右边缘大约 0.25in 的地方。
3. 从顶端的水平标尺上拖出一条参考线，将其放在距离封面顶端大约 2in 的地方，如图 7.21 所示。

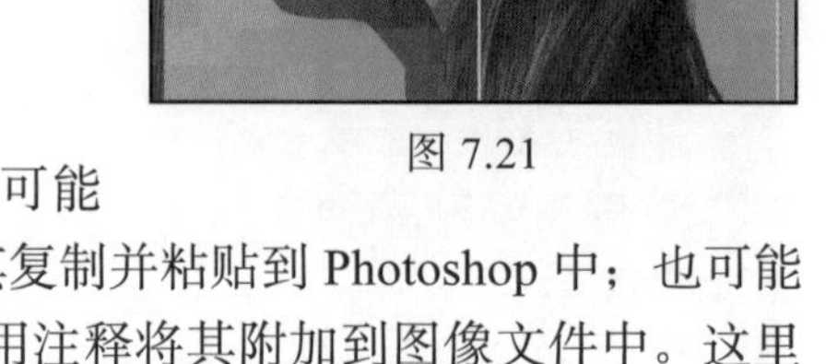

图 7.21

7.6.2 添加来自注释中的段落文字

现在可以添加段落文字了。在实际的设计中，文字可能是以字处理文档或电子邮件正文的方式提供的，你可将其复制并粘贴到 Photoshop 中；也可能需要自己输入。另一种添加少量文字的简易方式是，使用注释将其附加到图像文件中。这里就是这样做的。

1. 选择移动工具，再双击图像窗口右下角的黄色注释，以在“注释”面板中打开它。如有必要，请扩大“注释”面板以便能够看到所有文本，如图 7.22 所示。

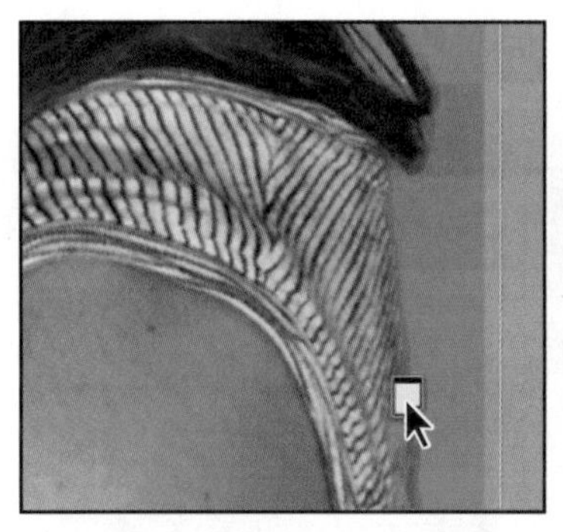

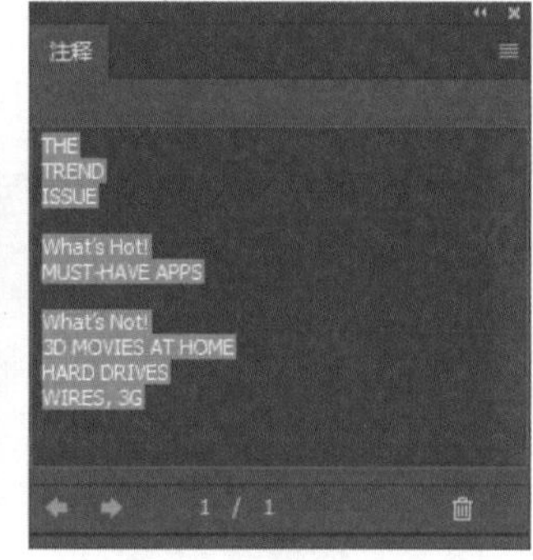

图 7.22

2. 选择“注释”面板中的所有文本，再按 Ctrl + C 键（Windows）或 Command + C 键（Mac）将其复制到剪贴板，然后关闭“注释”面板。
3. 选择图层 Model，再选择横排文字工具。
4. 按住 Shift 键，并单击离封面右边缘 0.25in 的参考线和离封面上边缘 2in 的参考线的交点。继续按住 Shift 键并向左下方拖曳，然后松开 Shift 键并继续拖曳，直到绘制出一个宽约 4in、高约 8in 的文本框。这个文本框的右边缘和上边缘与前面添加的参考线对齐。

> **提示：**开始拖曳时按住 Shift 键可确保 Photoshop 新建一个文字图层，而不是选择既有的文字图层。

5. 按 Ctrl + V 键（Windows）或 Command + V 键（Mac）粘贴文本。新文字图层位于“图

层”面板的顶部，因此文本出现在模特前面。

> **注意：**如果粘贴的文本不可见，请在“图层”面板中确保新建的文字图层位于图层 Model 上面。

> **提示：**粘贴文本时，如果它包含不想要的格式设置，可选择菜单“编辑”>“选择性粘贴”>“粘贴且不使用任何格式”，这将删除文本的所有格式设置。

6. 选择前 3 行文本（The Trend Issue），再在“字符”面板中应用以下设置。

- 字体系列为 Myriad Pro（或其他无衬线字体）。
- 字体样式为 Regular。
- 字体大小（ ）为 70 点。
- 行间距（ ）为 55 点。
- 字距（ ）为 50 点。
- 对齐方式为右对齐。
- 颜色为白色。

> **注意：**行间距决定了相邻行之间的垂直间距。

7. 选择单词 Trend，并将字体样式改为 Bold，结果如图 7.23 所示。

现在标题的格式就设置好了，下面来设置其他文本的格式。

8. 选择你粘贴的其他文本，在“字符”面板中做如下设置。

- 字体系列为 Myriad Pro。
- 字体样式为 Regular。
- 字体大小为 22 点。
- 行间距为 28 点。
- 字距为 0。
- 取消选择“全大写”（TT）。

这些文本看起来不错，但格式都一样。下面让子标题更突出一些。

9. 选择文本 What’s Hot!，再在“字符”面板中做如下修改。

- 将字体样式改为 Bold。
- 将字号改为 28 点。

10. 对子标题 What’s Not! 重复第 9 步。

11. 选择单词 TREND，再在“字符”面板中将文本颜色改为绿色。

12. 最后，单击选项栏中的提交所有当前编辑按钮，结果如图 7.24 所示。

13. 保存所做的修改。

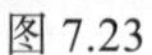

图 7.23

图 7.24

Photoshop 中的 OpenType

OpenType 是 Adobe 和 Microsoft 联合开发的一种跨平台字体文件格式，这种格式使得用户可将同一种字体用于 Mac 和 Windows 计算机，这样在不同平台之间传输文件时，就无须替换字体或重排文本了。OpenType 支持各种扩展字符集和版面设计功能，如传统的 PostScript 和 TrueType 字体不支持的花饰字和自由连字。这反过来提供了更丰富的语言支持和高级文字控制。下面介绍一些有关 OpenType 的要点。

- OpenType 菜单：字符面板菜单中有一个 OpenType 子菜单，其中显示了对当前 OpenType 字体来说可用的所有特性，包括连字、替代和分数字。呈灰色显示的特性对当前字体而言不可用；选中的特性被应用于当前字体。
- 自由连字：要将自由连字（如 Bickham Script Standard 字体的“th”）用于两个 OpenType 字符，那么可在图像窗口中选中它们，然后从字符面板菜单中选择“OpenType” > “自由连字”。
- 花饰字：添加花饰字和替代字符的方法与添加自由连字的方法相同，选中字母（如 Bickham Script 字体的大写字母 T），再选择“OpenType” > “花饰字”，将常规大写字母 T 改成极其华丽的花饰字 T。
- 真正的分数：要创建真正的分数，可像通常那样输入分数，如 1/2，再选中这些字符，然后从字符面板菜单中选择“OpenType” > “分数字”，Photoshop 将把它变成真正的分数。

- 彩色字体：虽然在 Photoshop 中可以给文字指定颜色，但格式 OpenType-SVG 可以让字体本身包含多种颜色和渐变。例如，彩色字体让字母 A 能够为纯蓝色、纯红色以及蓝绿渐变，如图 7.25 所示。

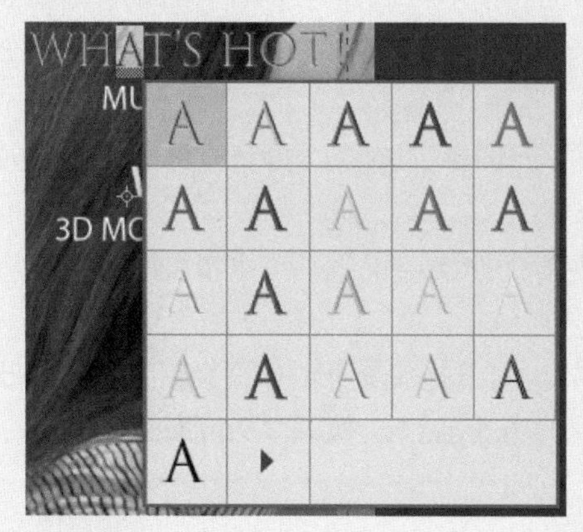

图 7.25

- 绘文字字体（Emoji fonts）：另一种 OpenType-SVG 字体是绘文字字体（如图 7.25 所示），这是因为 OpenType-SVG 支持将矢量图形作为字符。在 Photoshop 字体系列下拉列表中，OpenType SVG 图标（）用来标识彩色字体和绘文字字体。
- 可变字体（Variable fonts）：在你要求的字体粗细比 Regular 粗且比 Bold 细时，可使用可变字体，这样可在“属性”面板中定制粗细、宽度和倾斜等属性。在 Photoshop 字体系列下拉列表中，OpenType VAR 图标（）用来标识可变字体。

请注意，有些 OpenType 字体的选项比其他 OpenType 字体的选项多。

提示：怎么知道字符是否有 OpenType 替代字形呢？如果选定的字符下面有很粗的下划线，那可将鼠标指针指向它来显示替代字形。你可像在“字形”面板中那样选择这些字形，也可单击三角形来打开“字形面板”。

7.7 添加圆角矩形

该杂志封面的文字处理工作就要完成了，余下的唯一任务是在右上角添加卷号。首先，你将创建一个圆角矩形，用于充当卷号的背景。

1. 选择工具面板中的圆角矩形工具（）。

2. 在封面右上角的字母 L 的右上方绘制一个矩形，并使其右边缘与参考线对齐。
3. 在“属性”面板中，将宽度设置为 67 像素。
4. 在“属性”面板中，单击填色色块并选择第三行的蜡笔黄橙色块；确保描边颜色被设置为无。

默认情况下，矩形所有圆角的半径都相同，但你可分别调整各个圆角的半径。如有需要，你以后还可回过头来编辑圆角。下面来修改这个矩形，使得只有左下角是圆形的——将其他角都改为直角。

5. 在“属性”面板中，单击将半径值链接到一起图标（⊖），再将左下角半径改为 16 像素，而其他角的半径都改为 0 像素。
6. 使用移动工具将矩形拖放到封面顶部，使其犹如飘着的缎带，同时使其右边缘与标尺参考线对齐。
7. 在选项栏中，选中复选框“显示变换控件”。向下拖曳矩形的下边缘以接近字母 L（如果你不确定这个矩形该多高，请参阅文件 07End.psd），如图 7.26 所示。然后，单击提交变换按钮（✓）。

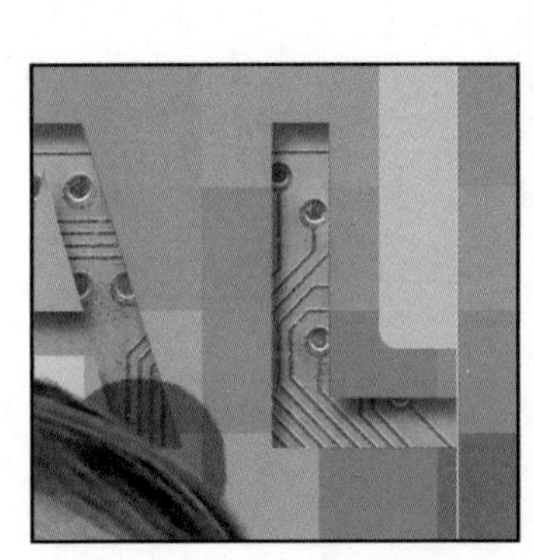

图 7.26

7.8 添加直排文字

现在可以在缎带上添加卷号了。

1. 选择菜单“选择”>“取消选择图层”，再选择隐藏在横排文字工具后面的直排文字工具（↓T）。
2. 按住 Shift 键，并在刚才创建的矩形底端附近单击。

单击时按住 Shift 键可确保你创建一个新的文本框，而不是选择标题。

3. 输入 VOL 9。

这些字母太大了，你需要调整大小才能完全看到它们。

4. 选择菜单“选择”>“全选”，再在“字符”面板中做如下设置（如图 7.27 所示）。

- 选择一种衬线字体，如 Myriad Pro。
- 将字体样式设置为 Condensed。
- 字体大小为 15 点。
- 字符间距为 150。
- 颜色为黑色。

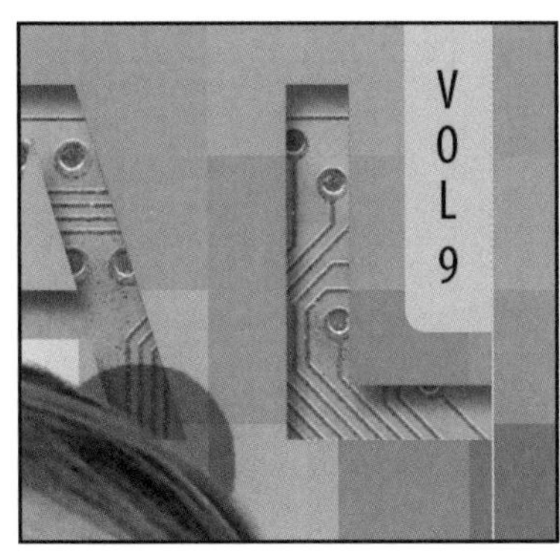

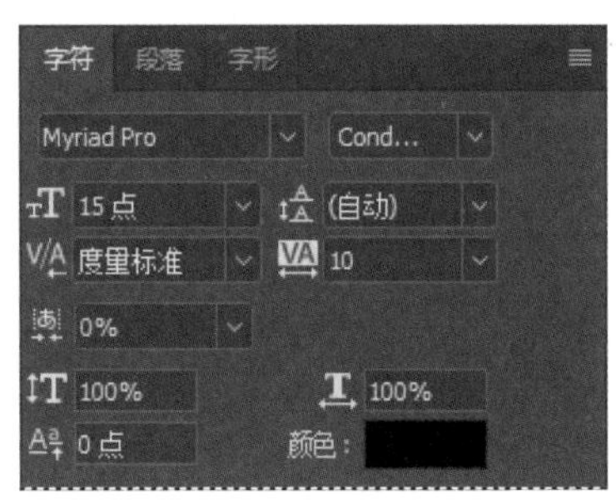

图 7.27

5. 单击选项栏中的提交所有当前编辑按钮（✓）。直排文本将出现在一个名为 VOL 9 的图层中。如有必要，使用移动工具（✥）拖曳使其位于缎带中央。

保存为 Photoshop PDF

你添加的文字是由基于矢量的轮廓构成的，放大后依然锐利而清晰，但如果你将图像存储为 JPEG 或 TIFF 格式，Photoshop 将栅格化文字，这将使文字失去灵活性。而将图像存储为 Photoshop PDF 格式时，Photoshop 将保留矢量文字。

你还可在 Photoshop PDF 文件中保留其他 Photoshop 编辑功能，例如，可保留图层、颜色信息乃至注释。

为确保以后能够对文件进行编辑，请在“存储为 Photoshop PDF”对话框中选择“保留 Photoshop 编辑功能”。

存储为 PDF 时，要保留文件中的所有注释并将其转换为 Acrobat 注释，可在“另存为”对话框的“存储选项”部分选择“注释”。

你可在 Acrobat 或 Photoshop 中打开 Photoshop PDF 文件，可将其置入其他应用程序，还可打印它们。有关存储为 Photoshop PDF 的更详细信息，请参阅 Photoshop 帮助。

接下来需要做一些清理工作。

6. 通过单击选择注释，然后单击鼠标右键（Windows）或按住 Control 键并单击（Mac），再从上下文菜单中选择“删除注释”将注释删除，如图 7.28 所示。单击“是”按钮确认要删除注释。

> **提示：**如果你希望设计有熟悉的外观，但又不知道字体的外观是什么样的，可尝试使用字体相似性功能。为此，你可在字符面板或选项栏的字体下拉列表中选择一种字体。字体列表开头会展示相关选项，然后显示相似字体按钮，如图 7.29 所示。字体列表将显示你的系统或 Typekit 中 20 种最类似的字体。

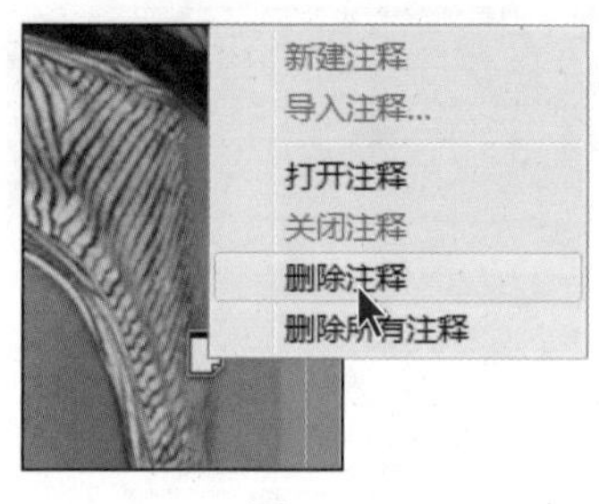

图 7.28

图 7.29

7. 隐藏参考线：选择抓手工具（✋），并按 Ctrl+; 键（Windows）或 Command+; 键（Mac）隐藏参考线。然后，缩小视图以方便查看作品。最终图像如图 7.30 所示。

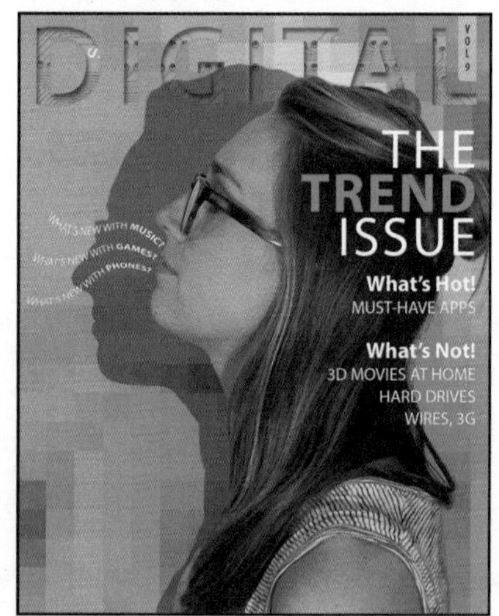

图 7.30

8. 选择“文件”>“存储”保存所做的工作。

祝贺你！你在这个杂志封面上添加了所需的文字并设置了样式。杂志封面制作好了，下面将其拼合，为印刷做好准备。

9. 选择菜单“文件”>“存储为”，并将文件重命名为 07Working_flattened，然后单击“保存”按钮。如果出现“Photoshop 格式选项”对话框，单击“确定”按钮。

通过保留包含图层的版本，你以后可回过头来对 07Working.psd 做进一步编辑。

10. 选择“图层”>“拼合图像”。
11. 选择“文件”>“存储”，然后关闭图像窗口。

> **提示：**创建用于高分辨率输出的 Photoshop 文件时，如果它包含矢量形状或文字图层，请向输出服务提供商询问使用什么格式最合适以及是否要拼合文件。

“字形”面板

“字形”面板列出了选定字体中所有的字符，包括专用字符和替代字（如花式字）。在字体名和样式下拉列表上方，是一行最近使用过的字形；如果还没有使用过任何字形，这一行将是空的。字体名下方有一个下拉列表，让你能够选择文字系统（如阿拉伯语）或字符类别（如标点或货币符号）。对于特定的字符，如果包围它的方框的右下角有黑点，就说明这个字符有替代字；要查看其替代字或将这些替代字输入到文字图层中，可在字符上单击并按住鼠标，如图 7.31 所示。

图 7.31

提示：通过“字形”面板（“窗口”>“字形”）可使用 OpenType 字体中的所有替代字。编辑文本时，双击“字形”面板中的字符可将其添加到文本中。

使用匹配字体确保项目一致

以前的杂志包含了文本 Premiere Issue（参见文件夹 Lesson07 中的文件 MatchFont.psd），而你想知道这些文本使用的是哪种字体，以便将最新一期杂志中的一些文本也设置为同样的字体。然而，唯一可供参考的文件已拼合，因此原来的文字图层丢失了。所幸你无须去猜测这些文本使用的是哪种字体，因为在 Photoshop CC 中，可使用“匹配字体”功能来确定使用的字体。拜神奇的智能图像分析所赐，Photoshop CC 可使用机器学习判断出图片中文字使用的是哪种字体。“匹配字体”功能还可识别照片中文字使用的字体，如街景照片中招牌文字使用的字体。

1. 打开文件夹 Lesson07 中的文件 MatchFont.psd。

2. 选择字样 Premiere Issue 所在的区域，并确保选区尽可能小，如图 7.32 所示。

图 7.32

3. 选择菜单“文字” > “匹配字体”，Photoshop 将显示一个与图像中字体类似的字体列表，其中包括系统安装的字体以及来自 Typekit 的字体，如图 7.33 所示。

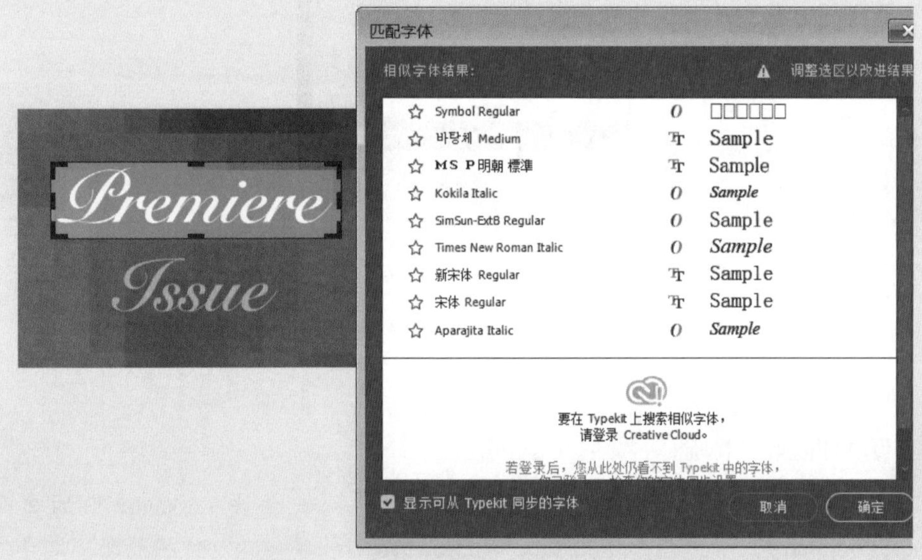

图 7.33

4. 要只列出你的计算机上安装的字体，可取消选择复选框“显示可从 Typekit 同步的字体”。
5. 在“匹配字体”找出的类似字体列表中，选择一种与图像中字体最接近的字体。你的匹配字体结果可能与这里显示的不同。
6. 单击“确定”按钮。Photoshop 将选择你单击的字体，让你能够将新文本指定为这种字体。

7.9 复习题

1. Photoshop 如何处理文字？
2. 在 Photoshop 中，文字图层与其他图层之间有何异同？
3. 何为剪贴蒙版？如何从文字创建剪贴蒙版？

7.10 复习题答案

1. 在 Photoshop 中，文字由基于矢量的形状组成，这些形状描述了字体中的字母、数字和符号。在 Photoshop 中将文字加入到图像中时，字符将出现在文字图层中，其分辨率与图像文件相同。只要文字图层还在，Photoshop 就会保留文字的轮廓，这样当你缩放文字、保存为 PDF 或 EPS 文件、使用高分辨率打印机打印图像时，它们依然很清晰。
2. 添加到图像中的文字作为文字图层出现在“图层”面板中，你可以像对其他图层那样对其进行编辑和管理。你可以添加和编辑文本、更改文字的朝向、应用消除锯齿，还可以移动和复制图像文字图层、调整其排列顺序以及编辑图层选项。
3. 剪贴蒙版是一个或一组对象，它们遮住了其他元素，只有位于它们里面的区域才是可见的。要将任何文字图层中的字母转换为剪贴蒙版，可选择该文字图层以及要透过字母显示出来的图层（并确保后者位于前者上面），再从图层面板的菜单中选择“创建剪贴蒙版”。

第8课　矢量绘制技巧

在本课中，你将学习以下内容：

- 区分位图和矢量图形；
- 使用钢笔工具绘制笔直和弯曲的路径；
- 保存路径；
- 绘制和编辑图层形状；
- 绘制自定形状；
- 从 Adobe Illustrator 导入智能对象并对其进行编辑；
- 使用智能参考线。

本课需要大约 90 分钟。启动 Photoshop 之前，请先在异步社区将本书的课程资源下载到本地硬盘中，并进行解压。在学习本课时，请打开相应的课程文件。建议先做好原始课程文件的备份工作，以免后期用到这些原始文件时，还需重新下载。

不同于位图，矢量图形无论如何放大，其边缘都是清晰的。在Photoshop图像中，你可绘制矢量形状和路径，还可添加矢量蒙版以控制哪些内容在图像中可见。

8.1 位图图像和矢量图

要使用矢量形状和矢量路径，你必须了解两种主要的计算机图形——位图图像和矢量图形之间的基本区别。在 Photoshop 中，你可以处理这两种图形。事实上，Photoshop 图像文件可以包含位图和矢量数据。

从技术上说，位图图像被称为光栅图像，它是基于像素网格的。每个像素都有特定的位置和颜色值。处理位图图像时，你编辑的是像素组而不是对象或形状。位图图形可以表示颜色和颜色深浅的细微变化，因此适合用于表示连续调图像，如照片或在绘画程序中创建的作品。位图图形的缺点是，它们包含的像素数是固定的，因此在屏幕上放大或以低于创建时的分辨率打印时，可能丢失细节或出现锯齿。

矢量图形由直线和曲线组成，而直线和曲线是由被称为矢量的数学对象定义的。无论被移动、调整大小还是修改颜色，矢量图形都将保持其犀利性。矢量图形适用于插图、文字以及诸如徽标等可能被缩放到不同尺寸的图形。图 8.1 说明了矢量图形和位图之间的差别。

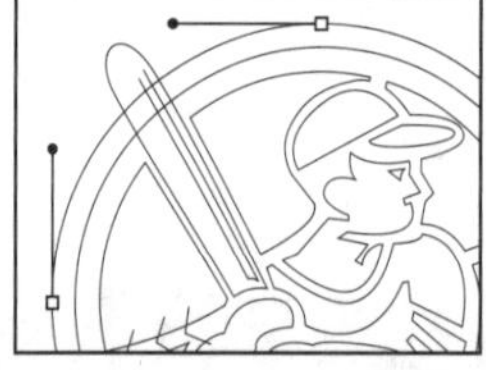
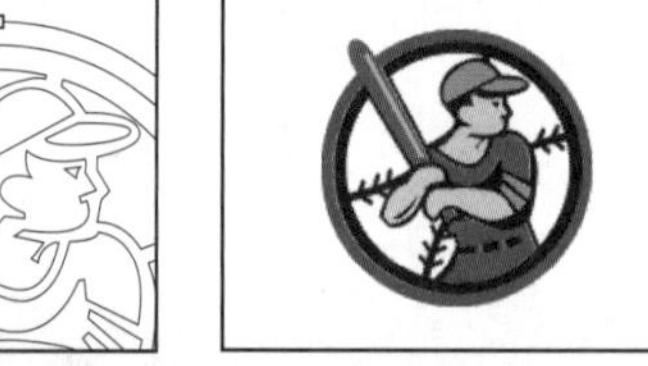

矢量图 Logo　　栅格化为位图的 Logo

图 8.1

8.2 路径和钢笔工具

在 Photoshop 中，矢量形状的轮廓被称为路径。路径是使用钢笔工具、自由钢笔工具、弯度钢笔工具或形状工具绘制的曲线或直线。使用钢笔工具绘制路径的准确度最高；形状工具用于绘制矩形、椭圆和其他形状；使用自由钢笔工具绘制路径时，就像使用铅笔在纸张上绘画一样，如图 8.2 所示。

图 8.2

来自 Photoshop 布道者——Julieanne Kost 的提示

快速选择工具

工具面板中的任何工具都可以使用只包含一个字母的快捷键来选择。按下字母可以选择相应的工具，按 Shift 和快捷键将遍历一组工具。例如，按 P 将选择钢笔工具，按 Shift + P 键可在钢笔工具和自由钢笔工具之间切换。

路径可以是闭合或非闭合的。非闭合路径（如波形线）有两个端点；闭合路径（如圆）是连续的。路径类型决定了如何选择和调整它。

打印图稿时，没有填充或描边的路径不会被打印。这是因为路径不同于使用铅笔工具和其他绘画工具绘制的位图形状，它是不包含像素的矢量对象。要让路径包含填充或描边，可以以形状的方式创建它。形状是基于矢量对象（而不是像素）的图层。不同于路径，你可将颜色和效果应用于形状图层。

8.3 概述

在本课中，你将绘制一条环绕咖啡杯的路径，并创建另一条表示把手内边缘的路径。你还将从一个选区减去另一个选区，从咖啡杯形状中剔除一个闪电形状（后者是“形状”面板提供的）。最后你将把一个使用 Illustrator 制作的标题作为智能对象导入，并对其应用“颜色叠加”与“斜面和浮雕”效果。

先来看一下你将创建的图像——一家虚构咖啡馆的招牌。

1. 启动 Adobe Photoshop 并立刻按下 Ctrl + Alt + Shift 键（Windows）或 Command + Option + Shift 键（Mac）以恢复默认首选项（参见前言中的“恢复默认首选项”）。
2. 出现提示对话框时，单击“是”确认要删除 Adobe Photoshop 设置文件。
3. 选择菜单“文件”>“在 Bridge 中浏览”。
4. 在“收藏夹”面板中单击文件夹 Lessons，再双击“内容”面板中的文件夹 Lesson08。
5. 选择文件 08End.psd，按空格键在全屏模式下查看它。

为创建这个招牌，你将绕一个咖啡杯绘制路径，并根据这些路径创建一个矢量徽标。接下来，你将调整这个徽标的大小，并将其与导入为智能对象的 Illustrator 文字组合起来。下面先来练习使用钢笔工具创建路径和选区。

6. 查看完 08End.psd 后，再次按空格键。然后，双击文件 08Practice_Start.psd 在 Photoshop 中打开它。
7. 选择菜单“文件”>“存储为”，将文件重命名为 08 Practice_Working.psd 并单击“保存”按钮。在“Photoshop 格式选项”对话框中，单击“确定”按钮。

8.4 使用钢笔工具绘画

你将使用钢笔工具来选择咖啡杯。咖啡杯的边缘光滑而弯曲，使用其他方法很难选取。

钢笔工具的工作原理与大多数 Photoshop 工具都有点不同。作者创建了一个练习文件，如图 8.3 所示。你可使用它来熟悉钢笔工具。熟悉后再动手创建 Kailua Koffee 招牌。

提示：绘制精准的矢量路径时，使用弯度钢笔工具可能比使用钢笔工具更容易；如果你发现钢笔工具使用起来很难，应考虑学习使用弯度钢笔工具。这里之所以介绍钢笔工具，是因为在很多应用程序中，它都是绘制精准路径和形状的传统方式。

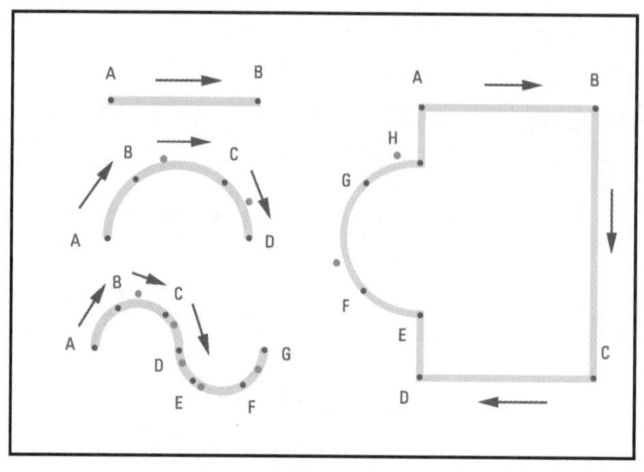

图 8.3

路径由锚点（平滑点和角点）和路径段（笔直和弯曲的）组成，在动手绘制环绕咖啡杯的路径前，你将绘制一条笔直的路径、一条简单的曲线和一条 S 曲线，以了解钢笔工具的工作原理。

使用钢笔工具创建路径

可以使用钢笔工具来创建由直线或曲线组成的闭合或非闭合路径。如果你不熟悉钢笔工具，那么刚开始使用时可能感到迷惑。了解路径的组成元素以及如何使用钢笔工具来创建路径后，绘制路径将容易得多。

要创建由线段组成的路径，可单击鼠标。首次单击时，将设置路径的起点。随后每次单击时，都将在前一个点和当前点之间绘制一条线段，如图 8.4 所示。要绘制由线段组成的复杂路径，只需不断通过单击来添加点即可。

要创建由曲线组成的路径，单击鼠标以放置一个锚点，再拖曳鼠标为该锚点创建一条方向线，然后单击放置下一个锚点。每条方向线有两个方向点，方向线和方向点的位置决定了曲线段的长度和形状。通过移动方向线和方向点可以调整路径中曲线的形状。如图 8.5 所示。

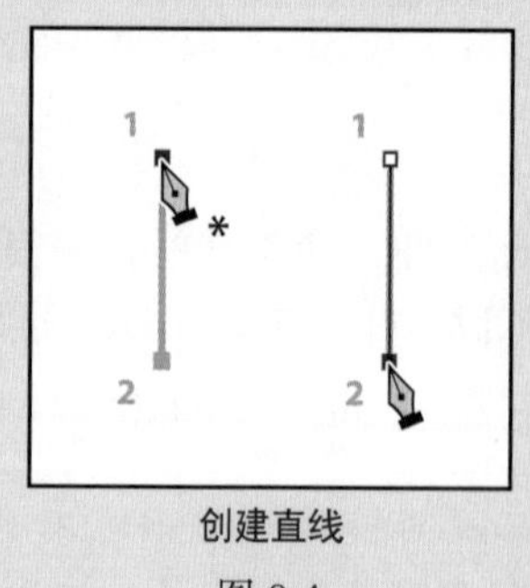

创建直线

图 8.4

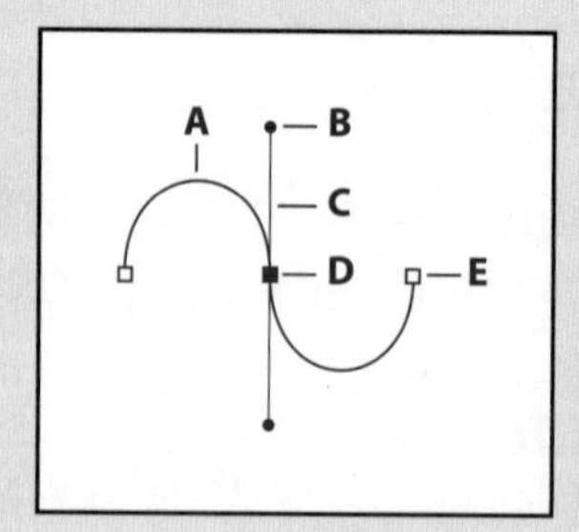

A. 曲线段
B. 方向点
C. 方向线
D. 选定的锚点
E. 未选定的锚点

图 8.5

光滑曲线由被称为平滑点的锚点连接；急转弯的曲线路径由角点连接。移动平滑点上的方向直线时，该点两边的曲线段将同时调整，但移动角点上的方向线时，只有与方向线位于同一边的曲线段被调整。

绘制路径段和锚点后，你可以单独或成组地移动它们。路径包含多个路径段时，你可以通过拖曳锚点来调整相应的路径段，也可以选中路径中所有的锚点以编辑整条路径。你可以使用路径选择工具来选择并调整锚点、路径段或整条路径。

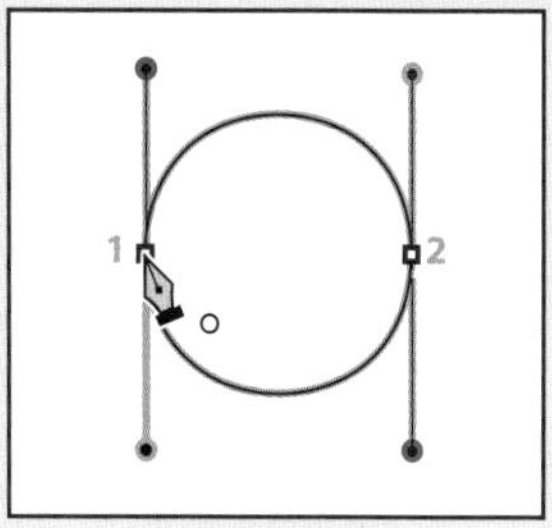

创建闭合路径和非闭合路径之间的差别在于结束路径的绘制。要结束非闭合路径的绘制，可按回车键；要创建闭合路径，可将鼠标指针指向路径起点并单击。路径闭合后，路径的绘制将自动结束，同时鼠标指针将包含一个 *，这表明下次单击将开始绘制新路径，如图 8.6 所示。

创建闭合路径

图 8.6

绘制路径时，“路径”面板中将出现一个名为“工作路径”的临时存储区域。此时应保存工作路径，如果在同一幅图像中使用了多条不同的路径，则必须这样做。如果用户在“路径”面板中取消了对现有“工作路径”的选择，并再次开始绘制路径，那么新的工作路径将取代原来的工作路径，原来的工作路径将丢失。要保存工作路径，那需要在“路径”面板中双击它，然后在“存储路径”对话框中输入名称，并单击“确定”按钮将其重命名并保存。在“路径”面板中，该路径仍将被选中。

首先配置钢笔工具选项和工作区。

1. 在工具面板中选择钢笔工具（）。
2. 在选项栏中选择或核实如下设置（如图 8.7 所示）：

- 从工具模式下拉列表中选择“形状”；
- 在路径选项下拉列表中，确保没有选中复选框“橡皮带”；
- 确保选中了复选框“自动添加 / 删除”；
- 从“填充”下拉列表中选择无颜色；
- 从“描边”下拉列表中选择绿色；
- 将描边宽度设置为 4 像素；
- 在“描边选项”窗口中，从“对齐”下拉列表中选择居中（第二个选项）。

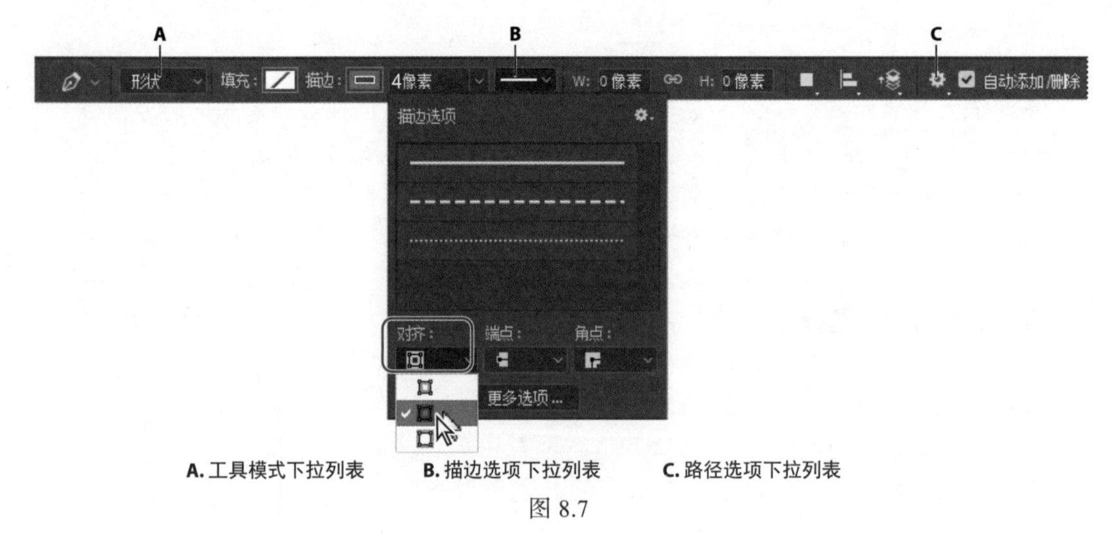

A. 工具模式下拉列表　**B.** 描边选项下拉列表　**C.** 路径选项下拉列表

图 8.7

8.4.1　绘制直线

下面首先来绘制一条直线。锚点指出了路径段的端点，你将绘制的直线是单个路径段，有两个锚点。

1. 单击“路径”标签将该面板拉到图层面板组的最前面。

“路径”面板显示你绘制的路径的缩略图，该面板当前是空的，因为你还没有开始绘制。

2. 如有必要，放大视图以便能够看到形状模板上用字母标记的点和蓝点。确保能够在图像窗口中看到整个模板，并在放大视图后重新选择钢笔工具。
3. 单击第一个形状的 A 点并松开鼠标，这就创建了第一个锚点。

> Ps　**注意：**如果弹出了有关弯度钢笔工具的教程，不用理会，因为你现在无须用到弯曲钢笔工具。它可能会自动关闭，如果没有，你就手工关闭它。

4. 单击 B 点，这就使用两个锚点创建了一条线段。
5. 按回车键结束绘制，如图 8.8 所示。

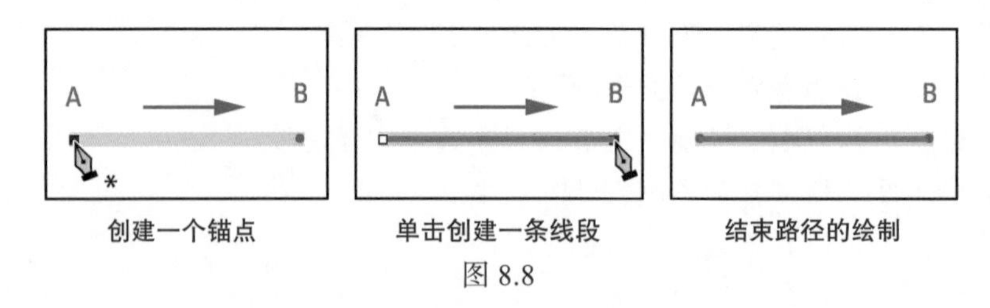

创建一个锚点　单击创建一条线段　结束路径的绘制

图 8.8

你绘制的路径出现在“路径”面板中，同时“图层”面板中出现了一个新图层，如图 8.9 所示。

> Ps　**提示：**能够同时看到“路径”面板和“图层”面板很有帮助，因此如果它们位于同一组，应考虑将它们分开，以便能够同时看到它们。

图 8.9

8.4.2 绘制曲线

选择曲线段上的锚点将显示两条方向线（如果锚点为平滑点）或一条方向线（如果锚点为角点）。方向线的两端为方向点，而方向线和方向点的位置决定了曲线段的形状和尺寸。接下来，你将使用平滑点来创建曲线。

1. 单击半圆上的 A 点并松开鼠标以创建第一个锚点。
2. 单击 B 点并拖曳到它右边的蓝点，再松开鼠标。这将创建一条弯曲的路径段和一个平滑的锚点，如图 8.10 所示。

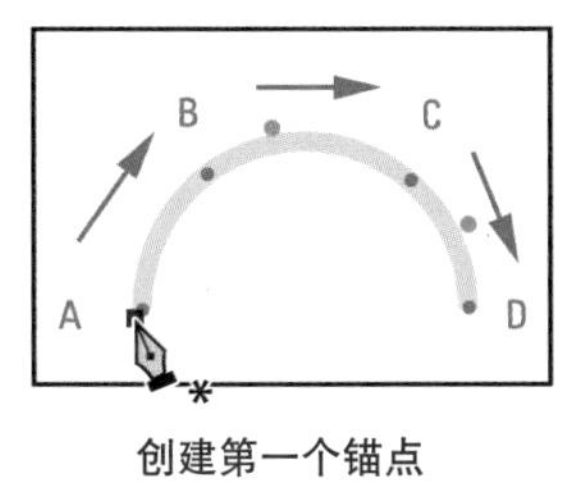

创建第一个锚点

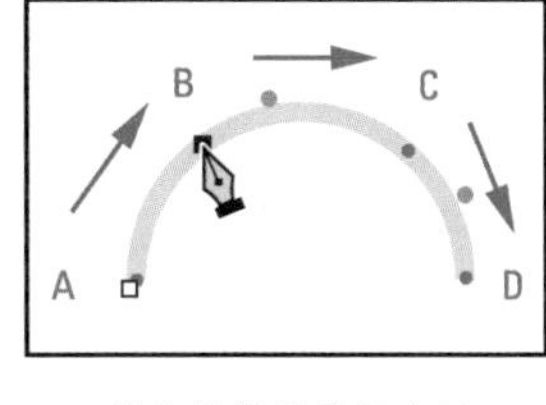

单击并按住鼠标左键

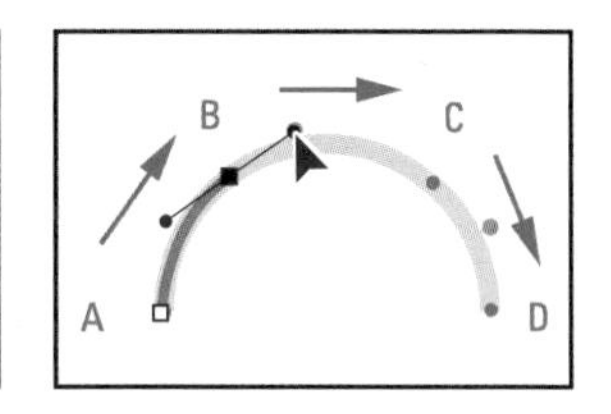

拖曳以创建弯曲的路径段

图 8.10

平滑的锚点有两条方向线，移动其中一条方向线将同时调整锚点两边的弯曲路径段。

3. 单击 C 点并拖曳到它下面的蓝点，再松开鼠标。这将创建第二条弯曲的路径段和另一个平滑点。
4. 单击 D 点并松开鼠标，这将创建最后一个锚点。按回车键结束路径绘制，如图 8.11 所示。

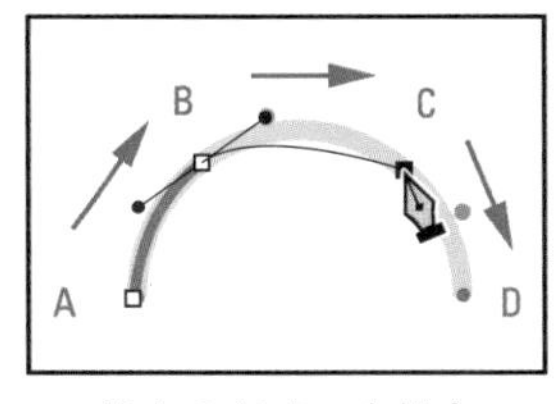

单击 C 创建一个锚点

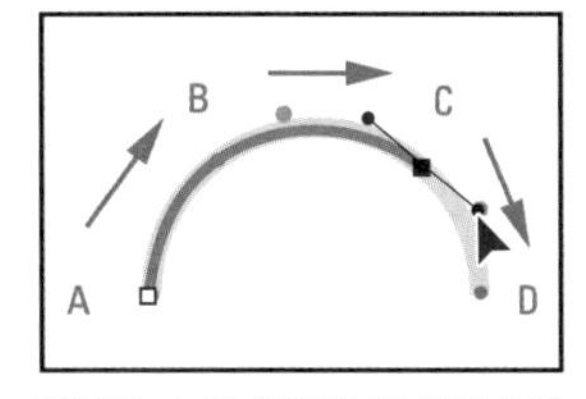

通过拖曳让路径段变成弯曲的

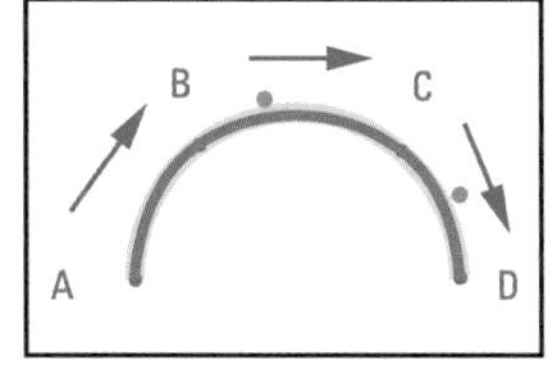

单击 D 结束半圆的绘制

图 8.11

使用钢笔工具绘制自由路径时，应使用尽可能少的锚点来创建所需的形状。使用的锚点越少，曲线越平滑，文件的效率也越高。

下面使用同样的方法绘制一条 S 曲线。

5. 单击 A 点，再单击 B 点并拖曳到第一个蓝点。
6. 继续单击 C、D、E 和 F 点，并在每次单击后都拖曳到相应的蓝点。
7. 单击 G 点创建最后一个锚点，再按回车键结束路径的绘制，如图 8.12 所示。

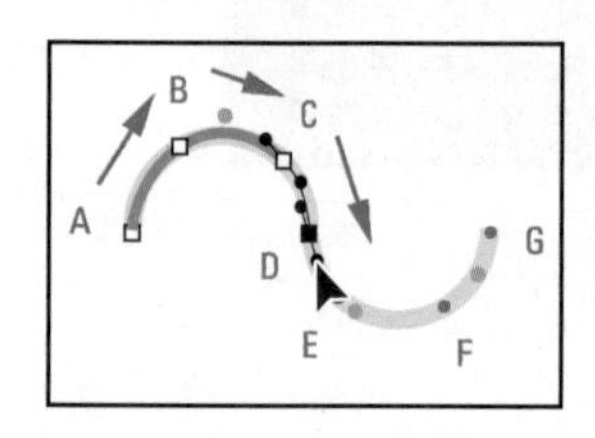

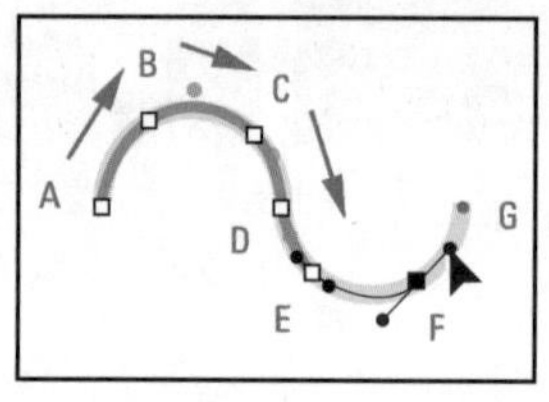

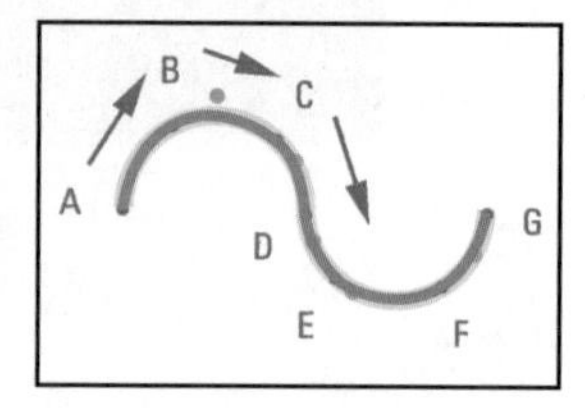

图 8.12

在“图层”面板中，这个形状位于独立的图层中，但在“路径”面板中，只有一条路径，因为表示第二个形状的工作路径覆盖了表示第一个形状的工作路径。

注意，与徒手绘制的曲线相比，使用钢笔工具绘制的曲线更平滑，也更容易进行精准的控制。

8.4.3 绘制更复杂的形状

知道钢笔工具的用法后，下面来绘制一个更复杂的形状：咖啡杯的轮廓。

1. 单击右边的形状上的 A 点以设置第一个锚点。
2. 按住 Shift 键并单击 B 点。按住 Shift 键可确保绘制的是完美的直线。
3. 按住 Shift 键并依次单击 C、D 和 E 点，以创建笔直的路径段。
4. 单击 F 点并拖曳到相应的蓝点再松开鼠标，以创建一条弯曲的路径段。
5. 单击 G 点并拖曳到相应的蓝点再松开鼠标，以创建另一条弯曲的路径段。
6. 单击 H 点，再按住 Alt（Windows）或 Option（Mac）键并再次单击 H 点，将其转换为角点。

移动角点的方向线时，你将只调整一条相应的曲线段，这让你能够在两个路径段之间进行急转弯。

7. 单击 A 点绘制最后一条路径段并闭合这条路径，如图 8.13 所示。闭合路径将自动结束绘制，因此你无须再按回车键。

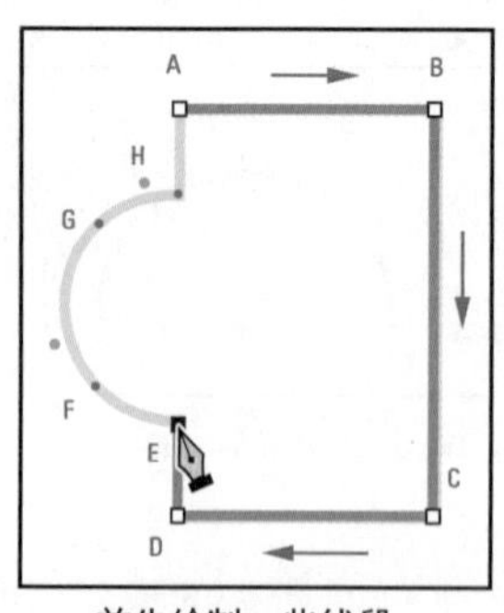

首先绘制一些线段

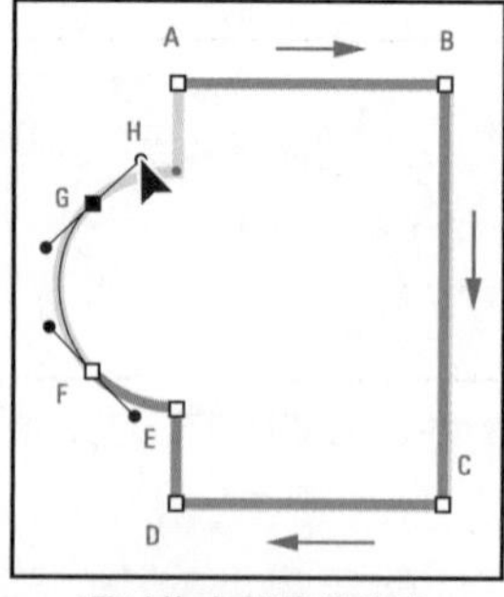

通过拖曳创建曲线段

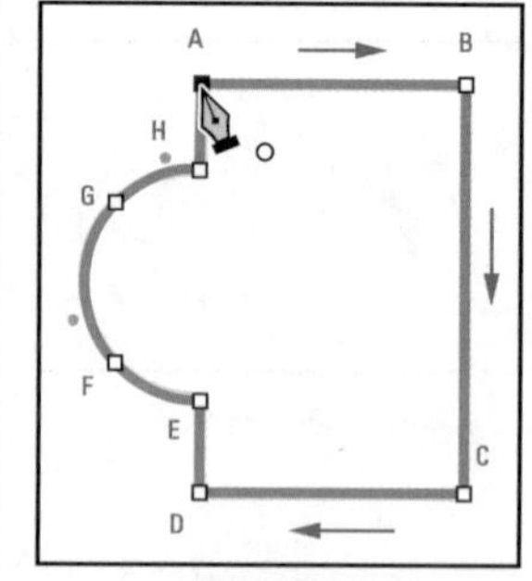

闭合路径

图 8.13

提示： 为何要使用锚点和手柄来绘制路径，而不像现实世界使用钢笔或铅笔那样徒手绘制呢？因为对大多数人来说，要绘制出完美的曲线或直线很难，而锚点和手柄让你能够绘制出绝对完美的曲线和直线。如果你喜欢徒手绘制，那么可使用自由钢笔工具。

8. 将这个文件关闭，且不保存所做的修改。

8.4.4 绘制环绕照片中形状的路径

现在可以绘制环绕图像中咖啡杯的路径了。你将使用前面练习的方法绘制两条路径：一条环绕咖啡杯的外边缘，另一条环绕把手的内边缘。

1. 在 Photoshop 中打开文件 08Start.psd。

这幅图像包含 3 个图层：背景图层和两个指导你绘制形状的图层，如图 8.14 所示。

图 8.14

2. 选择菜单“文件”>“存储为”，将文件重命名为 08Working.psd，并单击“保存”按钮。在“Photoshop 格式选项”对话框中，单击“确定”按钮。
3. 在选择了钢笔工具的情况下单击 A 点，Photoshop 将创建一个用于存储形状的新图层。
4. 单击 B 点并拖曳到它右边的红点以创建第一条路径段，如图 8.15 所示。

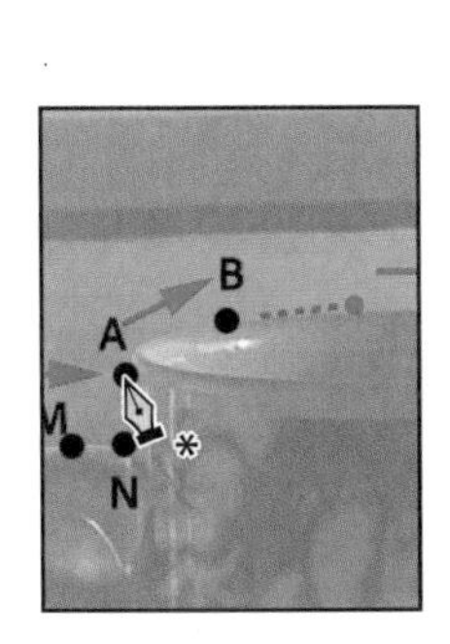

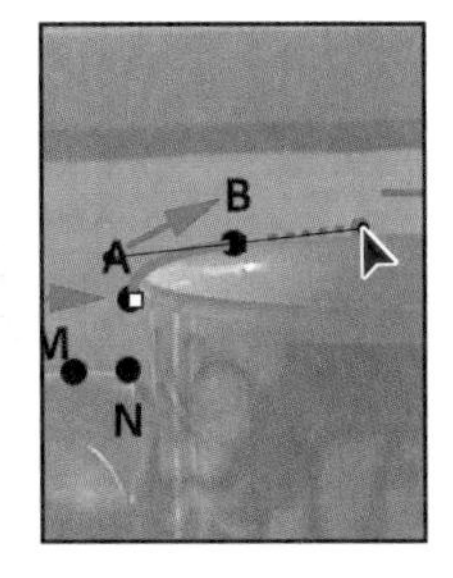

图 8.15

提示： 绘制环绕咖啡杯的路径时，请增大文档窗口的缩放比例，以便能够看清咖啡杯的轮廓。

> **提示：** 如果你想在没有指导点的情况下绘制环绕咖啡杯的路径，那么可在“图层”面板中隐藏图层 Outside Cup。

5. 单击 C 点并拖曳到它右边的红点。
6. 继续沿咖啡杯外边缘绘制，并在需要创建曲线时将鼠标指针拖曳到相应的红点。
7. 再次单击 A 点以闭合路径，如图 8.16 所示。

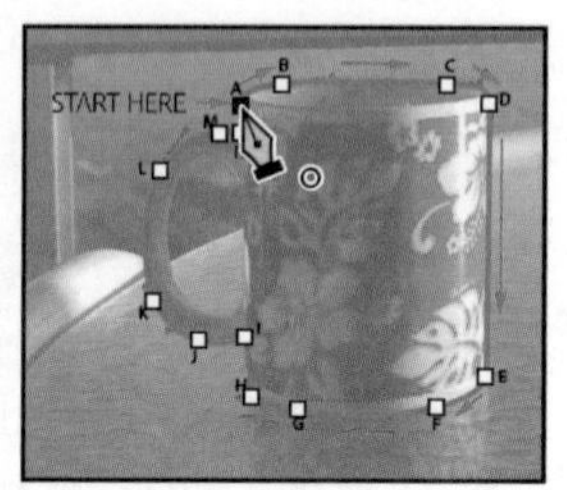

图 8.16

> **提示：** 如果绘制时看不清路径，那么可单击选项栏中的路径选项下拉列表（齿轮），并设置路径的粗细和颜色。这些选项只影响路径在绘制时的可见性，不会影响填充和描边设置。形状打印或导出后什么样取决于填充和描边设置。

8. 对绘制的路径进行评估。如果你觉得需要调整某些路径段，那么可使用直接选择工具来选择相应的锚点，再移动其方向线来编辑路径段。
9. 按回车键取消选择绘制的路径，再将文件存盘。

8.4.5 在路径中添加一个形状

至此，你已经绘制了一条环绕咖啡杯外边缘的路径，但你想让把手的内部是透明的。为此，接下来你将绘制一个将把手内部隔离出来的形状。

1. 隐藏图层 Outside Cup，并让图层 Inside Handle 可见。
2. 在“图层”面板中，确保选择了图层“形状 1”，再在“路径”面板中选择“形状 1 形状路径”。
3. 确保选择了钢笔工具，并在选项栏中从路径操作下拉列表中选择“减去顶层形状”，如图 8.17 所示。

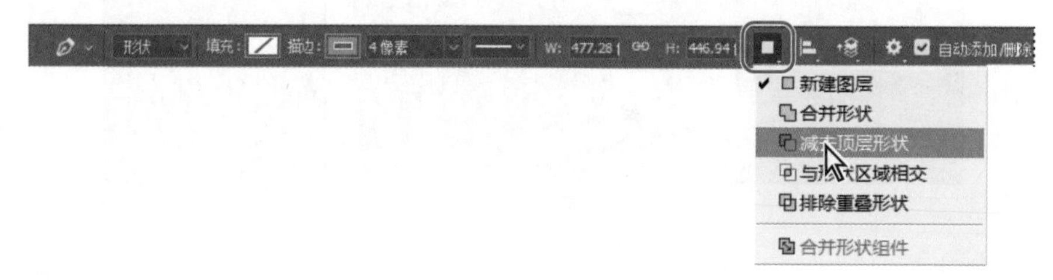

图 8.17

“路径操作”下拉列表中的选项决定了路径中的多个形状如何交互。绘制完咖啡杯的轮廓后，下面将从中减去把手内部的区域。

4. 单击 A 点以开始绘画，如图 8.18 所示。然后，单击 B 点并拖曳到相应的红点再松开鼠标。

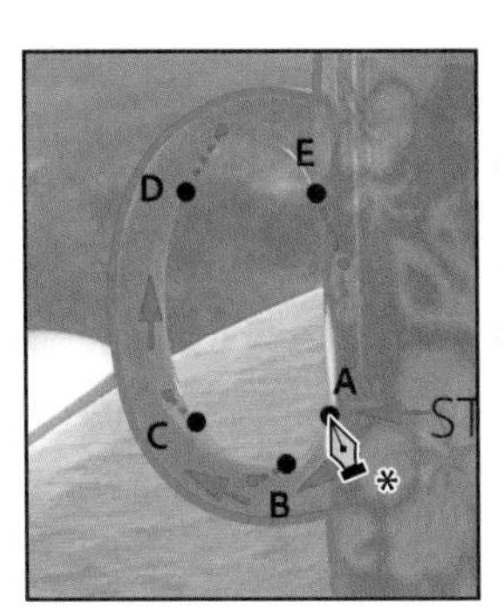

图 8.18

> Ps **注意：**如果绿色的杯子轮廓和图层面板不像图 8.18 那样显示，那么选择菜单“编辑”>“后退一步”，直到形状 1 从图层面板中消失，然后按回车键取消选择路径，最后从步骤 2 重新开始。

5. 继续绘画：依次单击 C 点和 D 点并拖曳到相应的红点。

6. 单击 E 点并拖曳到它下方的红点再松开鼠标。然后，按住 Alt 键（Windows）或 Option（Mac）键并再次单击 E 点，将其转换为角点。

将 E 点转换为角点让你能够在它和 A 点之间绘制一条直线路径段。如果 E 点为平滑点，它和 A 点之间的路径段将是有点弯曲的。

7. 单击 A 点闭合形状和结束绘画，如图 8.19 所示。

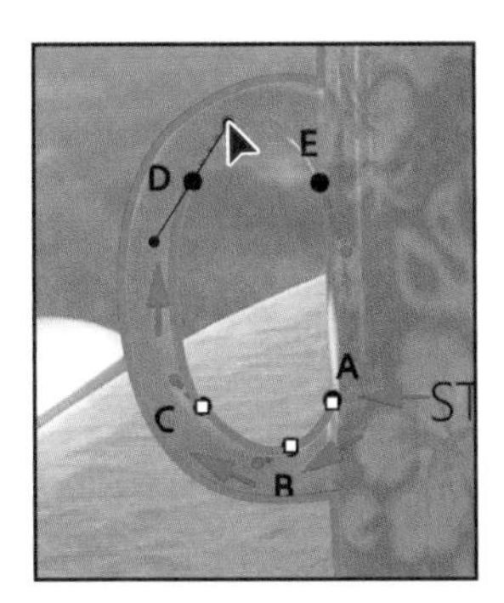

创建弯曲的路径段

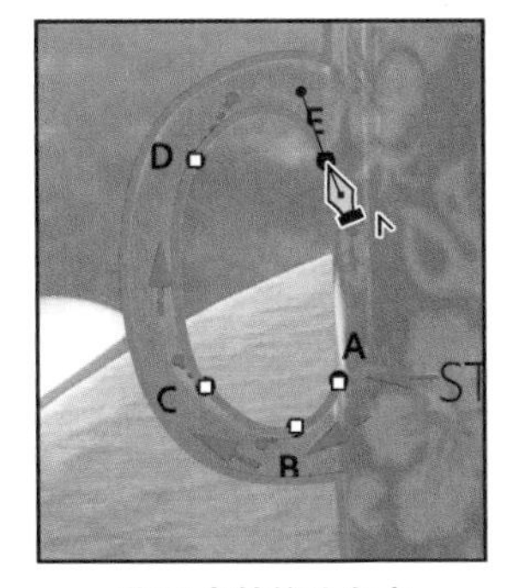

将 E 点转换为角点

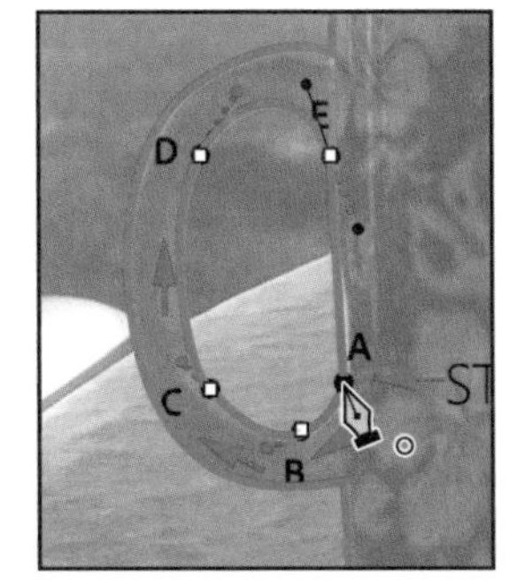

创建最后的笔直路径段

图 8.19

下面来保存这条路径供以后使用。

8. 在“路径”面板中，双击“形状 1 形状路径”，在“存储路径”对话框中输入 Cup Outline，再单击“确定”按钮保存这条路径。然后，在“路径”面板中单击空白区域以取消选择所有路径，如图 8.20 所示。

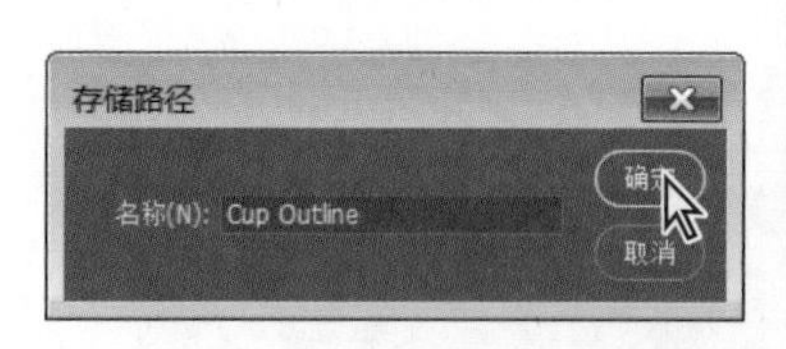

图 8.20

你不再需要图层“形状 1”、Outside Cup 和 Inside Handle 了，下面来将它们删除。

9. 在“图层”面板中，选择图层“形状 1”，再单击“图层”面板底部的删除图层按钮（🗑）。如果被问及是否确实要删除该图层，单击“是”按钮。这也将把“形状 1 形状路径”从“路径”面板中删除。使用同样的方法删除图层 Inside Handle 和 Outside Cup，如图 8.21 所示。

图 8.21

> **提示：**要删除一系列相邻的图层，可按住 Shift 键并单击这些图层的第一个和最后一个以选择它们，再单击“图层”面板底部的“删除图层”图标。

10. 选择菜单“文件”>“存储”保存所做的工作。

8.5 使用自定形状

在 Photoshop 自定形状选择器中，有多个预置的自定形状，你也可以创建自己的自定形状。

8.5.1 将路径转换为形状

下面将咖啡杯轮廓路径定义为自定形状，以便将其用作徽标。这个形状将出现在自定形状选择器中。

1. 在“路径”面板中选择路径 Cup Outline。
2. 选择菜单“编辑”>“定义自定形状”。
3. 将形状命名为 Coffe Cup 并单击“确定”按钮，如图 8.22 所示。

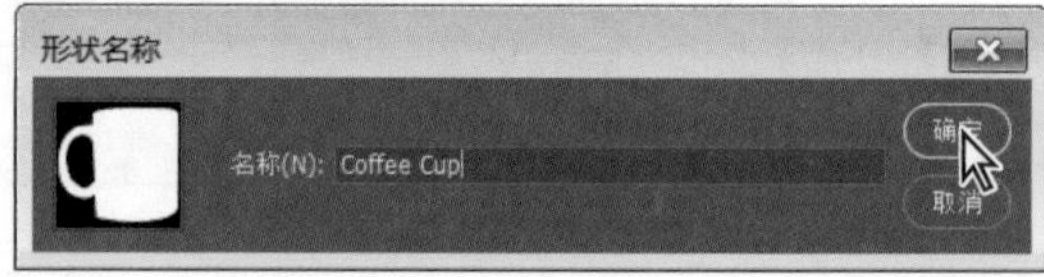

图 8.22

4. 在工具面板中，选择隐藏在矩形工具（▭）后面的自定形状工具（✿）。
5. 在选项栏中，单击“形状”按钮来打开自定形状选择器，并滚动到底部。最后显示的应该是你刚才添加的形状，请单击形状 Coffee Cup 以选择它。
6. 在文档左上角附近单击，再按住 Shift 键（以保持高宽比不变）并向右下方拖曳。在徽标高度大约为 2in 后松开鼠标，再松开 Shift 键，如图 8.23 所示。

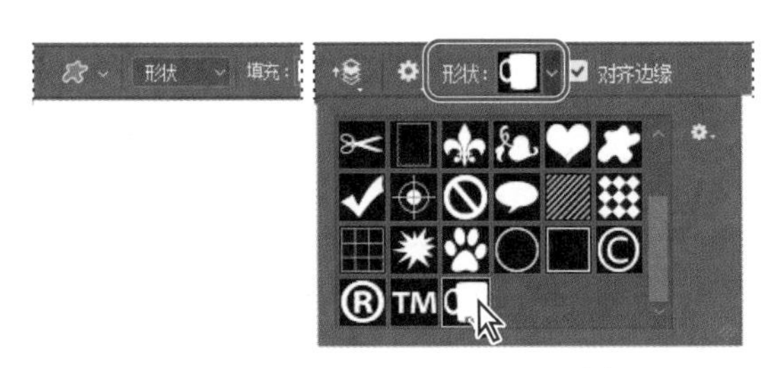

图 8.23

提示：添加自定形状时，要想保持其高宽比不变，那么必须在开始拖曳前按住 Shift 键。

7. 在“图层”面板中，双击图层名“形状 1”并将其重命名为 Coffee Cup。

8.5.2 修改形状图层的填充色

你使用绘制的路径创建了一个自定形状，并使用自定形状工具在图像中绘制了这个自定形状。但这个形状只有轮廓，下面我们来填充它。

1. 确保在“图层”面板中选择了图层 Coffee Cup。
2. 在工具面板中选择钢笔工具（）。
3. 在选项栏中，将“填充”颜色设置为黑色，并将“描边”颜色设置为无颜色。

咖啡杯将用黑色填充，如图 8.24 所示。

4. 按回车键取消选择咖啡杯路径。

图 8.24

8.5.3 从形状图层中剔除形状

创建了形状图层后，你可从中剔除新建的形状。下面从咖啡杯形状中剔除一个闪电形状，让背景显示出来，这会让咖啡杯形状更有趣。

1. 在工具面板中，选择自定形状工具。
2. 在“路径”面板中，选择“Coffee Cup 形状路径”。
3. 在选项栏中，从路径操作下拉列表中选择“减去顶层形状”，鼠标指针将变成带减号的十字形（-|-）。
4. 从自定形状选择器中选择闪电形状（它位于第 2 行）。将其放在黑色咖啡杯的左上角。
5. 在黑色咖啡杯左上角单击并按住鼠标左键，再向右下方拖曳（以保持自定形状的宽高比不变），如图 8.25 所示。

图 8.25

8.6　导入智能对象

智能对象是用户可在 Photoshop 中以非破坏性方式编辑的图层，也就是说，对图像所做的修改你仍可以编辑，且不会影响保留的实际图像像素。无论如何缩放、旋转、扭曲或变换智能对象，它都将保持其犀利、精确的边缘。

用户可以将 Adobe Illustrator 中的矢量对象作为智能对象导入。如果用户在 Illustrator 中编辑原始对象，所做的修改将反映到 Photoshop 图像文件中相应的智能对象中。

将文件作为智能对象置入时，它可链接也可嵌入。链接时 Photoshop 将存储原始文件的路径，让你以后能够通过编辑原始文件来更新智能对象，同时 Photoshop 文件将包含智能对象的预览图像；嵌入智能对象时，Photoshop 将在 Photoshop 文件中包含整个智能对象，而不存储原始文件的路径。然而，你可将嵌入的智能对象转换为链接的智能对象，这将把嵌入的对象导出为链接的文件，并将其存储在指定的文件夹中。

下面通过置入在 Illustrator 中创建的标识 Kailua Koffee 来使用智能对象。

1. 在工具面板中，选择移动工具（✥）。
2. 选择图层 Coffee Cup，再选择菜单“文件”>“置入链接的智能对象”。选择文件夹 Lesson08 中的文件 Logotype.eps，再单击“置入”按钮。

> **提示：**你也可这样将文件作为链接的智能对象置入：按住 Alt（Windows）或 Option（Mac）键，然后将文件拖放到 Photoshop 文档窗口中。

标识 Kailua Koffee 被放在组合图像的中央，它周围有带可调整手柄的定界框；同时，“图层”面板中出现了一个新的图层。

3. 将这个标识拖放到招牌的左上角，并将其放在咖啡杯徽标的右边；再拖曳定界框的一角，将标识放大到占满图像的顶部，如图 8.26 所示。对位置和大小满意后，使用前面介绍过的任何方法（如在智能对象图层外面单击）来提交变换。

图 8.26

> **注意：**置入文件时，窗口中总是会出现变换定界框，让你能够进行缩放和位置调整。即便你没有做任何修改，也必须提交变换。

提交变换后，图层的缩略图将包含一个链接图标，指出图层 Logotype 是一个链接的智能对象。

> **提示：** 在“图层”面板中选择链接的智能对象后，“属性”面板中将出现相关的选项（包括链接的文件的路径），你可对这些选项进行调整。

与其他形状图层和智能对象一样，如果你愿意，可继续调整这个智能对象的形状和大小。为此，只需选择其所在的图层，再选择菜单“编辑”>“自由变换”以显示带控制手柄的定界框，然后通过拖曳手柄来调整。你也可选择移动工具（✣），再在选项栏中选择“显示变换控件”，然后拖曳手柄。

8.7 使用图层样式给形状添加颜色和立体感

前面创建的形状和标识是使用黑色填充的，下面来修改填充色并应用“斜面和浮雕”效果，让它更华丽。

1. 在选择了图层 Logotype 的情况下，从“图层”面板底部的添加图层样式下拉列表（fx）中选择“颜色叠加”。
2. 在“图层样式”对话框中，选择暗红色或紫红色。
3. 单击“图层样式”对话框左边的字样“斜面和浮雕”再添加一种图层样式。接受“斜面和浮雕”图层样式的默认设置，并单击“确定”按钮，如图 8.27 所示。

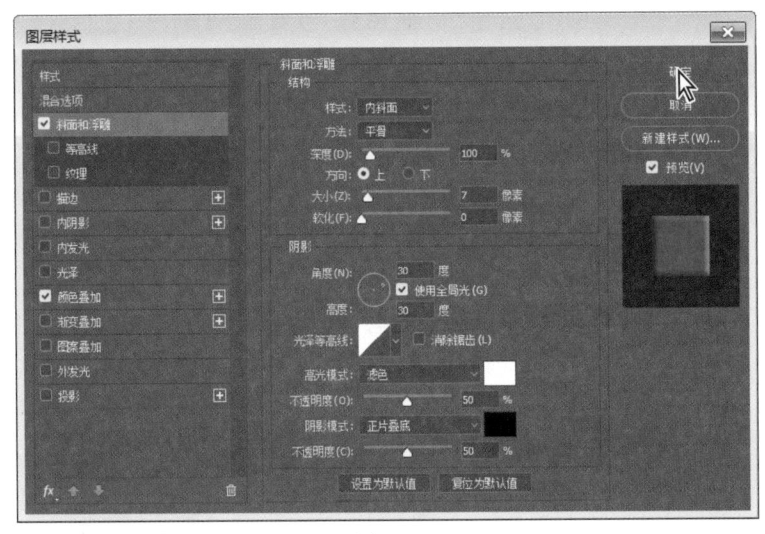

图 8.27

> **注意：** 务必要单击字样“斜面和浮雕”。如果你单击相应的复选框，Photoshop 将应用默认的图层样式设置，而不显示相关的选项。

以上操作将对图层 Logotype 应用图层样式“颜色叠加”和“斜面和浮雕”。下面将这些图层样式复制到图层 Coffee Cup 上。

4. 按住 Alt 键（Windows）或 Option 键（Mac）并将图层效果指示器（fx）从图层 Logotype

拖放到图层 Coffee Cup 上，如图 8.28 所示。

5. 清理“路径”面板，将其中的路径 Cup Outline 删除。
6. 选择菜单“文件”>“存储”将作品存盘。至此咖啡馆招牌就制作好了。
7. 将文件关闭。

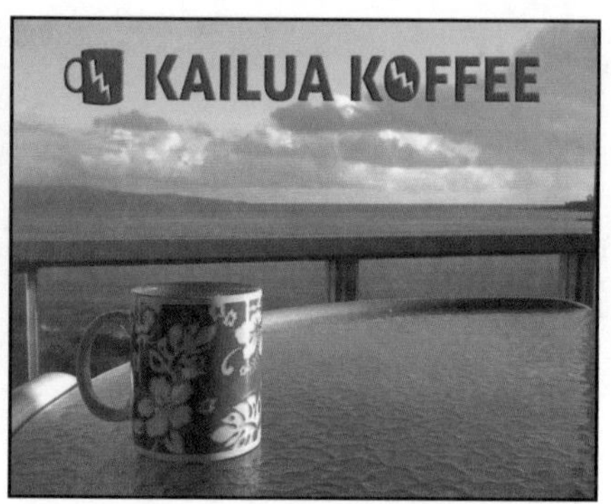

图 8.28

使用 Creative Cloud 库来共享链接的智能对象

通过使用 Creative Cloud 库来组织和共享设计素材，可让其他人能够在众多的 Creative Cloud 桌面和移动应用中使用这些内容。下面就来看一看。

1. 打开文件 08End.psd。如果没有打开“库”面板，选择菜单“窗口”>“库”打开它。
2. 在“库”面板菜单中，选择“创建新库”并将这个库命名为 Kailua Koffee。
3. 在“图层”面板中，选择背景图层；在图层面板菜单中，选择“转换为智能对象”，这个图层被命名为“图层 0”。
4. 选择移动工具，将图层“图层 0”从文档窗口（不是“图层”面板）拖放到 Kailua Koffee 库。
5. 对图层Logotype和Coffee Cup重复第3～4步，结果如图 8.29 所示。

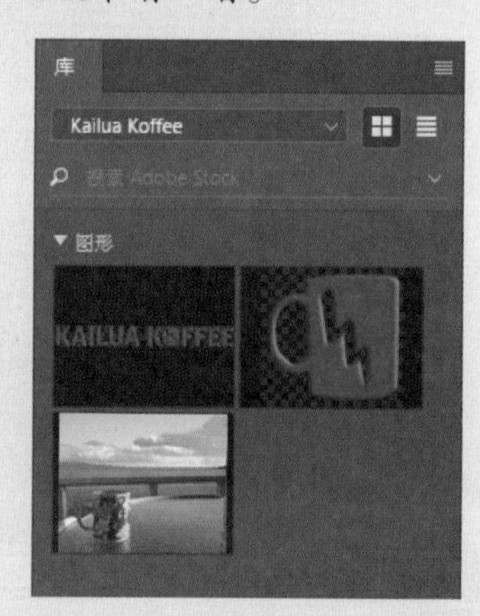

图 8.29

现在这 3 个元素都将出现在 Creative Cloud 应用程序和移动应用程序中。由于每个元素都是一个链接的智能对象，你可编辑 Kailua Koffee 库中的徽标，所有文档使用的这个徽标都将更新。要编辑库元素，只需在“库”面板中双击它（请注意，Logotype 图形是一个 EPS 文件，无法使用 Photoshop 来编辑它）。

将颜色加入库中

1. 使用吸管工具单击文档窗口中的红色咖啡杯，再选择菜单“选择”>“取消选择图层”。

2. 单击“库”面板底部的添加内容按钮（+），确保选择了复选框“前景色”，再单击“添加”按钮。这将把刚才采集的颜色添加到当前库中。使用同样的方法从背景中的天空区域采集淡蓝色，并将其添加到库中，如图8.30所示。

图 8.30

协作

共享Creative Cloud库，可让团队始终有素材的最新版本。在“库”面板菜单中选择“协作”，再填充在Web浏览器中打开的“邀请协作者”屏幕，协作者将在其Creative Cloud应用程序中看到你分享的库（要使用这种功能，你必须有Creative Cloud账户并登录）。

使用Adobe移动应用在库中添加素材

使用诸如Adobe Capture CC等Adobe移动应用可记录你实际使用的颜色主题、形状和画笔，并将它们添加到Creative Cloud库中，如图8.31所示。你使用移动应用添加的库素材将自动同步到你的Creative Cloud账户，因此当你在计算机中打开Creative Cloud应用程序时，就能在“库”面板中看到这些新增的素材。

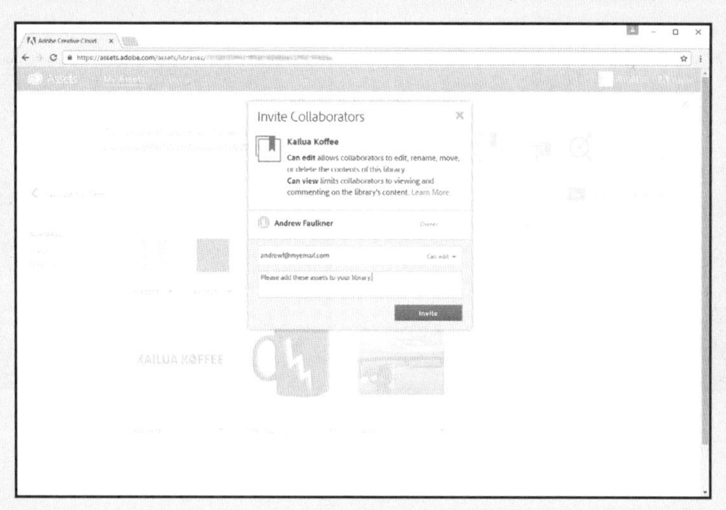

图 8.31

智能参考线

下面来进一步改进本课的设计。为此，你可在招牌底部放置一系列咖啡杯徽标。在这种情况下，你可使用智能参考线来均匀地排列这些徽标。

1. 在文件 08Working.psd 中，选择菜单“视图”>“显示”，并确保启用了智能参考线。如果“智能参考线”旁边有勾号，就说明启用了；如果没有，就选择“智能参考线”以启用它。
2. 选择图层 Coffee Cup，再选择移动工具，按住 Alt 键（Windows）或 Option 键（Mac）并将咖啡杯徽标拖曳到招牌的左下角。按住 Alt 键或 Option 键将复制选定的对象；拖曳对象时出现的洋红色线条就是智能参考线，它让你能够确保副本与原件的中心或边缘对齐。如果没有智能参考线，你必须同时按住 Shift 键来确保副本与原件对齐。
3. 选择菜单“编辑”>“自由变换”，再将咖啡杯缩小到原来的一半（缩放时按住 Shift 键以保持高宽比不变）。然后，按回车键确认变换。结果如图 8.32 所示。
4. 在依然选择了图层“Coffee Cup 拷贝”和移动工具的情况下，按住 Alt 键（Windows）或 Option 键（Mac）并向右拖曳，直到显示的粉红色数字表明两个咖啡杯相距 4.5in。同样，拖曳时确保复件与智能参考线对齐，并根据显示的变换值来判断拖曳了多远以及对象之间的间距是多少。
5. 选择复制的第二个咖啡杯，并重复第 4 步。这次你拖曳时，Photoshop 将显示当前副本与其他两个副本的距离。
6. 重复第 5 步，这样将有 4 个均匀分布的徽标，如图 8.33 所示。

图 8.32

图 8.33

8.8 复习题

1. 位图图像和矢量图形之间有何不同？
2. 如何创建自定形状？
3. 可以使用哪些工具来移动路径和形状并调整它们的大小？
4. 矢量智能对象是什么？使用它们有何优点？

8.9 复习题答案

1. 位图（光栅）图像是基于像素网格的，适合用于连续调图像，如照片或使用绘画程序创建的作品。矢量图形由基于数学表达式的形状组成，适合用于插图，文字以及要求清晰、平滑线条的图形。
2. 要创建自定形状，可选择一条路径，再选择菜单“编辑”>“定义自定形状”，并给自定形状命名。这个自定形状将出现在自定形状选择器中。
3. 可使用路径选择工具和直接选择工具来移动和编辑形状并调整其大小。另外，还可通过选择菜单“编辑”>“自由变换”来修改、缩放选定的形状和路径。
4. 矢量智能对象是矢量对象，可置入到 Photoshop 中可对其进行编辑，而不会降低其质量。无论如何缩放、旋转、扭曲或变换智能对象，它都将保持其犀利、精确的边缘。使用矢量智能对象的一个优点是，可以在创作程序（如 Illustrator）中编辑原始对象，这样所做的修改将在 Photoshop 图像文件中置入的智能对象中反映出来。

第9课　高级合成技术

在本课中，你将学习以下内容：

- 应用和编辑智能滤镜；
- 使用液化滤镜来扭曲图像；
- 对选定的图像区域应用颜色效果；
- 应用滤镜以创建各种效果；
- 使用“历史记录”面板来恢复到以前的状态；
- 提高图像的分辨率以用于高分辨率印刷。

本课需要大约 1 小时。启动 Photoshop 之前，请先在异步社区将本书的课程资源下载到本地硬盘中，并进行解压。在学习本课时，请打开相应的课程文件。建议先做好原始课程文件的备份工作，以免后期用到这些原始文件时，还需重新下载。

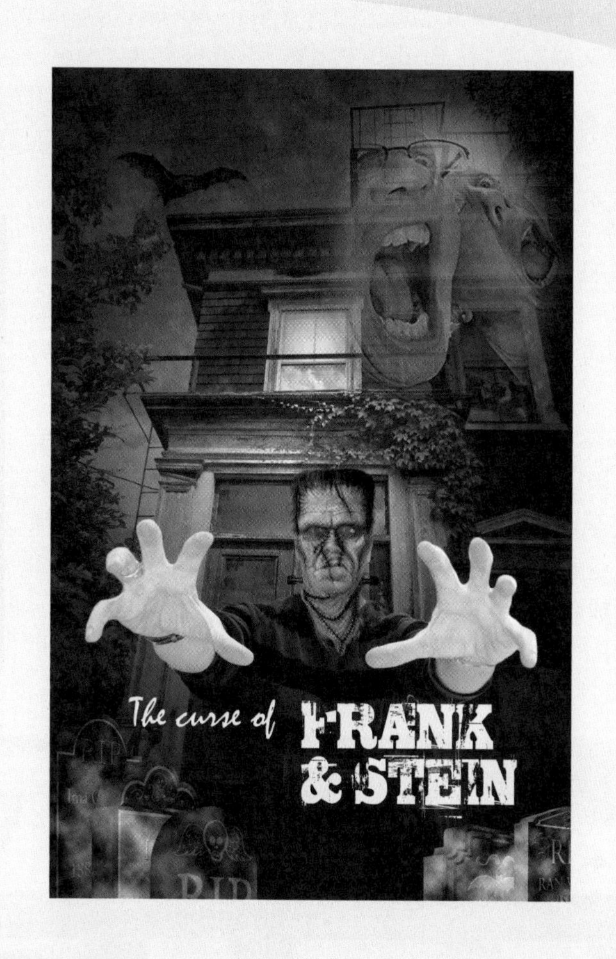

滤镜可将普通图像转换成非凡的数字作品。对于使用智能滤镜所做的变换，你可随时进行编辑。Photoshop提供了丰富的功能，让你想要多有创意就能够多有创意。

9.1 概述

在本课中，你将把一些图像合成以制成电影海报，并探索 Photoshop 滤镜。首先来查看最终的文件以了解需要完成的工作。

1. 启动 Photoshop 并立刻按下 Ctrl + Alt + Shift 键（Windows）或 Command + Option + Shift 键（Mac）以恢复默认首选项（参见前言中的“恢复默认首选项”）。
2. 出现提示对话框时，单击“是”确认要删除 Adobe Photoshop 设置文件。
3. 选择菜单“文件”>“在 Bridge 中浏览”。

> Ps | **注意：**如果你没有安装 Bridge，当你选择“在 Bridge 中浏览”时窗口将提示你安装 Bridge。更详细的信息请参阅前言。

4. 在“收藏夹”面板中单击文件夹 Lessons，再双击“内容”面板中的文件夹 Lesson09。
5. 查看文件 09End.psd 的缩略图，如图 9.1 所示。如果希望看到图像的更多细节，将 Bridge 窗口底部的缩略图滑块向右移。

这是一张电影海报，由背景、怪人图像和其他几幅图像组成。其中每幅图像都应用了一种或多种滤镜或效果。

怪人是使用完全正常但稍微有点吓人的人像和几幅令人毛骨悚然的图像合成的。这种怪异效果由 Russell Brown 根据 John Connell 绘制的插图制作而成。

6. 在 Bridge 中，切换到文件夹 Lesson09\Monster_Makeup，并打开这个文件夹，如图 9.2 所示。

图 9.1

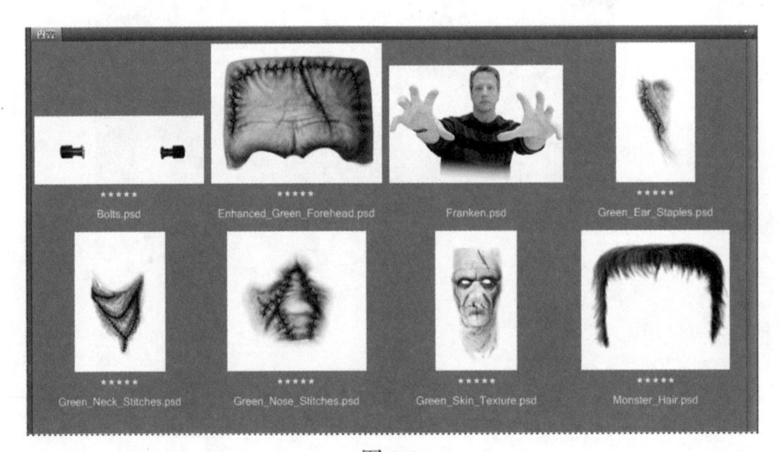

图 9.2

7. 按住 Shift 键并单击文件夹 Monster_Makeup 中的第一个和最后一个文件，以选择这个文件夹中的所有文件，再选择菜单“工具”>“Photoshop”>“将文件载入 Photoshop

图层”，结果如图 9.3 所示。

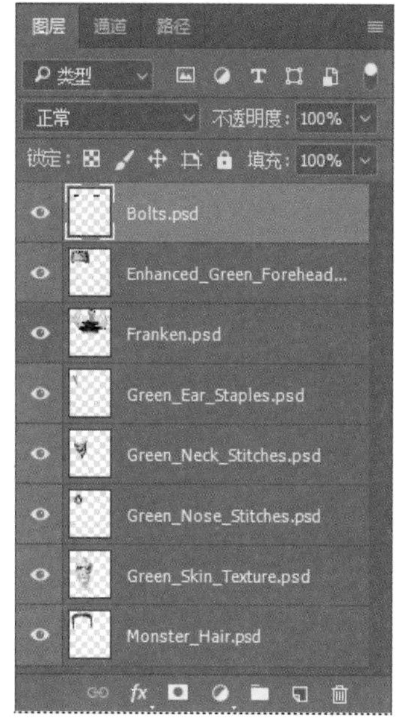

图 9.3

Photoshop 新建了一个 Photoshop 文件，并将所有选定的文件作为不同的图层导入其中。对于怪物的组成部分，设计师使用了红色来标识它们所属的图层。

8. 在 Photoshop 中，选择菜单“文件”>“存储为”。将存储格式设置为 Photoshop，将文件名指定为 09Working.psd，并将其存储到文件夹 Lesson09 中。在“Photoshop 格式选项”对话框中，单击“确定”按钮。

9.2 排列图层

这个图像文件包含 8 个图层，它们是按字母顺序排列的。以这样的顺序排列时，组成的图像并不是很像怪物。下面首先来重新排列图层并调整图层内容的尺寸，以构成怪物雏形。

1. 缩小图层或滚动鼠标滑轮，以便能够看到所有的图层。
2. 在“图层”面板中，将图层 Monster_Hair 拖放到图层栈顶部。
3. 将图层 Franken 拖放到图层栈底部。
4. 选择移动工具（✥），将图层 Franken（人像）移到页面底部，如图 9.4 所示。
5. 在“图层”面板中，按住 Shift 键并单击以选择除 Franken 外的其他所有图层，再选择菜单“编辑”>“自由变换”，如图 9.5 所示。
6. 向右下方拖曳所选图层的左上角，将所有选定图层缩小到原来的 50% 左右（注意观看选项栏中的宽度和高度百分比）。
7. 在依然显示了自由变换定界框的情况下，将这些图层拖放到人像的头部上面（如图 9.6 所示），再按回车键提交变换。

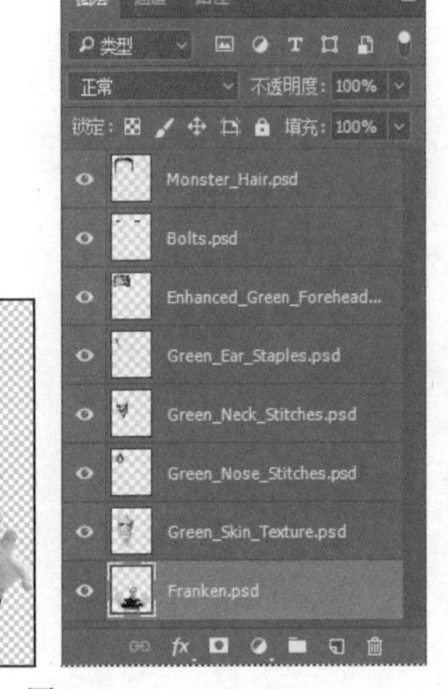

图 9.4

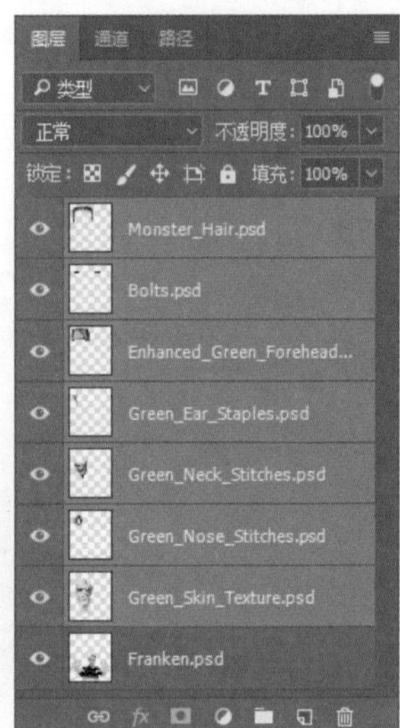

图 9.5

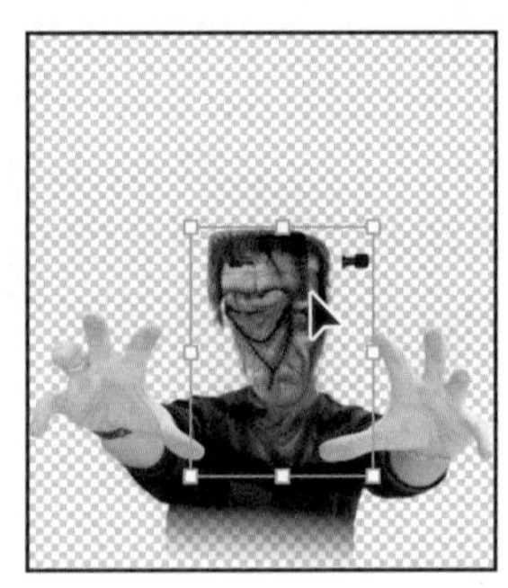

图 9.6

8. 放大到能够看清人像的头部区域。
9. 隐藏除图层 Green_Skin_Texture 和 Franken 外的其他图层。
10. 选择图层 Green_Skin_Texture，并使用移动工具将该图层与人像脸部居中对齐，如图 9.7 所示。

提示：如果拖曳时出现洋红色的智能参考线，导致你难以调整图层 Green_Skin_Texture 的位置，可按住 Control 键暂时禁用对齐到智能参考线。你也可打开菜单“视图”>“显示”，并取消选择命令“智能参考线”，这将永久性禁用对齐到智能参考线。

11. 再次选择菜单“编辑”>“自由变换”，以调整图层 Green_Skin_Texture 的大小，使其与人像的脸部匹配。请拖曳定界框边上的手柄来调整图层 Green_Skin_Texture 的大小，使用方向键微调该图层的位置，确保眼睛和嘴巴都是对齐的。调整好这个图层的大小和位置后，按回车键提交变换，如图 9.8 所示。

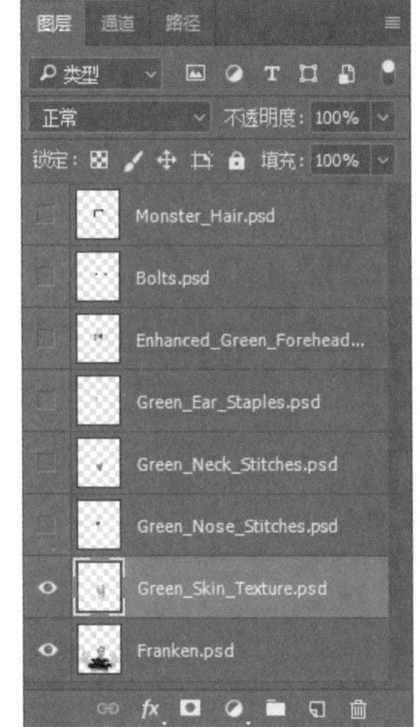

图 9.7

图 9.8

> **提示：**要更精确地调整纹理，使其与人像的脸部更匹配，可选择菜单“编辑”>“变换”>“变形”，并拖曳变换网格或手柄；调整好后再按回车键提交变换。

12. 将文件存盘。

9.3 使用智能滤镜

常规滤镜永久性地修改图像，而智能滤镜是非破坏性的：它们是可以调整、开启 / 关闭和删除的。然而，智能滤镜只能应用于智能对象。

9.3.1 应用液化滤镜

下面使用液化滤镜来缩小怪人的眼睛并修改其脸部的形状。鉴于你希望以后能够调整所应用的液化滤镜设置，所以你将以智能滤镜的方式使用它。为此，首先需要将图层 Green_

Skin_Texture 转换为智能对象。

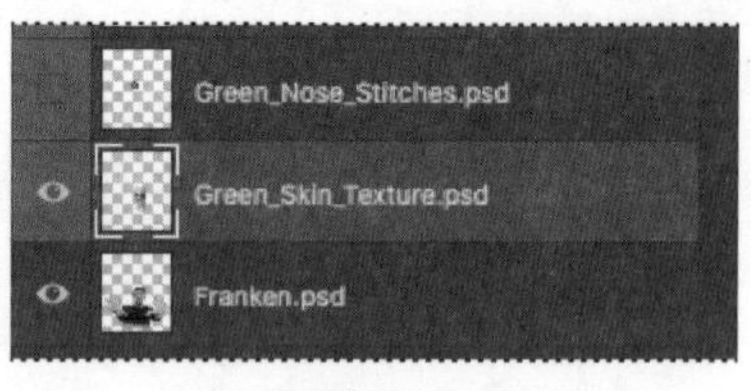

图 9.9

1. 在“图层”面板中确保选择了图层 Green_Skin_Texture（如图 9.9 所示），再选择菜单“滤镜” > “转换为智能滤镜”，这将把选定图层转换为智能对象。如果出现对话框，询问是否要转换为智能对象，请单击“确定”按钮。
2. 选择菜单“滤镜” > “液化”。

Photoshop 将在“液化”对话框中显示这个图层。

3. 在“液化”对话框中，单击“人脸识别液化”旁边的三角形，将这组选项折叠起来。

人脸识别液化在第 5 课已介绍过，这虽然是一种快速而强大的脸部特征修改方式，但使用这些选项修改脸部的方式有限。在这里，你将尝试一些手工液化方法，在需要创建表情更丰富的脸部时，你可能想使用这种方法。将人脸识别液化选项隐藏起来，这可让你专注于“液化”对话框中的其他选项。

4. 选择复选框“显示背景”，再从“模式”下拉列表中选择“背后”。将“不透明度”设置为 75，如图 9.10 所示。

图 9.10

5. 从对话框左边的“工具”面板中选择缩放工具（🔍），再放大眼睛区域。
6. 选择向前变形工具（，第一个工具）。

当你拖曳时，向前变形工具将像素往前推。

7. 在“画笔工具选项”部分，将“大小”设置为 150，将“压力”设置为 75。
8. 使用向前变形工具将右眼眉往下推以缩小眼睛，再从右眼下方往上推，如图 9.11 所示。
9. 对左眼重复第 8 步。你可以使用向前变形工具以不同的方式处理两个眼睛，让脸部看起来更恐怖。

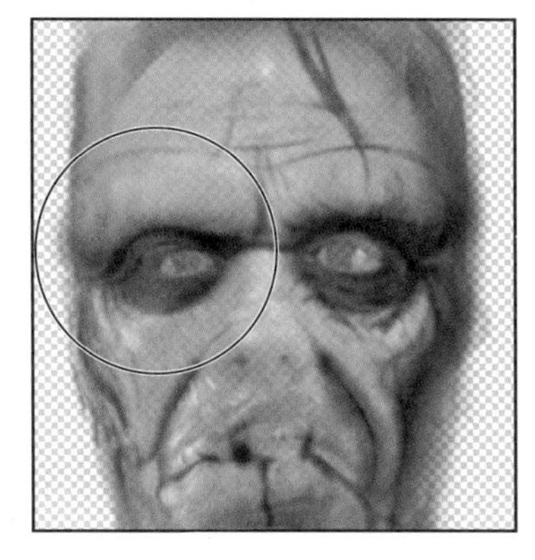

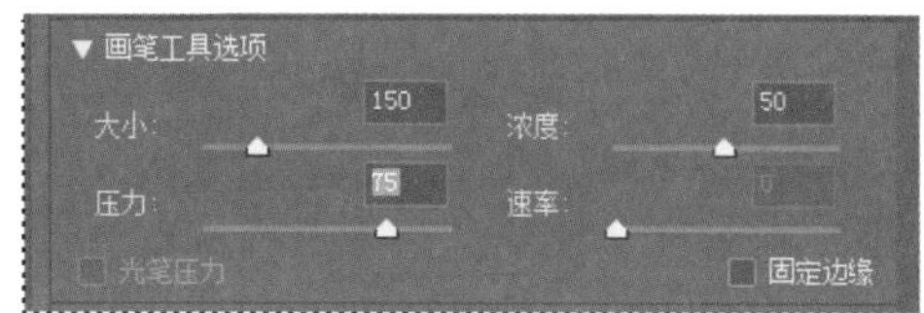

图 9.11

10. 消除眼睛周围的空白后，单击“确定”按钮。

由于你是以智能滤镜的方式应用的“液化”滤镜，所以以后可回过头来进一步修改脸部，而不会降低图像的质量；为此，你只需在“图层”面板中双击这个智能对象。

9.3.2 调整其他图层的位置

处理好皮肤纹理后，下面来调整其他图层的位置——从“图层”面板的底部开始往上处理。

1. 在“图层”面板中，让图层 Green_Nose_Stiches 可见并选择它，如图 9.12 所示。
2. 选择菜单“编辑”>“自由变换”，再将这个图层移到鼻子上，并在必要时调整其大小。按回车键提交变换，如图 9.13 所示。

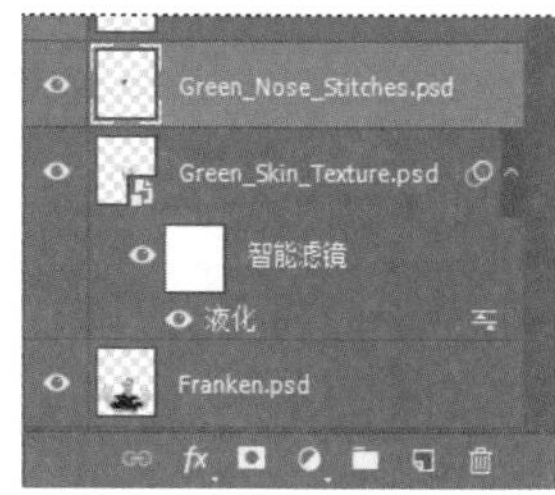

图 9.12

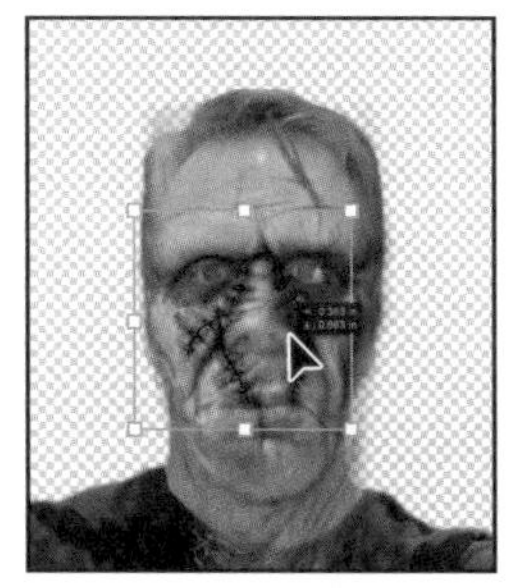

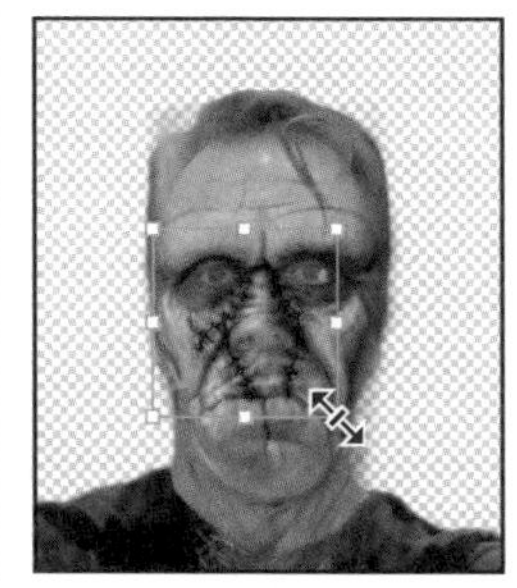

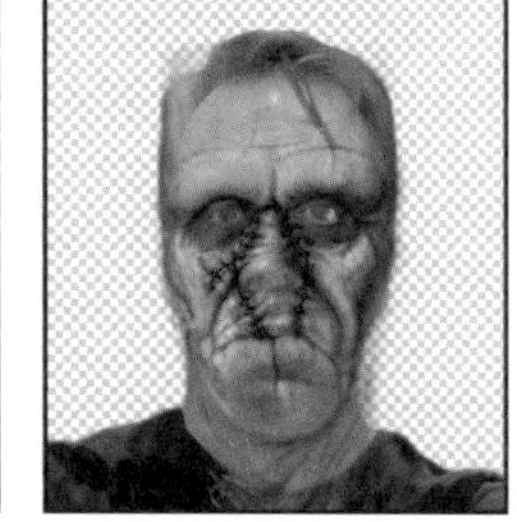

图 9.13

> **提示：**如果只想调整图层的位置，只需使用移动工具拖曳即可。在这些步骤中，选择菜单“编辑”>“自由变换”，让你既能调整图层的位置，又能调整其大小。

下面重复上述过程，将其他图层放置到正确的位置上。

3. 让图层 Green_Neck_Stiches 可见并选择它。将这个图层移到脖子上。如果需要调整其大小，可选择菜单“编辑” > “自由变换”，再调整其大小并按回车键，如图 9.14 所示。

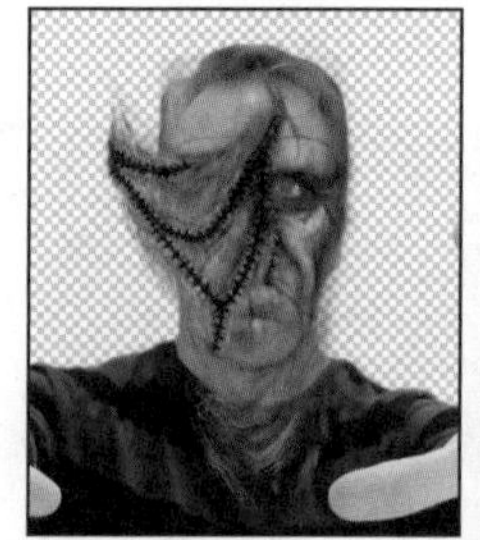
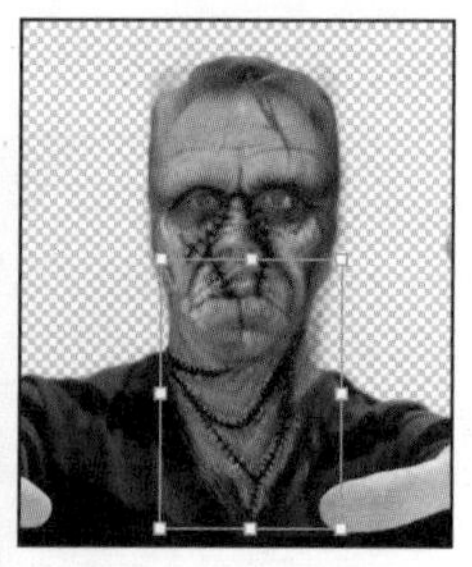

图 9.14

4. 让图层 Green_Ear_Staples 可见并选择它。将这些针痕移到右耳上。选择菜单“编辑”>“自由变换”，调整这些针痕的大小和位置，再按回车键，如图 9.15 所示。

5. 让图层 Enhanced_Green_Forehead 可见并选择它。将这个图层移到前额上，它可能有点大。选择菜单“编辑” > “自由变换”，调整这个图层的大小使其与前额匹配，再按回车键，如图 9.16 所示。

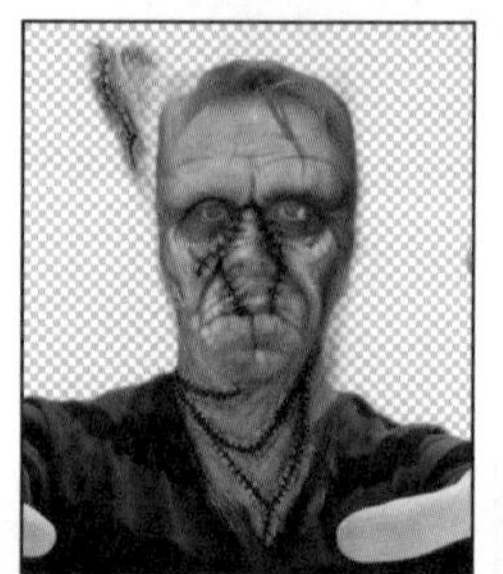
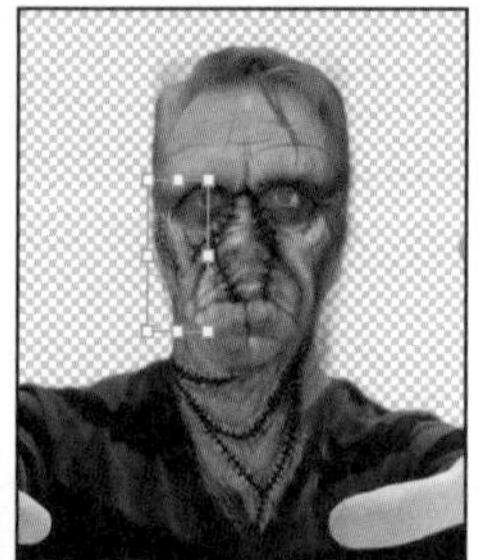

图 9.15

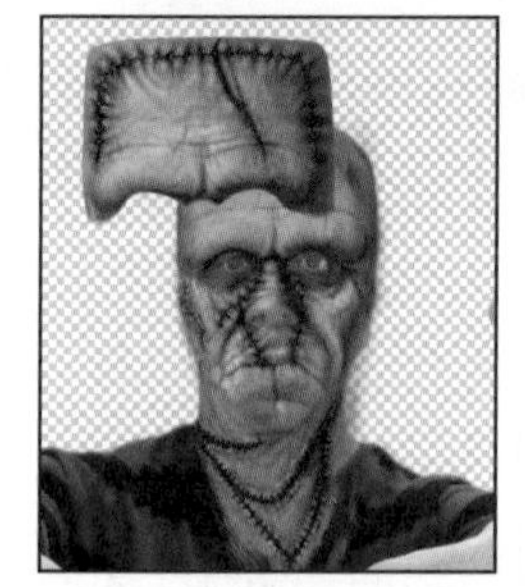
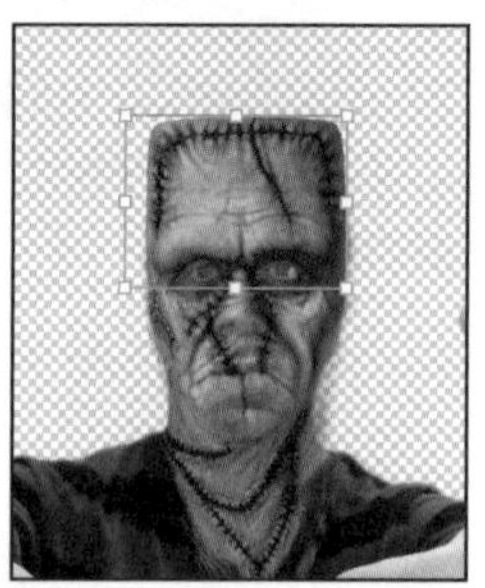

图 9.16

提示： 要调整选定图层的位置和大小，可使用移动工具、选择菜单“编辑” > “自由变换”或按方向键。请根据需要完成的任务，选择合适的工具。

6. 让图层 Bolts 可见并选择它。拖曳这些螺钉，使它们分别位于脖子两边。选择菜单“编辑” > “自由变换”，并调整这个图层的大小，让螺钉贴在脖子上。调整好螺钉的位置后，按回车键提交变换，如图 9.17 所示。

7. 最后，让图层 Monster_Hair 可见并选择它。将这个图层移到前额上方。选择菜单“编辑” > “自由变换”，并调整这个图层的大小，让头发与前额匹配，再按回车键提交变换，如图 9.18 所示。

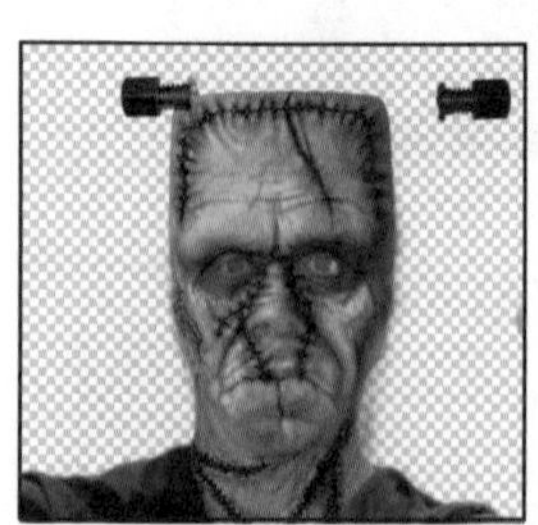
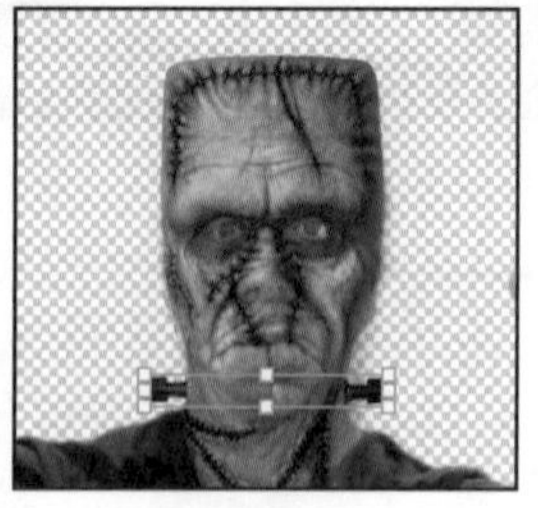

图 9.17

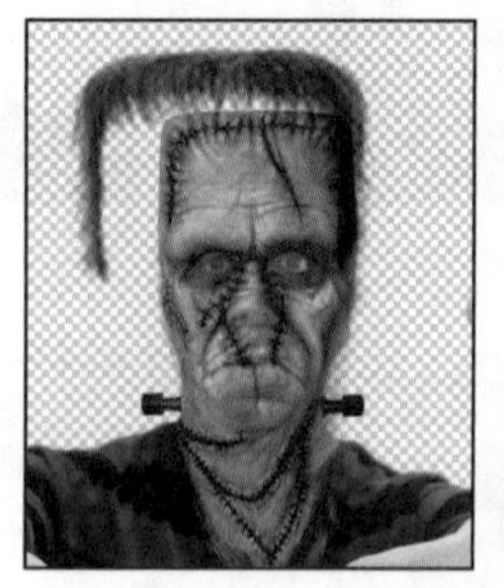
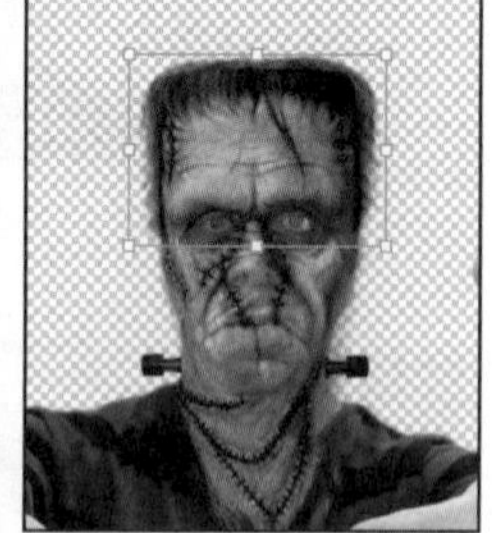

图 9.18

8. 保存所做的全部工作。

9.3.3 编辑智能滤镜

调整好所有图层的位置和大小后，现在来进一步调整眼睛的大小，并尝试让眉毛更粗。你将回过头去编辑液化滤镜来完成这些调整。

1. 在“图层”面板中，双击图层 Green_Skin_Texture 中智能滤镜下方的“液化”。

Photoshop 将再次打开“液化”对话框。这次所有图层都是可见的，因此选择了复选框“显示背景”后，你将看到所有图层。有时候，在没有背景分散注意力的情况下进行修改更容易；而在其他时候在有背景的情况下查看编辑结果很有用。

2. 放大图像让眼睛更清晰。
3. 选择工具面板中的褶皱工具（），并在两个眼睛的外眼角上单击，如图 9.19 所示。

当你单击或拖曳时，褶皱工具将像素往画笔中央移动，形成褶皱效果。

4. 选择膨胀工具（），并单击一条眉毛的外边缘将眉毛加粗，再对另一条眉毛做同样的处理，如图 9.20 所示。

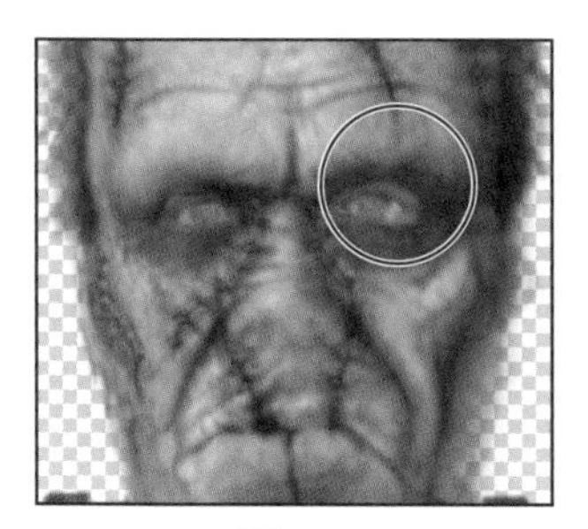

图 9.19

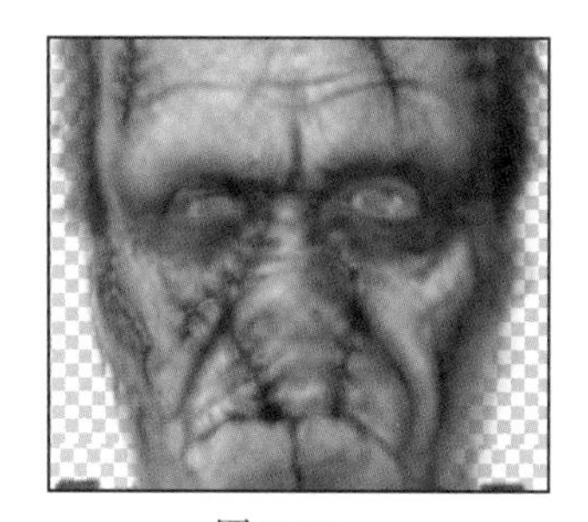

图 9.20

当你单击或拖曳时，膨胀工具将像素从画笔中央向外移。

提示：相比于人脸识别液化选项，“液化”对话框左边的褶皱、膨胀等工具让你能够更好地控制液化扭曲，而且它们可用于图像的任何部分。但人脸识别液化让你能够更容易地对脸部特征进行快速而细微的调整。

5. 尝试使用褶皱工具、膨胀工具和液化滤镜中的其他工具来调整怪人的脸部。别忘了你可修改画笔大小和其他设置。你还可以选择菜单“编辑” > “还原”撤销各个步骤，但如果要重做，最容易的方法是单击“取消”按钮，再重新打开“液化”对话框。
6. 对怪人的脸部满意后，单击“确定”按钮保存所做的工作。

9.4 在图层上绘画

在 Photoshop 中，在图层和对象上绘画的方式很多，其中最简单的方式是使用“颜色”混合模式和画笔工具。下面就使用这种方法将怪人暴露的皮肤变成绿色。

1. 在“图层”面板中选择图层 Franken。
2. 单击“图层”面板底部的新建图层按钮（）。

Photoshop 将新建一个名为“图层 1”的图层。

3. 在选择了“图层 1”的情况下，从“图层”面板顶部的“混合模式”下拉列表中选择“颜色”，如图 9.21 所示。

> **提示：**有关混合模式的更详细信息（包括各种混合模式的描述），请参阅 Photoshop 帮助文档中的“混合模式”。

混合模式“颜色”组合了基色（图层上既有颜色）的明度和你应用的颜色的色相和饱和度。这种混合模式非常适合用于给单色图像着色或给彩色图像染色。

4. 在工具面板中，选择画笔工具（）。在选项栏中，将画笔“大小”设置为 60 像素，并将“硬度”设置为 0。
5. 按住 Alt 键或 Option 键暂时切换到吸管工具，并从前额采集绿色，再松开 Alt 键或 Option 键返回到画笔工具，如图 9.22 所示。

图 9.21

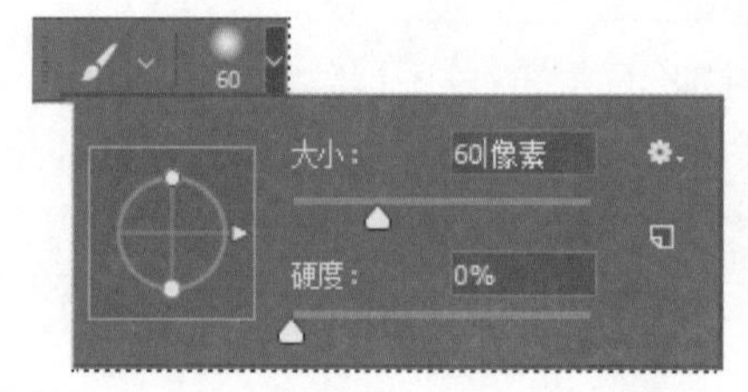

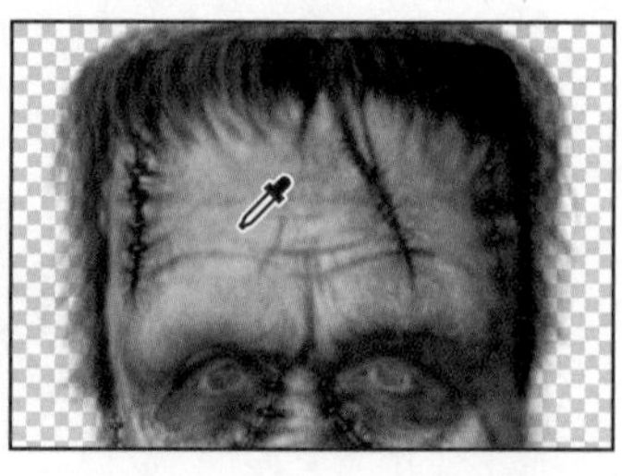

图 9.22

6. 按住 Ctrl 键或 Command 键并单击图层 Franken 的缩略图，以选择其内容，如图 9.23 所示。

通常，你在“图层”面板中会选择整个图层。这样做时，选择的图层将处于活动状态，但并没有处于活动状态的选区。当你按住 Ctrl 键或 Command 键并单击图层的缩略图时，Photoshop 将选择图层的内容，因此有一个处于活动状态的选区。这是一种选择图层所有内容的快捷方式，但它只选择指定图层的内容。

图 9.23

7. 确保在“图层”面板中依然选择了“图层 1”，再使用画笔在手和胳膊上绘画，如图 9.24 所示。对于位于透明区域的手掌，你可快速绘画，因为即便绘制到了选区外面，也不会有任何影响。另外，别忘了衬衫也位于选区内，因此在衬衫附近的皮肤上绘画时，需要更为小心。

图 9.24

> **提示：**要在绘画时调整画笔的大小，可按方括号键。按左方括号键（[）可缩小画笔，按右方括号键（]）可增大画笔。

8. 在脸和脖子部分，对于原来的皮肤颜色透过图层 Green_Skin_Texture 显露出来的区域，也进行绘画。

9. 对绿色皮肤感到满意后，选择菜单“选择”>“取消选择”，再保存所做的工作，结果如图 9.25 所示。

图 9.25

9.5 添加背景

怪人看起来已经很吓人了，现在该将其放到令人毛骨悚然的环境中了。为轻松地将怪人加入到背景中，首先需要拼合图层。

1. 确保所有的图层都可见，再从图层面板菜单中选择“合并可见图层”，如图 9.26 所示。Photoshop 将把所有图层合并成一个名为“图层 1”的图层。

2. 将“图层 1”重命名为 Monster，如图 9.27 所示。

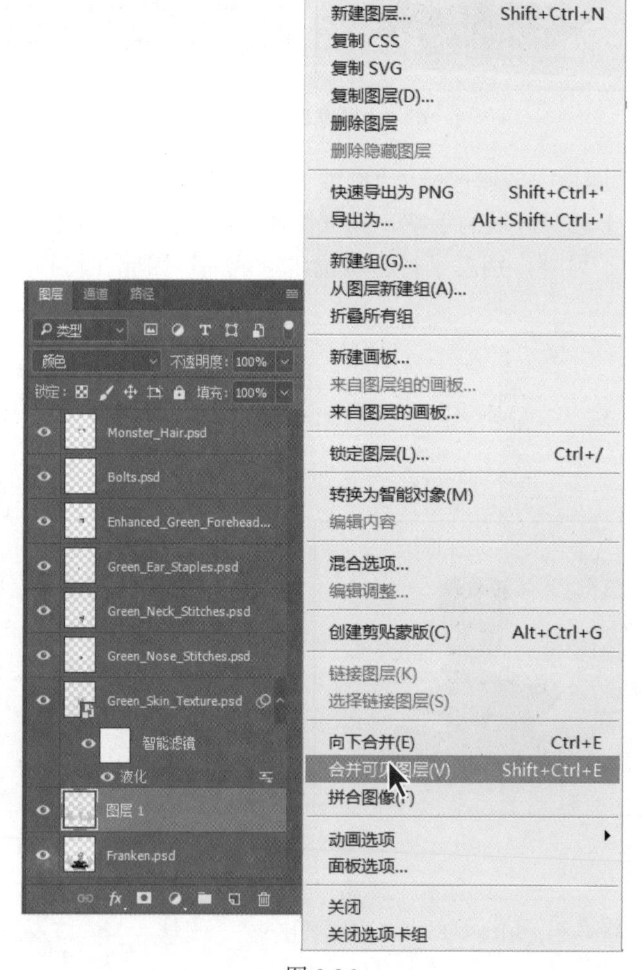

图 9.26

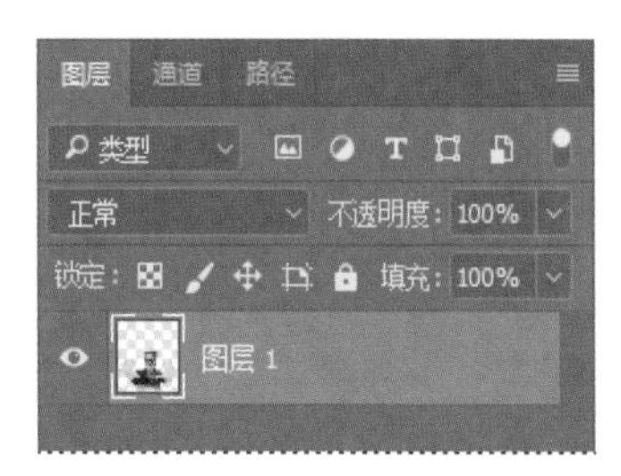

图 9.27

3. 选择菜单“文件”>“打开”，打开文件夹 Lesson09 中的文件 Backdrop.psd。
4. 选择菜单“窗口”>“排列”>“双联垂直”以同时显示怪人图像和背景图像。
5. 单击文件 09Working.psd 使其处于活动状态。
6. 选择移动工具（✥），将图层 Monster 拖放到文件 Backdrop.psd 中；再调整怪人的位置，使其双手位于电影名的上方，如图 9.28 所示。

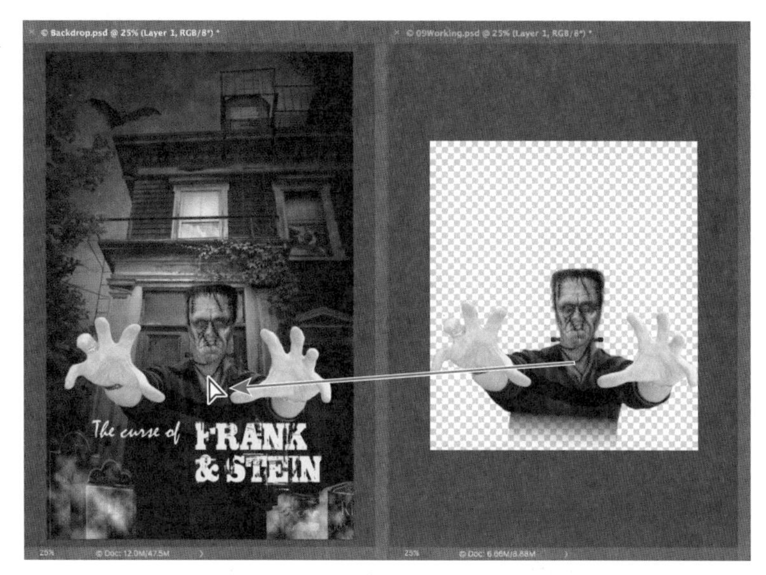

图 9.28

7. 关闭文件 09Working.psd，并在 Photoshop 询问时保存所做的修改。

从现在开始，你将处理电影海报文件了。

8. 选择菜单“文件”>“存储为”，使用名称 Movie-Poster.psd 存储文件。在“Photoshop 格式选项”对话框中，单击“确定”按钮。

9.6 使用“历史记录”面板撤销编辑

你已使用过命令“编辑”>“还原”来撤销最后一次修改；你还可使用命令“编辑”>“重做”来重新应用刚撤销的修改。通过不断使用这两个命令，你可撤销或重做多个步骤。

要撤销或重做最后一次修改，可选择菜单“编辑”>“切换最终状态”。要快速比较最后一次修改前后的情况，可按这个菜单命令的键盘快捷键：Ctrl + Alt + Z（Windows）或 Command + Option + Z（Mac）。

另一种遍历修改的方式是使用“历史记录”面板，要显示这个面板，可选择菜单“窗口”>“历史记录”。“历史记录”面板包含修改清单，要返回到特定的状态（如 4 步前），只需在“历史记录”面板中选择它，再从这个地方开始继续往下做。

9.6.1 应用滤镜和效果

下面在这张电影海报中添加一块墓碑。你将尝试使用不同的滤镜和效果，看看哪些可行；在尝试过程中，如有必要，你将使用“历史记录”面板来撤销操作。

1. 在 Photoshop 中，选择菜单“文件”>“打开”。
2. 切换到文件夹 Lesson09，再双击文件 T1.psd 打开它。

这张墓碑图像平淡无奇，下面给它加上纹理并着色。

3. 在工具面板中，单击默认前景色和背景色按钮（），将前景色恢复为黑色。

> **提示：** 一种快速完成第 3 步的方式是按 D 键（将背景色和前景色分别设置为默认的黑色和白色的键盘快捷键）。

首先来赋予墓碑一点感染力。

4. 选择菜单“滤镜”>“渲染”>“分层云彩”，如图 9.29 所示。

下面使用光圈模糊让墓碑上半部分依然清晰，同时模糊其他部分。使用默认的模糊设置就可以。

5. 选择菜单“滤镜”>“模糊画廊”>“光圈模糊”。
6. 在图像窗口中，将光圈模糊椭圆往上拖，让墓碑上半部分清晰，而其他部分模糊（如图 9.30 所示），再单击“确定”按钮。

原来平淡无奇

云彩增添了戏剧效果

图 9.29

光圈模糊椭圆默认居中

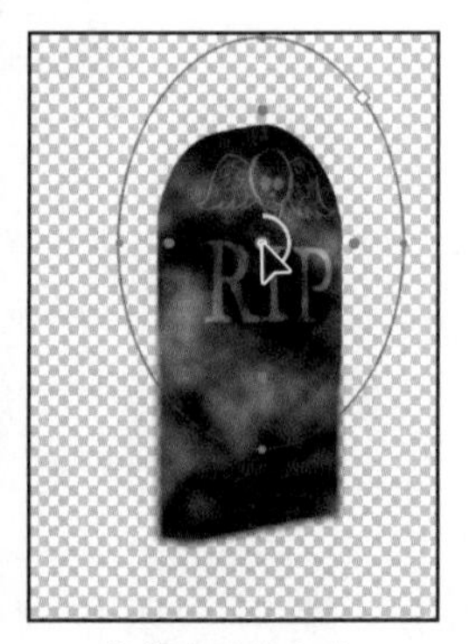

将焦点稍微上移

图 9.30

下面使用调整图层来加暗这幅图像并修改其颜色。

7. 在“调整”面板中，单击“亮度 / 对比度”图标，再在“属性”面板中将“亮度”滑块移到 70 处，如图 9.31 所示。

图 9.31

8. 在“调整”面板中单击“通道混合器”图标。
9. 在“属性”面板中，从“输出通道”下拉列表中选择“绿”，再将“绿色”值改为 +37，将“蓝色”值改为 +108，如图 9.32 所示。

以上操作会让墓碑泛绿。通过使用通道混合器调整，你可对图像执行这种颇具创意的颜色调整。通道混合器还常用于替代黑白调整将彩色图像转换为黑白的；它还可以实现染色效果；另外，它还是一种很有用的颜色校正技术。

10. 在“调整”面板中，单击“曝光度”图标。在“属性”面板中，将“曝光度”滑块移到 +0.90 处，让较亮的图像区域更亮些，如图 9.33 所示。

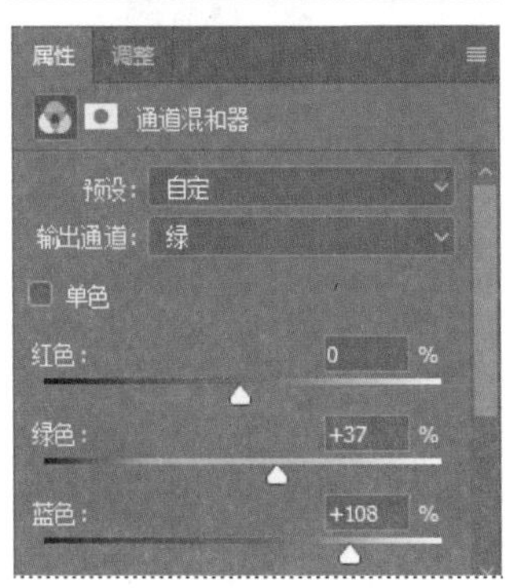

图 9.32

图 9.33

提示：曝光度调整主要用于校正 HDR 图像，但这里使用它实现了一种创意效果。

9.6.2 撤销多个步骤

这块墓碑无疑与调整前的有很大的不同，但与海报中既有的墓碑还不太一样。下面使用“历史记录”面板来查看之前的各个状态。

1. 选择菜单“窗口”>“历史记录”打开“历史记录”面板。向下拖曳这个面板的底部将其增大，以便能够看到所有的状态。

“历史记录”面板记录了你最近对图像执行的操作，其中选择的是当前状态。

2. 在“历史记录”面板中，单击状态“模糊画廊”，如图 9.34 所示。

选定状态下面的状态呈灰色，图像也发生了变化：颜色没了，亮度 / 对比度调整也没了。当前，墓碑只应用了“分层云彩”滤镜和光圈模糊，其他的调整都删除了。“图层”面板中没有列出任何调整图层。

3. 在“历史记录”面板中，单击状态“修改通道混合器图层”。

很多状态又恢复了。颜色回来了，亮度和对比度调整也回来了，且“图层”面板中也列出了两个调整图层。但是，你选择的状态下面的状态依然呈灰色，“图层”面板中也没有曝光度调整图层。

下面恢复到对墓碑应用各种效果前的状态。

4. 在“历史记录”面板中，单击“分层云彩”，如图 9.35 所示。

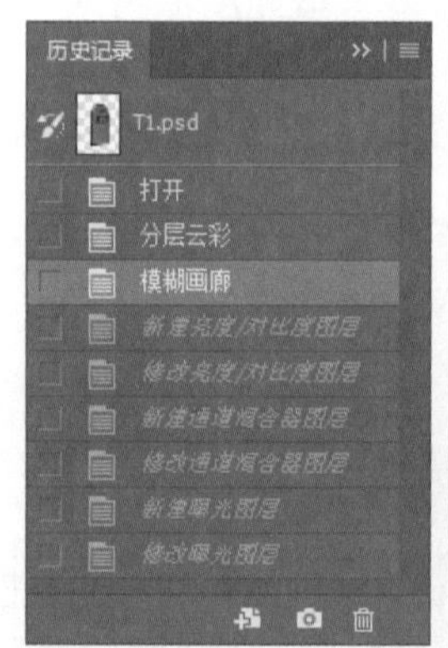

图 9.34

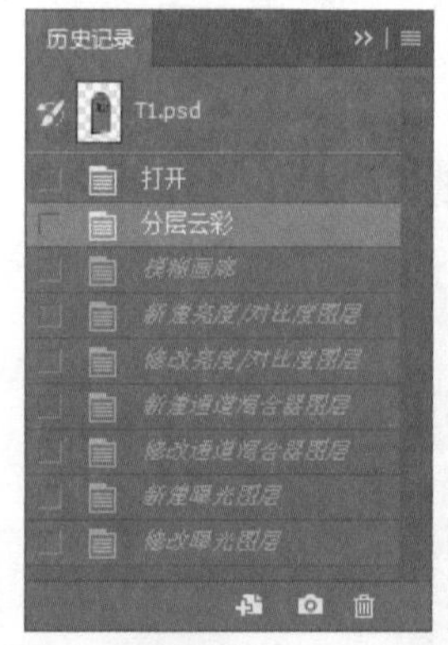

图 9.35

这个状态后面的所有状态都呈灰色。

5. 选择菜单“滤镜”>“杂色”>“添加杂色”。

添加杂色可让墓碑显得更粗糙。

6. 在“添加杂色”对话框中，将数量设置为 3%，选择单选按钮“高斯分布”和复选框“单色”，再单击“确定”按钮。

在“历史记录”面板中，原来呈灰色的状态不见了，同时在选定状态（“分层云彩”）后面新增了一个状态，它表示你刚才执行的任务，如图 9.36 所示。你可单击任何状态来恢复到该状态，但一旦你执行新任务，Photoshop 就会将所有呈灰色的状态删除。

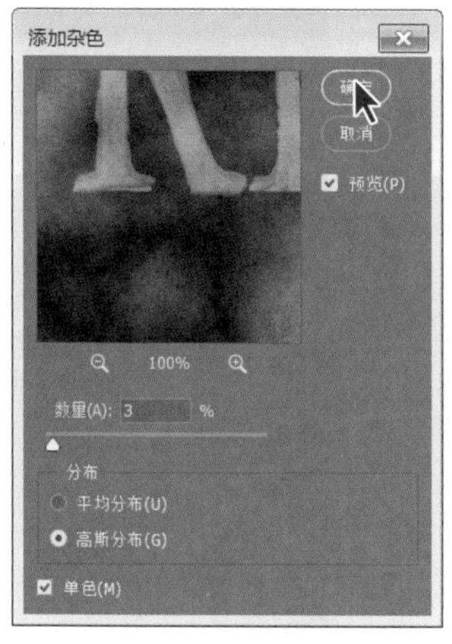

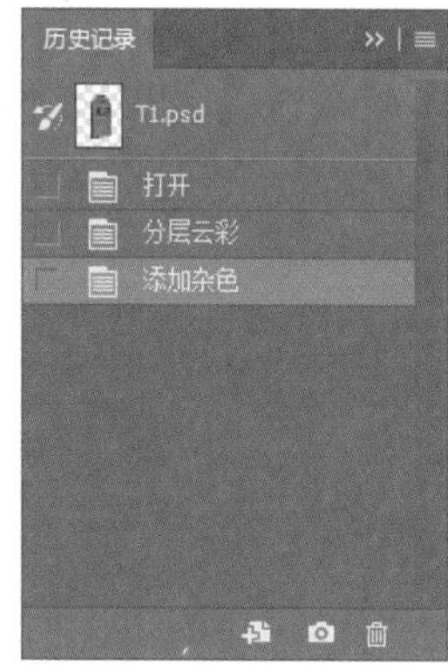

图 9.36

7. 选择菜单“滤镜”>“渲染”>“光照效果”。

注意：如果在“首选项”对话框的“性能”部分没有选择“使用图形处理器”，那么“光照效果”滤镜将不可用。因此，如果你的计算机的图形硬件不支持“使用图形处理器”选项，请跳过第 7 ～ 12 步。

8. 在选项栏中，从“预设”下拉列表中选择“手电筒”。
9. 在“属性”面板中，单击“颜色”色板，选择淡蓝色，再单击“确定”按钮。
10. 在图像窗口中，将光源拖放到墓碑的三分之一处，并与字母 RIP 居中对齐。
11. 在“属性”面板中，将“环境”设置为 46，如图 9.37 所示。

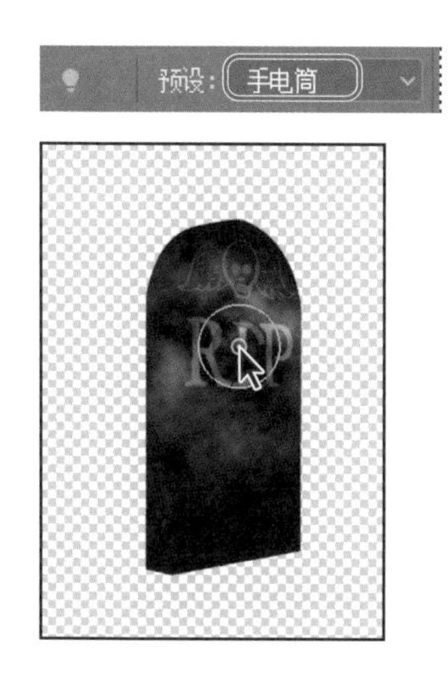

图 9.37

12. 单击选项栏中的“确定”按钮应用这些“光照效果”设置。

现在可以将墓碑加入到电影海报中了。

13. 保存这个文件，再选择菜单“窗口”>“排列”>“全部垂直拼贴”。
14. 使用移动工具将刚才创建的墓碑拖放到文件 Movie-Poster.psd 中。如果出现颜色管理警告，单击“确定”按钮。
15. 将墓碑拖放到左下角，并使其只露出上面三分之一，如图 9.38 所示。
16. 选择菜单“文件”>“存储”保存文件 Movie.Poster.psd，再关闭文件 T1.psd，但不保存它。

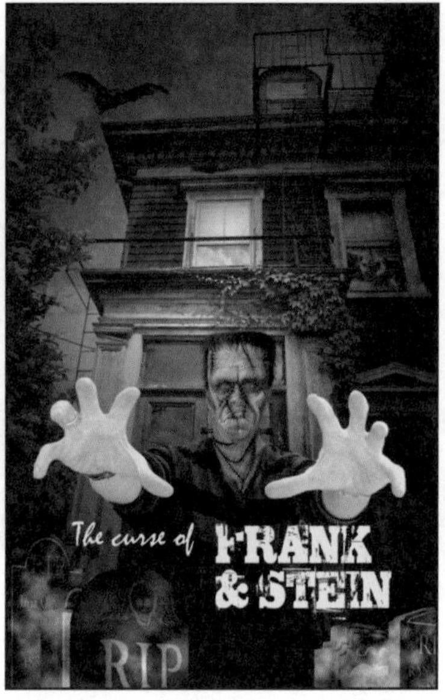

图 9.38

前面你尝试了一些新的滤镜和效果，还使用了“历史记录”面板来往后退。默认情况下，“历史记录”面板只保留最后的 50 个状态，但你可对这种设置进行修改，方法是选择菜单“编辑”>“首选项”>“性能”（Windows）或“Photoshop CC”>“首选项”>“性能”（Mac），再在文本框“历史记录状态”中输入所需的值。

9.7 增大图像

对网页和社交媒体来说，使用低分辨率的图像也没关系，甚至需要这样做。但如果你需要放大这种图像，那么它们包含的信息可能不够，无法用于高品质印刷。为增大图像的分辨率，Photoshop 需要重新采样，即需要创建新像素，并计算它们的大致值。在 Photoshop 中增大低分辨率图像时，算法“保留细节（扩大）”提供的结果是最好的。

在这里的电影海报中，你想使用一幅社交媒体网站发布的低分辨率图像。为此，你需要调整这幅图像的大小，以免影响印刷出来的海报的质量。

1. 选择菜单“文件”>“打开”，并打开文件夹 Lesson09 中的文件 Faces.jpg。
2. 放大到 300%，以便能够看清其中的像素。
3. 选择菜单“图像”>“图像大小”。
4. 确保选择了复选框“重新采样”。
5. 将宽度和高度的度量方式都改为百分比，再将它们的值都设置为 400%。

宽度和高度默认被链接，以确保调整图像的大小时其宽高比不变。如果需要分别修改图像的宽度和高度，可单击链接图标以解除链接。

6. 通过拖曳平移预览图像，以便能够看到眼镜。
7. 在“重新采样”下拉列表中，选择“两次立方（较平滑）（扩大）”，图像看起来不像原来那样粗糙了。

下拉列表“重新采样”中的选项指定了如何调整图像以便扩大或缩小它。默认设置为“自动”，它根据你要扩大还是缩小图像选择合适的重新采样方法。但根据图像的具体情况，你可能发现其他选项的效果更好。

8. 在依然选择了复选框“重新采样”的情况下，从下拉列表“重新采样”中选择“保留细节（扩大）”。

> Ps **注意：**在你安装的 Photoshop CC 2019 版本中，“重新采样”下拉列表中可能还包含选项“保留细节 2.0”。这是“保留细节”选项的升级版，作为技术预览与选项“保留细节”一起提供。你可根据要扩大的图像选择结果最佳的选项。

相比于“两次立方（较平滑）”，选项“保留细节”生成的扩大图像更清晰，但会导致图像中既有的杂色更显眼。

9. 将“减少杂色”滑块移到 50% 以平滑图像，如图 9.39 所示。

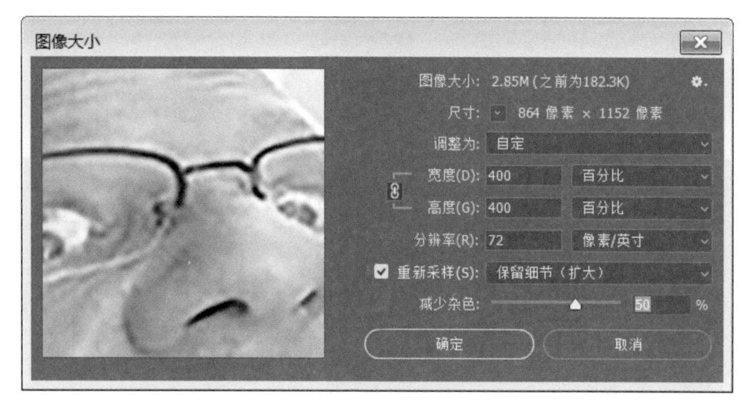

图 9.39

10. 在预览窗口中单击并按住鼠标左键以显示原始图像，这让你能够将原始图像与当前图像进行比较。你还可将当前图像与使用选项“两次立方（较平滑）”生成的图像进行比较，方法是通过“重新采样”下拉列表在这两个选项之间切换。扩大或缩小图像时，请选择能够在保留细节和消除像素锯齿之间取得最佳平衡的重新采样方法，再使用“减少杂色”来消除遗留的杂色。如果“减少杂色”消除了太多的细节，请降低其设置。
11. 单击“确定”按钮。

下面将这幅图像粘贴到海报中的一个羽化选区中。

12. 选择菜单“选择”>“全部”，再选择“编辑”>“拷贝”。
13. 单击标签 Movie-Poster.psd，将这幅图像移到前面，再选择隐藏在矩形选框工具（⬚）后面的椭圆选框工具（◌）。
14. 在选项栏中，将“羽化”设置为 50 像素，以柔化粘贴的图像的边缘。
15. 在海报的右上角（怪人的上方）绘制一个椭圆。这个椭圆应与窗户和安全出口重叠。
16. 确保选择了“图层 1”，再选择菜单“编辑”>“选择性粘贴”>“贴入”。如果出现“粘贴配置文件不匹配”对话框，请单击“确定”按钮。

17. 选择移动工具（✥），将粘贴的图像移到羽化区域的中央。

18. 在“图层”面板中，从“混合模式”下拉列表中选择“明度”，再将“不透明度”滑块移到 50% 处，结果如图 9.40 所示。

图 9.40

19. 选择菜单“文件” > “存储”，再关闭文件 Faces.jpg，但不保存它。

9.8 复习题

1. 给图像添加效果时，使用智能滤镜和使用常规滤镜有何差别?
2. 液化滤镜中的膨胀工具和皱褶工具有何用途?
3. “历史记录”面板有何用途?

9.9 复习题答案

1. 智能滤镜是非破坏性的，可随时调整、启用 / 停用和删除它们，而不会修改图层的像素；常规滤镜永久性地修改图像，应用后便不能撤销。智能滤镜只能应用于智能对象图层。
2. 膨胀工具将像素向远离画笔中央的方向移动，而皱褶工具将像素向画笔中央移动。
3. “历史记录”面板记录你在 Photoshop 中最近执行的步骤。你可恢复到以前的状态，为此只需在“历史记录”面板中选择该状态即可。

第10课　使用混合器画笔绘画

在本课中，你将学习以下内容：

- 定制画笔设置；
- 清理画笔；
- 混合颜色；
- 创建自定义画笔预设；
- 使用湿画笔和干画笔混合颜色。

本课需要大约 1 小时。启动 Photoshop 之前，请先在异步社区将本书的课程资源下载到本地硬盘中，并进行解压。在学习本课时，请打开相应的课程文件。建议先做好原始课程文件的备份工作，以免后期用到这些原始文件时，还需重新下载。

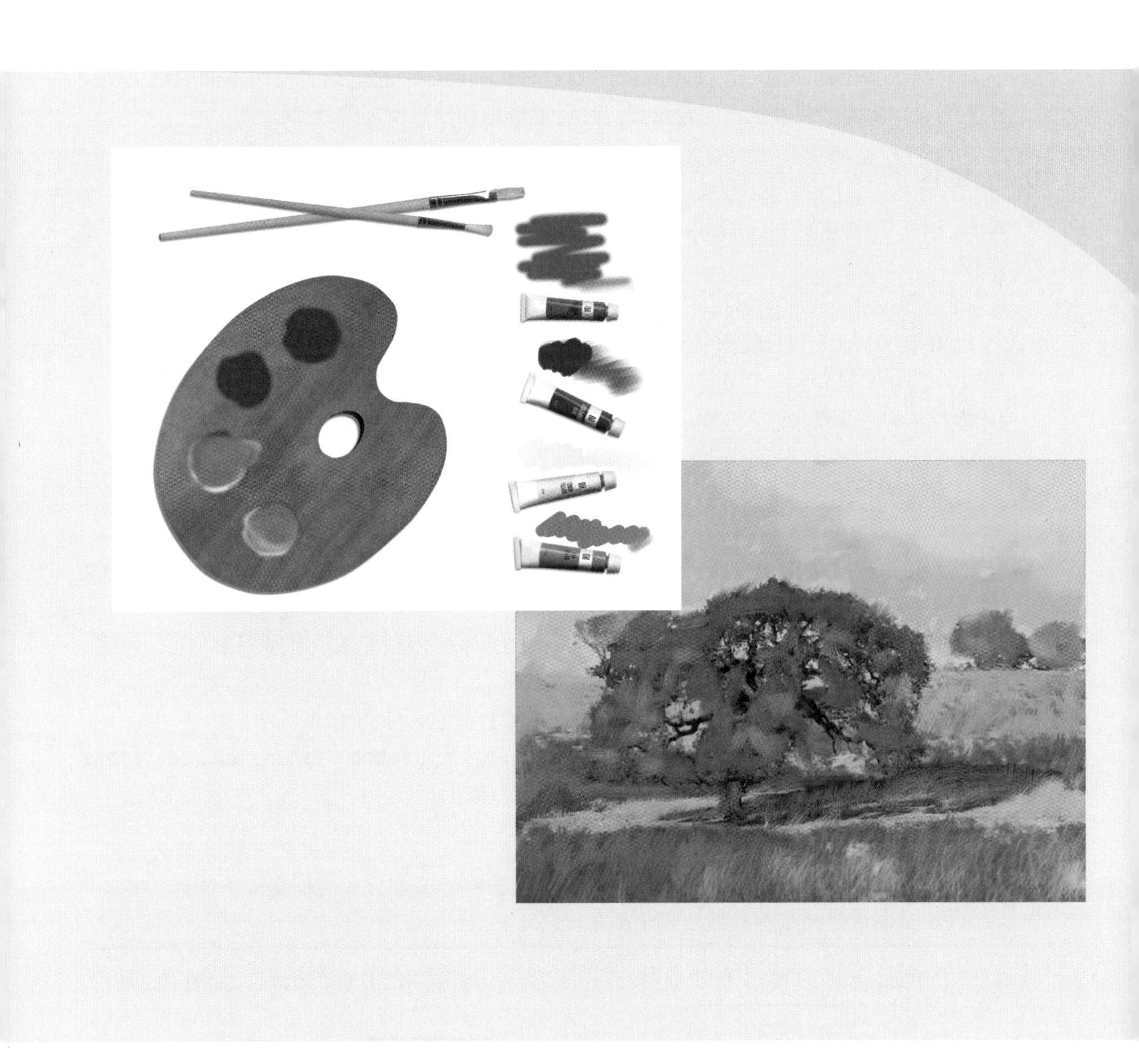

混合器画笔工具提供了在实际画布上绘画那样的灵活性、颜色混合功能和画笔描边。

10.1 混合器画笔简介

在前面的课程中，你使用Photoshop中的画笔执行了各种任务。混合器画笔不同于其他画笔，它让你能够混合颜色。你可以修改画笔的湿度以及画笔颜色和画布上现有颜色的混合方式。

有些类型的Photoshop画笔模拟了逼真的硬毛刷，让用户能够添加类似于实际绘画中的纹理。这是一项很不错的功能，在使用混合器画笔时尤其明显。通过结合使用不同的硬毛刷设置、画笔笔尖、湿度、载入量、混合设置，你可准确地创建出所需的效果。

10.2 概述

在本课中，你将熟悉Photoshop中的混合器画笔以及笔尖和硬毛刷选项。下面先来看看最终的图像。

1. 启动Photoshop并立刻按下Ctrl + Alt + Shift键（Windows）或Command + Option + Shift键（Mac）以恢复默认首选项（参见前言中的“恢复默认首选项”）。
2. 出现提示对话框时，单击“是”确认要删除Adobe Photoshop设置文件。
3. 选择菜单“文件”>“在Bridge中浏览”以启动Adobe Bridge。

> Ps **注意：**如果你没有安装Bridge，当你选择“在Bridge中浏览”时窗口将提示你安装Bridge。更详细的信息请参阅前言。

4. 在Bridge中，单击“收藏夹”面板中的文件夹Lessons，再双击“内容”面板中的文件夹Lesson10。
5. 预览第10课的最终文件。你将使用调色板图像来探索画笔选项并学习如何混合颜色，然后应用学到的知识将一张风景照变成画作。
6. 双击文件10Palette_start.psd以在Photoshop中打开它，如图10.1所示。
7. 选择菜单“文件”>“存储为”，将文件重命名为10Palette_ Working.psd。如果出现“Photoshop格式选项”对话框，单击“确定”按钮。

> Ps **注意：**如果你打算在Photoshop中进行数字绘画，请考虑使用带压敏光笔的绘图板，如Wacom Intuos绘图板。如果光笔能够传递压力、角度和旋转等信息，那么Photoshop将把这些数据应用于画笔。

8. 单击Photoshop窗口右上角的“选择工作区”图标，并选择工作区“绘画”，如图10.2所示。

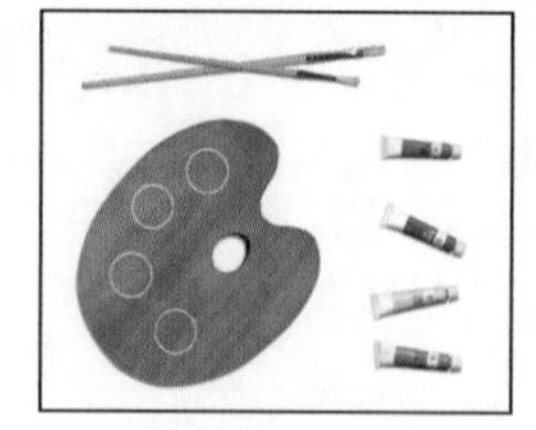

图10.1

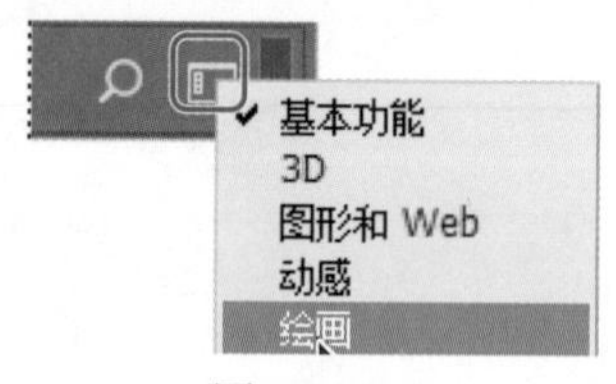

图10.2

10.3 选择画笔设置

这幅图像包含了一个调色板和 4 罐颜料，你将从中采集要使用的颜色。使用不同的颜色绘画时，你将修改设置，探索画笔笔尖设置和潮湿选项。

1. 选择缩放工具（🔍）并放大图像，以便能够看清颜料罐。
2. 选择吸管工具（✒），并单击红色颜料罐从中采集颜色。

前景色将变成红色，如图 10.3 所示。

注意：选择吸管工具后，当你在图像中按住鼠标左键时，Photoshop 将显示一个取样环，让你能够预览将采集的颜色。仅当 Photoshop 能够使用计算机中的图形处理器时，才会出现取样环（请参阅 Photoshop“首选项”对话框的“性能”部分）。

---

3. 在工具面板中，选择混合器画笔工具（🖌）（如果当前处于其他工作区，混合器画笔工具可能隐藏在画笔工具（🖌）后面，如图 10.3 所示）。
4. 选择菜单“窗口”>“画笔设置”打开“画笔设置”面板，并选择第一种画笔。

“画笔设置”面板包含画笔预设以及多个定制画笔的选项，如图 10.4 所示。

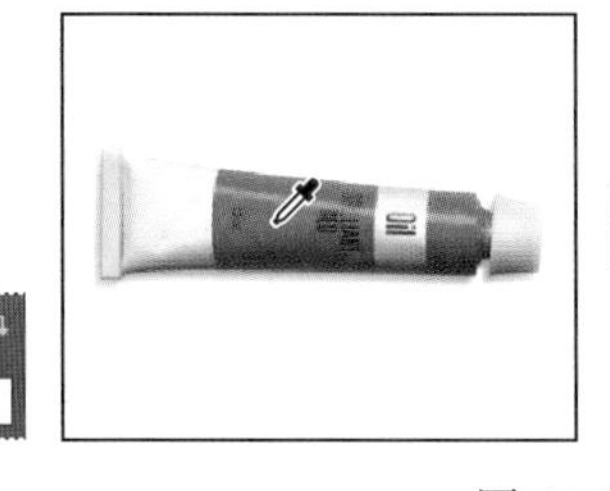

图 10.3

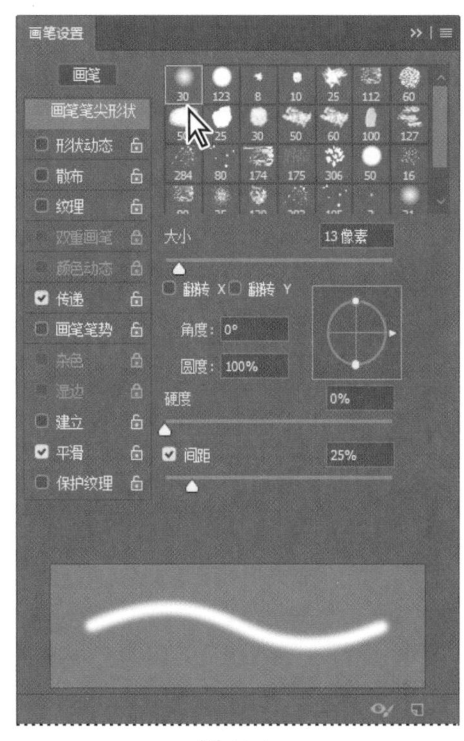

图 10.4

提示：要在“画笔设置”面板中查找特定的画笔，可将鼠标指针指向画笔缩略图以显示包含画笔名称的工具提示。

尝试画笔潮湿选项

画笔的效果取决于选项栏中的潮湿、载入和混合设置。其中，潮湿决定了画笔笔尖从画布采集的颜料量；载入决定了开始绘画时画笔储存的颜料量（与实际画笔一样，当你不断绘画时，储存的颜料将不断减少）；混合决定了来自画布和来自画笔的颜料量的比例。

你可以分别修改这些设置，但更快捷的方式是从下拉列表中选择一种标准组合。

1. 在选项栏中，从画笔混合组合下拉列表中选择“干燥”，如图 10.5 所示。

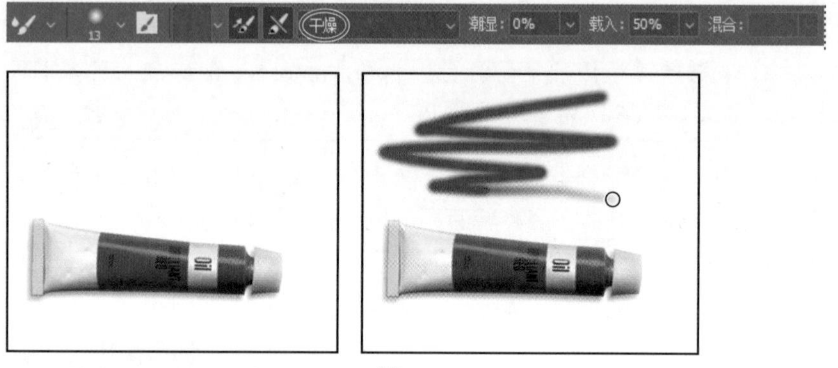

图 10.5

选择“干燥”时，“潮湿”为 0%，“载入”为 50%，而“混合”不适用。在这种预设下，绘制的颜色是不透明的，因为在干画布上不能混合颜色。

2. 在红色颜料罐上方绘画。开始出现的是纯红色，随着你在不松开鼠标按键的情况下不断绘画，颜色将逐渐变淡，最终因储存的颜料耗尽而变成无色，如图 10.5 所示。
3. 使用吸管工具从蓝色颜料罐上采集蓝色。

> Ps **注意：** 你也可按住 Alt（Windows）或 Option（Mac）键并单击混合器画笔工具。这将把画笔覆盖的区域作为图像进行采集，除非你在选项栏中的“当前画笔载入”下拉列表中选择了“只载入纯色”。

4. 选择混合器画笔。为了使用蓝色颜料绘画，请在“画笔设置”面板中选择圆形素描圆珠笔（第 2 行的第 1 个），并从选项栏的下拉列表中选择“潮湿”。

如果你选择的画笔与这里所说的不一致，请调整“画笔设置”面板的尺寸，使其每行显示 6 个画笔缩略图。

5. 在蓝色颜料罐上方绘画，颜料将与白色背景混合，如图 10.6 所示。

> Ps **注意：** 如果结果与这里说的不一致，请确保在“图层”面板中选择了背景图层。

6. 从选项栏的下拉列表中选择“干燥”，并再次在蓝色颜料罐上方绘画，这次出现的蓝色更暗、更不透明，且不与白色背景混合。

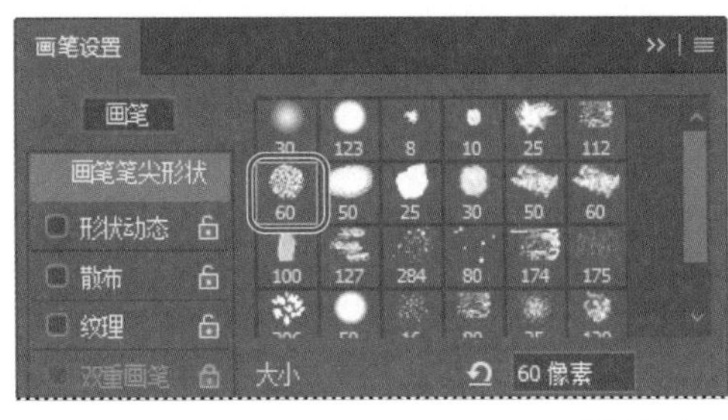

图 10.6

7. 从黄色颜料罐上采集黄色，再选择混合器画笔工具。为了使用黄色颜料进行绘画，请在“画笔设置”面板中，选择画笔铅笔 KTW 1（第 2 行的第 4 支画笔）。从选项栏的下拉列表中选择“干燥”，再在黄色颜料罐上方绘画，如图 10.7 所示。

> **注意：** 如果“画笔设置”面板中的画笔与本章显示的不一致，请打开“画笔”面板，按住 Shift 键并单击以选择所有的画笔和画笔文件夹，然后单击删除画笔按钮，再单击“确定”按钮确认要删除这些画笔。最后，在“画笔”面板菜单中选择“恢复默认画笔”。

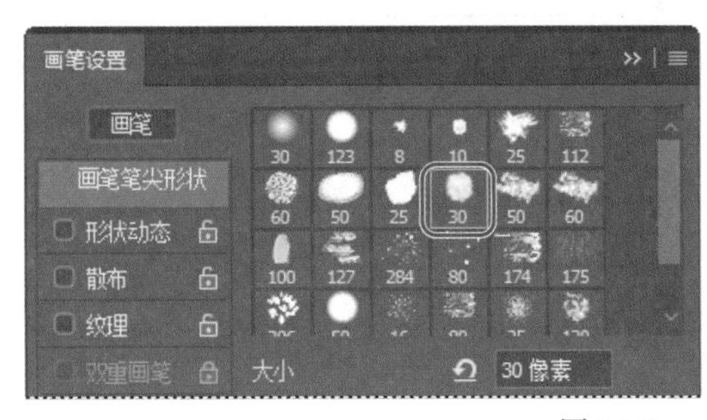

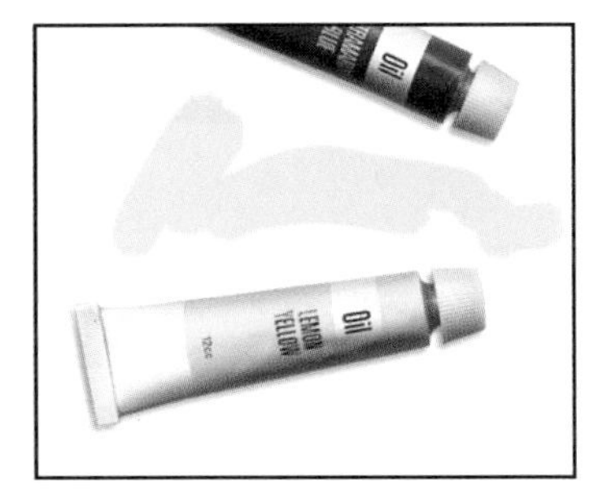

图 10.7

8. 从选项栏的下拉列表中选择“非常潮湿”，再进行绘画。注意到黄色与白色背景混合了。
9. 从绿色颜料罐上采集绿色，再选择混合器画笔工具。为使用绿色颜料进行绘画，请在“画笔设置”面板中选择画笔“尖角 30”（第 5 行的第 6 支）。在选项栏中选择“干燥”。
10. 在绿色颜料罐上方绘制折线。

10.4 混合颜色

前面你已经使用了湿画笔和干画笔，修改了画笔设置并混合了颜料与背景色。下面你将注意力转向在调色板中添加颜料以混合颜色。

注意：根据项目的复杂程度和计算机性能，你可能需要些耐心，因为混合颜色可能是密集型的处理过程。

1. 缩小图像以便能够同时看到调色板和颜料罐。
2. 在“图层”面板中选择图层 Paint mix，以免绘画的颜色与图层 Background 中的棕色调色板混合。

除非选择了选项栏中的复选框“对所有图层取样”，否则混合器画笔将只在活动图层中混合颜色。

3. 使用吸管工具从红色颜料罐上采集红色，再选择混合器画笔工具，并在“画笔设置”面板中选择画笔柔角 30（第 1 行的第 1 支）。从选项栏的下拉列表中选择“潮湿”，并在调色板中最上面的圆圈内绘画。
4. 单击选项栏中的每次描边后清理画笔按钮（ ）以取消选择它，如图 10.8 所示。

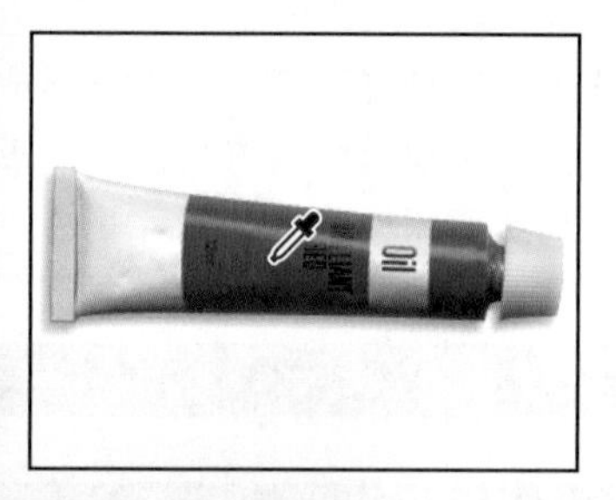

图 10.8

提示：如果颜料罐被“画笔设置”面板遮住了，你可随便调整工作区以腾出空间，例如，将不使用的面板折叠或关闭，但务必确保依然能够看到“图层”面板。

5. 使用吸管工具从蓝色颜料罐上采集蓝色，再使用混合器画笔工具在同一个圆圈内绘画，蓝色将与红色混合得到紫色。

颜色所在的图层（这里是 Background 图层）未被选中时，可使用吸管工具来采集它，如图 10.9 所示。

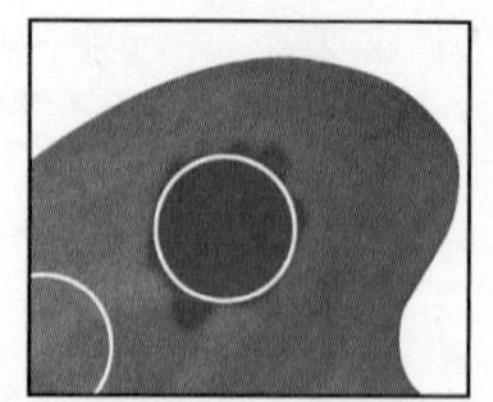

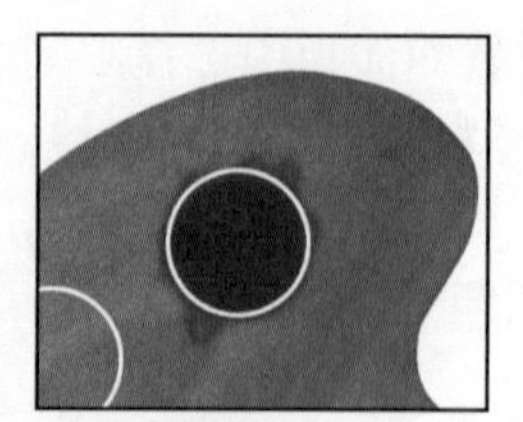

图 10.9

6. 使用吸管工具从刚绘制的圆圈内采集紫色，再在下一个圆圈内绘画。

> **提示：**请使用吸管工具来采集这种颜色，因为它位于另一个图层中。

7. 在选项栏中，从下拉列表“当前画笔载入”中选择“清理画笔”，如图 10.10 所示。预览将变成透明的，这表明画笔没有载入颜色。

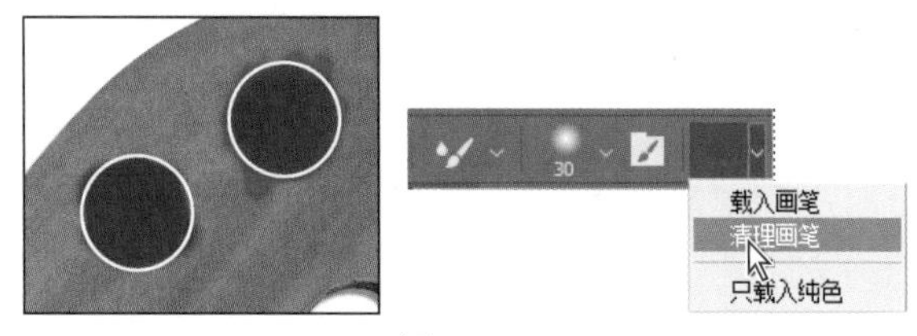

图 10.10

要消除载入的颜料，可从选项栏中选择“清理画笔”；要替换载入的颜料，可采集其他颜色。

如果想让 Photoshop 在每次描边后清理画笔，可选中选项栏中的每次描边后清理画笔按钮（ ）。要在每次描边后载入前景色，可选中选项栏中的每次描边后载入画笔按钮（ ）。默认情况下，这两个按钮都被选中。

8. 使用吸管工具从蓝色颜料罐中采集蓝色，再在下一个圆圈的右半部分中绘画。
9. 从黄色颜料罐上采集黄色，并使用湿画笔在蓝色上绘画，这将混合这两种颜色，如图 10.11 所示。

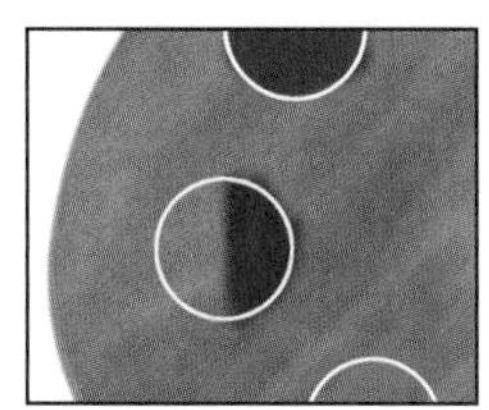
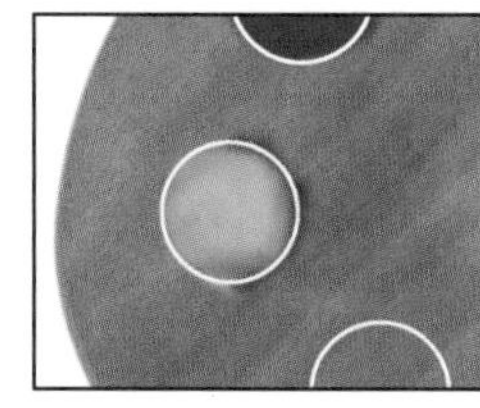
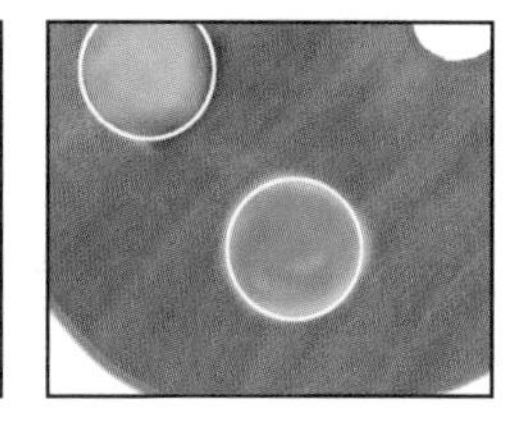

图 10.11

10. 使用黄色和红色颜料在最后一个圆圈中绘画，使用湿画笔混合这两种颜色会生成橘色，如图 10.11 所示。
11. 在“图层”面板中，隐藏图层 Circles，以删除调色板上的圆圈，如图 10.12 所示。有关如何在数字调色板上混合颜料就介绍到这里。

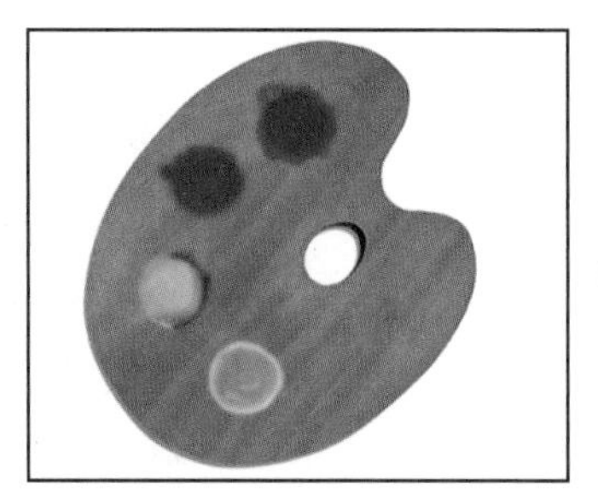

图 10.12

12. 选择菜单“文件”>“存储”，再关闭这个文档。

来自 Photoshop 布道者——Julieanne Kost 的提示

混合器画笔快捷键

默认情况下，混合器画笔工具没有快捷键，但你可以自己定义。要创建自定义键盘快捷键，可按如下步骤操作。

1. 选择菜单“编辑”>“键盘快捷键”。
2. 从“快捷键用于”下拉列表中选择“工具”。
3. 向下滚动到列表末尾。
4. 选择一个命令，再输入自定义快捷键。你可为下列与混合器画笔相关的命令定义快捷键：

- 载入混合器画笔；
- 清理混合器画笔；
- 切换混合器画笔自动载入；
- 切换混合器画笔自动清理；
- 切换混合器画笔对所有图层取样；
- 锐化侵蚀笔尖。

10.5 混合颜色和照片

设计出很不错的画笔后，你可能想保存其所有设置，以便能够在以后的项目中使用该画笔。Photoshop 提供了工具预设功能，让你能够保存工具的设置，但画笔包含的选项比大多数工具都多。鉴于此，Photoshop 提供了画笔预设，能够记住有关画笔的方方面面。

> **提示：**如果你使用过以前的 Photoshop 版本，你会发现在 Photoshop CC 2018 和更高的版本中，画笔预设比以前更简单，而功能却更强大。

在本课前面，你混合了颜色和白色背景，还混合了多种颜色。下面你将通过添加和混合颜色以及将添加的颜色与背景色混合，从而将一张风景照变成画作。

1. 选择菜单“文件”>“打开”，双击 Lesson10 文件夹中的文件 10Landscape_Strat.jpg 以打开它，如图 10.13 所示。
2. 选择菜单“文件”>“存储为”，将文件重命名为 10Landscape_Working.jpg，并单击“保存”按钮。在出现的“JPEG 选项”对话框中，单击“确定”按钮。

图 10.13

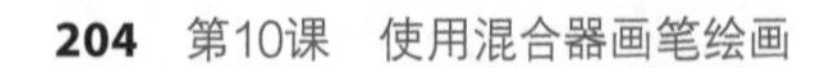

Photoshop 提供了很多画笔预设，使用起来很方便。但如果项目需要不同的画笔，那么你可创建自定义预设或下载他人创建并分享到网上的画笔预设，这样可以简化工作。在下面的练习中，你将下载、编辑和保存自定义画笔预设。

10.5.1 加载自定义画笔预设

“画笔”面板显示了使用各种画笔创建的描边是什么样的。如果你知道要使用的画笔的名称，那么按名称显示画笔可以简化工作。下面就来这样做，以便能够找到接下来的练习要使用的预设。

1. 打开“画笔”面板，并展开其中一个画笔预设编组，看看画笔是如何组织的，如图 10.14 所示。

> **提示：**如果你的显示器很大，那么可加高加宽“画笔”面板，这样可同时看到更多画笔。

下面来加载这个练习中将使用的画笔预设。要使用你下载或从他人那里购买的画笔预设，必须先加载它。

2. 单击“画笔”面板菜单并选择“导入画笔”。
3. 切换到文件夹 Lesson10，选择文件 CIB Landscape Brushes.abr，再单击“打开”或“载入”按钮。CIB Landscape 笔刷组出现在笔刷面板列表的末尾。

> **提示：**要分享或备份自定义画笔，可选择画笔或画笔编组，再从“画笔”面板菜单中选择“导出选中的画笔”。

4. 通过单击来展开画笔编组 CIB Landscape Brushes，以显示其中的画笔，如图 10.15 所示。

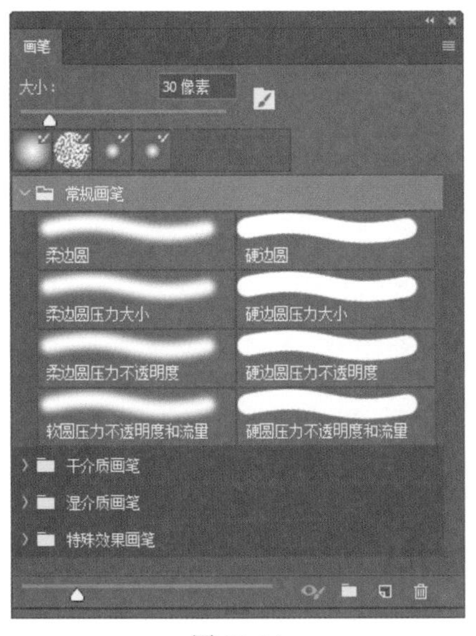

图 10.14

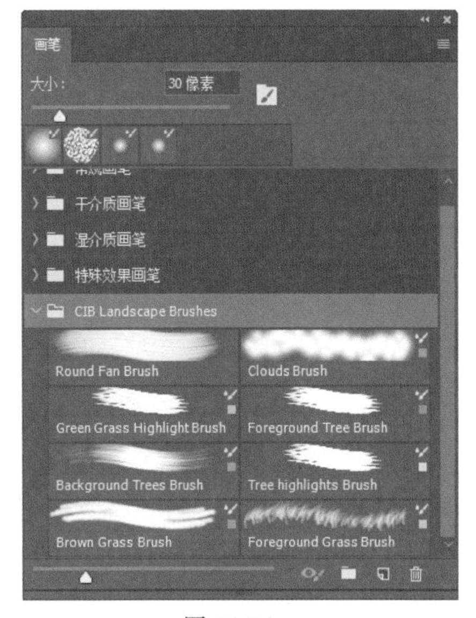

图 10.15

有些预设不仅包含描边预览和名称，还包含色板，这是因为画笔预设也可能包含颜色。

10.5.2 创建自定义画笔预设

为完成接下来的练习，你将创建并保存刚导入的画笔编组 CIB Landscape Brushes 中一种画笔预设的变种。

1. 选择混合器画笔，再在“画笔”面板中选择画笔编组 CIB Landscape Brushes 中的画笔预设 Round Fan Brush。你将以这种画笔预设为基础创建一种新的画笔预设。
2. 在“画笔设置”面板中，选择如下设置（如图 10.16 所示）。
   - 大小：36 像素。
   - 形状：圆扇形。
   - 硬毛刷：35%。
   - 长度：32%。
   - 粗细：2%。
   - 硬度：75%。
   - 角度：0。
   - 间距：2%。

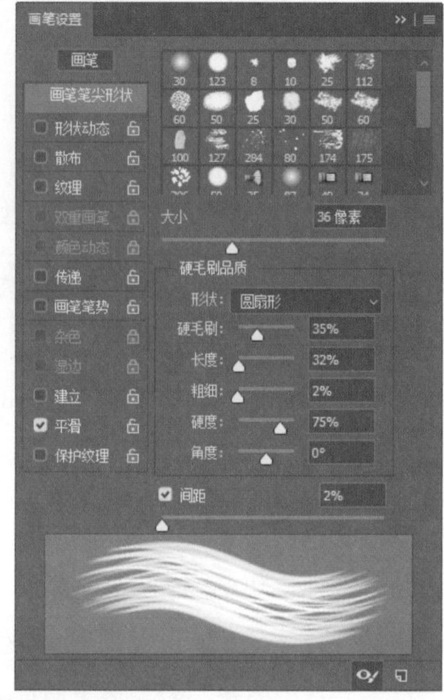

图 10.16

3. 单击工具面板中的前景色色板，选择一种较淡的蓝色（这里使用的 RGB 值为 86、201、252），再单击“确定”按钮。
4. 从选项栏的下拉列表中选择“干燥”，如图 10.17 所示。

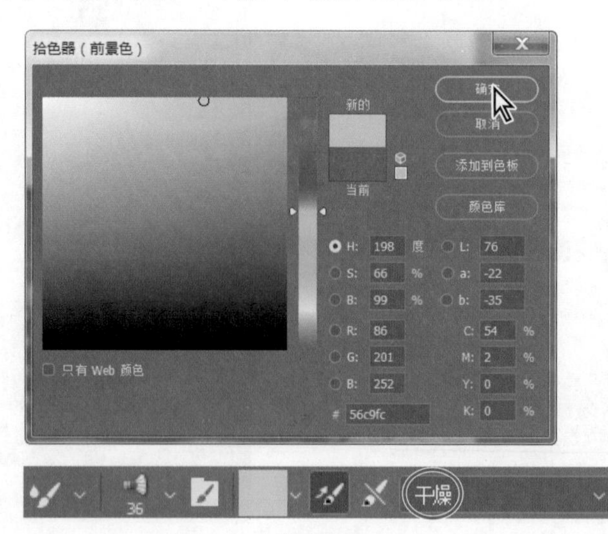

图 10.17

下面来将这些设置保存为画笔预设。

5. 从“画笔设置”面板菜单中选择“新建画笔预设”。
6. 在“新建画笔”对话框中，将画笔命名为 Sky Brush，选择所有的复选框，再单击“确定”按钮，如图 10.18 所示。

图 10.18

> **提示：**“新建画笔”对话框中的复选框让你能够在预设中保存画笔大小、工具设置和画笔颜色。

这个新画笔存储在编组 CIB Landscape Brushes 中，因为它是基于该编组中的一个画笔预设创建的。你可随意地重新组织画笔预设，为此可在“画笔”面板中将画笔预设拖放到其他不同的画笔预设编组中。要创建画笔预设编组，可单击“画笔”面板底部的创建新组按钮（）。你还可调整“画笔”面板列表的顺序并将画笔预设编组作为子编组。

10.6 使用画笔预设绘画和混合颜色

下面首先使用刚创建的画笔预设来在天空中绘画。

1. 在“画笔”面板中，选择画笔 Sky Brush。

画笔预设存储在系统中，在你处理其他任何图像时都可使用。

2. 在天空中绘画，并逐渐接近树木。由于使用的是干画笔，所以蓝色颜料不会与原有颜色混合，如图 10.19 所示。
3. 选择画笔 Clouds Brush。
4. 使用这种画笔沿对角线的方向绘画到天空区域的右上角，并将两种颜色与背景色混合，如图 10.20 所示。

图 10.19

图 10.20

对天空满意后，接着对树木和草地进行绘画。

实时笔尖画笔预览

当你使用带硬毛刷笔尖的画笔时，窗口中将出现实时笔尖画笔预览，让你能够在绘画时看到交互式画笔属性，如硬毛刷的方向，如图 10.21 所示。这在你使用支持倾斜角度等功能的光笔时尤其明显。

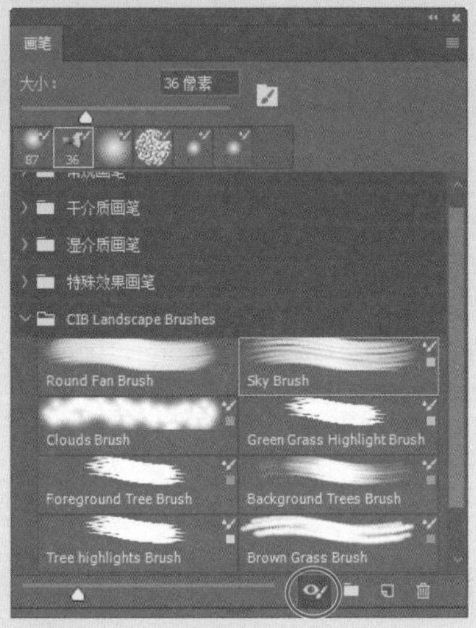

图 10.21

要显示 / 隐藏实时笔尖画笔预览，可单击“画笔设置”面板或“画笔”面板底部的切换实时笔尖画笔预览按钮。Photoshop 自带的画笔不会显示实时笔尖画笔预览，因为它们没有使用硬毛刷笔尖，但 CIB Landscape Brushes 中的画笔使用了硬毛刷笔尖。

注意：仅当 Photoshop 能够使用计算机的图形处理器时，才会出现实时笔尖画笔预览（请参阅 Photoshop“首选项”对话框的“性能”部分）。

5. 选择画笔 Green Grass Highlight Brush，再在较暗的绿草上绘制较短的垂直描边，让它们变成淡绿色，如图 10.22 所示。

图 10.22

6. 选择画笔 Foreground Tree Brush，并在较暗的树木区域中绘画；选择画笔 Background Trees Brush，并在画作右边两棵较小的树木上绘画；选择画笔 Select the Tree Highlights Brush，并在较亮的树木区域中绘画。这些都是湿画笔，因此能够混合颜色，结果如图 10.23 所示。

Ps **提示**：使用混合器画笔绘画（如在树木边缘附近绘画）时，如果想要减少描边抖动，那么可在选项栏中尝试增大“设置描边平滑度”值。

到目前为止，一切都不错，只有棕色草地还没有绘画。

7. 选择画笔 Brown Grass Brush，并使用垂直描边在棕色草地上绘画，以营造草地效果；另外，使用该画笔在树干上绘画。
8. 选择画笔 Foreground Grass Brush，并沿对角线方向绘画以混合草地的颜色，结果如图 10.24 所示。

图 10.23

图 10.24

Ps **提示**：为获得不同的效果，请沿不同的方向绘画，或者定制画笔大小或其他设置。使用混合器画笔可充分发挥你的艺术才能。

9. 选择菜单“文件”>“存储”，再将文档关闭。

就这样，你使用颜料和画笔创作出了一幅杰作，且没有需要清理的地方。

Kyle T. Webster 设计的画笔

2017 年，获奖画笔设计师 Kyle T. Webster 加入 Adobe，同时 Adobe 收购了 KyleBrush 网站深受欢迎的画笔集。Kyle T. Webster 是一位插画师，获得过国际大奖，他是数字画笔设计领域的领头羊。他为《纽约客》《时代》《纽约时报》《华尔街日报》《大西洋月刊》《娱乐周刊》、耐克、IDEO 以及众多其他杰出的文艺、广告、出版和公共机构客户绘制过插画；其插画作品得到了插画家协会、传媒艺术协议和美国插画协会的认可。当前，Kyle 正与 Adobe 产品小组紧密合作，为 Adobe Creative Cloud 开发画笔。

要在 Photoshop 中添加 Kyle T. Webster 设计的画笔，可打开“画笔”面板（选择菜单“窗口”>“画笔”），再从“画笔”面板菜单中选择“获取更多画笔”。下载画笔包后，在启动了 Photoshop 的情况下双击下载的 ABR 文件，就可将其中的画笔添加到“画笔”面板中的一个新编组中了。

对称绘画

在采用了对称设计的作品上绘画时，可尝试使用画笔选项“对称绘画”。在选择的画笔支持对称绘画时，选项栏中将有一个对称绘画图标（![]）。单击这个图标并选择想要的对称轴类型，它将作为引导对象出现在文档中，你可根据需要移动、缩放或旋转该引导对象，再按回车键。这样当你绘画时，画笔描边将沿设置轴重复，如图 10.25 所示。

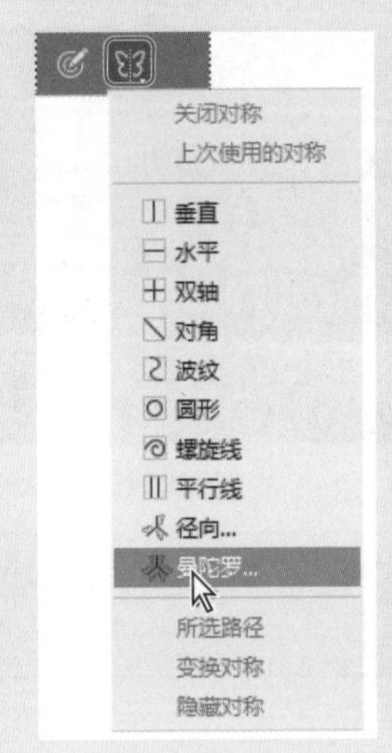

图 10.25

对于简单的镜像对称，可使用单条轴，也可使用多条以不同方式排列的轴。例如，设计平铺图案时，可使用垂直轴和水平轴；设计曼陀罗图案时，可使用径向轴。这些轴实际上是路径，你可在“路径”面板中看到和编辑它们。你甚至可以创建自定义轴，为此可使用钢笔工具、弯度钢笔工具或自定义形状工具在路径模式（而不是形状模式）下绘制路径。在“路径”面板中选择它后，再从“路径”面板菜单中选择“建立对称路径”。

画廊

绘画工具和画笔笔尖让你能够创建各种绘画效果。

下面是使用 Photoshop 画笔笔尖和工具创作的一些艺术作品。

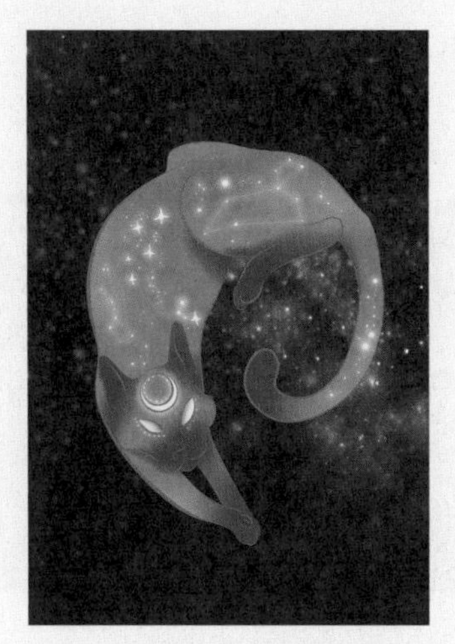
© Megan Lee

© Victoria Pavlov

© sholby

© sholby

© sholby

© Andrew Faulkner

© Lynette Kent

10.7　复习题

1. 混合器画笔具备哪些其他画笔没有的功能？
2. 如何给混合器画笔载入颜料？
3. 如何清理混合器画笔？
4. 用来管理画笔预设的面板叫什么？
5. 什么是实时笔尖画笔预览？如何隐藏它？

10.8　复习题答案

1. 混合器画笔混合画笔的颜色和画布上的颜色。
2. 可通过采集颜色给混合器画笔载入颜色。为此，可使用吸管工具或键盘快捷键（按住 Alt 或 Option 键并单击），还可从选项栏中的下拉列表中选择“载入画笔”将画笔的颜色指定为前景色。
3. 要清理画笔，可从选项栏中的下拉列表中选择“清理画笔”。
4. 可在“画笔”面板中管理画笔预设。
5. 实时笔尖画笔预览显示当前的画笔描边的方向。要隐藏 / 显示实时笔尖画笔预览，可单击“画笔”面板或“画笔预设”面板底部的“切换实时笔尖画笔预览”图标。

第11课　编辑视频

在本课中，你将学习以下内容：

- 在 Photoshop 中创建视频时间轴；
- 在“时间轴”面板中给视频组添加媒体；
- 给静态图像添加动感效果；
- 使用关键帧制作文字和效果动画；
- 在视频剪辑之间添加过渡效果；
- 在视频文件中包含音频；
- 渲染视频。

本课需要大约 90 分钟。启动 Photoshop 之前，请先在异步社区将本书的课程资源下载到本地硬盘中，并进行解压。在学习本课时，请打开相应的课程文件。建议先做好原始课程文件的备份工作，以免后期用到这些原始文件时，还需重新下载。

在 Photoshop 中，你可编辑视频文件，并使用编辑图像文件时使用的众多效果。你可使用视频文件、静态图像、智能对象、音频文件和文字图层来创建电影，可应用过渡效果，还可使用关键帧制作效果动画。

11.1 概述

在本课中，你将编辑一段使用智能手机拍摄的视频。你将创建视频时间轴，导入剪辑，添加过渡效果和其他视频效果，并渲染最终的视频。首先，来看看你将创建的最终视频。

1. 启动 Photoshop 并立刻按下 Ctrl + Alt + Shift 键（Windows）或 Command + Option + Shift 键（Mac）以恢复默认首选项（参见前言中的“恢复默认首选项”）。
2. 出现提示对话框时，单击“是”确认要删除 Adobe Photoshop 设置文件。
3. 选择菜单“文件”>“在 Bridge 中浏览。

> Ps 注意：如果你没有安装 Bridge，当你选择“在 Bridge 中浏览”时将提示你安装 Bridge。更详细的信息请参阅前言。

4. 在 Bridge 中，选择“收藏夹”面板中的 Lessons，再双击“内容”面板中的文件夹 Lesson11。
5. 双击文件 11End.mp4 以在系统的默认视频播放器（如 QuickTime Player（Mac）或 Movies & TV（Windows））中打开它。
6. 单击播放按钮观看最终的视频，如图 11.1 所示。

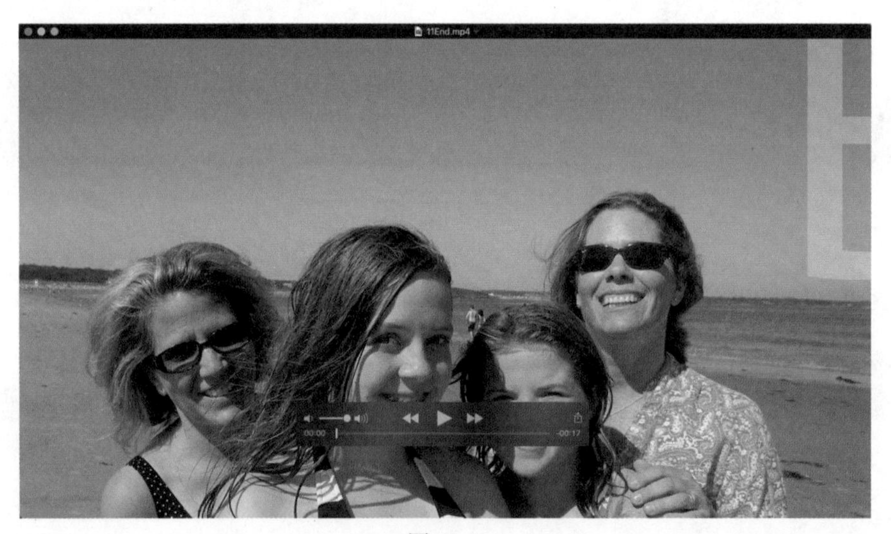

图 11.1

这个简短的视频是一次海滩活动的剪辑视频，包含过渡效果、图层效果、文字动画和音乐。

7. 关闭视频播放器，返回到 Bridge。
8. 双击文件 11End.psd 以在 Photoshop 中打开它。

11.2 “时间轴”面板简介

如果你使用过 Adobe Premiere Pro 或 Adobe After Effects 等视频编辑应用程序，那么你可能对“时间轴”面板比较熟悉。你使用“时间轴”面板来合成和排列视频剪辑、图像和音频文件，以创建电影文件。你无须离开 Photoshop，就可编辑每个剪辑视频的时长、应用滤镜和效果、创建基于位置和不透明度等属性的动画、让音频变成静音、添加过渡以及执行其他标准的视频编辑任务。

1. 选择菜单“窗口”>“时间轴”打开“时间轴”面板，如图 11.2 所示。

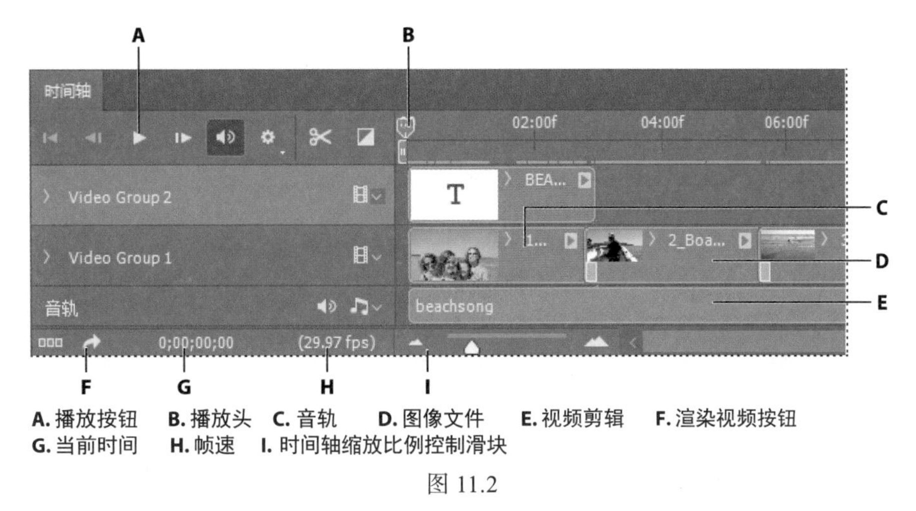

A. 播放按钮 B. 播放头 C. 音轨 D. 图像文件 E. 视频剪辑 F. 渲染视频按钮
G. 当前时间 H. 帧速 I. 时间轴缩放比例控制滑块

图 11.2

在“时间轴”面板中，项目中的每个视频剪辑或图像都用一个矩形表示，而在“图层”面板中，它们都是图层。在“时间轴”面板中，视频剪辑的背景色为蓝色，而图像文件的背景色为紫色。时间轴的底部是音轨。

“时间轴”面板的内容如图 11.2 所示。如果它们位于面板左侧，导致你看不到内容标题和预览，可向右拖曳缩放比例滑块，以便能够看到更多细节。

2. 单击“时间轴”面板中的播放按钮来欣赏这部电影。

播放头将沿时间标尺移动，逐步显示电影中的每一帧。

3. 按空格键暂停播放。

4. 将播放头拖曳到时间标尺上的其他位置。

播放头的位置决定了出现在文档窗口中的内容。

当你处理视频时，Photoshop 会在文档窗口中显示参考线。为最大限度地降低内容因位于边缘而被有些播放器剪切掉的风险，请将重要的内容放在这些参考线标注的中央区域内。

5. 查看完这个最终文件后，将其关闭，但不要关闭 Photoshop，也不要保存你可能做了的修改。

11.3 新建视频项目

在 Photoshop 中处理视频时，具体的方式与处理静态图像的稍微不同。你可能发现，最简单的方式是：先创建项目，再导入要使用的素材。创建这个项目时，你将选择视频预设，再添加 9 个视频和图像文件。

11.3.1 新建文件

Photoshop 提供了多种胶片和视频预设供你选择，接下来新建一个文件并选择合适的预设。

1. 在主页中，单击“新建”按钮，或者选择菜单“文件”>“新建”。
2. 将文件命名为 11Working.psd。
3. 单击对话框顶部的文档类型栏中的“胶片和视频”。
4. 在“空白文档预设”部分，选择“HDV/HDTV 720p”。

> Ps **注意：** 本课使用的视频是使用 Apple iPhone 拍摄的，因此使用 HDV 预设是合适的。预设 720P 提供了不错的品质，同时包含的数据不太多，方便在线播放。

5. 接受其他默认设置，再单击“创建”按钮，如图 11.3 所示。

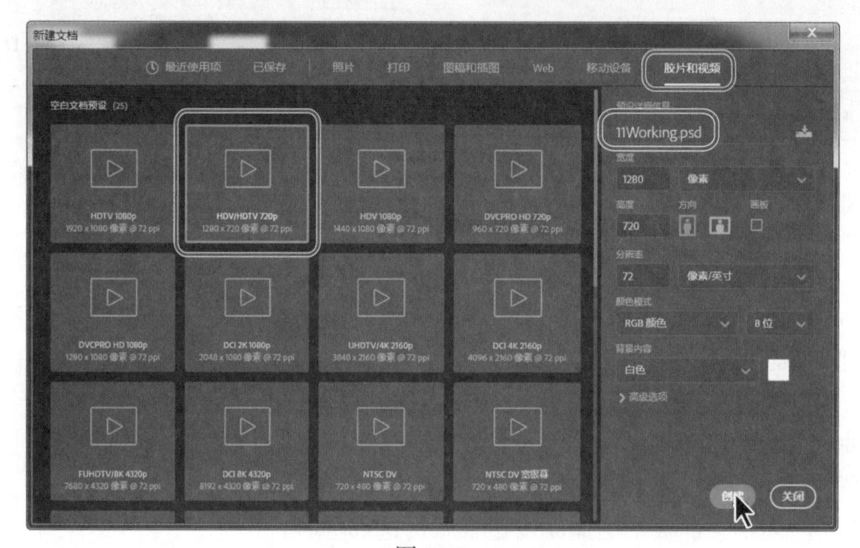

图 11.3

6. 选择菜单“文件”>“存储为”，将文件保存到文件夹 Lesson11。

11.3.2　导入素材

Photoshop 提供了专门用于处理视频的工具，如“时间轴”面板。“时间轴”面板可能已打开，因为你前面预览了最终文件。为确保你能够访问所需的资源，你将选择工作区“动感”，并对面板进行组织，再导入创建电影所需的视频剪辑、图像和音频文件。

1. 选择菜单“窗口”>“工作区”>“动感”。
2. 向上拖曳“时间轴”面板的上边缘，让该面板占据工作区的下半部分。
3. 选择缩放工具，再单击选项栏中的适合屏幕按钮，以便在屏幕上半部分能够看到整个画布。
4. 在“时间轴”面板中，单击“创建视频时间轴”按钮（如图 11.4 所示），Photoshop 将新建一个视频时间轴，其中包含两个默认轨道：“图层 0”和“音轨”。
5. 单击轨道“图层 0”的视频下拉列表，并选择“添加媒体”，如图 11.5 所示。
6. 切换到文件夹 Lesson11。

图 11.4

图 11.5

7. 按住 Shift 键并选择编号 1 ～ 6 的视频和照片素材，再单击“打开”按钮，结果如图 11.6 所示。

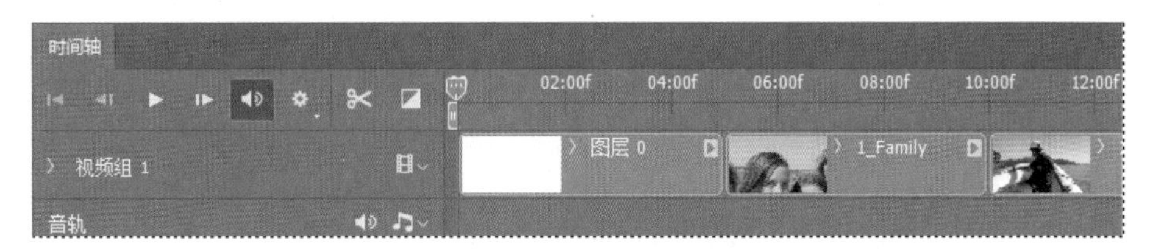

图 11.6

提示： 如果媒体的排列顺序与这里显示的相反，请选择菜单“编辑”>“还原”，再重新添加媒体，并确保先选择 1_Family.jpg，再按住 Shift 键并选择 6_Sunset.jpg。另外，通过按住 Shift 键并单击来选择媒体时，如果文件是按名称排序的，选择起来将更容易。

Photoshop 将你选择的全部 6 个素材都导入到一个轨道中，在“时间轴”面板中，该轨道现在名为“视频组 1”。其中，静态图像以紫色背景显示，而视频剪辑以蓝色背景显示。在“图层”面板中，这些素材位于不同的图层中，但这些图层都包含在图层组“视频组 1”中。你不再需要图层“图层 0”，下面来将其删除。

8. 在“图层”面板中，选择图层“图层 0”，再单击“图层”面板底部的删除图层按钮，如图 11.7 所示。Photoshop 确认你是否要删除时，单击“是”按钮。

图 11.7

11.3.3 在时间轴中修改剪辑的长度

剪辑的长度各异，这意味着它们播放的时间各不相同。就这段视频而言，你希望所有剪辑的长度相同，因此下面将每段剪辑都缩短为 3 秒。剪辑的长度用秒和帧表示：03:00 表示 3 秒，而 02:25 表示 2 秒 25 帧。

1. 向右拖曳“时间轴”面板底部的“控制时间轴显示比例”滑块，以放大时间轴。你希望每个剪辑在时间标尺中都足够清晰，以让你能够准确地调整剪辑的长度。

> **注意：** 这里缩短所有剪辑，使其长度相同，但根据项目的具体情况，可让剪辑的长度各不相同。

2. 将第一个剪辑（1_Family）的右边缘拖曳到 03:00 处，如图 11.8 所示。当你拖曳时，Photoshop 会显示结束时间和持续时间，让你能够找到合适的位置。

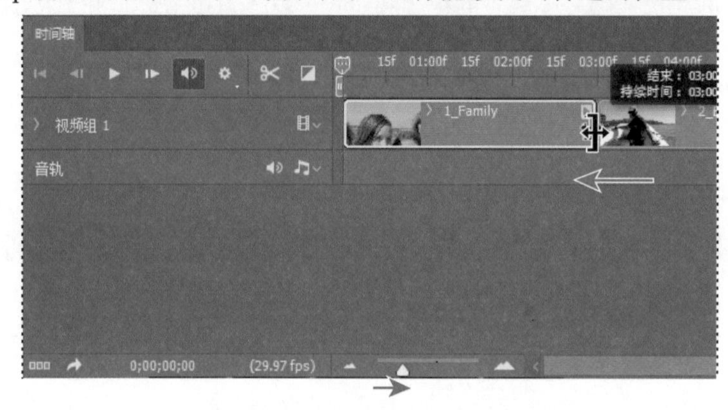

图 11.8

3. 拖曳第二个剪辑（2_BoatRide）的右边缘，将该剪辑的持续时间设置为 03:00。

缩短视频剪辑并不会改变其速度，而是将一部分删除。在本课中，你想使用每个剪辑的前 3 秒。如果你要使用视频剪辑的其他部分，那么需要通过调整两端来缩短剪辑。当你拖曳视频剪辑的右边缘时，Photoshop 会显示预览，让你知道留下的是剪辑的哪部分。

> **提示：** 要快速修改视频剪辑的持续时间，可单击右上角的箭头，再输入新的持续时间，但这种方法对静态图像来说不适用。

4. 对余下的每个剪辑重复第 3 步，让它们的持续时间都为 3 秒，结果如图 11.9 所示。

图 11.9

至此，所有剪辑的持续时间都已设置完成，但有些图像的大小不合适（相对于画布而言）。

下面调整第一幅图像的大小。

5. 在“图层”面板中，选择图层 1_Family，这也将在“时间轴”面板中选择相应的剪辑。
6. 在“时间轴”面板中，单击剪辑 1_Family 右上角的三角形，这将打开“动感”对话框。

> Ps **提示：**单击剪辑左边（剪辑缩略图右边）的箭头将显示一些属性，你可使用关键帧基于这些属性来制作动画。单击剪辑右边的箭头可打开“动感”对话框。

7. 从下拉列表中选择“平移和缩放”，并确保选中了复选框“调整大小以填充画布”，如图 11.10 所示。然后单击“时间轴”面板的空白区域，以关闭“动感”对话框。

调整该图像大小以填充画布。然而，你应用这种效果只是想快速调整图像大小，而不想平移和缩放，因此接下来删除该效果。

8. 再次打开剪辑 1_Family 的“动感”对话框，并从下拉列表中选择“无运动”。单击“时间轴”面板的空白区域可关闭“动感”对话框。

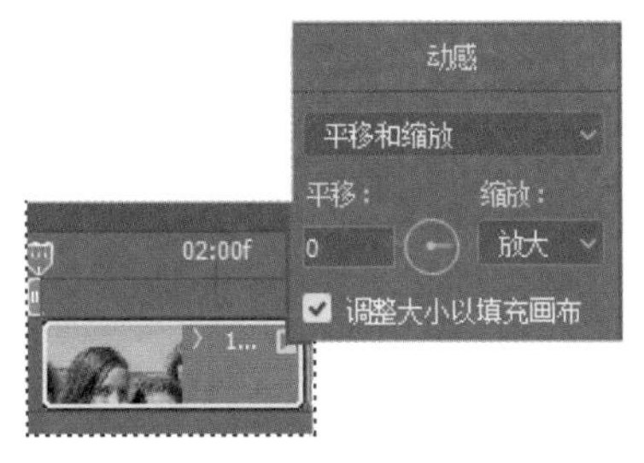

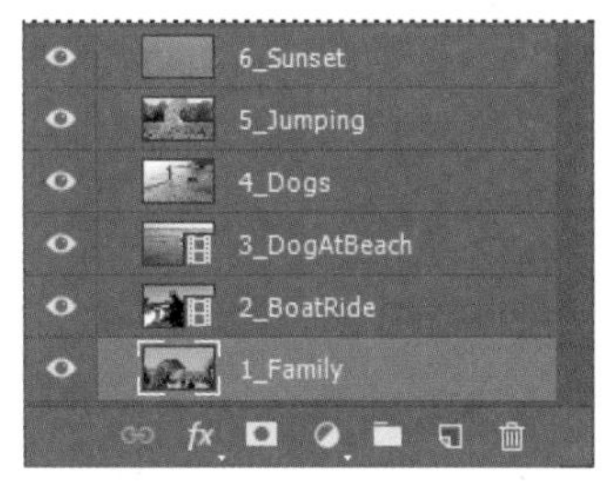

图 11.10

9. 选择菜单“文件”>“存储”，在出现的“Photoshop 格式选项”对话框中单击“确定”按钮。

11.4 使用关键帧制作文字动画

关键帧让你能够控制动画、效果以及其他随时间发生的变化。关键帧标识了一个时点，让你能够指定该时点的值，如位置、大小和样式。要实现随时间发生的变化，至少需要两个关键帧，一个表示变化前的状态，另一个表示变化后的状态。Photoshop 在这两个关键帧之间插入值，确保在指定时间内平滑地完成变化。下面使用关键帧来制作电影标题（Beach Day）动画，让它从图像左边移到右边。

1. 单击轨道“视频组 1”的视频下拉列表，并选择“新建视频组”，Photoshop 将在“时间轴”面板中添加轨道“视频组 2”，如图 11.11 所示。
2. 选择横排文字工具，再单击图像左边缘的中央。

Photoshop 将在轨道“视频组 2”中新建一个图层——“图层 1”，这个图层最初包含占位文本 Lorem Ipsum。

3. 在选项栏中，选择一种无衬线字体（如 Myriad Pro），将字体大小设置为 600 点，并将文字颜色设置为白色。
4. 输入 BEACH DAY 以替换选定的占位文本，再单击选项栏中的勾号将新文本提交给图层。

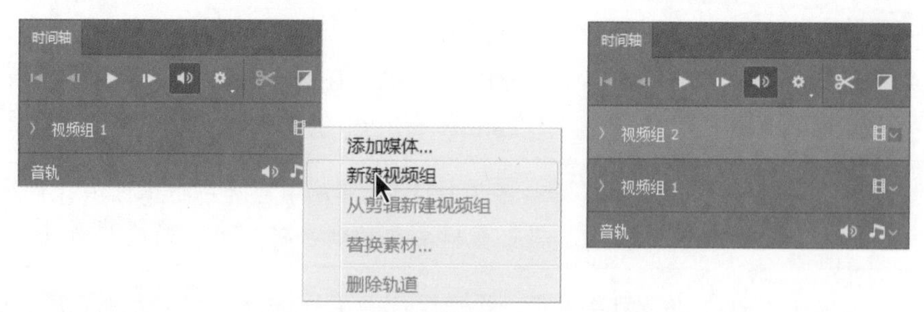

图 11.11

文本很大，图像容纳不下。这没有关系，你将让文本以动画的方式掠过图像。

5. 在“图层”面板中，将图层 BEACH DAY 的“不透明度”改为 25%，如图 11.12 所示。

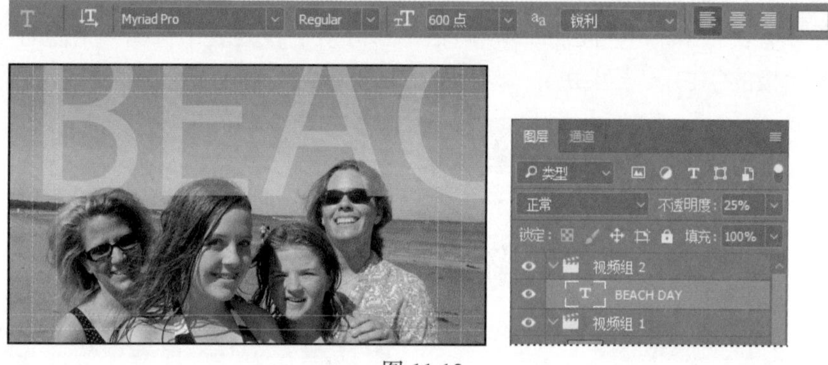

图 11.12

6. 在“时间轴”面板中，将该文字图层的终点拖曳到 03:00 处，使其持续时间与图层 1_Family 相同。
7. 单击剪辑标题 BEACH DAY 左边的箭头，以显示该剪辑的属性。
8. 确保播放头位于时间标尺开头。
9. 单击属性“变换”旁边的秒表图标，给图层设置一个起始关键帧。在时间轴中，关键帧用黄色菱形表示，如图 11.13 所示。

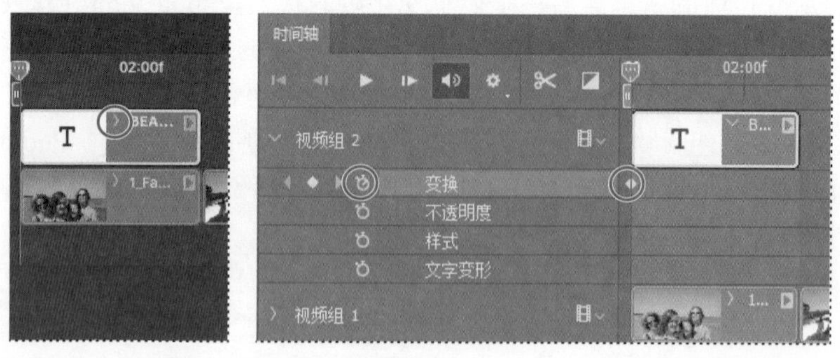

图 11.13

10. 选择移动工具，再使用它拖曳画布上的文字图层，使字母的上边缘被裁剪掉一点点。再向右拖曳文字，使得只有字母 B 的左边缘可见。你在第 9 步设置的关键帧确保电影开始时文字位于刚才指定的位置。

11. 将播放头拖曳到第一个剪辑的最后一帧（02:29f）。

> **提示：** Photoshop 在“时间轴”面板的左下角显示播放头的位置。

12. 按住 Shift 键，并向左拖曳文字图层，使得只有字母 Y 的右边缘可见。按住 Shift 键可确保拖曳时文字的垂直位置不变。

由于你改变了位置，Photoshop 将新建一个关键帧，如图 11.14 所示。

图 11.14

13. 移动播放头，使其跨越时间标尺的前 3 秒，以预览动画：标题不断移动，以横跨图像。
14. 单击文本剪辑标题 BEACH DAY 左边的三角形，将该剪辑的属性隐藏起来，再选择菜单“文件” > “存储”保存所做的工作。

11.5 创建效果

在 Photoshop 中处理视频的优点之一是，可使用调整图层、样式和简单变换来创建效果。

11.5.1 给视频剪辑添加调整图层

在本书前面，你一直在使用调整图层来处理静态图像，它们也适用于视频剪辑。当你在视频组中添加调整图层时，Photoshop 只将其应用于它下面的那个图层。

> **注意：** 如果你使用“置入”命令导入了视频文件，那么它将不属于任何视频组。在这种情况下，你需要创建一个剪贴图层，让调整图层只影响一个图层。

1. 在“图层”面板中，选择图层 3_DogAtBeach。
2. 在“时间轴”面板中，将播放头移到图层 3_DogAtBeach 的开头，以便能够看到应用调整图层后的效果。
3. 在“调整”面板中，单击黑白按钮。

4. 在“属性”面板中，保留默认设置，但选中复选框“色调”。默认的色调颜色营造出了怀旧效果，非常适合这个剪辑，如图 11.15 所示。你可根据自己的喜好，调整滑块和色调颜色，以修改黑白效果。

图 11.15

5. 在“时间轴”面板中，移动播放头以跨越剪辑 3_DogAtBeach，从而预览应用的效果。

11.5.2 制作缩放效果动画

即便是简单的变换，也可将其制作成动画以实现有趣的效果。下面在剪辑 4_Dogs 中实现缩放效果动画。

1. 在“时间轴”面板中，将播放头移到剪辑 4_Dogs 开头处（09:00）。
2. 单击剪辑 4_Dogs 右上角的箭头，以显示“动感”对话框。
3. 从下拉列表中选择“缩放”，再从“缩放”下拉列表中选择“放大”，如图 11.16 所示。在“缩放起点”网格中选择左上角，以指定从这个地方开始放大。确保选中了复选框“调整大小以填充画布”，再单击“时间轴”面板的空白区域，以关闭“动感”对话框。
4. 拖曳播放头跨越该剪辑，以预览效果。

下面放大最后一个关键帧，让缩放效果更明显。

5. 单击剪辑 4_Dogs 的标题左边的箭头，以显示该剪辑的属性。

有两个关键帧（它们在剪辑下方显示，用黄色菱形表示）：一个表示放大效果的起点，一个表示放大效果的终点。

6. 在“时间轴”面板左边的“视频组 1”部分，单击属性“变换”旁边的三角形，将播放头移到最后一个关键帧，再选择菜单“编辑”>“自由变换”。在选项栏中，将宽度和高度都设置为 120%，再单击提交变换按钮提交变换，如图 11.17 所示。

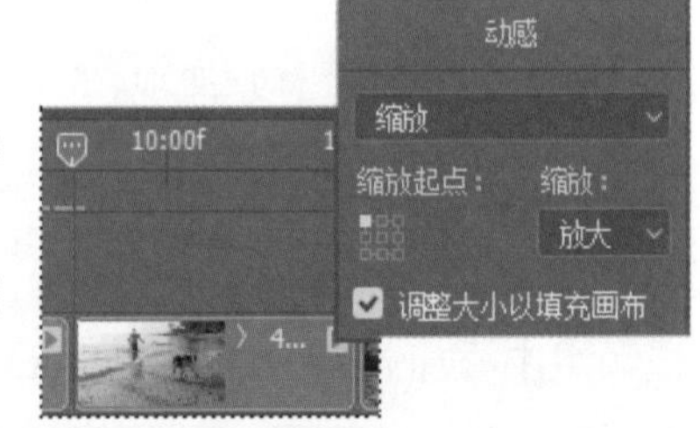

图 11.16

> **提示：**在“时间轴”面板中，要移到下一个关键帧，可单击属性旁边的右箭头；要移到前一个关键帧，可单击左箭头。

图 11.17

7. 拖曳播放头跨越剪辑 4_Dogs，再次预览动画。
8. 选择菜单“文件”>“存储”。

11.5.3 移动图像以创建运动效果

下面使用另一种变换来制作动画，以创建移动效果。你希望画面从潜水者的双脚开始显示，逐渐变换到潜水者的双手。

1. 将播放头移动到剪辑 5_Jumping 的末尾（14:29），然后选择剪辑。当你在文档窗口中向下移动图像时，请按住 Shift 键，使潜水者的双手靠近画布顶部，此时显示的是潜水者的最终位置。
2. 单击该剪辑的标题左边的箭头以显示其属性，并单击“位置”属性的秒表图标，在该剪辑下方添加一个关键帧（黄色菱形图标）。
3. 将播放头移到这个剪辑的开头（12:00）。按住 Shift 键，并向上移动图像，让潜水者的双脚位于画布底部。

Photoshop 将在该剪辑下方再添加一个关键帧，如图 11.18 所示。

图 11.18

4. 移动播放头以预览动画。
5. 隐藏这个剪辑的属性，再选择菜单“文件”>“存储”保存所做的工作。

11.5.4 添加平移和缩放效果

用户可轻松地添加类似于纪录片中的平移和缩放效果。下面给落日剪辑添加这种效果，让视频以戏剧性的效果结束。

1. 将播放头移到剪辑 6_Sunset 的开头。
2. 单击该剪辑右上角的箭头，以显示其“动感”面板。从下拉列表中选择“平移和缩放”，再从下拉列表“缩放”中选择“缩小”，并确保选中了复选框“调整大小以填充画布”，如图 11.19 所示。然后，单击“时间轴”面板的空白区域，以关闭“动感”对话框。

图 11.19

3. 移动播放头以跨越这个剪辑，从而预览效果。

11.6 添加过渡效果

在 Photoshop 中，你只需通过拖放就可添加过渡效果，如淡出一个剪辑，并淡入下一个剪辑。

1. 单击“时间轴”面板左上角的转到第一帧按钮（I◀），将播放头移到时间标尺开头。
2. 单击“时间轴”面板左上角的过渡效果按钮（◪），选择“交叉渐隐”，将“持续时间”设置为 0.25 秒。
3. 将过渡效果拖放到剪辑 1_Family 和 2_BoatRide 之间。

Photoshop 将调整这两个剪辑的端点，以便应用过渡效果，并在第二个剪辑的左下角添加一个白色小图标，如图 11.20 所示。

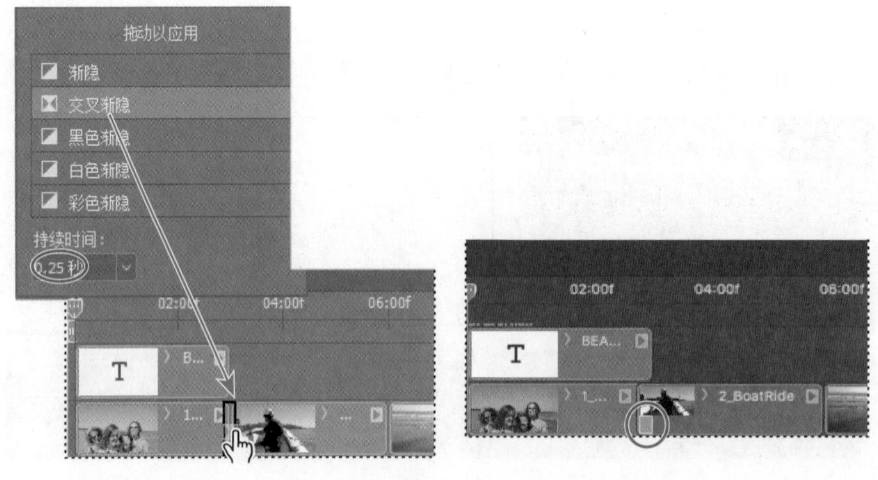

图 11.20

注意： 缩放比例较低时，过渡图标可能被折叠为小矩形。为更好地查看和控制过渡效果，你可使用缩放比例滑块增大缩放比例。

4. 在其他任何两个相邻剪辑之间都添加过渡效果“交叉渐隐”。
5. 在最后一个剪辑末尾添加“黑色渐隐”，如图 11.21 所示。

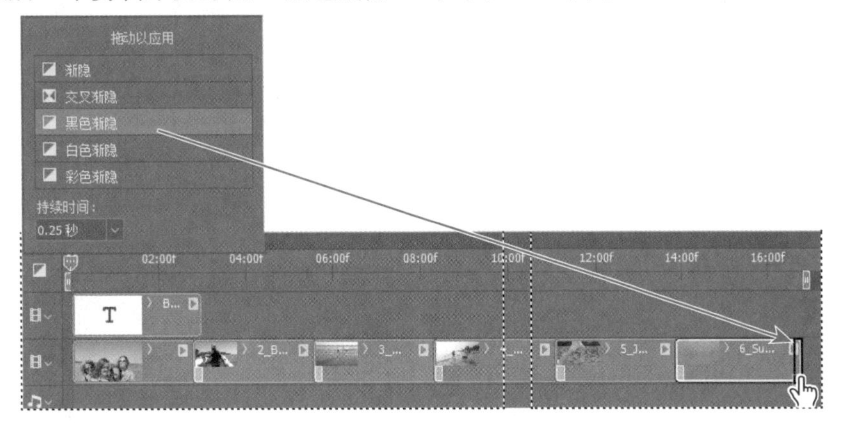

图 11.21

6. 为让过渡效果更平滑，向左拖曳过渡效果“黑色渐隐”的左边缘，让过渡效果的长度为最后一个剪辑的三分之一，如图 11.22 所示。
7. 选择菜单“文件”>“存储”。

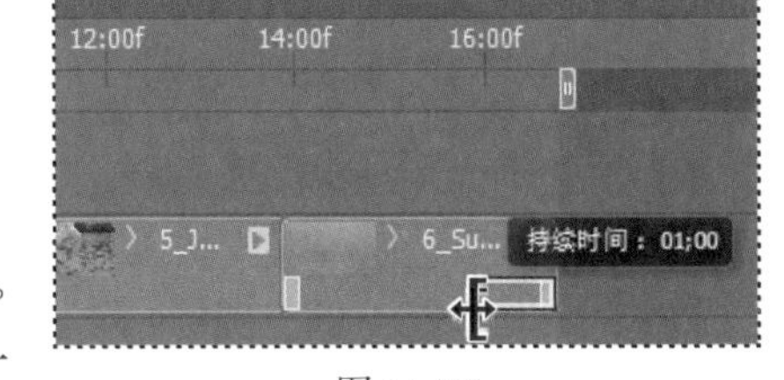

图 11.22

11.7 添加音频

在 Photoshop 中，你可在视频文件中添加独立的音轨。事实上，“时间轴”面板默认包含一个音轨。下面添加一个 MP3 文件，将其作为这个简短视频的配乐。

1. 单击“时间轴”面板底部的音轨图标，并从下拉列表中选择“添加音频”，如图 11.23 所示。

提示： 你也可这样添加音频，即在“时间轴”面板中，单击音轨最右端的加号按钮。

2. 选择文件夹 Lesson11 中的文件 beachsong.mp3，再单击“打开”按钮。

该音频文件被加入到时间轴中，但它比视频长得多。下面使用“在播放头处拆分”工具将其缩短。

3. 在“时间轴”面板中，将播放头移到剪辑 6_Sunset 末尾，再单击“在播放头处拆分”工具，在播放头处音频文件将被

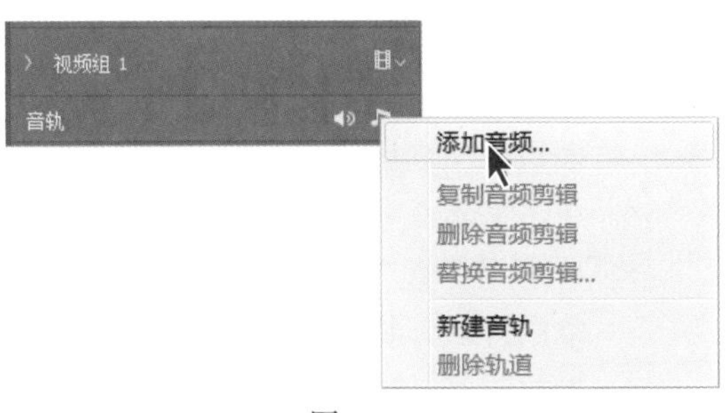

图 11.23

拆分为两段，如图 11.24 所示。

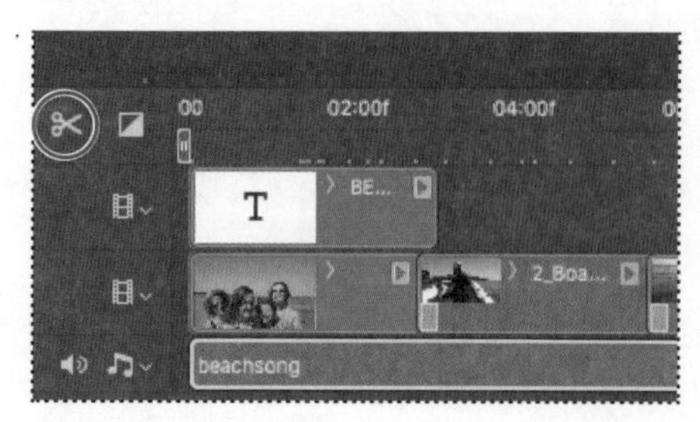

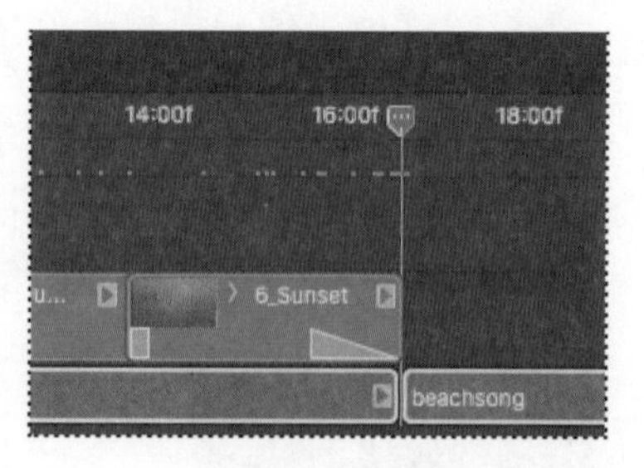

图 11.24

4. 选择第二段音频文件——始于剪辑 6_Sunset 末尾的那段，按 Delete 键将这段音频删除。

至此剪辑完的音频与视频一样长。下面添加淡出效果让音频平滑地结束。

5. 单击音频剪辑右边缘的箭头打开“音频”对话框，将“淡入”设置为 3 秒，将“淡出”设置为 5 秒，如图 11.25 所示。
6. 单击“时间轴”面板的空白区域将音频面板关闭，再保存所做的工作。

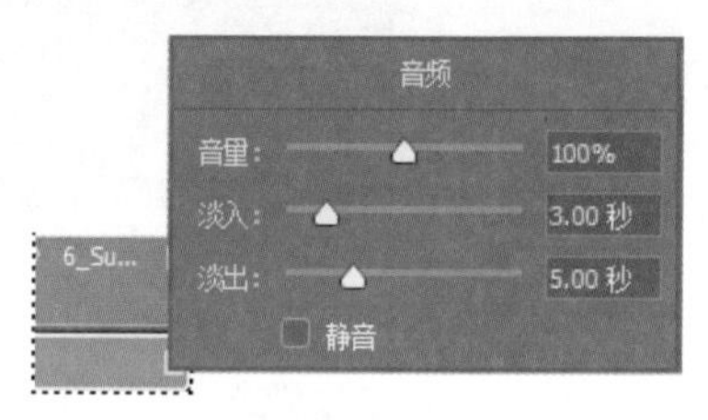

图 11.25

11.8 让不想要的音频变成静音

在本课前面，你都是通过移动播放头来预览视频的某部分的，下面将使用“时间轴”面板中的播放按钮来预览整个视频，再将视频剪辑中多余的音频都变成静音。

1. 单击“时间轴”面板左上角的播放按钮（▶），以预览整个视频。

视频看起来不错，但有几个剪辑视频存在一些背景噪音。下面将这些背景噪音变成静音。

2. 单击剪辑 2_BoatRide 右端的箭头。
3. 单击“音频”标签以显示音频选项，再选择复选框“静音”，如图 11.26 所示。单击“时间轴”面板的空白区域将该对话框关闭。

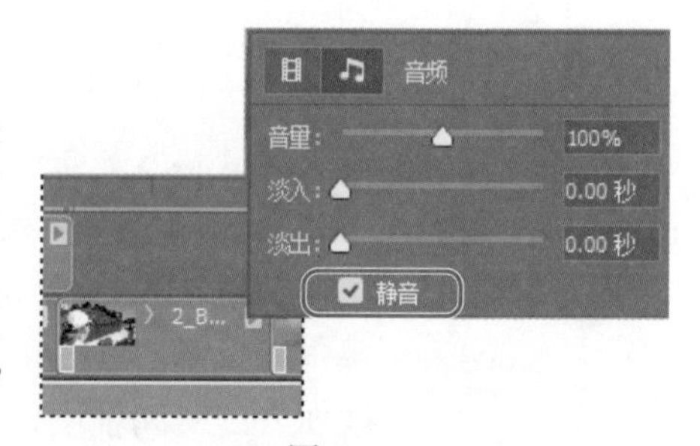

图 11.26

4. 单击剪辑 3_DogAtBeach 右边的箭头。
5. 单击“音频”标签以显示音频选项，再选择复选框“静音”。单击“时间轴”面板的空白区域，将该对话框关闭。
6. 播放时间轴以检查音频修改效果，再保存所做的工作。

11.9 渲染视频

现在可以将项目渲染为视频了。Photoshop 提供了多种渲染预设，你可以选择适合流式视频的预设，以便在 YouTube 网站分享。有关其他渲染预设的信息，请参阅 Photoshop 帮助。

1. 选择菜单“文件”>“导出”>“渲染视频”，也可单击“时间轴”面板左下角的渲染视频按钮（➦）。
2. 将文件命名为 11Working.mp4。
3. 单击“选择文件夹”按钮，切换到文件夹 Lesson11，再单击“确定”或“选择”按钮。
4. 从“预设”下拉列表中选择“YouTube HD 720p 29.97”。

Ps **注意：**“预设”下拉列表包含的选项取决于“格式”设置。仅当从“格式”下拉列表中选择了 H.264 时，“预设”下拉列表才会包含 YouTube 选项。

5. 单击“渲染”按钮，如图 11.27 所示。

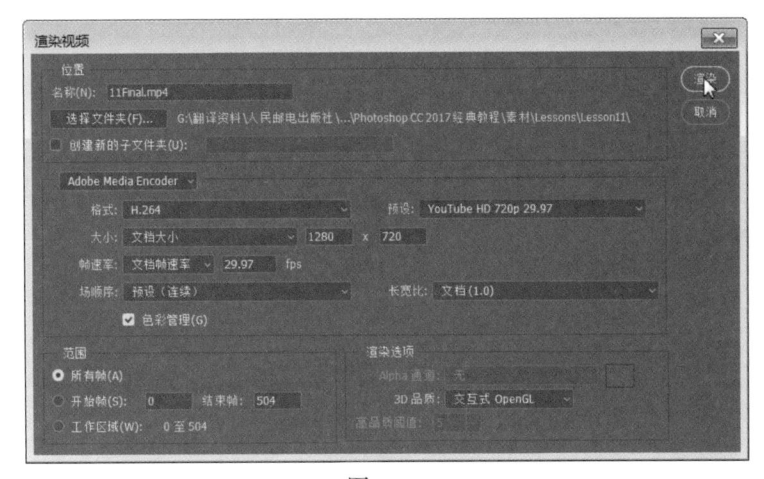

图 11.27

Photoshop 将导出视频，并显示一个进度条。根据你的系统，渲染过程可能需要几分钟。

提示：根据你的系统，渲染过程可能需要一段时间。

6. 保存所做的工作。
7. 在 Bridge 中，找到文件夹 Lesson11 中的文件 11Working.mp4。双击它以观看你使用 Photoshop 制作的视频，如图 11.28 所示。

图 11.28

提示：在 Bridge 中选择视频后，可按空格键在 Bridge 中播放它，这将在 Bridge“预览”面板中播放；而双击视频将在系统的默认视频播放器中打开它。

11.10 复习题

1. 何为关键帧？如何使用关键帧来创建动画？
2. 如何在剪辑之间添加过渡效果？
3. 如何渲染视频？

11.11 复习题答案

1. 关键帧标识了一个时点，让你能够指定该时点的值，如位置、大小和样式。要实现随时间发生的变化，至少需要两个关键帧，一个表示变化前的状态，另一个表示变化后的状态。要创建初始关键帧，可单击你要基于它来制作动画的属性旁边的秒表图标；每当你修改该属性的值时，Photoshop 都将添加额外的关键帧。
2. 要添加过渡效果，可单击“时间轴”面板左上角附近的过渡效果按钮，再将过渡效果拖放到剪辑上。
3. 要渲染视频，选择菜单“文件”>“导出”>“渲染视频”或单击“时间轴”面板左下角的渲染视频按钮，再根据所需的输出选择合适的视频设置。

第12课　使用Camera Raw

在本课中，你将学习以下内容：

- 在 Adobe Camera Raw 中打开专用的相机原始数据图像；
- 调整原始数据图像的色调和颜色；
- 在 Camera Raw 中锐化图像；
- 同步多张图像的设置；
- 在 Photoshop 中将相机原始图像作为智能对象打开；
- 在 Photoshop 中将 Camera Raw 用作滤镜。

本课大约需要 1 小时。启动 Photoshop 之前，请先在异步社区将本书的课程资源下载到本地硬盘中，并进行解压。在学习本课时，请打开相应的课程文件。建议先做好原始课程文件的备份工作，以免后期用到这些原始文件时，还需重新下载。

原始数据图像提供了极大的灵活性，在设置颜色和色调方面尤其如此，Camera Raw 让你能够充分挖掘这方面的潜力。即便要处理的图像为 JPEG 或 TIFF 格式，Camera Raw 也是一个很有用的工具，你还可在 Photoshop 中将其用作滤镜。

12.1 概述

在本课中，读者将使用Photoshop和（随Photoshop安装的）Adobe Camera Raw处理多张数字图像。你将使用很多方法来修饰和校正数码照片。首先在Adobe Bridge中查看处理前和处理后的图像。

注意：这里使用的是本书出版时的最新版本——Adobe Camera Raw 11.3。Adobe更新Camera Raw的频率很高，如果你使用的是更新的版本，有些步骤可能与这里说的不同。

1. 启动Photoshop并立刻按下Ctrl + Alt + Shift键（Windows）或Command + Option + Shift键（Mac）以恢复默认首选项（参见前言中的“恢复默认首选项”）。
2. 出现提示对话框时，单击“是”确认删除Adobe Photoshop设置文件。
3. 选择菜单“文件”>“在Bridge中浏览”启动Adobe Bridge。

注意：如果你没有安装Bridge，当你选择“在Bridge中浏览”时将提示你安装Bridge。更详细的信息请参阅前言。

4. 在Bridge的“收藏夹”面板中，单击文件夹Lessons，再双击“内容”面板中的文件夹Lesson12打开它。
5. 如有必要，调整缩略图滑块以便能够清楚地查看缩略图；然后找到文件12A_Start.crw和12A_End.psd，如图12.1所示。

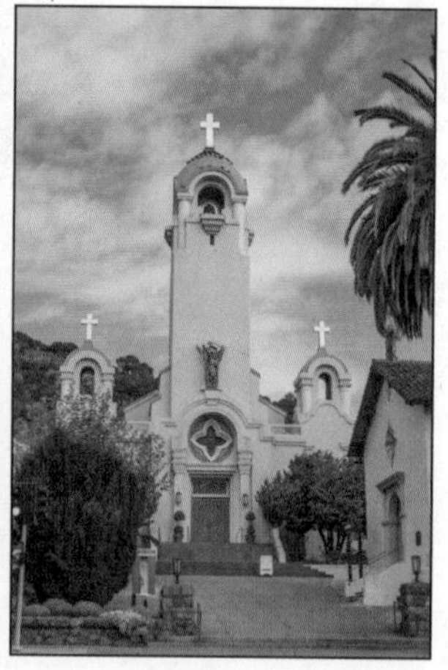

图12.1

原始照片拍摄的是一个西班牙风格的教堂，它是相机原始数据文件，因此文件扩展名不像本书前面那样为.psd或.jpg。这幅照片是使用Canon Digital Rebel相机拍摄的，扩展名为佳能专用的原始文件扩展名.crw。你将对这幅相机原始数据图像进行处理，使其更亮、更锐利、更清晰，然后将其存储为JPEG文件和PSD文件，其中前者是用于Web的，而后者让你能够在Photoshop中做进一步处理。

6. 比较12B_Start.nef和12B_End.psd的缩略图，如图12.2所示。

这里的起始文件是使用尼康相机拍摄的，它是一幅原始数据图像，扩展名为 .nef。你将在 Camera Raw 和 Photoshop 中执行颜色校正和图像改进，以获得最终的结果。

图 12.2

12.2 相机原始数据文件

相机原始数据文件包含数码相机图像传感器中未经处理的图片数据——未转换为标准 RGB 彩色图像文件的原始传感器数据。很多数码相机都能够使用相机原始数据格式来存储图像文件。相机原始数据文件的优点是，让摄影师（而不是相机）对图像数据进行解释并进行调整和转换；而使用 JPEG 格式拍摄时，图像数据将由相机进行永久性处理。使用相机原始数据格式拍摄时，由于相机不进行任何图像处理，因此相比于将原始图像转换成了标准 RGB 的情形，用户可使用 Adobe Camera Raw 更自由地设置白平衡、色调范围、对比度、色彩饱和度及锐化度。可将相机原始数据文件看作冲印的胶片，随时对其重新处理以获得所需的结果。要创建相机原始数据文件，需要将数码相机设置为使用其原始数据文件格式（可能是专用的）存储文件。从相机下载相机原始数据文件时，其文件扩展名为诸如 .nef（尼康）或 .crw（佳能）等。在 Bridge 或 Photoshop 中，你可处理来自支持的数码相机（佳能、富士、莱卡、尼康及其他厂商的相机）的相机原始数据文件，还可同时处理多幅图像。然后，可将专用的相机原始数据文件以文件格式 DNG、JPEG、TIFF 或 PSD 导出。

注意： 通常，每款相机使用的原始数据格式都不同，因此如果有 3 款佳能相机拍摄的 CRW 文件和 3 款尼康相机拍摄的 NEF 文件，很可能意味着有 6 种不同的文件格式。如果你购买了新相机，可能需要升级 Adobe Camera Raw，以支持这款相机使用的原始数据格式。

在 Camera Raw 中，你可处理来自支持的相机的相机原始数据文件，也可打开 TIFF 和 JPEG 图像。Camera Raw 包含一些 Photoshop 中没有的编辑功能，然而，如果处理的是 TIFF 或 JPEG 图像，那么对其进行白平衡和其他设置将没有处理相机原始数据图像那么灵活。虽然 Camera Raw 能够打开和编辑相机原始数据图像，但并不能使用专用的相机原始数据格式存储图像，而只能使用 Adobe DNG 这种开放的相机原始数据格式存储图像。

12.3 在 Camera Raw 中处理文件

用户在 Camera Raw 中调整图像（如拉直或裁剪）时，Photoshop 和 Bridge 会保留原来的数据文件。这样，用户就可以根据需要对图像进行编辑，导出编辑后的图像，同时保留原件供以后进行不同的调整。

12.3.1 在 Camera Raw 中打开图像

在 Adobe Bridge 和 Photoshop 中都可打开 Camera Raw，还可将相同的编辑应用于多个文件。如果处理的图像都是在相同的环境中拍摄的，那么这个功能特别有用，因为你需要对这些图像做相同的光照和其他调整。

Camera Raw 提供了大量的控件，让用户能够调整白平衡、曝光、对比度、锐化程度、色调曲线等。在这里，你将编辑一幅图像，然后将设置应用于其他相似的图像。

1. 在 Bridge 中，切换到文件夹 Lessons\Lesson12\Mission，其中包含 3 幅西班牙教堂的照片，你在前面已预览过。
2. 按住 Shift 键并单击这些图像以选择它们：Mission01.crw、Mission02.crw 和 Mission03.crw，然后选择菜单“文件”>“在 Camera Raw 中打开”，如图 12.3 所示。

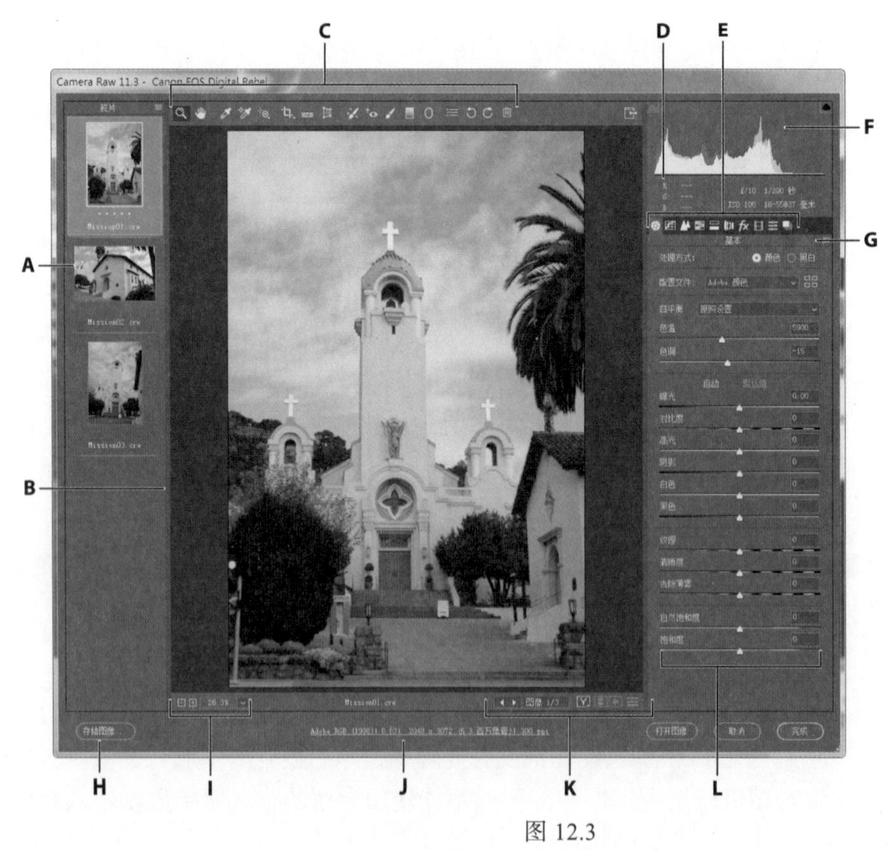

A. 胶片

B. 胶片分隔条（拖曳它可调整胶片区域的大小）

C. 工具栏

D. RGB 值

E. 图像调整标题栏

F. 直方图

G. “设置”下拉列表

H. 存储选定的图像

I. 缩放比例

J. 单击显示工作流程选项

K. 多图像导航控件

L. 调整选项

图 12.3

Camera Raw 对话框显示了第一个原始图像的预览，在该对话框的左边是所有已打开的图像的胶片缩略图。右上角的直方图显示了选定图像的色调范围，对话框底部的工作流程选项链接显示了选定图像的色彩空间、位深、大小和分辨率。对话框的顶部是一系列的工具，让用户能够缩放、平移和修齐图像以及对图像进行其他调整。对话框右边的选项卡式面板提供了其他用于调整图像的选项：用户可校正白平衡、调整色调、锐化图像、删除杂色、调整颜色以及进行其他调整。还可将设置存储为预设供以后使用。

使用 Camera Raw 时，为获得最佳效果，通常按从左到右的顺序使用面板，而在每个面板中，通常按从上到下的顺序调整选项。但你完全可以按任何顺序调整选项，且并非一定要调整所有的选项。

下面使用这些控件来编辑第一幅图像。

3. 在编辑图像前，单击胶片中的每个缩略图以预览所有图像，也可单击主预览窗口底部的前进按钮（如图 12.4 所示）以遍历所有图像。查看所有图像后，再次选择图像 Mission01.crw。

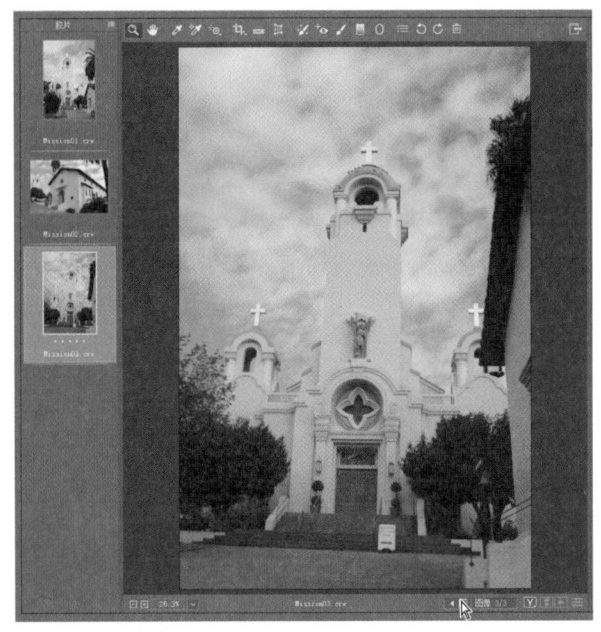

图 12.4

12.3.2 选择 Adobe Raw 配置文件

Adobe Raw 配置文件决定了图像的整体颜色渲染，你将根据选择的配置文件进行渲染，再做指定的调整。另外，可随时选择别的配置文件。

1. 如果对话框的右边显示的不是“基本”面板，那么单击基本按钮（）打开它。
2. 从“配置文件”下拉列表中选择“Adobe 风景”，如图 12.5 所示。

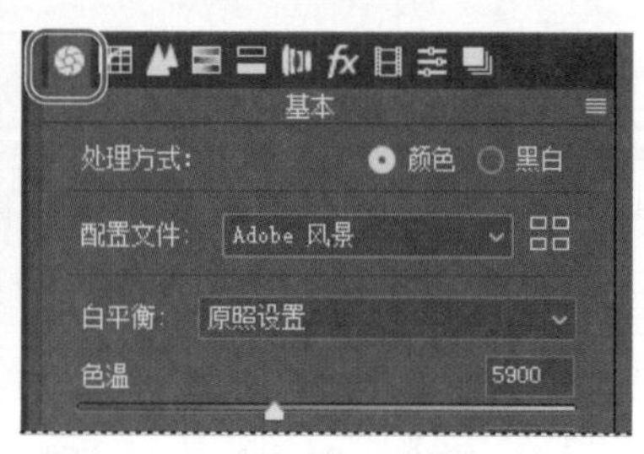

图 12.5

> **提示:** 可使用 Creative 配置文件对图像应用视觉样式，为此可单击“配置文件”下拉列表右边的“浏览配置文件”图标并向下滚动。你将看到一系列配置文件类别（如黑白、老式、现代、艺术效果），从中选择一个，再单击“完成”按钮。

> **注意:** Adobe Camera Raw 中的配置文件与显示器和打印机使用的 ICC 颜色配置文件是两码事。

默认的配置文件为“Adobe 颜色”，它是一个通用的配置文件；“Adobe 风景”突出自然颜色，如树木和天空的颜色，非常适合用于这幅图像；“Adobe 人像”旨在自然地呈现皮肤颜色；“Adobe 鲜艳”会极大地提高颜色对比度；“Adobe 单色”用于实现高品质的黑白转换。

12.3.3 调整白平衡

图像的白平衡反映了照片拍摄时的光照状况。数码相机在曝光时记录白平衡，在 Camera Raw 对话框中刚打开图像时，显示的就是这种白平衡。

白平衡有两个组成部分。第一部分是色温，单位为开尔文，它决定了图像的“冷暖”程度，即是冷色调的蓝和绿还是暖色调的黄和红。第二个部分是色调，它补偿图像的洋红或绿色色偏。

> **提示:** 只要图像为原始数据格式，那么在调整白平衡等设置方面就有极大的空间。将原始数据图像转换为标准格式（如 JPEG）后，在确保图像质量不下降的情况下，可调整的空间比较有限。

根据相机使用的设置和拍摄环境（例如，使用是人工光源还是混合光源），你可能需要调整图像的白平衡。如果要修改白平衡，请首先修改它，因为它将影响你对图像所做的其他所有修改。

默认情况下，在“白平衡”下拉列表中选择的是“原照设置”，即 Camera Raw 应用曝光时相机使用的白平衡设置。Camera Raw 提供了一些白平衡预设，你可使用它们作为起始点来查看不同的光照效果。

1. 从“白平衡”下拉列表中选择“阴天”，如图 12.6 所示。

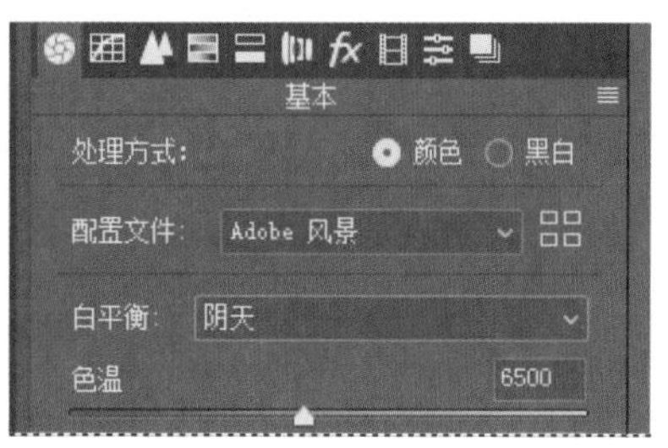

图 12.6

> **提示：**只有一个光源时，白平衡调整起来最容易。在使用了多个颜色特征不同的光源时，你可能需要手工调整白平衡设置并进行局部颜色校正。

Camera Raw 将相应地调整色温和色调。有时候，使用一种预设就万事大吉了，但在这里图像依然存在蓝色色偏，你将手工调整白平衡。

2. 选择 Camera Raw 对话框顶部的白平衡工具（）。

要设置精确的白平衡，选择原本颜色为白色或灰色的对象；Camera Raw 将把你单击的地方视为中性白，并相应地调整图像的颜色。

3. 单击图像中的白云，图像的光照将改变，如图 12.7 所示。
4. 单击图像中的另一块云彩，图像的光照也随之改变。

使用白平衡工具可快速、轻松地确定场景的最佳光照。你应该在中性色调的区域中单击。在不同的位置单击可修改光照而不会对图像做永久性修改，因此你可随便尝试。

5. 单击教堂前面的指示牌中的白色区域，将消除大部分色偏，如图 12.8 所示。
6. 为查看修改带来的影响，单击窗口底部的预览模式按钮（），并从弹出菜单中选择“原图 / 效果图 左 / 右”，如图 12.9 所示。

> **提示：**要全屏显示 Camera Raw 窗口，可单击工具栏右端的切换全屏模式按钮（）或按 F 键。

图 12.7

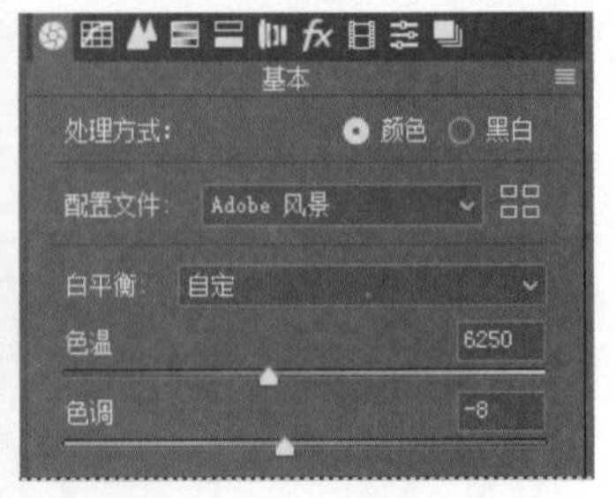

图 12.8

Camera Raw 将在左边显示原图，并在右边显示效果图，让你能够比较它们，如图 12.10 所示。

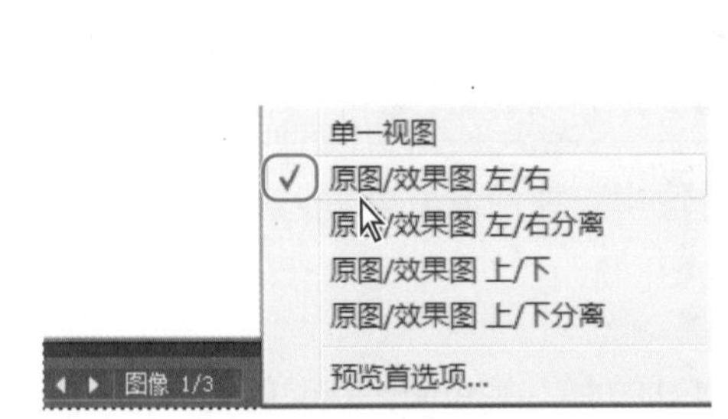

图 12.9

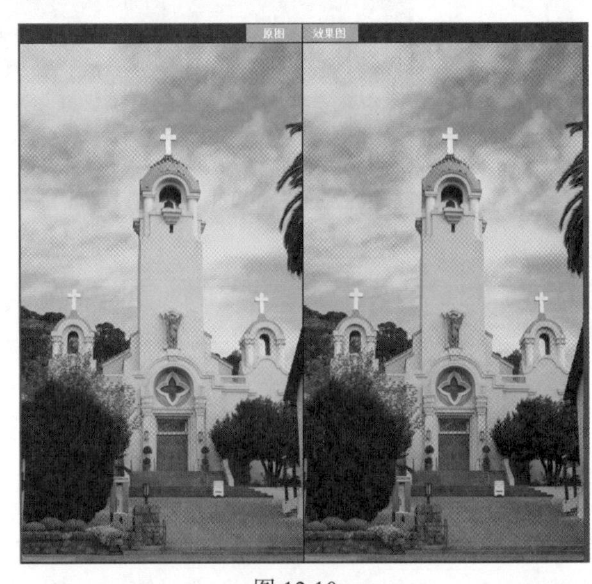

图 12.10

7. 为只显示效果图，从预览模式下拉列表中选择“单一视图”。如果你愿意，也可继续同时显示原图和效果图，以便后面继续调整设置时能够看到图像的变化情况。

12.3.4 在 Camera Raw 中调整色调

“基本”面板中央的那组滑块可以影响图像的色调。除“对比度”外，向右移动滑块将加亮受影响的图像区域，而向左移动会让这些区域变暗。“曝光”决定了整幅图像的亮度。“高光”和“阴影”滑块分别调整高光和阴影区域的细节。“白色”滑块定义了白点，即图像中最亮的色调；而“黑色”滑块用于设置图像中的黑点，即图像中最暗的色调。

向右拖曳“对比度”滑块将导致较暗和较亮的中间调与中间调相差更大，而向左移动将导致它们更接近中间调。要更细致地调整对比度，可使用“清晰度”滑块，该滑块通过增加局部对比度（尤其是中间调）来增大图像的景深。

> **提示：** 为获得最佳的效果，可提高“透明”值直到在边缘细节旁边看到晕轮，再稍微降低该设置。

“饱和度”滑块可以均匀地调整图像中所有颜色的饱和度。“自然饱和度”滑块对不饱和颜色的影响更强烈，因此它可让背景更鲜艳，而不会让其他颜色（如皮肤色调）过度饱和。

可使用“自动”选项让 Camera Raw 校正图像的色调，也可选择自己的设置。

1. 单击“基本”面板中的“自动”选项，如图 12.11 所示。

图 12.11

Camera Raw 修改了“基本”面板中的多项设置，图像得到了极大的改善。“自动”选项通常能生成很有用的图像，因为其校正是基于 Adobe Sensei 高级机器学习技术的。这让“自动”选项提供了一种快速调整图像的途径，还让你能够快速地研究各种调整设置。但在这个练习中，请恢复到默认设置并手工调整它们。

2. 单击“基本”面板中的“默认值”选项。
3. 按以下设置调整滑块。

- 曝光：+0.50。
- 对比度：+0。
- 高光：−20。
- 阴影：+70。
- 白色：+20。
- 黑色：−10。
- 清晰度：+20。
- 去除薄雾：+0。
- 自然饱和度：+20。
- 饱和度：+0。

这些设置加亮了图像（尤其是阴影区域），让颜色更鲜艳又不过度饱和，如图 12.12 所示。

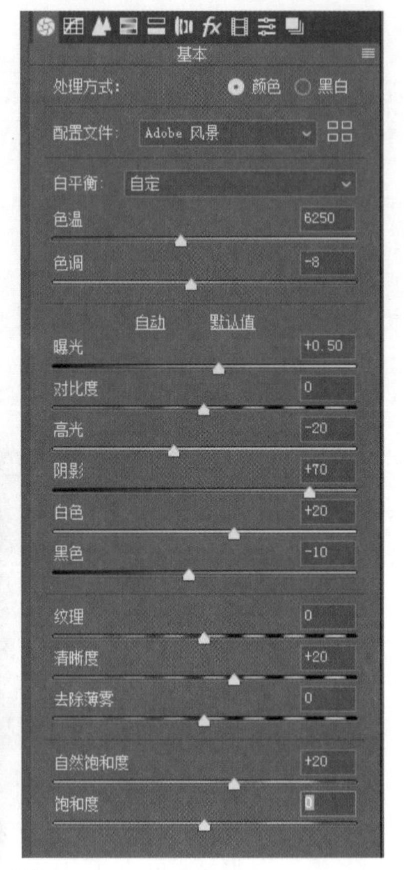

图 12.12

相机原始数据直方图

Camera Raw 对话框右上角的直方图同时显示了当前图像的红色、绿色和蓝色通道（如图 12.13 所示），用户调整设置时它将相应地更新。另外，用户选择任何工具并在预览图像上移动时，直方图下方将显示鼠标指针所处位置的 RGB 值。通过选择直方图左上角和右上角的方块，效果图中将显示被修剪掉的阴影和高光，即这些地方的细节将丢失。

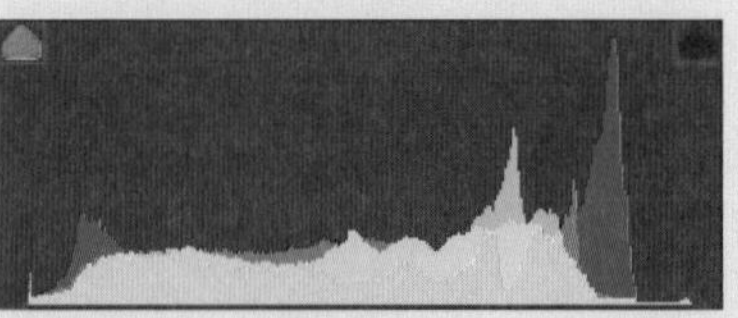

图 12.13

提示：有阴影或高光被修剪掉并不一定意味着对图像校正过度。例如，修剪掉镜面高光（如太阳反光或摄影室光源在金属表面的反光）是可以接受的，因为镜面高光没有细节可丢失。

12.3.5 应用锐化

Photoshop 提供了一些锐化滤镜，但如果图像为原始数据格式，那么使用 Camera Raw 提供的锐化控件来锐化通常是不错的选择。锐化控件在“细节”面板中。要在“预览”面板中查看锐化效果，必须以 100% 甚至更高的比例来查看图像。

1. 在 Camera Raw 对话框中，双击工具栏左端的缩放工具（🔍）将图像放大到 100%。然后选择抓手工具（✋）并移动图像，以查看教堂顶部的十字架。
2. 单击细节按钮（▲）打开“细节”面板，如图 12.14 所示。
3. 将“数量”滑块移到 100 处。

“数量”滑块决定了 Camera Raw 应用的锐化量。一般而言，应首先将数量值设置得非常大，然后在设置其他滑块后再调整它。

4. 将“半径”滑块移至 0.9 处。

“半径”滑块决定了锐化图像时 Camera Raw 分析的像素区域。对大多数图像而言，将半径值设置得很低（甚至小于 1 像素）会获得最好的效果，因为较大的半径将导致图像的外观不自然，几乎像一幅水彩画。

5. 如果“细节”值不是 25，请将其设置为 25。

“细节”滑块决定了用户能够看到多少细节。即使将它设置为 0，Camera Raw 也将执行一些锐化。一般而言，应保持“细节”的设置相对较低。

6. 将“蒙版”滑块移至 61 处。

“蒙版”滑块决定了 Camera Raw 锐化图像的哪部分。当“蒙版”的设置很高时，Camera Raw 仅锐化图像中边缘很明显的部分。

调整“半径”“细节”和“蒙版”滑块后，可以降低“数量”值来完成锐化了。

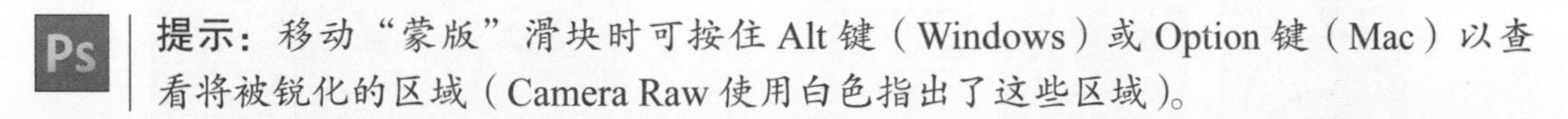

Ps 提示：移动“蒙版”滑块时可按住 Alt 键（Windows）或 Option 键（Mac）以查看将被锐化的区域（Camera Raw 使用白色指出了这些区域）。

7. 将“数量”滑块移至 70 处，如图 12.15 所示。

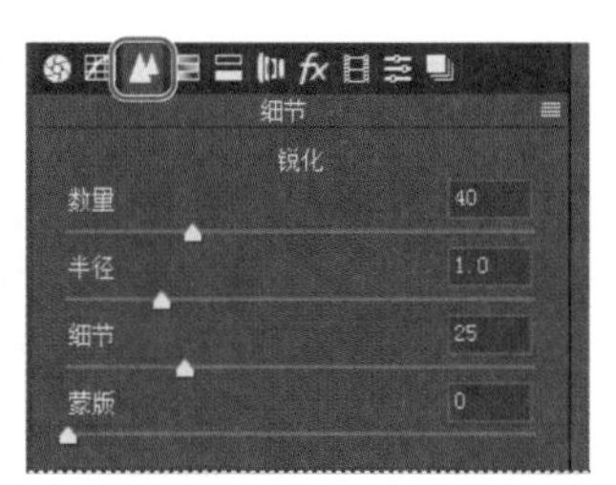

图 12.14

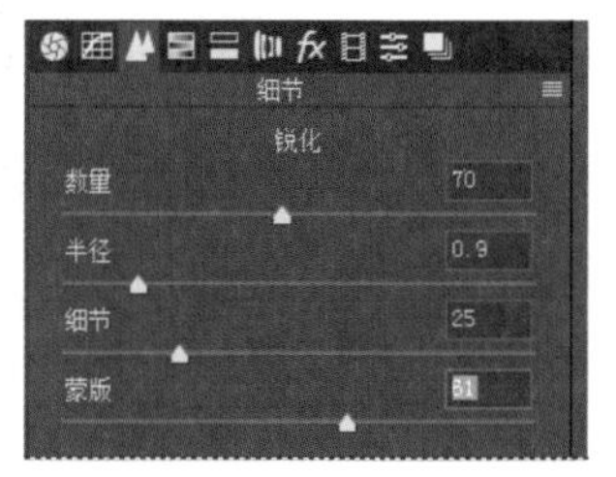

图 12.15

锐化可使图像的细节和边缘更清晰。“蒙版”滑块让用户能够指定将锐化效果应用于图像的边缘，以免在模糊或纯色区域中出现伪像。

提示：如果难以看出锐化效果，请将缩放比例至少设置为 100%。

在 Camera Raw 中进行调整时，原始文件的数据将被保留。你对图像所做的调整设置可存储在 Camera Raw 数据库文件中，也可存储在与原始文件位于同一个文件夹的附属 XMP 文件中。将图像文件移到其他存储介质或计算机时，这些 XMP 文件保留了在 Camera Raw 中所做的调整。

12.3.6 同步多幅图像的设置

这 3 幅教堂图像都是在相同的时间和光照条件下拍摄的。将第一幅教堂图像调整得非常好后，可以自动将相同的设置应用于其他两幅教堂图像，为此可使用“同步”按钮。

1. 在 Camera Raw 对话框的左上角，单击“胶片”菜单按钮并选择“全选”，以选中胶片中的所有图像。
2. 再次单击“胶片”菜单按钮并选择“同步设置”。

将出现“同步”对话框，其中列出了可应用于图像的所有设置。默认情况下，除“裁剪”“污点去除”和“局部调整”外，其余复选框都被选中。就这个项目而言，这是可行的，虽然这里没有修改所有的设置。

3. 单击“同步”对话框中的“确定”按钮，如图 12.16 所示。

图 12.16

在所有选择的相机原始图像之间同步设置后，缩略图将相应地更新以反映所做的修改。要预览图像，可单击胶片缩略图窗口中的每个缩略图。

Ps 注意：Camera Raw 在图像之间同步设置时，预览图或缩略图中可能暂时出现黄色警告三角形。预览图或缩略图更新后，这个黄色三角形将消失。

12.3.7 保存对相机原始数据的修改

针对不同的用途，你可以用不同的方式存储修改。首先，你将把调整后的图像存储为低分辨率的 JPEG 图像（可在 Web 上共享）；然后，将图像 Mission01 存储为 Photoshop 文件，以便其作为智能对象能在 Photoshop 中打开。将图像作为智能对象在 Photoshop 中打开时，你可随时回到 Camera Raw 做进一步调整。

1. 在 Camera Raw 对话框中，单击“胶片”菜单按钮并选择“全选”，以选择全部 3 幅图像。
2. 单击左下角的存储图像按钮。
3. 在“存储选项”对话框中进行以下设置：

- 从“目标”下拉列表中选择“在相同位置存储”；
- 在“文件命名”部分中，保留第一个文本框中的“文档名称（首字母大写）”；
- 从下拉列表“文件扩展名”中选择“.JPG”，并从“品质”下拉列表中选择“高（8-9）”；
- 在“色彩空间”部分，从下拉列表“色彩空间”中选择“sRGB IEC61966-2.1”；
- 在“调整图像大小”部分，选择复选框“调整大小以适合”，再从下拉列表中选择“长边”；
- 输入 800，这将把图像的长边设置为 800 像素，而不管图像是纵向还是横向的。指定长边的尺寸后，图像将根据原来的高宽比自动地调整短边的尺寸；
- 将分辨率设置为 72 像素 / 英寸。

这些设置将校正后的图像存储为更小的 JPEG 格式，可在 Web 上与同事共享。调整图像的大小，让大多数查看者无须滚动就能看到整幅图像。这些文件将被命名为 Mission01.jpg、Mission02.jpg 和 Mission03.jpg。

4. 单击“存储”按钮，如图 12.17 所示。

这将返回到 Camera Raw 对话框，该对话框将在左下角指出处理了多少幅图像，直到保存好所有图像为止。CRW 缩略图仍出现在 Camera Raw 对话框中，但在 Bridge 中，现在你拥有这些图像的 JPEG 版本和 CRW 原件，你可继续对原件进行编辑，也可以之后再编辑。

下面在 Photoshop 中打开图像 Mission01 的一个副本。

5. 在 Camera Raw 对话框的胶片区域选中 Mission01.crw，再按住 Shift 键，并单击对话框底部的“打开对象”按钮，如图 12.18 所示。

Ps 注意：如果出现一个消息框，询问“是否跳过载入可选的和第三方增效工具”，请单击“否”按钮。Photoshop 启动时，如果按住了 Shift 键，将出现这种消息框。

以上操作将把该图像作为智能对象在 Photoshop 中打开（如图 12.19 所示），你可随时在“图层”面板中双击智能对象缩略图，以打开 Camera Raw，并继续执行基于原始数据格式的调整。

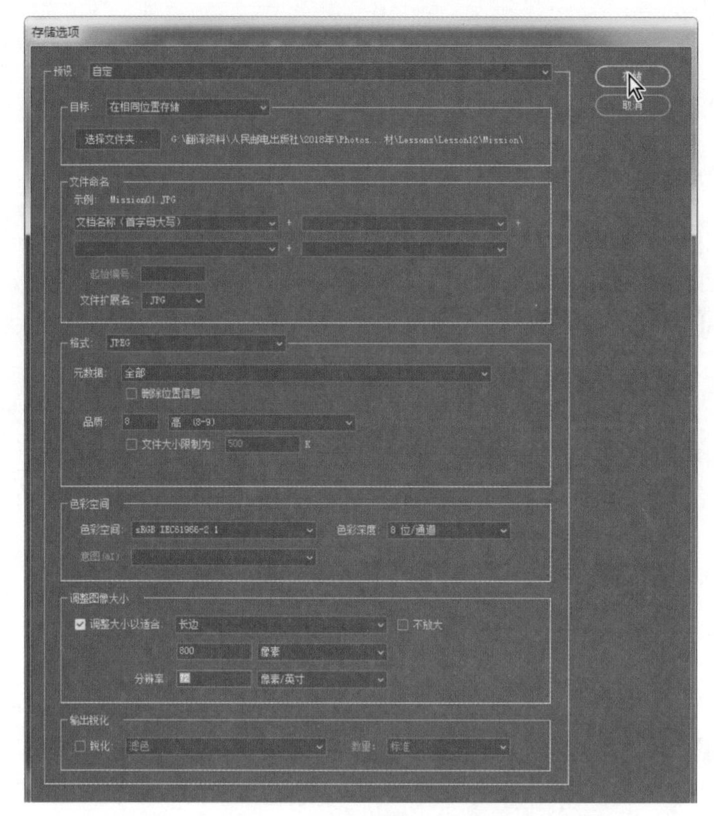

图 12.17

图 12.18

图 12.19

如果单击“打开图像”按钮，图像将作为标准 Photoshop 图像打开，并且有可能没有其他原始格式编辑。按住 Shift 键时，按钮“打开图像”将变成“打开对象”。

提示：要使“打开对象”按钮成为默认的，可单击 Camera Raw 对话框底部的工作流程选项链接，在出现的“工作流程选项”对话框中选中复选框“在 Photoshop 中打开为智能对象”，再单击“确定”按钮。

6. 在 Photoshop 中，选择菜单“文件”>“存储为”。在“存储为”对话框中，将格式设置为 Photoshop，将文件重命名为 Mission_Final.psd。然后切换到文件夹 Lesson12，并单击“保存”按钮。如果出现“Photoshop 格式选项”对话框，请单击“确定”按钮。最后关闭该文件。

在 Camera Raw 中存储文件

每种相机都使用独特的格式存储相机原始数据图像，但 Adobe Camera Raw 能够处理，很多种原始数据文件格式。Adobe Camera Raw 根据内置的相机配置文件和相机记录的 EXIF（可交换的图像文件格式）数据，使用相应的默认图像设置来处理相机原始数据文件。EXIF 数据可能包括曝光和镜头信息。

存储相机原始数据图像时，你可使用 DNG(Adobe Camera Raw 默认使用的格式)、JPEG、TIFF 和 PSD。所有这些格式都可用于存储 RGB 和 CMYK 连续调位图图像。在 Photoshop“存储”和“存储为”对话框中，你也可选择除 DNG 外的其他所有格式。

- DNG（Adobe 数字负片）格式包含来自数码相机的原始图像数据以及定义图像数据含义的元数据。DNG 将成为相机原始图像数据的行业标准格式，可帮助摄影师管理各种专用相机原始数据格式，并提供了一种兼容的归档格式。只能在 Adobe Camera Raw 中将图像存储为这种格式。
- JPEG（联合图像专家组）文件格式常用于在 Web 上显示照片和其他连续调 RGB 图像。高分辨率的 JPEG 通过有选择地丢弃数据来缩小文件。压缩程度越高，图像质量越低。
- TIFF（标记图像文件格式）是一种灵活的格式，几乎所有的绘画、图像编辑和排版程序都支持它。它可保存 Photoshop 图层。大多数控制图像捕获硬件（如扫描仪）的应用程序都能生成 TIFF 图像。
- PSD 格式是默认的文件格式。由于 Adobe 产品之间的紧密集成，其他 Adobe 应用程序（如 Adobe Illustrator、Adobe InDesign 和 Adobe GoLive）能够直接导入 PSD 文件，并保留众多的 Photoshop 特性。

在 Photoshop 中打开相机原始数据文件后，便可以使用多种不同的格式（大型文档格式（PSB）、Photoshop PDF、GIF 或 PNG）保存它。还有一种 Photoshop Raw 格式（RAW），这是一种专用的技术文件格式，摄影师和设计人员很少用，请不要将其与相机原始数据文件格式混为一谈。

有关 Camera Raw 和 Photoshop 中文件格式的详细信息，请参阅 Photoshop 帮助。

12.4 应用高级颜色校正

下面使用色阶工具、修复画笔工具和其他 Photoshop 功能改善图 12.2 所示的模特图像。

12.4.1 在 Camera Raw 中调整白平衡

这幅新娘图像存在轻微的色偏。你将首先使用 Camera Raw 来校正颜色：设置白平衡并调整总体色调。

1. 在 Bridge 中，切换到文件夹 Lesson12。选择文件 12B_Start.nef，再选择菜单“文件”>“在 Camera Raw 中打开”。
2. 在 Camera Raw 中，选择白平衡工具（），再单击婚纱上的白色区域，以调整色温并消除绿色色偏，如图 12.20 所示。

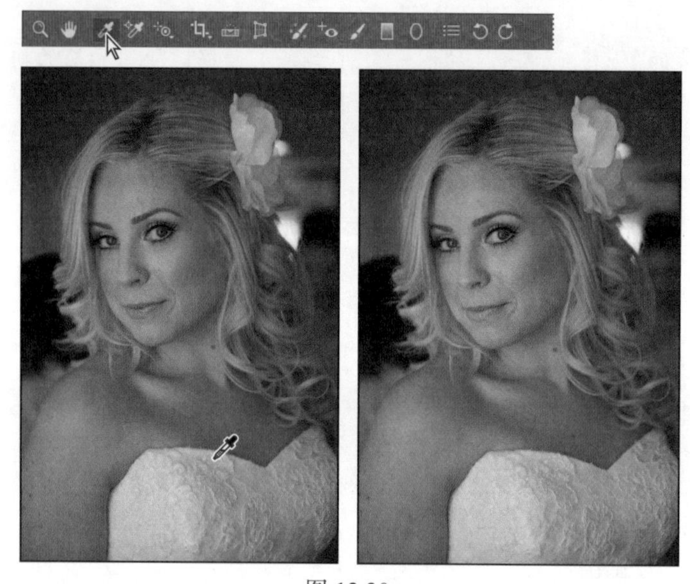

图 12.20

3. 调整“基本”面板中的其他滑块，以加亮图像并提高颜色饱和度（如图 12.21 所示）：

- 将“曝光”增大到 +0.30；
- 将“对比度”增大到 +15；
- 将“清晰度”增大到 +8。

Ps **提示：**对人像应用清晰度时要小心，如果这个设置过高，可能会突出皮肤纹理和不光滑的地方（如雀斑和皱纹）。

Ps **注意：**你在第 3 步设置的色温和色调可能与这里显示的不同，因为它们的值取决于你单击的是什么地方。

Ps **提示：**你可尝试使用其他配置文件，看看效果是否更好。就这幅图像而言，“Adobe 颜色”和“Adobe 人像”的效果类似，但其他配置文件可能导致皮肤色调过于鲜艳或反差过于强烈。

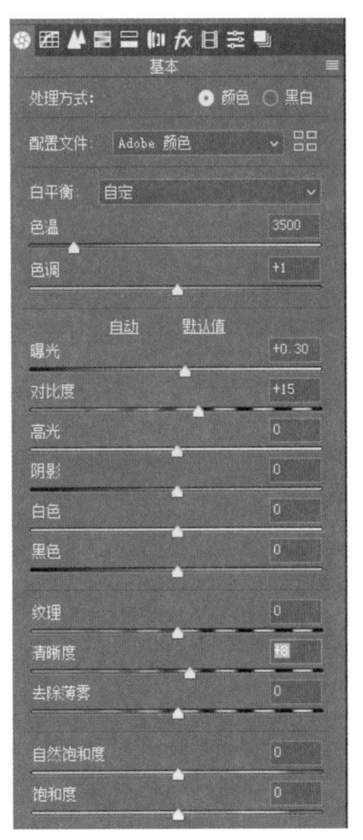

图 12.21

4. 按住 Shift 键，再单击“打开对象”按钮。

这幅图像将作为智能对象在 Photoshop 中打开。

专业摄影师的工作流程

Jay Graham 是一位有 25 年从业经验的摄影师。他从为家人拍摄照片开始职业生涯，当前的客户涵盖了广告、建筑、软文和旅游业。

有关 Jay 的作品选辑，请访问 Jay 的个人网站。

良好的习惯至关重要

合理的工作流程和良好的工作习惯可让你对数码摄影始终充满热情，让你的照片出类拔萃，并避免因从未备份而丢失作品的噩梦。下面简要地介绍下数码图像处理的基本工作流程，这是一位有 25 年从业经验的专业摄影师的经验之谈。Jay Graham 阐述的指导原则涉及如何设置相机、制定基本颜色校正工作流程、选择文件格式、管理图像和展示图像。

Graham 使用 Lightroom Classic CC 来组织数以千计的图像，如图 12.22 所示。

图 12.22

Graham 指出，人们的最大抱怨是他们的照片找不到了，不知道到哪里去了，因此正确命名至关重要。

通过设置相机首选项迈出正确的第一步

如果你的相机支持相机原始数据文件格式，那么最好采用这种格式拍摄，因为这将记录所需的所有图像信息。Graham 指出，对于相机原始数据照片，可将其白平衡从日光转换为白炽灯，而不会降低质量。如果出于某些原因，以 JPEG 拍摄更合适，那么务必使用高分辨率，并将压缩设置为"精细"。

从最好的素材开始

拍摄时记录所有的数据——采用合适的压缩方式和较高的分辨率，因为你没有机会回过头去再拍摄。

组织文件

将图像下载到计算机中后，尽早对其进行命名和编目。Graham 指出，如果使用相机指定的默认名称，迟早将因相机重置而导致多个文件的名称相同。使用 Lightroom Classic CC 给要保存的照片重命名、评级以及添加元数据，并将不打算保存的照片删除。

Graham 根据日期（可能还有主题）给文件命名。他将 2017 年 10 月 18 日在 Stinson 海滩拍摄的所有照片存储在名为 171018_stinson 的文件夹中；在该文件夹中，每个文件的编号依次递增（例如，第一幅图像名为 171018_stinson_01），确保所有文件的名称各不相同，这样在硬盘中查找它们将非常容易。为确保文件名适用于非 Macintosh 平台，应遵循 Windows 命令规则：最多包含 32 个字符，只使用数字、字母、下划线和连字符。

将相机原始数据图像转换为 DNG 格式

将编辑后的相机原始数据图像存储为 DNG 格式。不同于众多相机的专用相机原始数据格式，这种格式的规范是公开的，因此软件开发人员和设备制造商更容易支持它。

保留主控图像

将主控图像存储为 PSD、TIFF 或 DNG 格式，而不要存储为 JPEG 格式。每次编辑并保存 JPEG 图像时，图像质量都将因重新压缩而降低。

向客户和朋友展示

根据展示作品的方式选择合适的颜色配置文件，并将图像转换到该配置文件，而不要指定配置文件。如果图像要以电子方式查看或被提供给在线打印服务商打印，颜色空间 sRGB 将是最佳的选择；对于将用于传统印刷品（如小册子）中的 RGB 图像，最佳的配置文件是 Adobe 1998 或 Colormatch；对于要使用喷墨打印机打印的图像，最佳的颜色空间为 Adobe 1998 或 ProPhoto。对于将以电子方式查看的图像，将分辨率设置为 72dpi，对于要用于打印的图像，将分辨率设置为 180dpi 或更高。

备份图像

你在图像上花费了大量的时间和精力，当然不希望它们丢失。为保护照片免受各种潜在灾难的破坏，最好将它们自动备份到多种介质，如外部存储器和云备份服务。Graham 指出，这样当内置的硬盘出现问题时，图像丢失的问题也不会发生。

12.4.2 调整色阶

色调范围决定了图像的对比度和细节量，而色调范围取决于像素分布情况：从最暗的像素（黑色）到最亮的像素（白色）。下面使用色阶调整图层来微调这幅图像的色调范围。

1. 在 Photoshop 中，选择菜单“文件”>“存储为”，将文件命名为 Model_final.psd，并单击“保存”按钮。如果出现“Photoshop 格式选项”对话框，单击“确定”按钮。
2. 单击“调整”面板中的色阶按钮。

Photoshop 将在“图层”面板中添加一个色阶调整图层（如图 12.23 所示），并打开“属性”面板，其中包含与色阶调整相关的控件以及一个直方图。直方图显示了图像中从最暗到最亮的值，其中左边的黑色三角形代表阴影，右边的白色三角形代表高光，而中间的灰色三角形代表灰度系数。除非是要获得特殊效果，否则理想的直方图应是这样的：黑点位于像素分布范围的起点，白点位于像素分布范围的终点，而直方图中间部分的峰谷分布均匀，这表示有足够多的像素为中间调。

图 12.23

3. 单击直方图左边的计算更准确的直方图按钮（），Photoshop 将更新直方图，如图 12.24 所示。

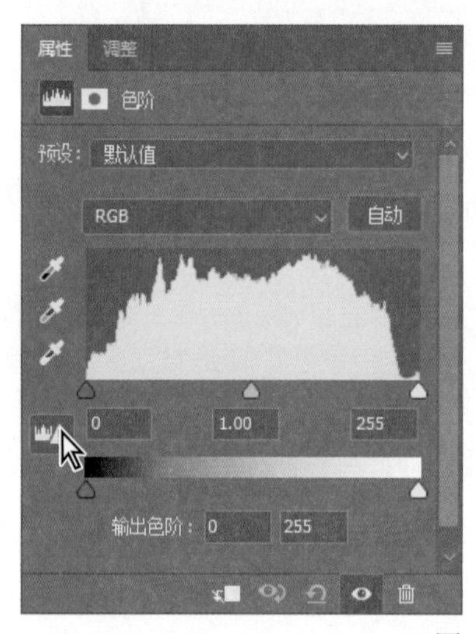

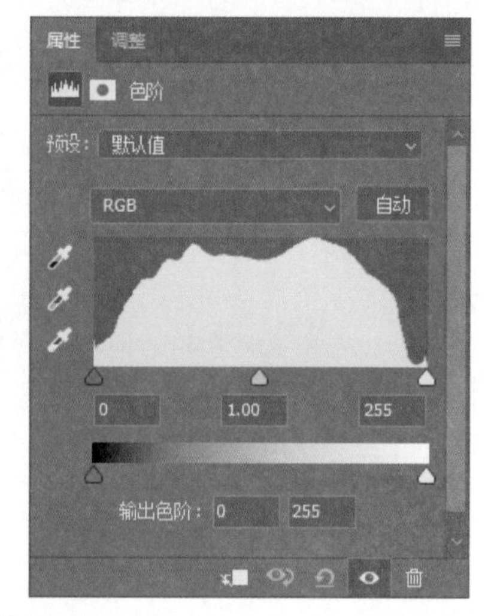

图 12.24

直方图的最右边有一个小鼓包，它表示当前的白点，但它左边很远的地方才出现大量像素。你应设置白点，使其与大量像素开始出现的位置一致。

4. 将右边的白色三角形向左拖曳到开始有大量高光色调出现的地方。

当你拖曳时，直方图下方的第三个输入色阶值将发生变化，图像本身也将相应地变化。

> **提示：** 向左拖曳这个白色三角形时，要注意观看图像，确保高光细节没有丢失（千万不要裁剪掉皮肤色调）。要获悉图像中的哪些高光区域被修剪掉，可在拖曳这个三角形时按住 Alt/Option 键。拖曳黑色三角形时，也可这样做以获悉哪些阴影区域被修剪掉。

5. 将中间的灰色三角形稍微向右移，以稍微加暗中间调。这里将其值设置为 0.9，如图 12.25 所示。

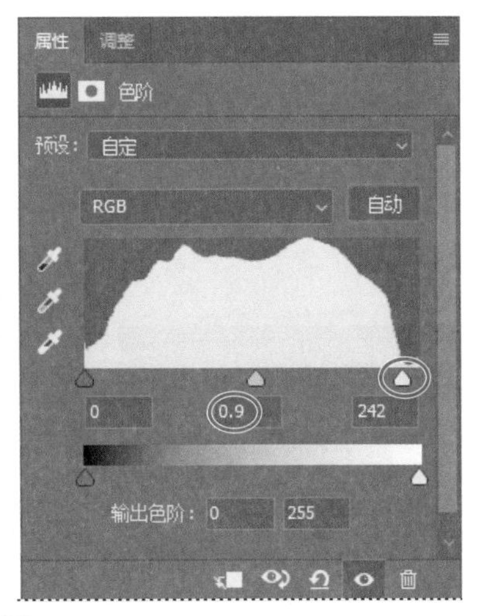

图 12.25

12.4.3 在 Camera Raw 中调整饱和度

通过调整色阶，我们极大地改善了这幅图像，但新娘的晒斑还有点明显。下面在 Camera Raw 中调整饱和度，让皮肤色调更均匀。

1. 双击图层 12B_Start 的缩略图，在 Camera Raw 中打开这个智能对象，如图 12.26 所示。

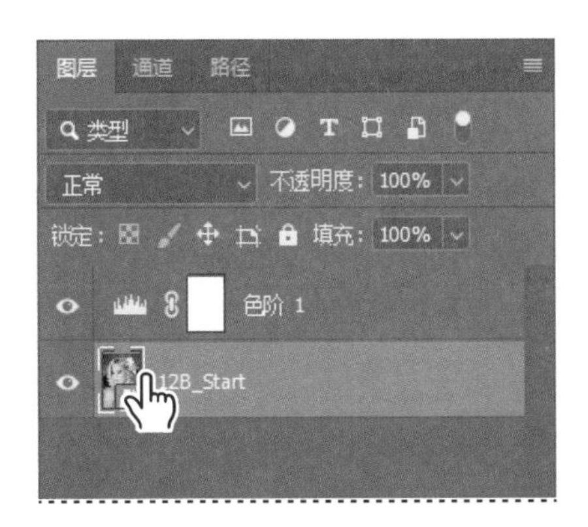

图 12.26

提示：这里在 Photoshop 中打开 Camera Raw，而前面是在 Bridge 中打开 Camera Raw。你甚至可以同时在 Photoshop 和 Bridge 中打开 Camera Raw，并处理不同的原始数据图像。

2. 单击 HSL 按钮（▬）以显示“HSL 调整”面板。
3. 单击“饱和度”标签。
4. 移动以下滑块以减少皮肤中的红色量（如图 12.27 所示）：

- 将“红色”降低到 -2；
- 将“橙色”降低到 -10；
- 将“洋红色”降低到 -3。

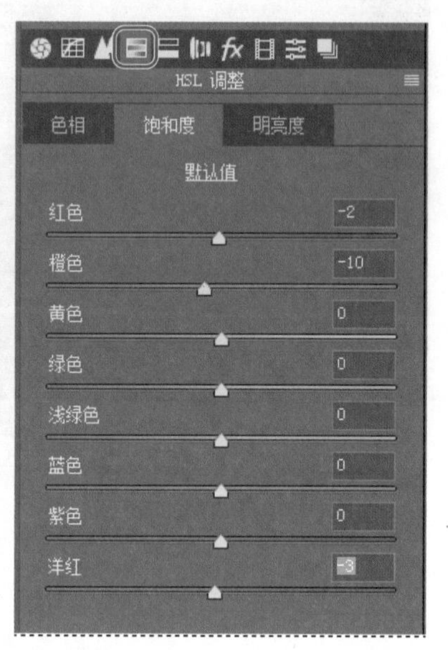

图 12.27

5. 单击“确定”按钮返回到 Photoshop。

12.4.4 使用修复画笔工具消除瑕疵

现在可以让模特的脸更有吸引力了。你将使用修复画笔和污点修复画笔消除瑕疵、让皮肤更光滑、消除眼睛中的血丝甚至消除鼻饰。

1. 在“图层”面板中，选择图层 12B_Start，再从图层面板菜单中选择“复制图层”，如图 12.28 所示。

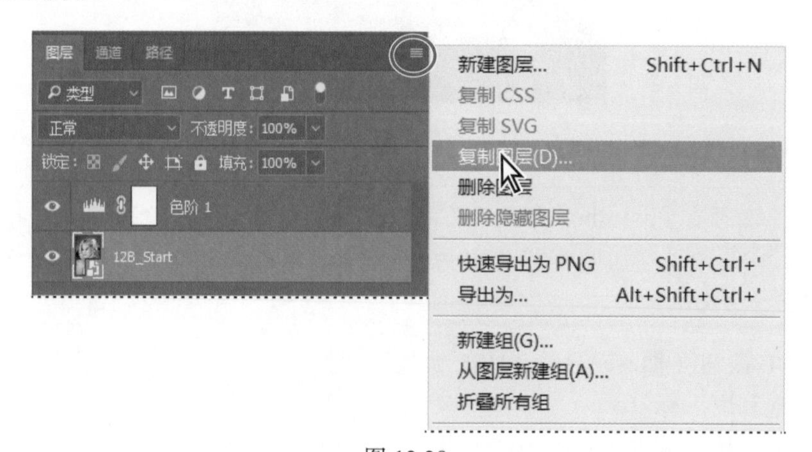

图 12.28

2. 将新图层命名为 Corrections 并单击“确定”按钮，如图 12.29 所示。

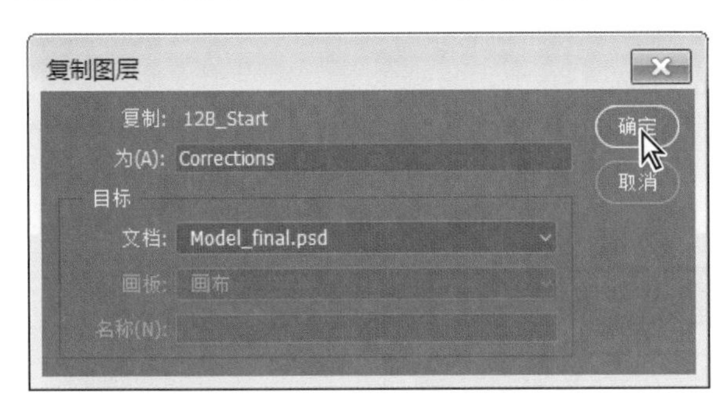

图 12.29

处理图层副本可保留原始像素供以后修改。使用修复画笔工具无法修改智能对象，因此首先需要将这个对象栅格化。

3. 选择菜单“图层”>“智能对象”>“栅格化”。
4. 放大模特的脸以便能够看清。
5. 选择污点修复画笔工具（）。
6. 在选项栏中做以下设置：
- 将画笔大小设置为 35 像素；
- 将“模式”设置为“正常”；
- 将“类型”设置为“内容识别”。
7. 使用污点修复画笔将鼻饰删除——可能只需单击一下就够了。

由于在选项栏的“类型”选择了“内容识别”，污点修复画笔工具将用类似于鼻钉周边的皮肤来替换鼻钉，如图 12.30 所示。

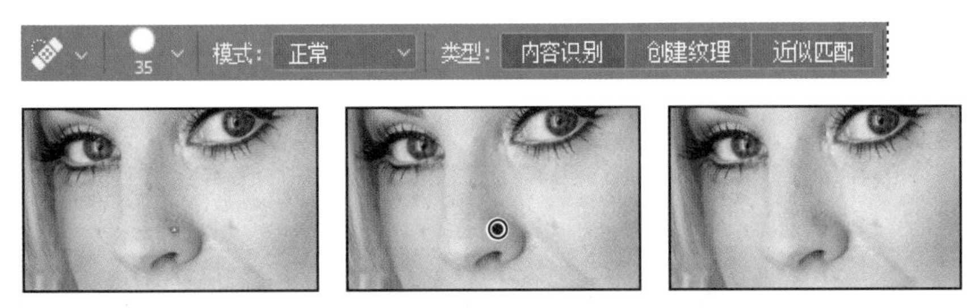

图 12.30

8. 在眼睛和嘴巴周围的细纹上绘画。你还可消除模特脸部、脖子、胳膊和胸部的雀斑和痣。请尝试单击，使用非常短的描边以及较长的描边。你还可尝试使用不同的设置，例如，在消除嘴巴周围的皱纹时，在选项栏中选择“近似匹配”，并将混合模式设置为“变亮”。请消除醒目或分散注意力的皱纹和瑕疵，但不要过度修饰，以免看起来不像本人。

对于较大的瑕疵，使用修复画笔工具来消除可能是更好的选择。使用修复画笔工具时，你能更好地控制 Photoshop 将采集的像素。

9. 选择隐藏在污点修复画笔工具后面的修复画笔工具（），将画笔大小设置为 45 像素，将硬度设置为 100%。
10. 按住 Alt（Windows）或 Option（Mac）并单击脸颊下方以指定采样源。
11. 在脸颊上的大痣上绘画，将其替换为采集的颜色，如图 12.31 所示。这修改的是颜色，后面将消除纹理。

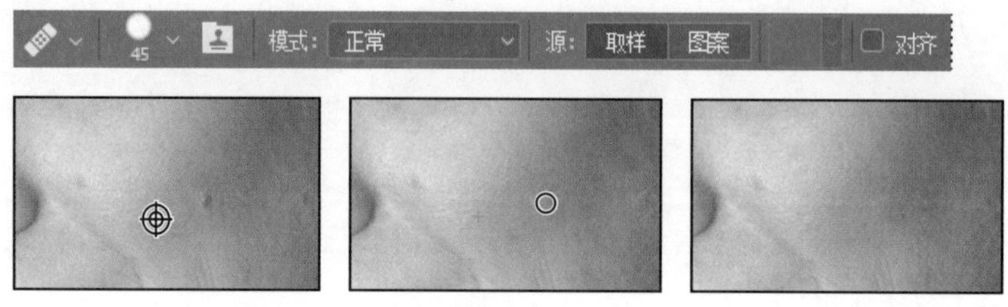

图 12.31

12. 使用修复画笔工具消除其他较大的瑕疵。
13. 选择菜单“文件”>“存储”保存所做的工作。

12.4.5 使用减淡和海绵工具改善图像

下面使用海绵和减淡工具来加亮眼睛和嘴唇。

1. 选择隐藏在减淡（）工具后面的海绵工具（）。在选项栏中，确保选择了复选框“自然饱和度”，并做如下设置：
- 将画笔大小设置为 35 像素；
- 将硬度设置为 0%；
- 将“模式”设置为“加色”；
- 将“流量”设置为 50%。
2. 在视网膜上拖曳以提高其颜色饱和度，如图 12.32 所示。

图 12.32

3. 将画笔大小改为 70 像素，将“流量”改为 10%，再使用海绵工具在嘴唇上绘画以提高饱和度。

使用海绵工具还可降低饱和度。下面来减少眼角的红色。

4. 在选项栏中，将画笔大小改为 45 像素，将“流量”改为 50%，再从模式下拉列表中选择“去色”。

5. 在眼角上绘画以减少红色。
6. 选择隐藏在海绵工具后面的减淡工具（）。
7. 在选项栏中，将画笔大小设置为 60 像素，将“曝光度”设置为 10%，并从范围下拉列表中选择“高光”。
8. 使用减淡工具在眼睛（眼白和视网膜）上绘画，将其加亮，如图 12.33 所示。

图 12.33

9. 在依然选择了减淡工具的情况下，在选项栏中从“范围”下拉列表中选择“阴影”。
10. 使用减淡工具加亮眼睛上方和视网膜周围，如图 12.34 所示。

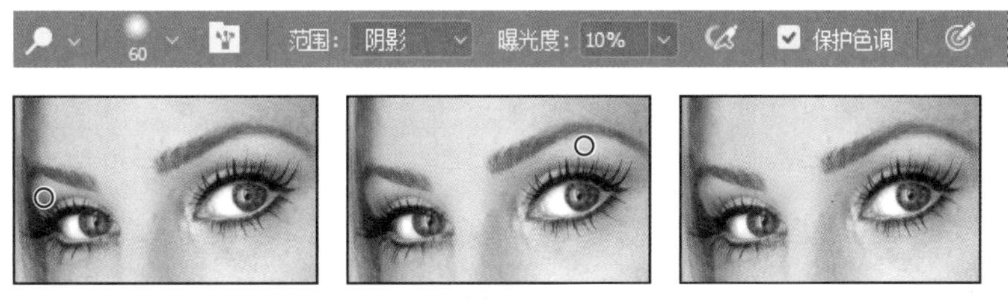

图 12.34

12.4.6 调整皮肤的色调

在 Photoshop 中，你可选择肤色所属的色彩范围，从而轻松地调整肤色，而不影响整幅图像。使用“肤色”选择颜色时，你也将选择图像中具有类似颜色的区域，但由于你只做细微的调整，因此这通常是可以接受的。

1. 选择菜单“选择”>“色彩范围”。
2. 在“色彩范围”对话框中，从“选择”下拉列表中选择“肤色”。

从预览可知，这选择了大部分图像。

3. 选中复选框“检测人脸”。

从预览可知选择的区域发生了变化。当前，你选择了脸部、头发和婚纱上较亮的区域。

4. 将“颜色容差”降低到 10，再单击“确定”按钮。

Photoshop 以跳动的虚线（有时也被称为移动的蚂蚁）呈现出选定的图像区域，如图 12.35 所示。下面使用曲线调整图层来减少皮肤色调中的红色。

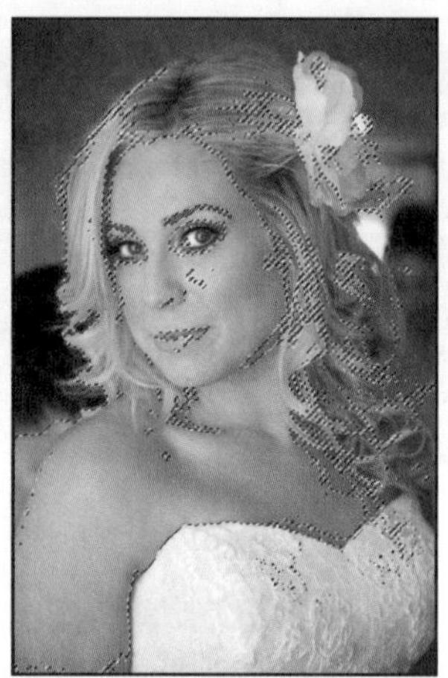

图 12.35

5. 单击“调整”面板中的“曲线”图标。

Photoshop 在 Corrections 图层上面添加了一个曲线调整图层，如图 12.36 所示。

图 12.36

6. 在“属性”面板中，从“颜色通道”下拉列表中选择“红”，再单击曲线中央并稍微向下拖曳，选定的区域将不那么红，如图 12.37 所示。注意不要向下拖曳太远，否则将出现绿色色偏。要查看调整前后有何不同，可在“属性”面板或“图层”面板中单击切换图层可见性按钮（眼睛图标）。

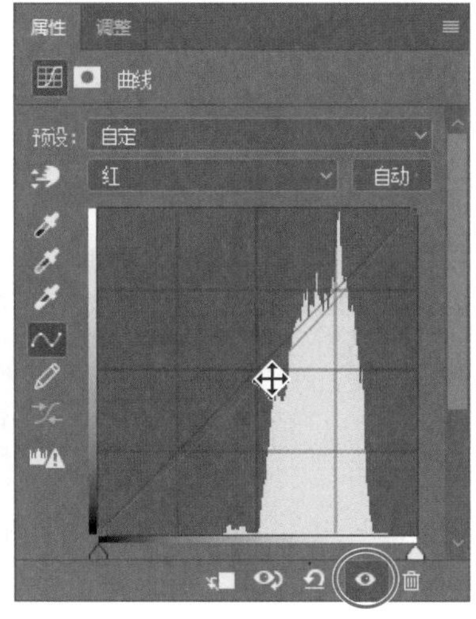

图 12.37

由于在应用曲线调整图层前，你选择了皮肤色调，因此皮肤颜色将发生变化，但背景不受影响。除皮肤外，这还稍微调整了图像的其他区域，但影响并不明显。

12.4.7 应用表面模糊

模特照片就要处理好了。最后，你将应用“表面模糊”滤镜，让模特的皮肤更光滑。

1. 选择图层 Corrections，再选择菜单“图层”>“复制图层”。在“复制图层”对话框中，将图层命名为 Surface Blur，并单击“确定”按钮。
2. 在选择了图层 Surface Blur 的情况下，选择菜单“滤镜”>“模糊”>“表面模糊”。
3. 在“表面模糊”对话框中，保留“半径”设置为 5 像素，将“阈值”滑块移到 10 处，再单击“确定”按钮，如图 12.38 所示。

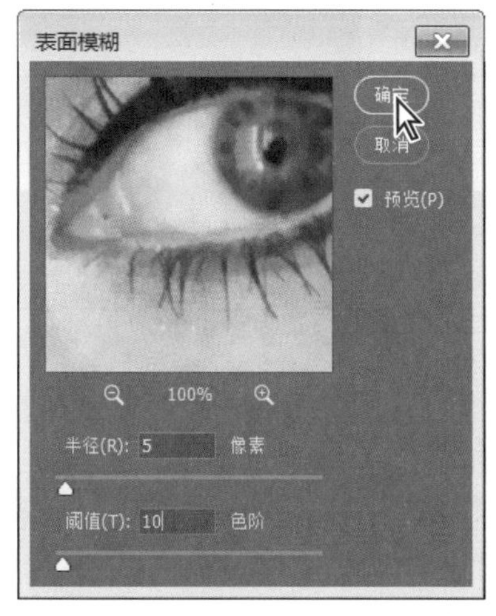

图 12.38

“表面模糊”滤镜让模特的皮肤看起来太光滑了。下面降低图层的不透明度，以减弱这种效果。

4. 在仍选择了图层 Surface Blur 的情况下，在“图层”面板中将不透明度改为 40%，如图 12.39 所示。

图 12.39

现在模特看起来更真实了，但还可使用橡皮擦工具实现更精确的表面模糊。

5. 选择橡皮擦工具。在选项栏中，将画笔大小设置为 10 ～ 50 像素，硬度设置为 10%，并将不透明度设置为 90%，如图 12.40 所示。

6. 在眼睛、眉毛、鼻子轮廓线和婚纱的细节上绘画。这将删除模糊后的图层的相应部分，让下面更清晰的图层的相应部分显示出来。

7. 缩小图像以便能够看到整幅图像。

8. 将文件存盘。

9. 选择菜单“图层”>“拼合图像”将图层拼合，以减少图像大小。

10. 再次将图像存盘，再关闭它。

图 12.40

通过使用 Photoshop 和 Camera Raw 的功能，你让这位新娘处在最漂亮的状态。正如你看到的，在改善图像期间，你可在 Photoshop 和 Camera Raw 之间切换，以执行不同的任务。

Camera Raw 的 HDR 和全景图功能

在 Camera Raw 中选择了多幅图像时，你可从“胶片”菜单中选择“合并到 HDR”或“合并到全景图”，如图 12.41 所示。HDR（高动态范围）要求以较高和较低的曝光度对同一个场景拍摄多张照片，而全景图要求有多张可组成更大场景的照片。Photoshop 也提供了 HDR 和全景图功能，但 Camera Raw 采用了新的处理方法更新。新的方法使用起来更简单，它提供了预览，能够在后台进行图像处理，还可以生成 DNG 文件，这种原始数据格式让你能够使用 Camera Raw 进行灵活地编辑。

图 12.41

使用光线绘画：将 Camera Raw 用作滤镜

在 Camera Raw 中处理文件后，你可在 Photoshop 中打开它，以便开始编辑。另外，在 Photoshop 中，你也可以以滤镜的方式将 Camera Raw 设置应用于文件。下面以滤镜的方式使用 Camera Raw 来调整一幅静态图像。为以智能滤镜的方式使用 Camera Raw，先得将图像转换为智能对象，这样所做的修改就不会影响原始文件。

1. 在 Photoshop 中，选择菜单“文件”>“打开”。切换到文件夹 Lessons\Lesson12，再双击文件 fruit.jpg 将其打开。
2. 选择菜单“滤镜”>“转换为智能滤镜”，并在出现的对话框中单击“确定”按钮。
3. 选择菜单“滤镜”>“Camera Raw 滤镜”在 Camera Raw 中打开这幅图像。

这幅图像被转换成了智能对象，因此可通过智能滤镜的方式应用 Camera Raw 设置。你还可通过标准滤镜的方式应用 Camera Raw 设置，但这样做将无法回过头来调整设置，也无法在图像文件中隐藏所做的调整。

4. 在工具栏中选择调整画笔，如图 12.42 所示。

在 Camera Raw 中，使用调整画笔可调整特定区域的曝光度、亮度和清晰度等，方法是直接在这些区域中绘画。渐变滤镜工具的功能与此类似，但它以渐变的方式调整指定的照片区域。

5. 在“调整画笔”面板中，将“曝光”设置为 +1.50，再在这个面板底部将“大小”和“羽化”分别设置为 8 和 85。
6. 在要提高曝光度的水果上绘画，这将让水果的颜色更鲜艳。继续绘画，直到水果非常亮为止，如图 12.43 所示。
7. 在所有的水果上都绘画后，在“调整画笔”面板中降低“曝光”设置，让图像看起来更逼真。

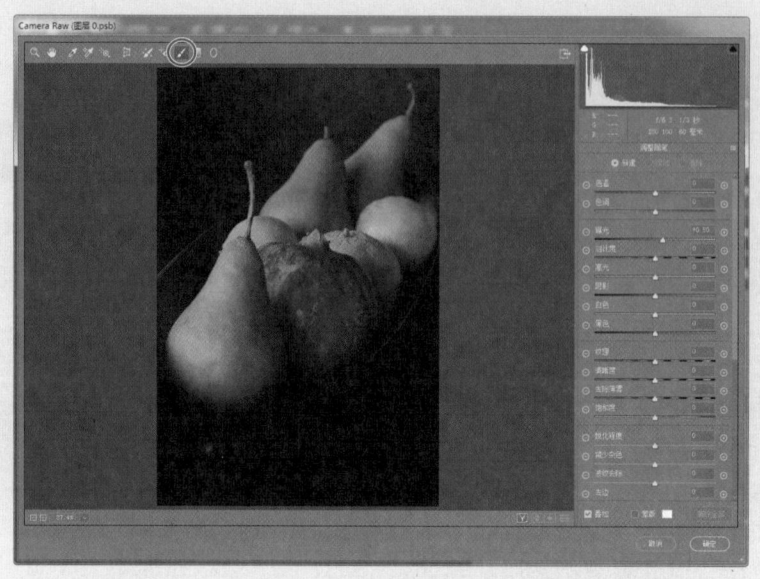

图 12.42

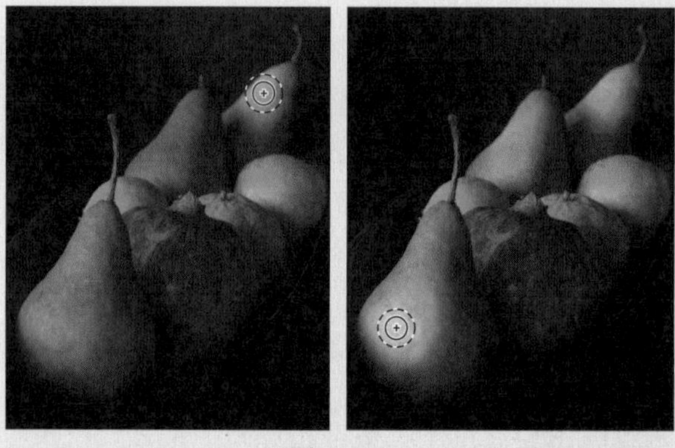

图 12.43

8. 要在 Camera Raw 中查看修改对图像的影响，单击图像底部的“预览模式”按钮，并从下拉列表中选择“原图 / 效果图 左 / 右”。

9. 对结果满意后，单击“确定”按钮。

Photoshop 将显示修改后的图像。在图层面板中，图层名下方出现了 Camera Raw 滤镜，你可切换该滤镜的可见性图标来查看调整前后的图像。要编辑 Camera Raw 智能滤镜的设置，可双击“图层”面板中的 Camera Raw 滤镜。

你可能注意到了，将 Camera Raw 作为滤镜应用于图层时，可用的选项更少，而将 Camera Raw 用于编辑原始数据文件时，可使用所有的选项。

12.5 复习题

1. 在 Camera Raw 中编辑相机原始图像时将发生什么事情?
2. Adobe 数字负片(DNG)文件格式有何优点?
3. 在 Camera Raw 中,如何将相同的设置应用于多幅图像?
4. 如何以滤镜的方式应用 Camera Raw 设置?

12.6 复习题答案

1. 相机原始数据文件包含数码相机图像传感器中未经处理的图片数据,让摄影师能够对图像数据进行解释,而不是由相机自动进行调整和转换。在 Camera Raw 中编辑图像时,系统将保留原始的相机原始文件数据,这样用户可以根据需要对图像进行编辑,然后导出它,同时保留原件不动供以后使用或进行其他调整。
2. Adobe 数字负片(DNG)文件格式包含来自数码相机的原始图像数据以及定义图像数据含义的元数据。DNG 是一种相机原始图像数据行业标准,可帮助摄影师管理专用的相机原始文件格式,并提供了一种包含调整设置的兼容归档格式。
3. 在 Camera Raw 中,要将相同的设置应用于多幅图像,可在胶片区域中选择这些图像,再单击"胶片"菜单按钮,并选择"同步设置"。然后,选择你要应用的设置,再单击"确定"按钮。
4. 在 Photoshop 中,要以滤镜的方式应用 Camera Raw 设置,可选择菜单"滤镜">"Camera Raw 滤镜"。然后,在 Camera Raw 做需要的修改,再单击"确定"按钮。如果希望以后能够调整设置,可以通过智能滤镜的方式应用 Camera Raw 设置。

第13课　处理用于Web的图像

在本课中，你将学习以下内容：

- 使用图框工具创建占位符；
- 创建用于网站的按钮并对其应用样式；
- 使用图层组和画板；
- 优化用于 Web 的素材；
- 记录动作以自动化一系列步骤；
- 播放动作以影响多幅图像；
- 使用“导出为”功能保存整个版面和各项素材；
- 使用多个画板提供适用于多种屏幕尺寸的设计。

本课大约需要 1 小时。启动 Photoshop 之前，请先在异步社区将本书的课程资源下载到本地硬盘中，并进行解压。在学习本课时，请打开相应的课程文件。建议先做好原始课程文件的备份工作，以免后期用到这些原始文件时，还需重新下载。

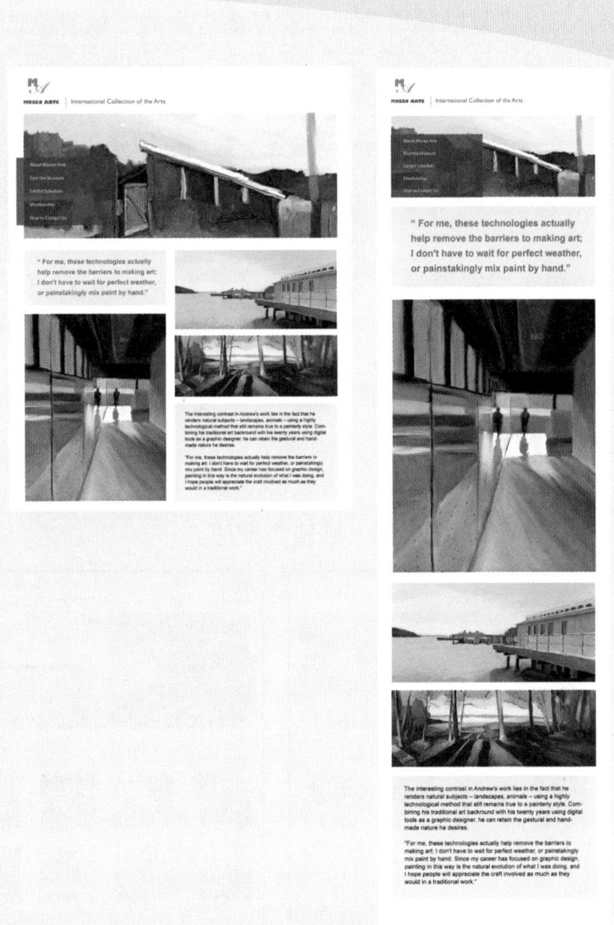

经常需要为网站按钮或其他元素创建独立的图像。“导出为”工作流程让你能够轻松地将图层、图层组和画板保存为独立的图像文件。

13.1 概述

在本课中，你将为一个西班牙美术馆主页创建按钮，再为每个按钮生成合适的图形文件。你将使用图层组来组织按钮，再创建动作，以便对用作第二组按钮的图像进行处理。

首先来查看最终的 Web 设计。

1. 启动 Photoshop 并立刻按下 Ctrl + Alt + Shift 键（Windows）或 Command + Option + Shift 键（Mac）以恢复默认首选项（参见前言中的“恢复默认首选项”）。
2. 出现提示对话框时，单击“是”确认要删除 Adobe Photoshop 设置文件。
3. 选择菜单“文件” > “在 Bridge 中浏览”。

> Ps **注意：**如果你没有安装 Bridge，当你选择“在 Bridge 中浏览”时将提示你安装 Bridge。更详细的信息请参阅前言。

4. 在 Bridge 中，单击“收藏夹”面板中的文件夹 Lessons，再双击“内容”面板中的文件夹 Lesson13。
5. 在 Bridge 中查看文件 13End.psd。

这个网页底部有 8 个按钮，它们排成两行。你将图像转换为第一行按钮，再使用动作来制作第二行按钮。

6. 双击文件 13Start.psd 的缩略图，以在 Photoshop 中打开它，如图 13.1 所示。如果出现“缺失匹配文件”对话框，单击“确定”按钮。

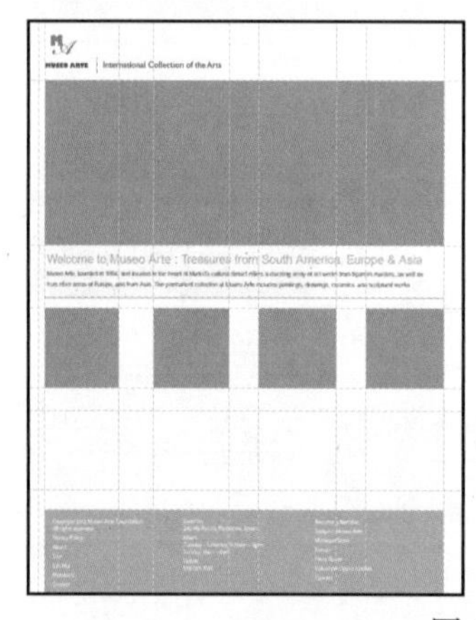
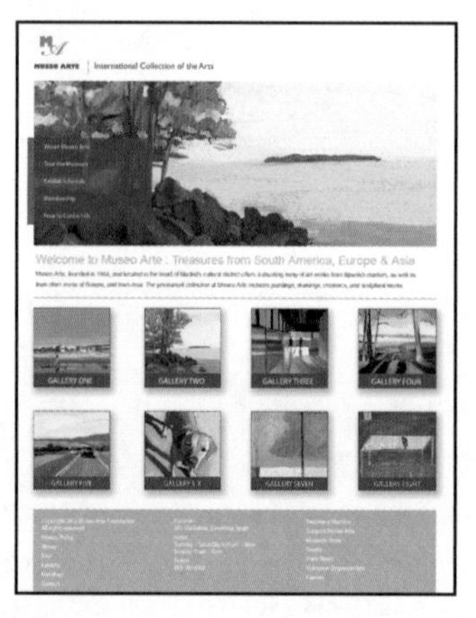

图 13.1

7. 选择菜单“文件” > “存储为”，并将文件重命名为 13Working.psd。在“Photoshop 格式选项”对话框中单击“确定”按钮。

13.2 使用图框工具创建占位符

设计印刷、Web 或移动设备项目使用的对象时，通常在设计版面时还没有最终要使用的图形。在这种情况下，可先添加临时图形，以后再用最终的图形替换它们，但这会增加文件管理工作量。为简化设计过程，可在早期设计阶段创建名为图框的占位形状，这样有了最终使用的图形后，可轻松地将它们添加到占位图框中。

要创建图框，可使用图框工具。图框可包含导入的图像、智能对象或像素图层。你创建的图框将出现在“图层”面板中，因为图框犹如带矢量蒙版的图层组。

文档 13Working.psd 包含了几个灰色框，用于帮助放置你将在本课创建的图框。你自己设计项目时，可直接使用图框工具来添加图框。

1. 选择菜单“编辑” > “首选项” > “单位与标尺”（Windows）或“Photoshop CC” > “首选项” > “单位与标尺”（Mac）。在对话框的“单位”部分，从“标尺”下拉列表中选择“像素”，再单击“确定”按钮，如图 13.2 所示。

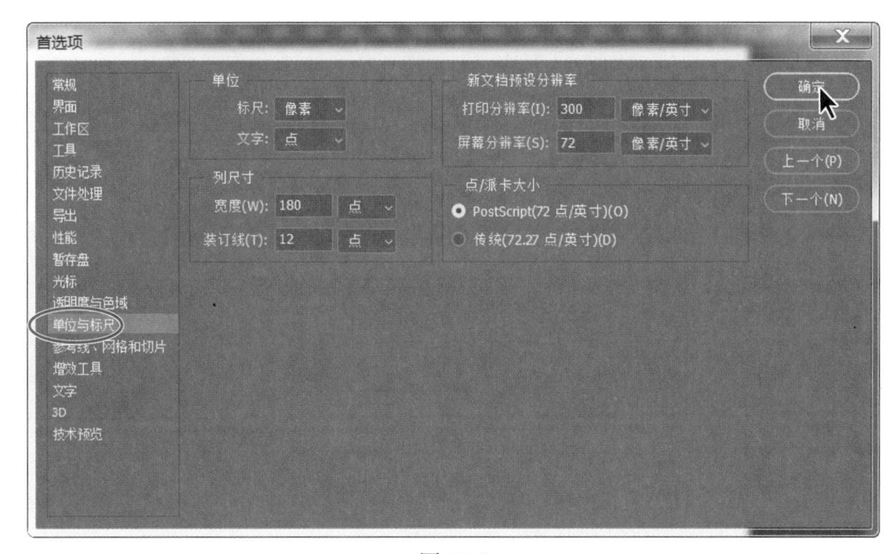

图 13.2

Ps **提示：**一种快速修改度量单位的方式是，右键单击（Windows）或按住 Control 键并单击（Mac）标尺，再选择所需的单位。

由于这个文档将作为网页，所以你需要以像素为单位。

2. 选择菜单“窗口” > “信息”打开“信息”面板。

当你移动鼠标或建立选区时，“信息”面板将动态地显示信息。具体显示哪些信息取决于你选择的是什么工具。你将使用这个面板来确定标尺参考线的位置（基于 Y 坐标）以及选定区域的大小（基于宽度和高度）。这个面板还让你能够方便地获悉鼠标指针指向的像素的颜色值。

提示：要定制“信息”面板显示颜色值的方式，可单击其中的吸管图标并选择所需的显示方式。

3. 如果看不到标尺，选择菜单“视图” > “标尺”。

Ps | **提示：**显示 / 隐藏标尺的键盘快捷键为 Ctrl+R（Windows）或 Command+R（Mac）。

13.2.1　添加图框

添加图框很容易，可像创建形状（如矩形或圆）那样创建它们。

1. 在工具面板中，选择图框工具（）。
2. 通过拖曳鼠标创建一个矩形图框，它覆盖了文档顶部的大型灰色矩形，如图 13.3 所示。

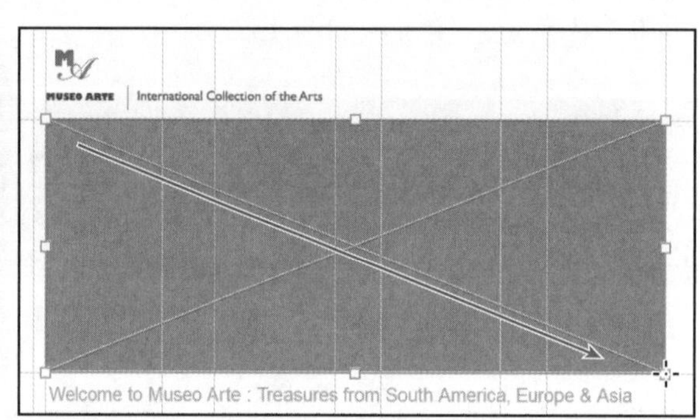

图 13.3

Ps | **提示：**要创建椭圆或圆形图框，可单击选项栏中的“椭圆图框”图标。

这个图框显示为一个内部有 X 的矩形，其中的 X 表明它不是矢量形状，而是占位图框。作为占位符，你随时可将图形添加到其中。

提示：要创建其他形状的（如星形）图框，可先使用钢笔工具或形状工具绘制所需的形状，然后在“图层”面板中选择该形状图层，并选择菜单“图层”>“新建”>“转换为图框”。

13.2.2　将图形添加到图框中

有了要放置到文档中的图像和图形后，就可将它们添加到已创建好的占位图框中了。

1. 在“图层”面板中，确保依然选择了图层“图框 1”。
2. 选择菜单“文件”>“置入链接的智能对象”。
3. 切换到文件夹 Lesson13\Art，选择文件 NorthShore.jpg，并单击“置入”按钮。

这幅 JPEG 图像将出现在选定的图框内，并自动调整大小以适合图框，如图 13.4 所示。

你也可从 Bridge 或桌面将图像拖放到 Photoshop 文档窗口内的图框中，这将嵌入该图像。要链接该图像，可在拖放到 Photoshop 中时按住 Alt 键或 Option 键。

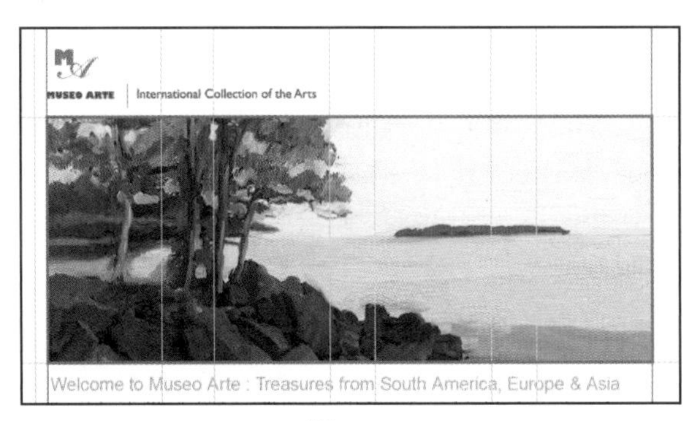

图 13.4

13.2.3 使用“属性”面板调整图框的属性

在“图层”面板中选择了图框时，你可在“属性”面板中看到并编辑其属性，可利用这一点在创建图框后修改它。

1. 使用图框工具在 4 个灰色方框和文档底部之间绘制一个矩形图框，如图 13.5 所示。其大小和位置无关紧要，因为接下来你将修改它。
2. 在选择了这个图框的情况下，在“属性”面板中做以下设置。

- 宽度：180。
- 高度：180。
- X：40。
- Y：648。

设置了上述值后，该图框的大小和位置应该与第一个灰色方框匹配，如图 13.6 所示。

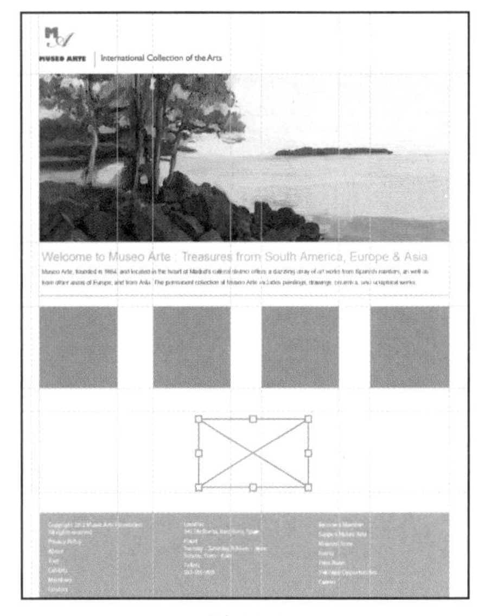

图 13.5

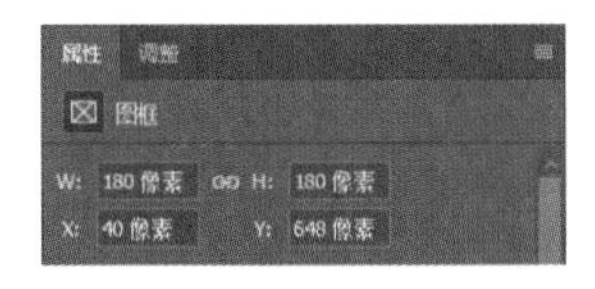

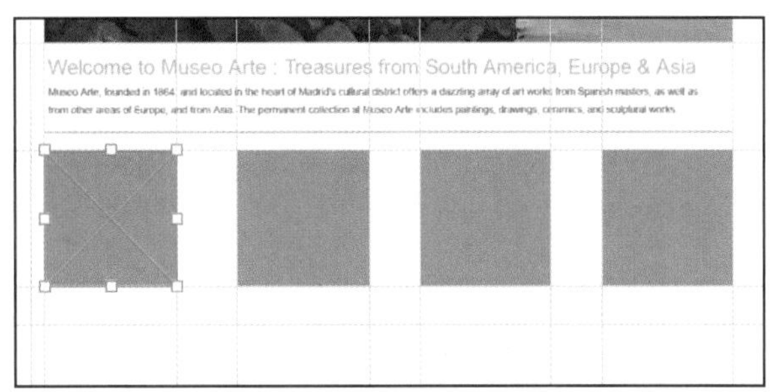

图 13.6

> **提示：**与在“控制”面板中一样，在“属性”面板的字段中，可右键单击（Windows）或按住 Control 键并单击（Mac）来修改度量单位；你还可在值的后面输入单位（如 4 in）来覆盖默认度量单位。

13.2.4 复制图框

这行的其他 3 个方框的大小与这个方框相同，因此这里不手动绘制全部 4 个方框，而是直接复制它们。复制图框的方法与复制图层的类似，因为图框出现在“图层”面板中。

1. 在“图层”面板中，将图层“图框 1”拖放到创建新图层按钮上，“图层”面板中将出现复制的图层，它叫作“图框 1 拷贝”，如图 13.7 所示。

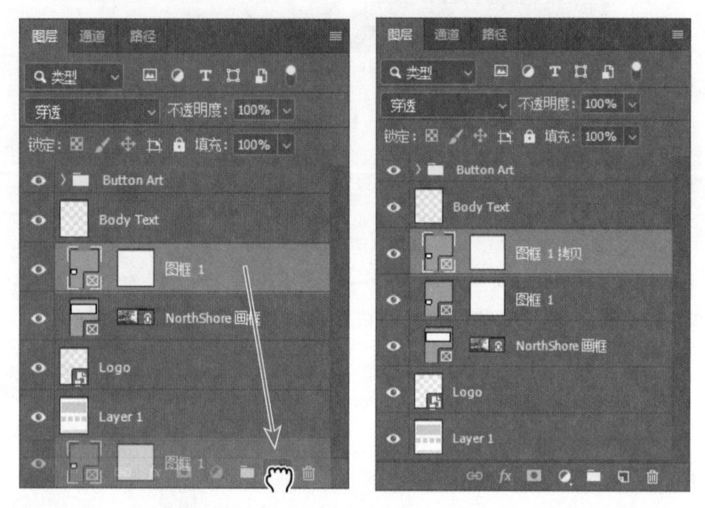

图 13.7

2. 在选择了图层“图框 1 拷贝”的情况下，在“属性”面板中将 X 的值改为 300，让复制的图框与第二个灰色方框对齐。
3. 重复第 2 步两次，再复制两个图框，并在属性面板中将它们的 X 值分别设置为 550 和 800。

这就创建了 4 个排列成行的占位图框，如图 13.8 所示。

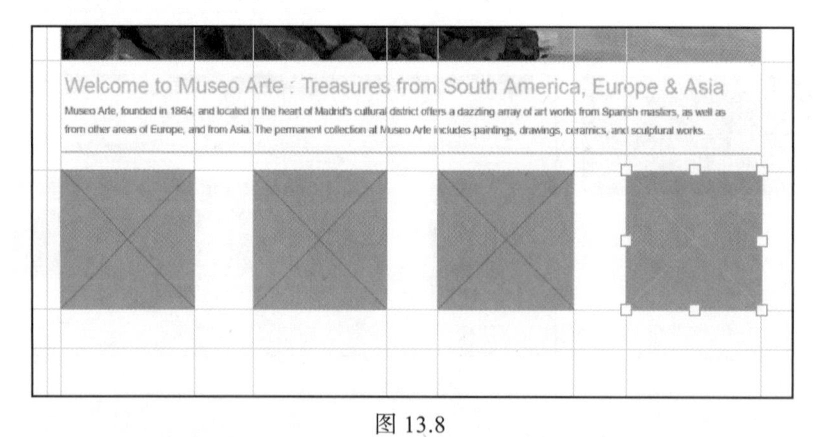

图 13.8

13.2.5 在图框中添加图像

有了最终要使用的图形后，你可快速将它们添加到各个图框中。为此，一种方便的方式是使用“属性”面板。

1. 确保选择了第一个方形图框。
2. 在“属性”面板中，单击下拉列表并选择“从本地磁盘置入 - 链接式”，如图 13.9 所示。

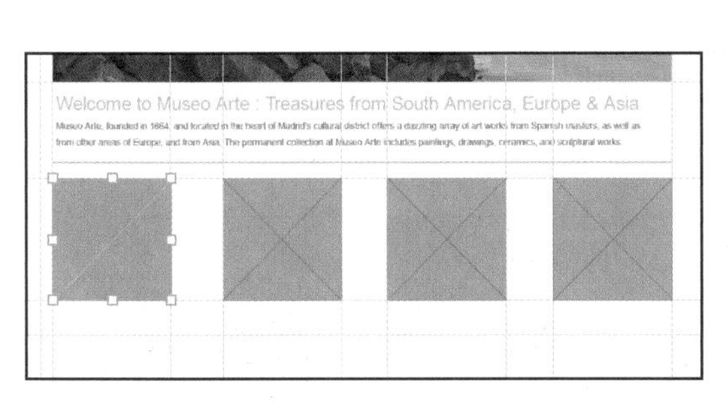

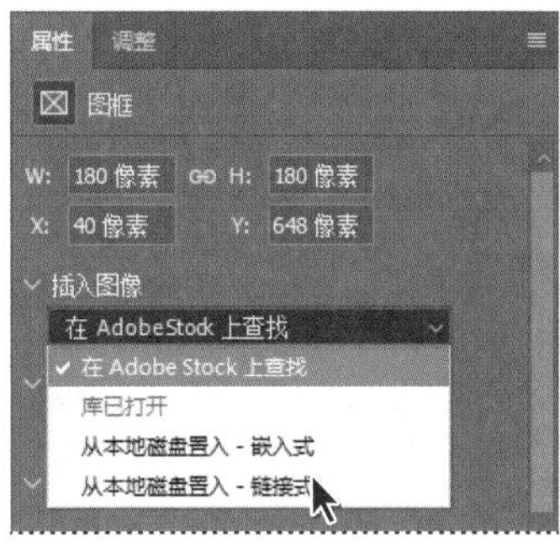

图 13.9

3. 切换到文件夹 Lesson13\Art，选择文件 Beach.jpg，再单击“置入”按钮。

文件 Beach.jpg 将缩放以适合图框，该图层的名称将变成“Beach 画框”，而“属性”面板中将显示该文件的路径，如图 13.10 所示。

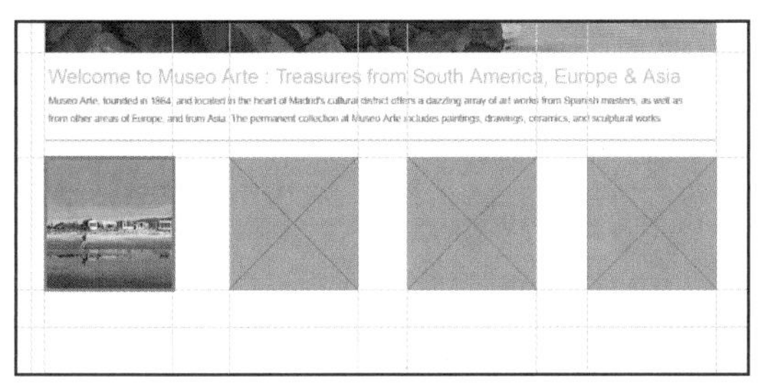

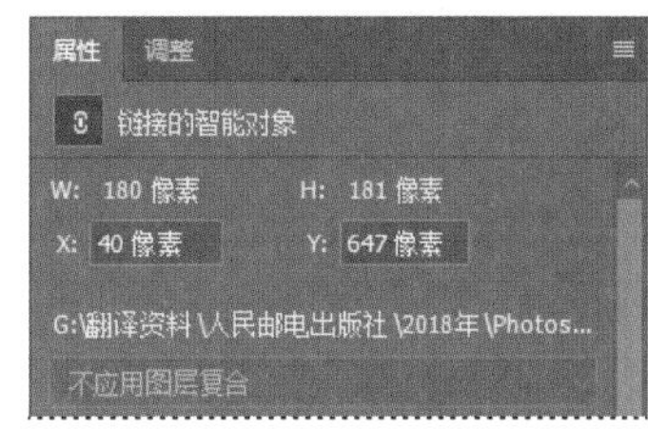

图 13.10

4. 对其他 3 个方形图框重复第 3 步，分别置入文件 NorthShore.jpg、DeYoung.jpg 和 MaineOne.jpg，结果如图 13.11 所示。别忘了，想在画框中置入链接的图像，也可按住 Alt 键（Windows）或 Option 键（Mac），并将图像从桌面拖放到图框中。

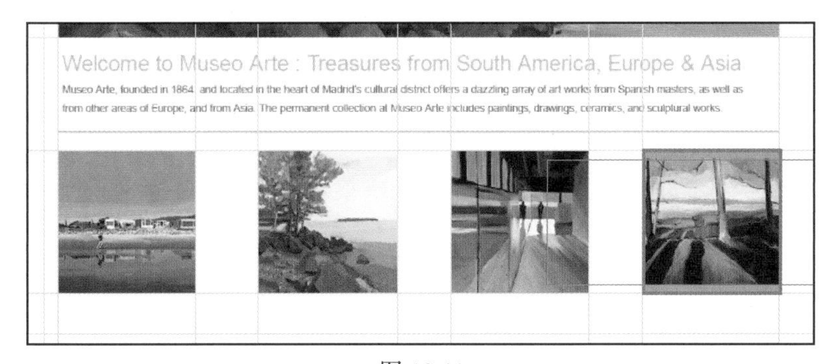

图 13.11

5. 在“图层”面板中，通过单击选择图层“MainOne 画框”的图框图层缩略图（右边那个带链接图标的缩略图），这将只选择图框的内容（单击左边的缩略图将选择图框）。
6. 选择菜单“编辑”>“自由变换”，并根据需要拖曳图像或手柄，以调整其大小或在图框内的位置，结果如图 13.12 所示。

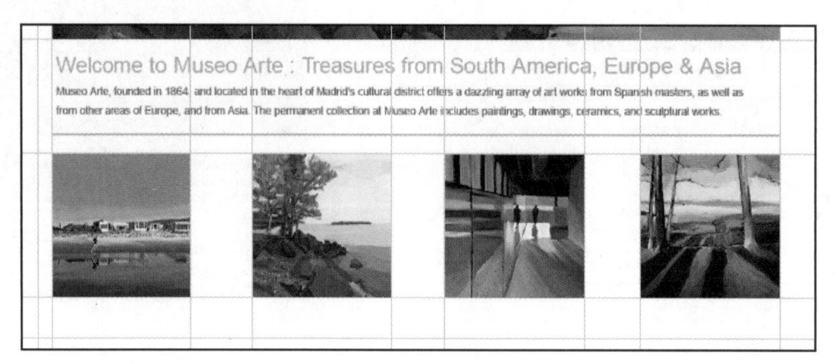

图 13.12

Ps **提示：**如果只想选择图框，可使用移动工具单击图框边缘。这种方法在附近没有其他对象或参考线影响时最有效。

 **注意：**如果使用移动工具无法选择图框或其内容，那么请确保在选项栏中启用了自动选择图层。没有启用自动选择图层时，你必须在“图层”面板中单击图框或其内容的缩略图。

将图像添加到图框中后，最好检查所有的图框，确保图形的位置和大小都正确。你可随便调整其他图框中的图像。

13.3 使用图层组来创建按钮图形

图层组让你能够更轻松地组织和处理复杂图像中的图层，在一系列图层协同工作时尤其如此。你将使用图层组来组织组成每个按钮的图层，这可方便以后导出素材。

前面创建的 4 个图框是按钮的雏形，下面给每个图框添加标签，指出它们表示的画廊，再添加投影和描边。

1. 如果还没有打开“信息”面板，选择菜单“窗口”>“信息”打开它。
2. 再将鼠标指针指向水平标尺，向下拖曳标尺参考线，直到“信息”面板中显示的 Y 值为 795 像素，如图 13.13 所示。

Ps **提示：**如果你难以准确地放置水平标尺参考线，请放大图像。

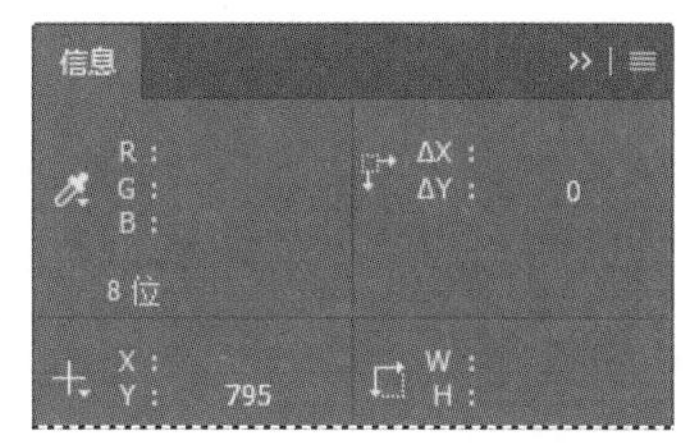

图 13.13

你将根据这条参考线在图像底部绘制一个用于放置标签的条带。

3. 放大第一幅方形图像——男人在沙滩上跑步的图像，再在“图层”面板中选择图层“Beach 画框”，如图 13.14 所示。

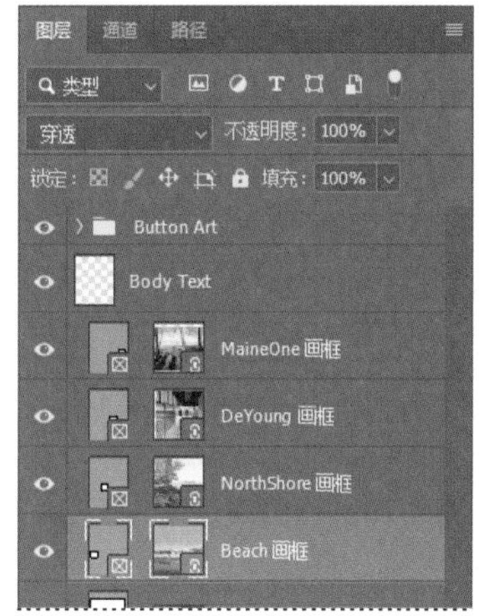

图 13.14

下面使用这幅图像来设计第一个按钮。

4. 单击“图层”面板底部的新建图层按钮（ ），图层“Beach 画框”上方将出现一个名为“图层 2”的新图层，请将其重命名为 band。

5. 选择工具面板中的矩形选框工具（ ），再拖曳出一个环绕图像底部并与参考线对齐的选框。这个选区宽 180 像素、高 33 像素。确保该选区的左、右边缘和下边缘都与画框对齐。

6. 选择菜单“编辑”>“填充”。在“填充”对话框中，从“内容”下拉列表中选择“颜色”，再在拾色器中选择深蓝色（RGB 值为 25、72、121）。单击“确定”按钮关闭拾色器，再单击“确定”按钮关闭“填充”对话框并让填充生效，如图 13.15 所示。

在图像底部你建立的选区内，出现了一条深蓝色条带。下面在其中添加文字。

图 13.15

7. 选择菜单“选择”>“取消选择”。
8. 选择横排文字工具，并在选项栏中做如下设置：
- 将字体系列设置为 Myriad Pro；
- 将字体样式设置为 Regular；
- 将字号设置为 18 点；
- 将防锯齿设置为浑厚；
- 将对齐方式设置为居中；
- 将颜色设置为白色。
9. 在蓝色条带中央单击，并输入 GALLERY ONE。如有必要，使用移动工具调整这个文字图层的位置，如图 13.16 所示。

图 13.16

> **注意：** 在有些 Photoshop CC 2019 的版本中，即便你指定了其他对齐方式，使用横排文字工具新建的文字图层中的文本也将是左对齐的。要修复这个问题，可在文字图层创建后再将对齐方式设置为居中。

10. 在“图层”面板中，选择图层 GALLERY ONE 和 band，再选择菜单“图层”>“图层编组”。Photoshop 将创建一个名为“组 1”的图层组。

> **提示：** 从选定的图层中创建图层组的键盘快捷键为 Ctrl +G（Windows）或 Command + G（Mac）。

11. 双击图层编组“组 1”，并将其重命名为 Gallery 1，再展开它。刚才选择的图层缩进了，这表明它们属于这个图层编组，如图 13.17 所示。

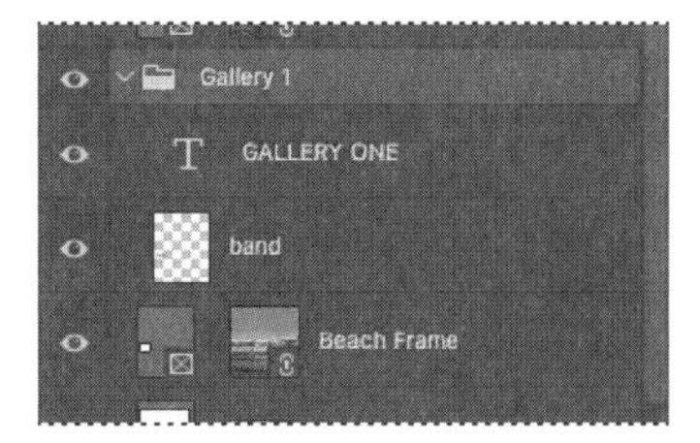

图 13.17

12. 向上拖曳图层组 Gallery 1，将其放在其他所有图框图层的上面，如图 13.18 所示。

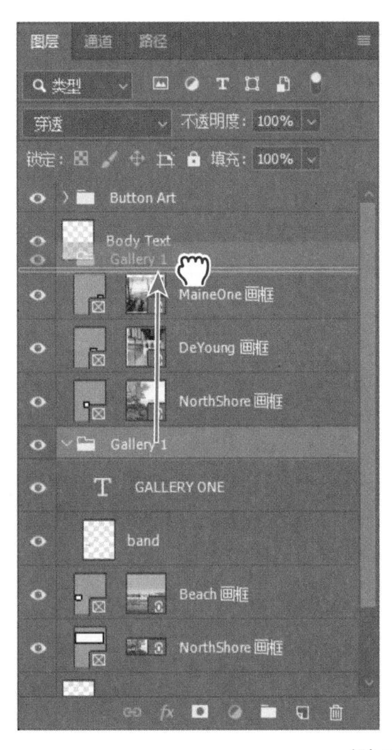

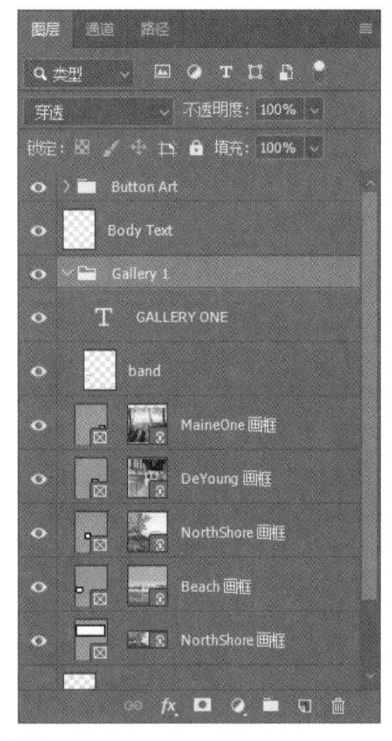

图 13.18

13. 选择菜单“文件”>“存储”。

复制按钮

第一个按钮的标签设计好了，你可重复这些步骤给其他按钮创建标签，但更快的方法是，复制刚才创建的图层组并根据需要进行编辑。

1. 在“图层”面板中，确保选择了图层组 Gallery 1。
2. 选择移动工具，并确保在选项栏中取消选择了复选框“自动选择”，如图 13.19 所示。

图 13.19

3. 使用移动工具，按住 Alt（Windows）或 Option（Mac）键，并将按钮 Gallery One 向右拖曳到与第二个方形图框及其参考线对齐后松开鼠标，结果如图 13.20 所示。

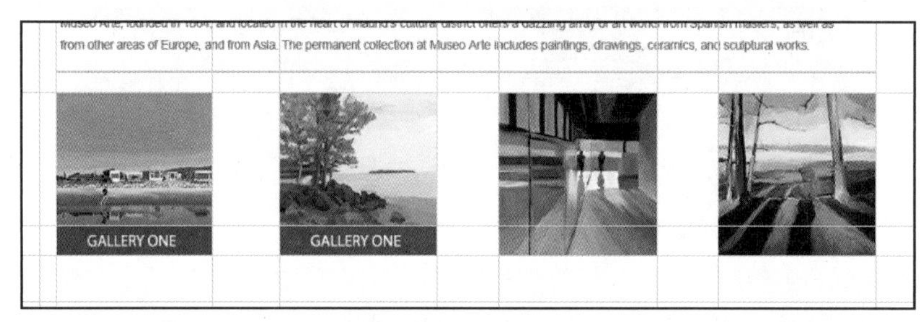

图 13.20

使用移动工具拖曳时按住 Alt 或 Option 键将创建图层组的副本。你松开鼠标后，创建的副本（图层组“Gallery 1 拷贝”）将出现在“图层”面板中并被选定。

4. 重复第 3 步，即按住 Alt（Windows）或 Option（Mac）键并将第 2 个按钮拖曳到第 3 个方形图框中，再将第 3 个按钮复制到第 4 个方形图框中，完成这行按钮的创建。

下面来编辑这 3 个副本中的文本，使其与相应的图像匹配。

5. 使用横排文字工具选择第 2 个按钮中的 ONE 并将其改为 TWO，结果如图 13.21 所示。

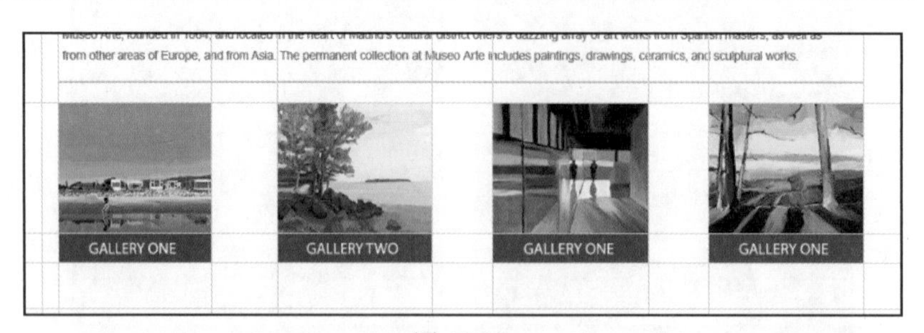

图 13.21

6. 对第 3 个和第 4 个按钮重复第 5 步，将文本分别改为 GALLERY THREE 和 GALLERY FOUR。
7. 编辑完文本 GALLERY FOUR 后，通过选择移动工具提交这次文本编辑，结果如图 13.22 所示。

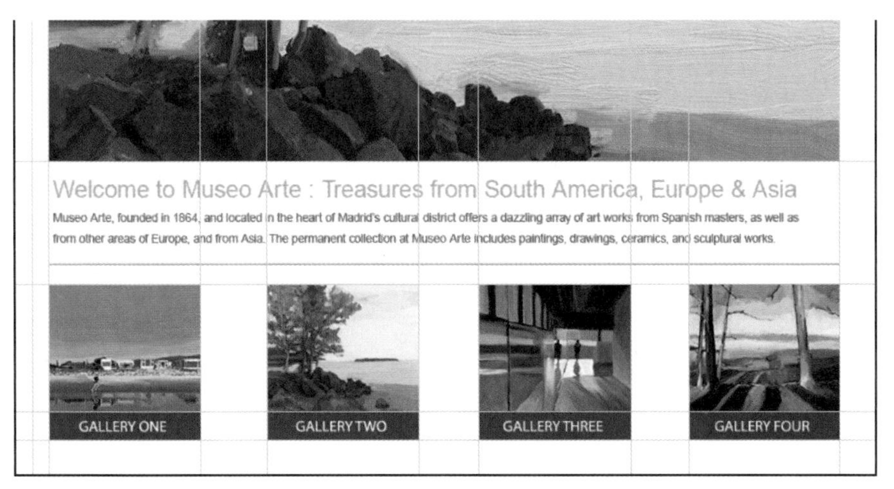

图 13.22

8. 在“图层”面板中，修改各个图层组的名称，使其与内容一致。

- 双击图层组名称“Gallery 1 拷贝”，并将其改为 Gallery 2。
- 双击图层组名称“Gallery 1 拷贝 2”，并将其改为 Gallery 3。
- 双击图层组名称“Gallery 1 拷贝 3”，并将其改为 Gallery 4。

> **提示：**如果你增大“图层”面板的高度，使得能够同时看到多个展开的图层组，那么上述任务将更容易完成。

下面来将各个按钮图像移到相应的图层组中。

9. 在“图层”面板中，执行如下操作。

- 将图层“Beach 画框”拖放到图层组 Gallery 1，并放在图层 GALLERY ONE 和 band 的下面，如图 13.23 所示。
- 将图层“NorthShore 画框”拖放到图层组 Gallery 2，并放在图层 GALLERY TWO 和 band 的下面。
- 将图层“DeYoung 画框”拖放到图层组 Gallery 3，并放在图层 GALLERY THREE 和 band 的下面。
- 将图层“MaineOne 画框”拖放到图层组 Gallery 4，并放在图层 GALLERY FOUR 和 band 的下面。

> **注意：**在步骤 9 中拖曳图层时，在拖曳之前，将鼠标指针放在图层名称上，而不是缩略图上。

10. 单击各个 Gallery 图层组图标旁边的箭头，将这些图层组折叠，让“图层”面板更整洁，如图 13.24 所示。

下面来添加投影和描边以改善这个按钮的外观。

11. 在“图层”面板中，选择图层组 Gallery 1，再单击“图层”面板底部的添加图层样式按钮（*fx*），然后选择“投影”。

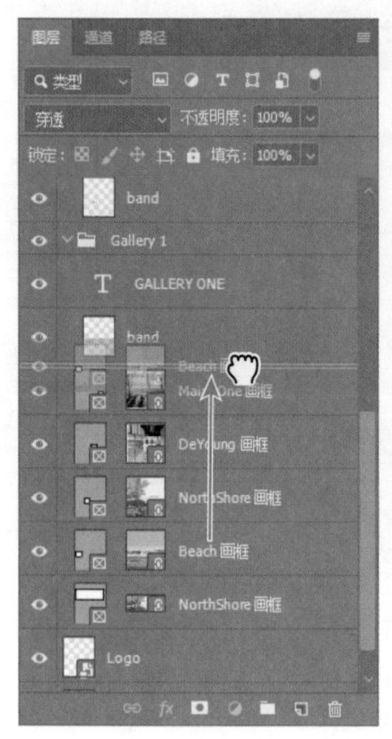

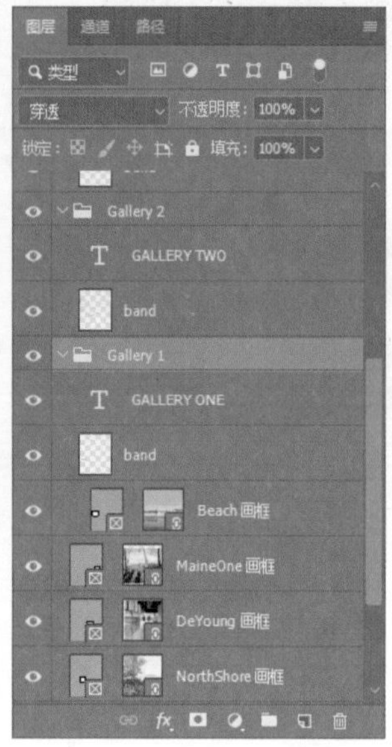

图 13.23

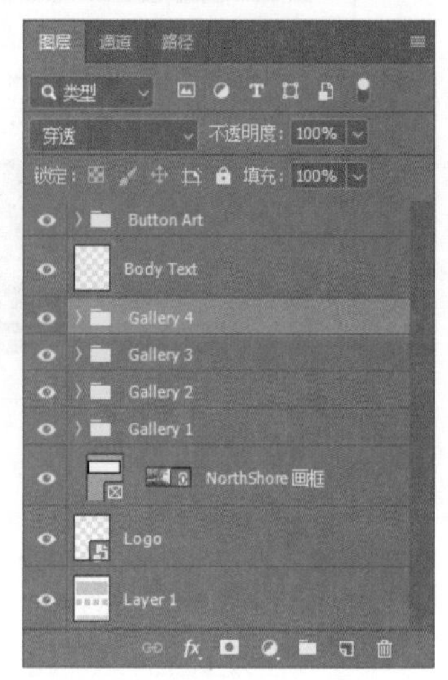

图 13.24

12. 在“图层样式”对话框中，在“结构”部分做如下设置（如图 13.25 所示）：

- 将“不透明度”设置为 27%；
- 将“距离”设置为 9 像素；
- 将“扩展”设置为 8 像素；
- 将“大小”设置为 18 像素。

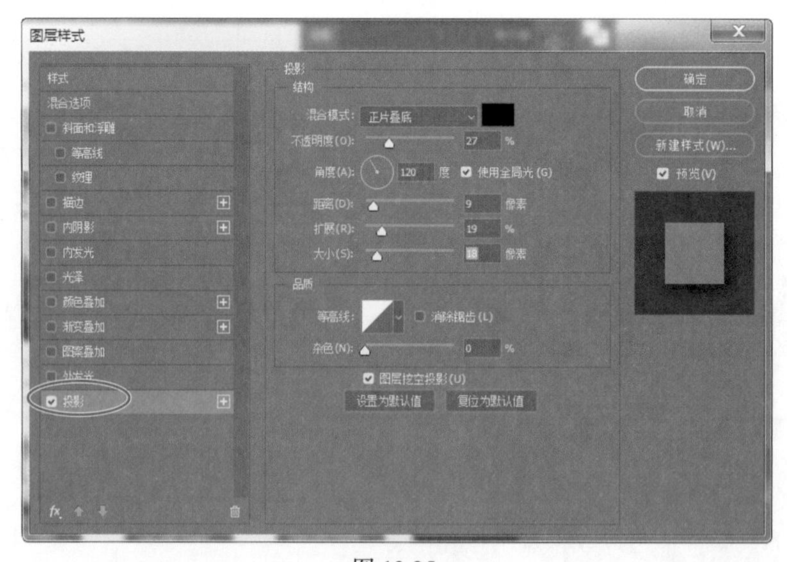

图 13.25

13. 在图层样式对话框打开的情况下，选择左边的“描边”确保它被启用，再进行如下设置：

- 将“大小”设置为 1 像素；
- 将“位置”设置为内部；
- 单击“颜色”右边的色板打开拾色器，再单击蓝色条带采集其颜色，然后单击“确定”按钮选择这种颜色。

注意：请务必单击字样“描边”。如果你单击对应的复选框，Photoshop 将使用默认设置来应用该样式，而不显示其选项。

14. 单击“确定”按钮应用这两种样式，如图 13.26 所示。

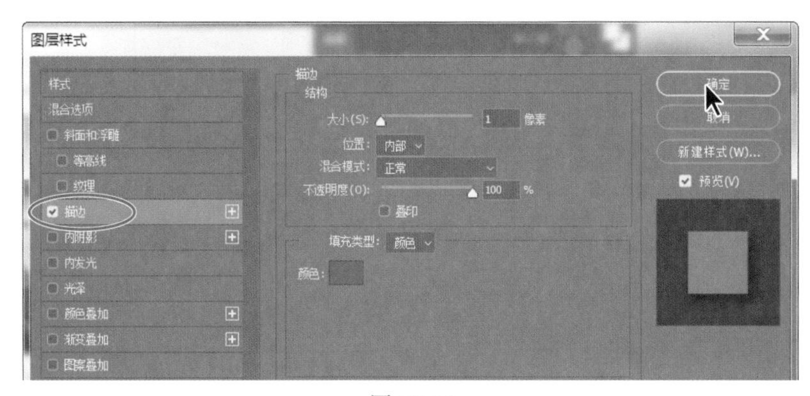

图 13.26

投影和描边出现在该按钮的图层组中，还出现在“图层”面板中。

15. 在“图层”面板中，将鼠标指针指向图层组 Gallery 1 旁边的 fx 图标，再按住 Alt（Windows）或 Option（Mac）键，并将这个图标拖放到图层组 Gallery 2 中，如图 13.27 所示。这是一种快速将图层效果复制到另一个图层或图层组中的方式。

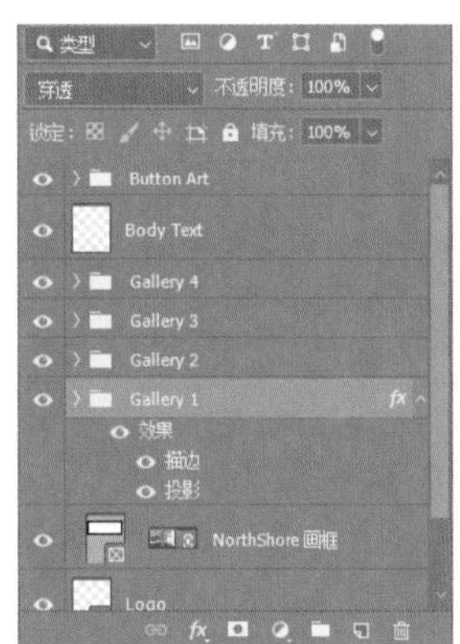

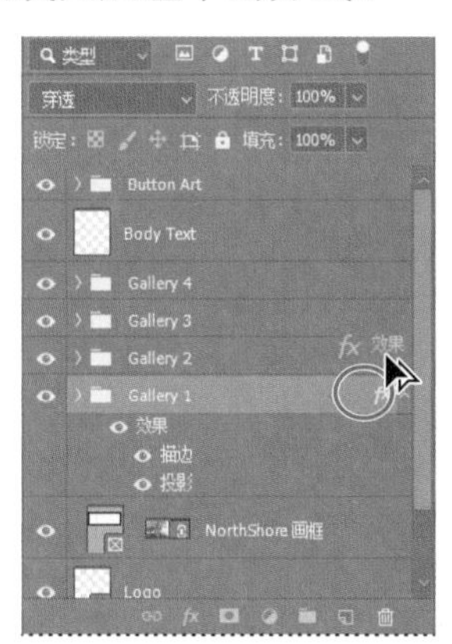

图 13.27

16. 重复第 15 步，将图层效果复制到图层组 Gallery 3 和 Gallery 4 中。

17. 在“图层”面板中，展开图层组 Button Art，然后单击 Navigation 的眼睛图标使该图层可见，再将图层组 Button Art 折叠。

图层 Navigation 包含了博物馆网站各部分导航的控件，如图 13.28 所示。

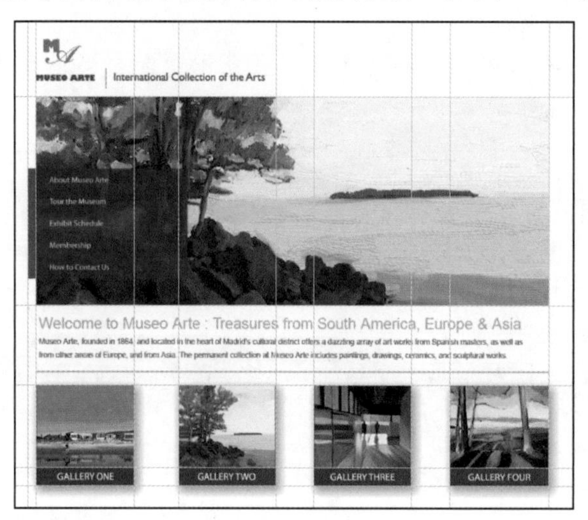

图 13.28

18. 保存这个文件，再关闭它。

13.4 自动化多步任务

动作是一个或多个命令，用户可以记录并播放它，从而将其应用于一个或一批文件。在本节中，你将创建一个动作，以便对一组图像进行处理，从而在你设计的网页中将它们用作显示其他画廊的按钮。

提示：可创建条件动作，这种动作根据用户指定的标准改变其行为。

13.4.1 记录动作

你将首先记录一个动作，该动作可调整图像的大小、修改画布的尺寸并添加图层样式，从而让其他按钮与你前面创建的按钮匹配。通过使用“动作”面板，你可记录、播放、编辑和删除动作，还可存储和加载动作文件。

文件夹 Buttons 包含 4 幅图像，它们将用于在网页中创建其他按钮。这些图像很大，因此首先需要做的是调整大小，使其与既有按钮匹配。你将对文件 Gallery5.jpg 执行所有的步骤并记录动作，再通过播放这个动作自动对这个文件夹中的其他图像做同样的修改。

1. 选择菜单“文件”>“打开”，并切换到文件夹 Lesson13\Buttons。双击文件 Gallery5.jpg 以在 Photoshop 中打开它。
2. 选择菜单“窗口”>“动作”打开“动作”面板，将文件夹“默认动作”折叠，你将创建并使用自己的动作组。

3. 单击“动作”面板底部的创建新组按钮（![]）。在“新建组”对话框中，将动作组命名为 Buttons，再单击“确定”按钮，如图 13.29 所示。

Photoshop 自带了多个录制好的动作，它们都位于“默认动作”组中。你可使用动作组来组织动作，这样查找所需的动作将更容易。

4. 单击“动作”面板底部的“创建新动作”按钮（![]），将动作命名为 Resizing and Styling Images，再单击“记录”按钮。

给动作命名时，最好指出动作的功能，这样以后可轻松地找到它们。

在“动作”面板底部，开始记录按钮变成了红色，让你知道正在记录，如图 13.30 所示。

图 13.29

图 13.30

不要因为正在记录而着急。务必准确地完成下面的过程，而不必在乎花多少时间。动作不会记录你执行步骤花费的时间，而只记录你执行的步骤，且播放时将尽快地执行这些步骤。

首先来调整图像的大小并锐化它们。

5. 选择菜单“图像”>“图像大小”，并做如下设置：

- 确保选择了复选框“重新采样”；
- 从宽度的“单位”下拉列表中选择“像素”，再将宽度改为 180；
- 确保高度也变成了 180 像素，高度应该变成了 180 像素，因为默认选择了宽度和高度值左边的约束长度比图标，这将保持长宽比不变。

6. 单击“确定”按钮，如图 13.31 所示。

图 13.31

7. 选择菜单“滤镜”>“锐化”>“智能锐化”，再做如下设置，并单击“确定”按钮（如图 13.32 所示）：

- 将数量设置为 100%；
- 将半径设置为 1.0 像素。

图 13.32

你需要对这幅图像做些其他的修改，但这些修改在背景图层被锁定的情况下是无法生效的。下面将背景图层转换为常规图层。

8. 双击“图层”面板中的背景图层，在“新建图层”对话框中，将图层命名为 Button，并单击“确定”按钮，如图 13.33 所示。

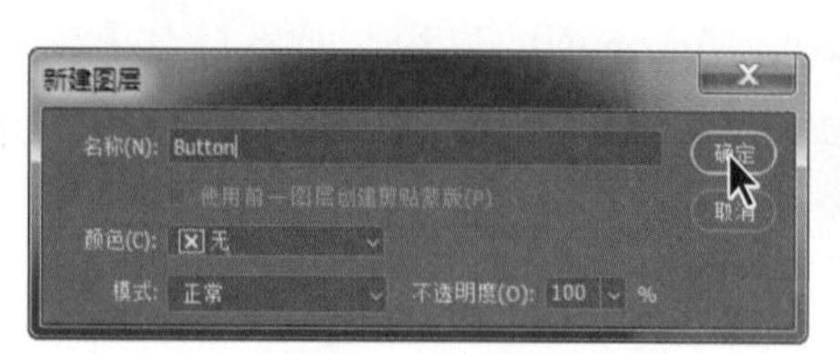

图 13.33

重命名背景图层将把它转换为常规图层，因此 Photoshop 显示“新建图层”对话框。但新图层将替换背景图层，换而言之，Photoshop 并没有在图像中添加图层。

> **提示：** 如果你只想将背景图层转换为常规图层，而不对其重命名，只需在“图层”面板中单击背景图层的锁定图标即可。

将背景图层转换为常规图层后，就可修改画布大小并添加图层样式了。

9. 选择菜单“图像”>“画布大小”，并执行如下操作（如图 13.34 所示）：

- 确保单位设置成了像素；
- 将“宽度”和“高度”都改为 220 像素；
- 单击“定位”部分中央的方块，确保画布均匀地向四周扩大；
- 单击“确定”按钮。

> **提示：** 需要增加或减少文档的区域时，请使用“画布大小”；要重新采样、修改物理尺寸或修改文档的分辨率时，请使用“图像大小”。

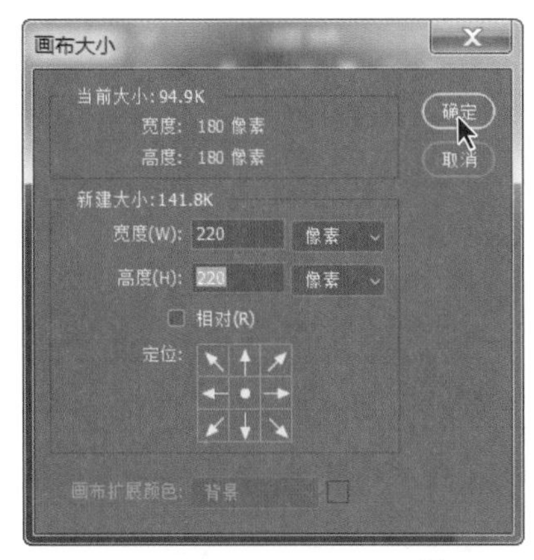

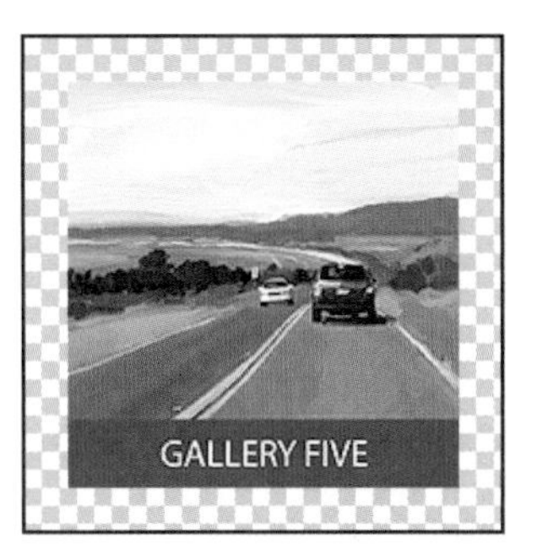

图 13.34

10. 选择菜单“图层”>“图层样式”>“投影”。

11. 在“图层样式”对话框中，做如下设置（如图 13.35 所示）：

- 将“不透明度”设置为 27%；
- 将“角度”设置为 120 度；
- 将“距离”设置为 9 像素；
- 将“扩展”设置为 19%；
- 将“大小”设置为 18 像素。

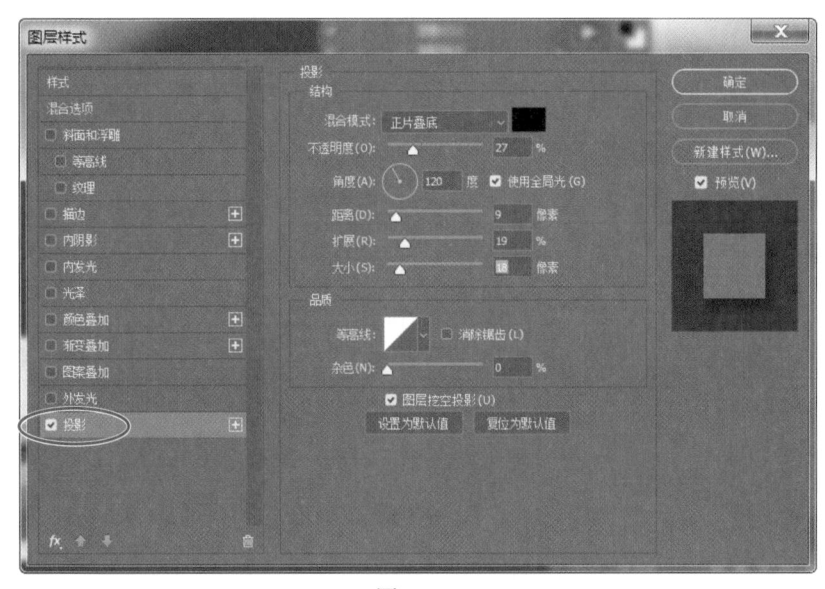

图 13.35

12. 在依然打开了“图层样式”对话框的情况下，选择左边的“描边”，并做如下设置：

- 将“大小”设置为 1 像素；
- 将“位置”设置为内部；

- 单击“颜色”旁边的色板打开拾色器，再单击蓝色条带采集其颜色，并单击“确定”按钮选择这种颜色。

> **注意：**请务必单击字样“描边”。如果你单击相应的复选框，Photoshop 将使用默认设置来应用描边样式，而不显示其选项。

13. 单击“确定”按钮应用这两种样式，如图 13.36 所示。
14. 选择菜单“文件”>“存储为”，将格式设置为 Photoshop，并单击“保存”按钮。如果出现“Photoshop 格式选项”对话框，单击“确定”按钮。

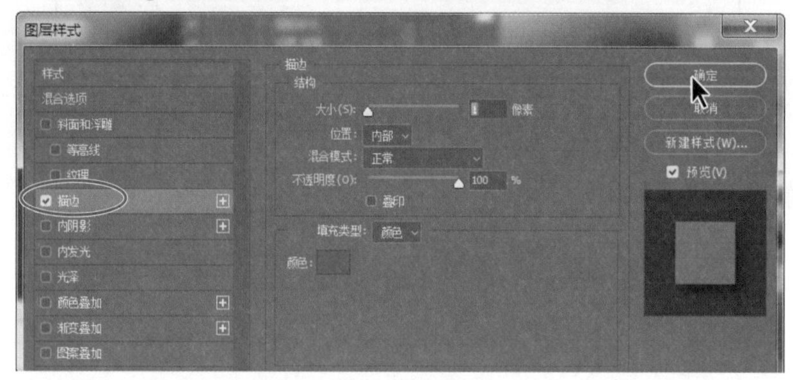

图 13.36

15. 关闭文件，这将切换到主页。单击主页左上角的返回图标（Photoshop 图标左边的箭头，如图 13.37 所示），以便能够再次看到“动作”面板。
16. 单击动作面板底部的停止记录按钮，如图 13.38 所示。

图 13.37

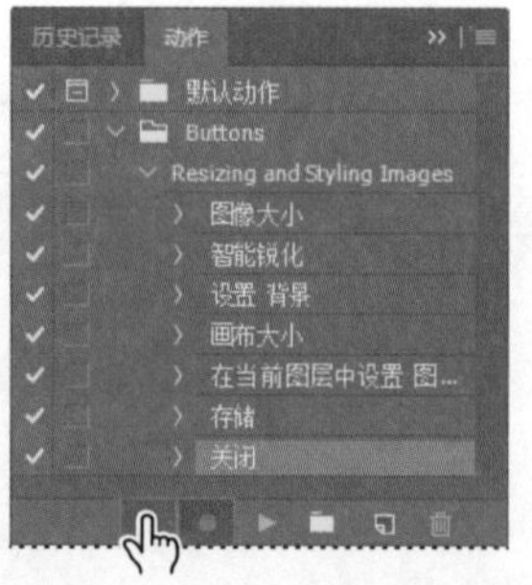

图 13.38

在“动作”面板中，刚才记录的动作（Resizing and Styling Images）被存储到动作组 Buttons 中。单击箭头展开各个步骤，你可查看记录的每个步骤以及你所做的设置。

> **提示：**查看动作时，可通过拖曳调整步骤的顺序，通过双击编辑步骤，还可删除步骤。

13.4.2 对一批文件播放动作

通过动作来对文件执行常见任务可节省时间，可以同时对多个文件应用动作以进一步提高工作效率。下面对其他 3 幅图像应用刚才记录的动作。

1. 选择菜单“文件”>“打开”，切换到文件夹 Lesson13\Buttons，按住 Ctrl 键（Windows）或 Command 键（Mac），并选择文件 Gallery6.jpg、Gallery7.jpg 和 Gallery8.jpg，再单击“打开”按钮。
2. 选择“文件” > “自动” > “批处理”。
3. 在“批处理”对话框中执行如下操作（如图 13.39 所示）：
- 确保从“组”下拉列表中选择了 Buttons，并从下拉列表“动作”中选择了刚才记录的动作 Resizing and Styling Images；
- 从下拉列表“源”中选择“打开的文件”；
- 确保在下拉列表“目标”中选择了“无”；
- 单击“确定”按钮。

图 13.39

Photoshop 将播放这个动作，并对所有打开的文件执行其中的步骤。你还可将动作应用于整个文件夹，而无须打开其中的图像。

由于你记录动作时保存并关闭了文件，所以 Photoshop 将每幅图像都以 PSD 格式保存到原来的文件夹再关闭它。关闭最后一个文件后，Photoshop 将切换到主页。

注意：如果播放动作时出现错误，请单击“停止”按钮。记录的动作可能有问题，记录过程中需要更正错误时尤其如此。你可尝试排除问题，也可重新记录动作。

13.4.3 在 Photoshop 中置入文件

其他 4 个按钮图像已准备就绪，可以置入到设计中了。你可能注意到了，这些按钮图像都有带画廊名的蓝色条带，因此你无须执行添加这些内容的步骤。

1. 如果主页中的“最近使用项”列表中包含文件 13Working.psd，请通过单击来打开它。如果没有，请选择菜单“文件” > “打开”来打开它。
2. 在“图层”面板中，选择一个图层组或 Logo 图层。这将确保置入的文件不会添加到任何图层组中，因为新图层将添加到选定的图层上面。
3. 选择菜单“文件” > “置入嵌入对象”。

你将把这些文件作为嵌入的智能对象置入。由于它们是嵌入的，所以整幅图像都将被复制到 Photoshop 文件中。

4. 在“置入嵌入对象”对话框中，切换到文件夹 Lesson13\Buttons，并双击文件 Gallery5.psd。

Photoshop 将把文件 Gallery5.psd 置入到文件 13Working.psd 的中央，但你并不想将它放在这个地方，下面来移动它。

5. 将这幅图像拖到按钮 Gallery One 下方，并使用参考线使其与上方的图像对齐。移动到所需的位置后，按回车键（或在图像外面单击）提交修改，如图 13.40 所示。

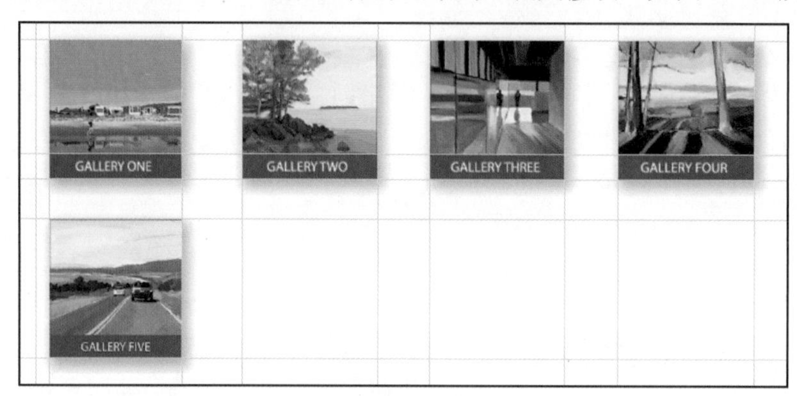

图 13.40

> **注意：**置入的图像的定界框比按钮大，这是因为定界框需要将向外延伸的投影包含在内。

> **提示：**要以嵌入的方式置入文件，也可将它们从桌面或其他应用程序拖放到 Photoshop 文档中。另外，还可选择多个文件将它们同时置入，在这种情况下，你提交一幅图像后将接着置入下一幅图像。

6. 重复第 3 ～ 5 步，置入文件 Gallery6.psd、Gallery7.psd 和 Gallery8.psd，将它们分别放在按钮 Gallery Two、Gallery Three 和 Gallery Four 的下方，并分别与这些按钮对齐，如图 13.41 所示。

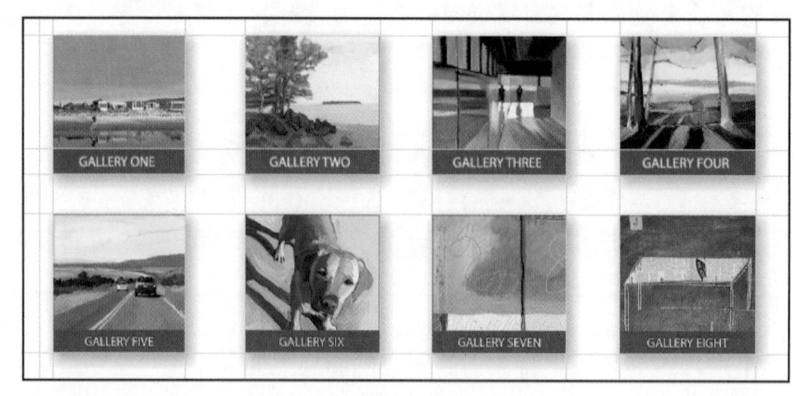

图 13.41

7. 关闭文件并保存所做的工作。

13.5 使用画板进行设计

在设计网站或移动设备用户界面时，你可能需要将按钮或其他内容存储为独立的图像文件。在 Photoshop 中，可使用“导出为”功能将整个文档或各个图层导出为适用于 Web 或移动设备的格式，这包括 PNG、JPEG、GIF 或 SVG。除同时将多个图层导出为不同的文件外，“导出为”还让你能够同时导出多个不同尺寸的文件，这让你能够生成一组分别用于高分辨率和低分辨率显示器的图像。

提示：如果你要更好地控制如何将图层导出为 Web 和移动用户界面，那么可能会对 Adobe 生成器感兴趣。启用了 Adobe 生成器后，Photoshop 将自动根据图层的命名方式导出并优化图层。

你可能需要在一个设计中实现不同的想法，也可能需要为不同尺寸的显示器提供不同的设计。通过使用画板，你将更容易实现这样的目标。画板类似于单个 Photoshop 文档中的多个画布，你也可使用“导出为”将整个画板导出。

使用“导出为”时，可通过选择画板或“图层”面板中的图层来控制要导出哪些内容。

提示：你可能注意到较旧的 Photoshop 版本包含命令“存储为 Web 所用格式”，或学习过如何使用这个命令。Photoshop CC 2019 依然在菜单“文件”>“导出”中提供了这个命令，但使用这个命令无法导出多个图层、画板或不同分辨率的图像，而使用“导出为”可以。

13.5.1 复制画板

下面使用画板来调整博物馆网站的设计，以使用于不同的屏幕尺寸，然后同时导出这两个设计。

1. 在 Photoshop 主页中，单击“打开”按钮，如图 13.42 所示。切换到文件夹 Lesson13，并打开文件 13Museo.psd，如图 13.43 所示。

图 13.42

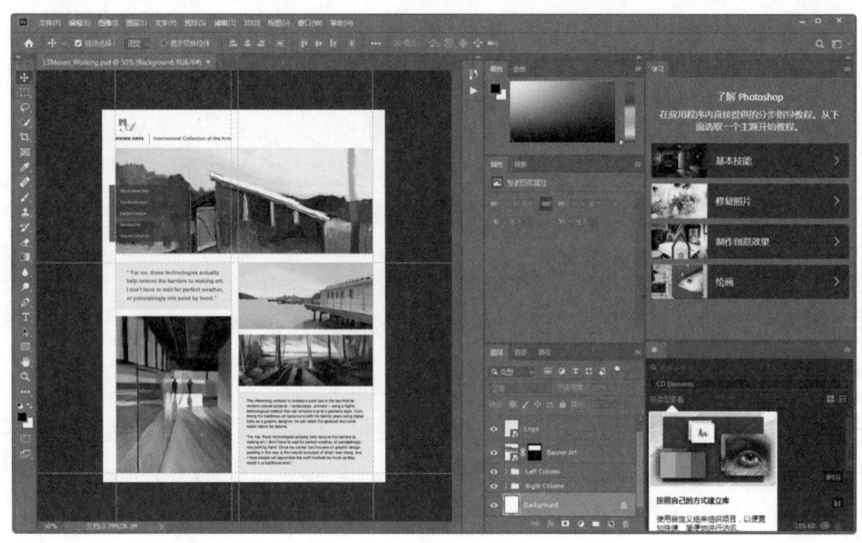

图 13.43

2. 选择菜单“文件”>“存储为”，将文件重命名为 13Museo_Working.psd，并单击“保存”按钮。在“Photoshop 格式选项”对话框中，单击“确定”按钮。

我们将采用响应式 Web 设计来修改这个网页，使其能够在各种尺寸的显示器（从台式机到智能手机）上正确地显示。

3. 选择菜单“选择”>“所有图层”。
4. 选择菜单“图层”>“新建”>“来自图层的画板”，将画板命名为 Desktop，并单击“确定”按钮。在文档窗口中，画板名将出现在新建的画板上方，而画板也将出现在“图层”面板中，如图 13.44 所示。

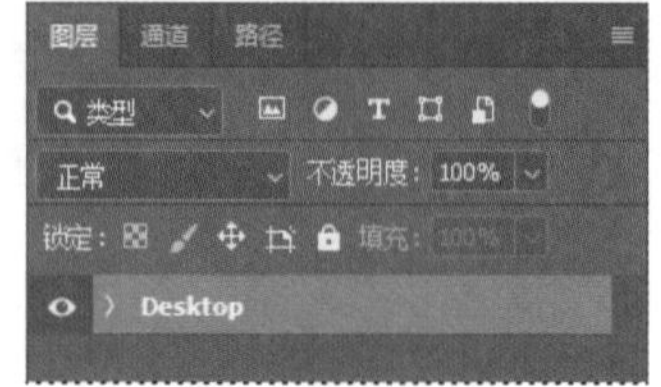

图 13.44

5. 在工具面板中，确保选择了与移动工具位于同一组的画板工具（），再按住 Alt/Option 键并单击画板右边的添加画板按钮（如图 13.45 所示），以复制画板 Desktop 及其内容。
6. 在“图层”面板中，双击复制的画板的名称“Desktop 拷贝”，然后将其命名为 iPhone，如图 13.46 所示。
7. 在“属性”面板中，从下拉列表“将画板设置为预设”中选择“iPhone 8/7/6”，这种画板预设应用 iPhone 6、iPhone 7 和 iPhone 8 的像素尺寸（宽 750 像素、高 1334 像素）。现在可以以设计 Desktop 使用的元素为基础，开发用于 iPhone 的设计了。另外，确保不同设计的一致性也很容易，因为台式机设计和移动设计位于同一个文档中。

> Ps **提示：**在选择了画板工具的情况下，也可从选项栏中的“大小”下拉列表中选择预设。

8. 保存所做的工作。

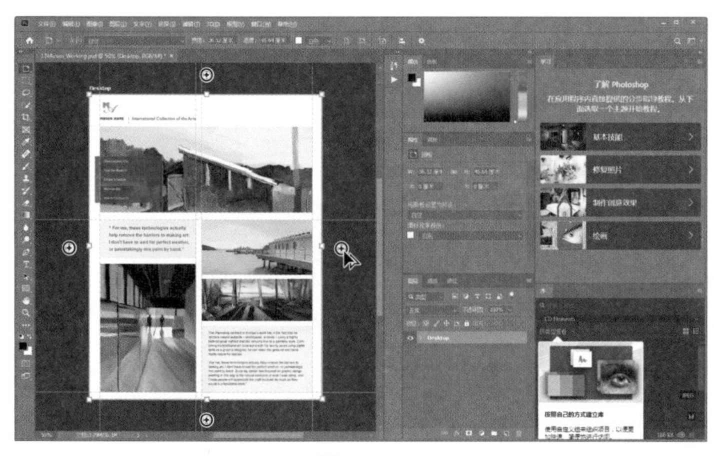

图 13.45

图 13.46

13.5.2 使用画板创建不同的设计

至此，有两个分别用于台式机和智能手机屏幕尺寸的画板了，接下来要做的是调整这些用于台式机的元素，使其适合智能手机屏幕的宽度和高度。

1. 在“图层”面板中，展开画板 iPhone。单击其中的第一个图层，再按住 Shift 键并单击最后一个图层，这将选择这个画板中的所有图层，同时不选择画板本身，如图 13.47 所示。
2. 选择菜单“编辑”>“自由变换”。
3. 在选项栏中做如下设置（如图 13.48 所示）：
- 选择复选框“切换参考点”，这使得可在定界框中看见参考点，还让你能够修改参考点；
- 选择参考点定位器的左上角，现在缩放、旋转和其他变换都基于定界框的左上角（而不是中心），直到提交变换为止；
- 确保选择了保持长宽比按钮（链接图标），使得缩放选定的图层时保持长宽比不变。
- 将宽度设置为 726 像素（输入 726px）。

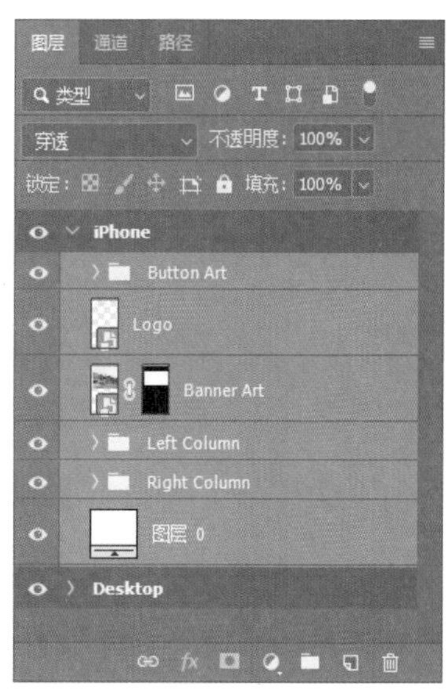

图 13.47

图 13.48

提示：可通过拖曳将参考点放到变换定界框内面和外面的任何位置。

4. 按回车键应用新设置（按一次回车键让选项栏中的值生效，再次按回车键才会提交变换）。

这些设置将选定图层的宽度缩小到 726 像素，并保持左上角的位置和长宽比不变，以适合画板。

5. 将鼠标指针指向自由变换定界框内部，再按住 Shift 键并向下拖曳选定的图层，直到在页面顶部能够看到 Museo Arts 徽标，如图 13.49 所示。

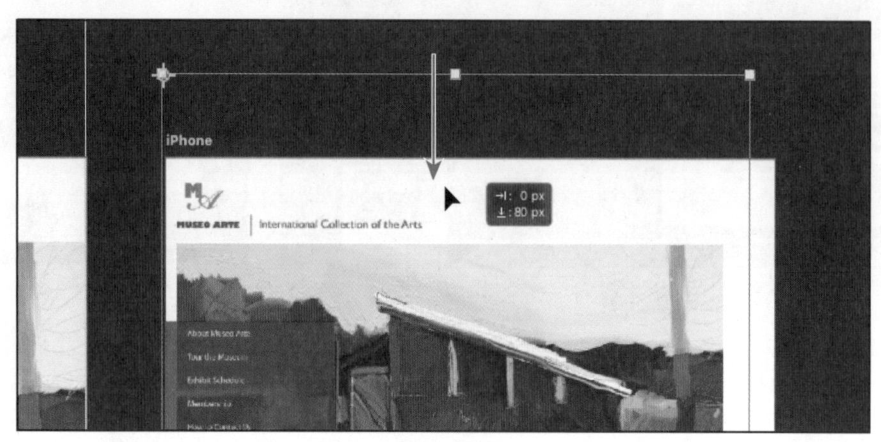

图 13.49

6. 按回车键退出自由变换模式，再选择菜单“选择”>“取消选择图层”。
7. 在“图层”面板中，选择图层 Logo，再选择菜单“编辑”>“自由变换”。
8. 拖曳自由变换定界框右下角的手柄，直到这个徽标的宽度变为 672 像素，从而与其他元素的宽度匹配（如图 13.50 所示），再按回车键。这种宽度让徽标在智能手机屏幕上更清晰。

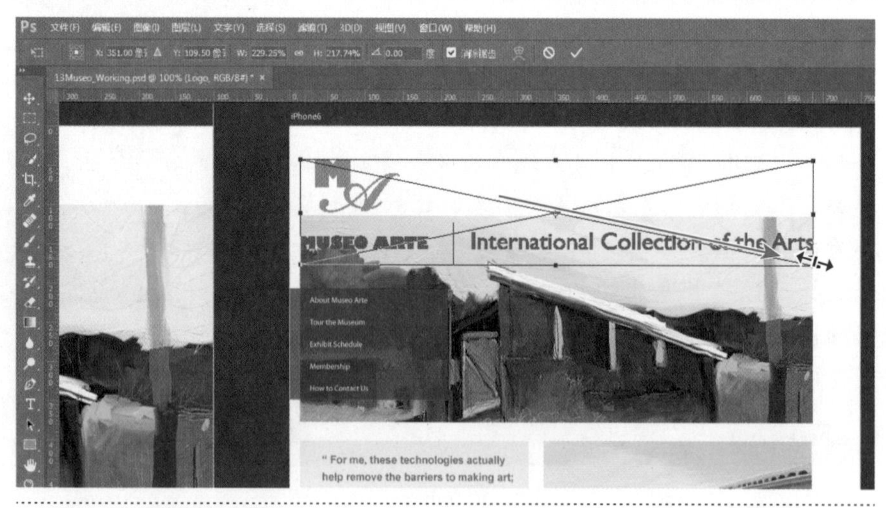

图 13.50

9. 在“图层”面板中，选择图层 Banner Art、Left Column 和 Right Column。
10. 选择移动工具，再按住 Shift 键并向下拖曳选定的图层，直到它们的上边缘与蓝色区域的上边缘对齐，如图 13.51 所示。

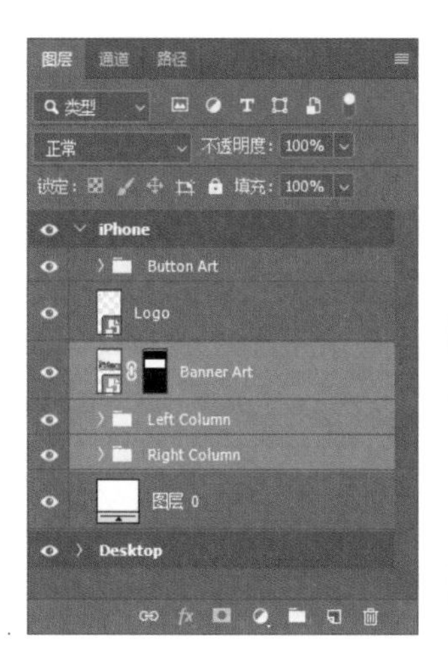

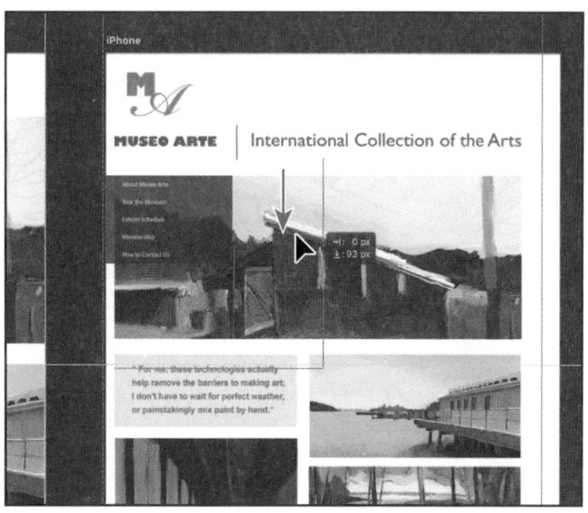

图 13.51

接下来，你将调整这个两栏版面，让每栏都与画板等宽，但在此之前，先需要增大画板的高度。

11. 在“图层”面板中，选择画板 iPhone，再使用画板工具拖曳这个画板底部的手柄，直到其高度为 2 800 像素，如图 13.52 所示。

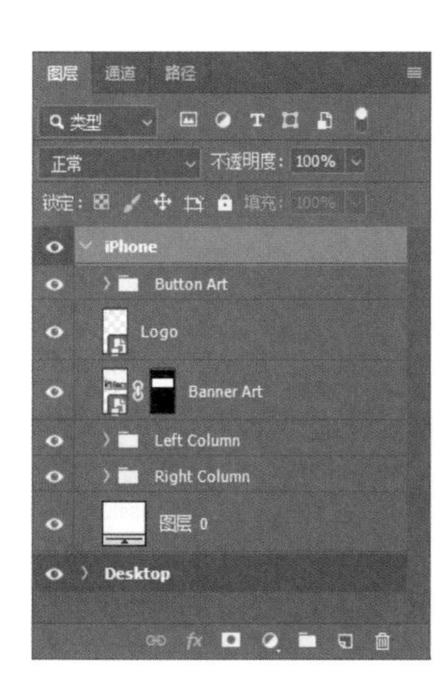

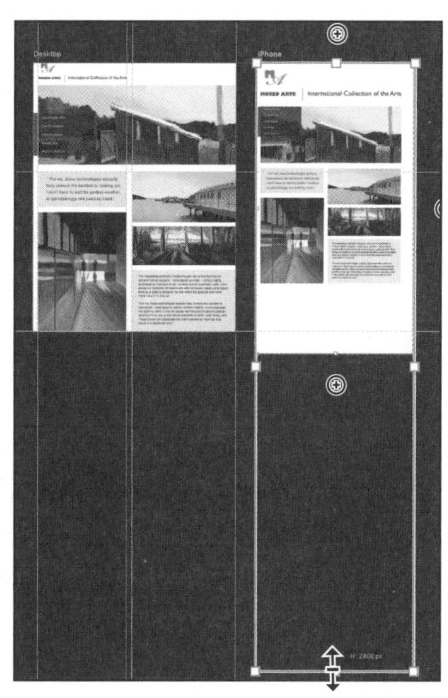

图 13.52

> **提示：**在选择了画板的情况下，也可在“属性”面板中输入高度值来调整画板的高度。

注意：使用了画板后，请务必使用画板工具来调整其大小。命令“图像”>“图像大小”和“图像”>“画布大小”最适合用于调整不包含画板的 Photoshop 文档的尺寸。

12. 在“图层”面板中，选择图层组 Right Column，再选择菜单“编辑”>“自由变换”。
13. 在选项栏中做如下设置：
- 通过单击选择复选框“切换参考点”，再选择参考点定位器的右上角；
- 确保选择了保持长宽比按钮（链接图标），并将宽度设置为 672 像素（输入 672px），如图 13.53 所示；
- 按回车键应用新的宽度设置。

图 13.53

14. 将鼠标指针指向自由变换框内部，再按住 Shift 键并向下拖曳选定的图层，直到鼠标指针旁边的值指出沿垂直方向移动了 1200 像素（选项栏中的 Y 值为 1680），如图 13.54 所示。然后，按回车键提交并结束变换。

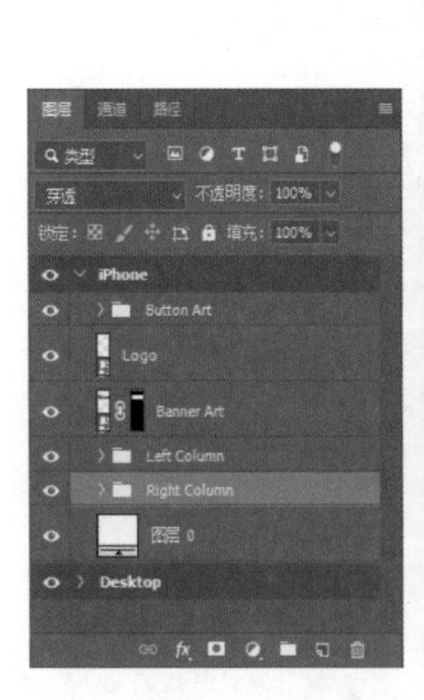

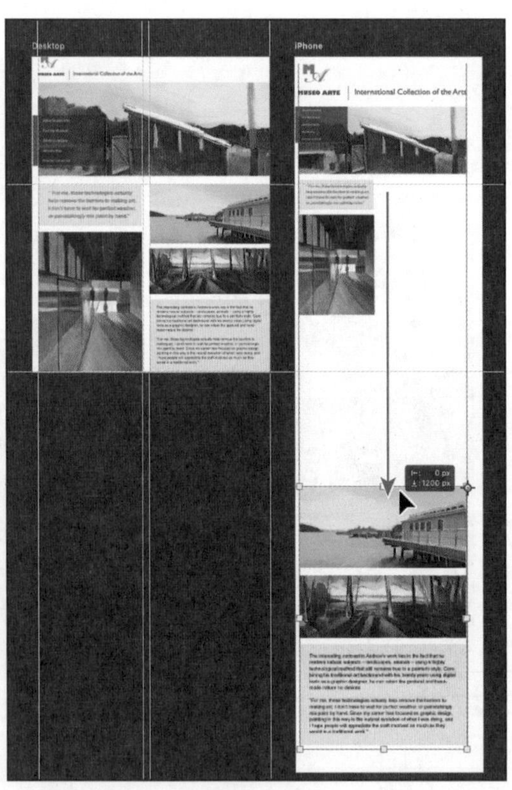

图 13.54

15. 在“图层”面板中，选择图层组 Left Column，再选择菜单“编辑”>“自由变换”。

16. 在选项栏中做如下设置：

- 通过单击选择复选框“切换参考点”，再选择参考点定位器的左上角；
- 确保选择了保持长宽比按钮（链接图标），并将宽度设置为 672 像素（输入 672px）；
- 按回车键应用新的宽度设置；
- 按回车键提交并退出变换，如图 13.55 所示。

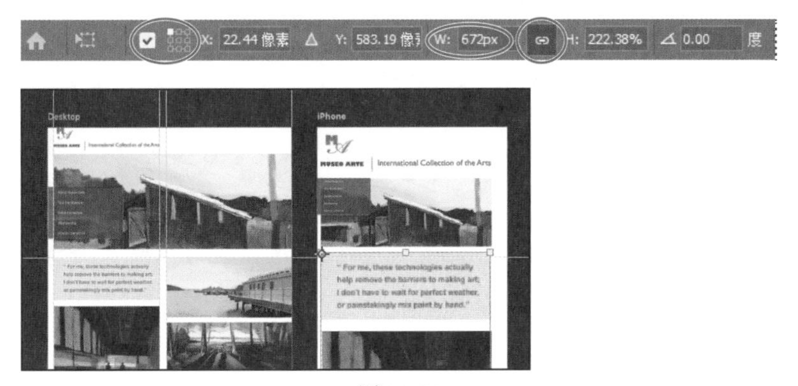

图 13.55

你可根据喜好调整图层和图层组的位置以及它们之间的垂直间距。

> Ps **提示：**选择了移动工具后，可按箭头键来微调选定图层或图层组的位置。执行自由变换时要微调选定图层或图层组的位置，可在包含数字的字段中单击，再按上箭头键或下箭头键。

17. 选择菜单“视图”>“按屏幕大小缩放”，以便能够同时看到两个画板（如图 13.56 所示），然后保存所做的工作。

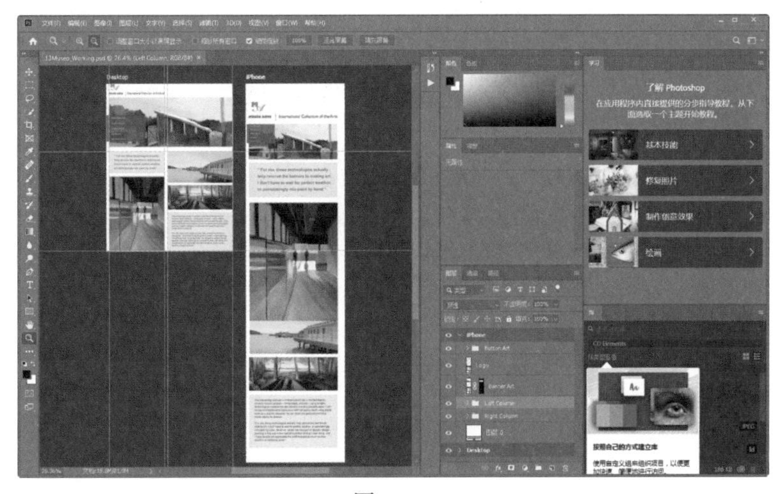

图 13.56

至此，你将适合桌面的多栏网页布局调整成了适合智能手机的单栏布局，这两个布局位于同一个 Photoshop 文档的两个画板中。

13.5.3　使用“导出为”导出画板

需要让客户审查你的设计时，可使用“导出为”命令将任何画板、图层或图层组导出到独立的文件中。下面导出画板 Desktop 和 iPhone，然后将每个画板的图层导出到独立的文件夹中。

1. 选择菜单“文件”>“导出”>“导出为”。这个命令将导出整个画板，因此“导出为”对话框的左边有一个列表，其中包含所有的画板。

你可预览导出后的尺寸和文件大小，这些值取决于“导出为”对话框右边的设置。

> **注意：**在“导出为”对话框中，你无法预览多个“缩放全部”选项的结果，而只能预览缩放比例为 1x 的结果。

2. 在左边的列表中，单击画板 iPhone 以选择它，再对“导出为”选项做如下设置（如图 13.57 所示）：

- 在“缩放全部”部分，确保将“大小”设置成了 1x，并将“后缀”设置为空；
- 在“文件设置”部分，从“格式”下拉列表中选择“JPG”，并将“品质”设置为 80%；
- 在“色彩空间”部分，选择复选框“转换为 sRGB”；
- 其他选项为默认设置。

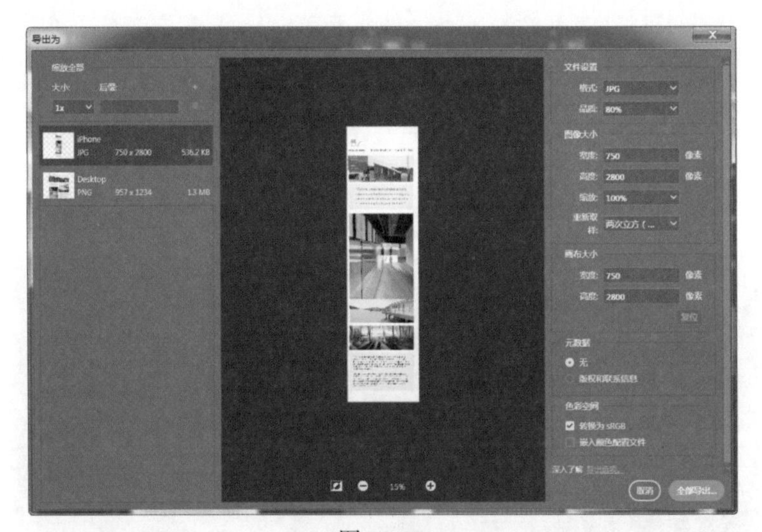

图 13.57

3. 在左边的列表中，单击画板 Desktop 以选择它，再进行与第 2 步一样的设置。

> **提示：**如果你执行命令“导出为”时经常使用相同的设置，那可选择菜单“文件”>“导出”>“导出首选项”，并指定你最常用的设置。这样，你只需一步就可使用这些设置进行导出，方法是选择菜单“文件”>“导出”>“快速导出为”或从图层面板菜单中选择“快速导出为”。

4. 单击“全部导出”按钮，切换到文件夹 Lesson13，再双击文件夹 Assets，然后单击“选择文件夹”或“存储”按钮。
5. 在资源管理器或 Bridge 中，打开文件夹 Lesson13\Assets，你将发现其中包含表示画板的文件 Desktop.jpg 和 iPhone.jpg。这些文件是根据画板名命名的。你可将这些文件发送给客户进行审核。
6. 返回到 Photoshop。

13.5.4 使用“导出为”将图层导出为素材

客户批准设计方案后，你可使用“导出为”将画板中的每个图层（如图像或按钮）导出为素材，供使用代码实现设计的 Web 或应用程序开发人员使用。

1. 在“图层”面板中，按住 Shift 键并单击选择画板 Desktop 中的所有图层。
2. 从图层面板菜单中选择“导出为”（不要选择菜单“文件”>“导出”>“导出为”），如图 13.58 所示。

图 13.58

Ps **提示：**选择菜单“文件”>“导出”>“导出为”来导出整个画板。要导出特定的图层，请在“图层”面板中选择它们，再从图层面板菜单中选择“导出为”（而不要选择菜单“文件”>“导出”>“导出为”）。更新了设计的一部分时，导出选定图层很有用。

注意到“导出为”对话框分别列出了各个图层，因为你将分别导出它们。

3. 在“导出为”对话框中，指定 13.5.3 节中第 2 步使用的设置。
4. 单击“全部导出”按钮，切换到文件夹 Lesson13\Assets_Desktop，再单击“选择文件夹”或“存储”按钮。

画板 Desktop 使用的所有素材都将被导出到一个文件夹中。

5. 对画板 iPhone 重复进行第 1 ～ 3 步。
6. 单击“全部导出”，切换到文件夹 Lesson13\Assets_iPhone，再单击“导出”按钮。
7. 在 Photoshop 中，选择菜单“文件”>“在 Bridge 中浏览”。
8. 切换到文件夹 Lesson13\Assets_Desktop，打开“预览”面板，查看每个文件夹中的图层，如图 13.59 所示。如果你愿意，也可查看你导出到文件夹 Assets_iPhone 中的素材。

提示： 如果开发人员要求提供多种尺寸的素材（用于 Retina/HiDPI 屏幕），那么可在“导出为”对话框的“缩放全部”部分单击加号按钮，以添加并指定其他的尺寸，如 2x 或 3x。这将同时导出多种尺寸的素材，但务必要为每种尺寸指定文件名后缀。

每个图层都将导出到独立的文件中。仅通过使用命令“导出为”，你就将两个用于不同尺寸显示器的画板导出为了 JPG 图像，还将每个画板中的图层导出为素材。

9. 在 Photoshop 中，保存所做的修改，再关闭文档。

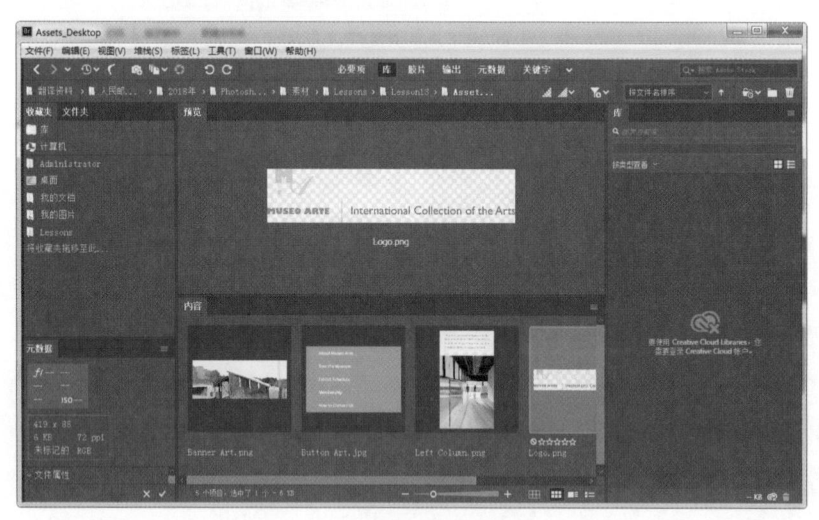

图 13.59

13.6 复习题

1. 图层组是什么？
2. 动作是什么？如何创建？
3. 在 Photoshop 中，如何从图层和图层组创建素材？

13.7 复习题答案

1. 图层组是一组图层，让你能够更轻松地组织和处理复杂图像中的图层，尤其是有一系列的图层协同工作时。
2. 动作是一组命令，你通过记录并播放动作，可将其应用于一个或多个文件。要创建动作，可在“动作”面板中单击创建新动作按钮，给动作命名，再单击记录按钮，然后执行要在动作中包含的任务。执行完毕后，单击“动作”面板底部的停止记录按钮。
3. 在 Photoshop 中，要从图层和图层组创建素材，可使用命令“导出为”。要将整个画板导出为图像，可选择菜单“文件”>“导出”>“导出为”，要从选定的图层或图层组创建素材，可在图层面板菜单中选择“导出为”。

第14课　生成和打印一致的颜色

在本课中，你将学习以下内容：

- 准备用于出版印刷的图像；
- 输出前仔细检查图像；
- 为显示、编辑和打印图像定义 RGB、灰度和 CMYK 色彩空间；
- 校样用于打印的图像；
- 准备使用 PostScript CMYK 打印机打印的图像；
- 将图像保存为 CMYK EPS 文件；
- 创建和打印四色分色；

本课所需时间不超过 1 小时。启动 Photoshop 之前，请先在异步社区将本书的课程资源下载到本地硬盘中，并进行解压。在学习本课时，请打开相应的课程文件。建议先做好原始课程文件的备份工作，以免后期用到这些原始文件时，还需重新下载。

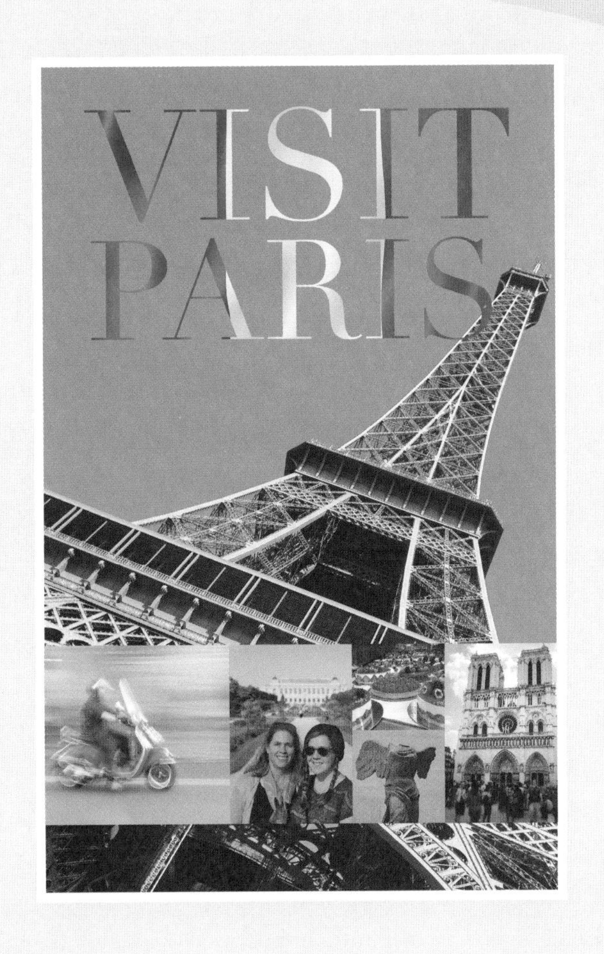

要生成一致的颜色，需要定义颜色空间。你可以在该颜色空间中编辑和显示 RGB 图像以及编辑、显示和打印 CMYK 图像。这有助于确保屏幕上显示的颜色和打印的颜色极其接近。

14.1 准备用于打印的文件

编辑图像以实现所需的效果后，你可能想以某种方式分享或发布它。理想情况下，你在编辑时就应该考虑了最终的输出方式，并据此调整了图像的分辨率、颜色、文件大小等方面。但在为输出文件做准备时，你还有机会确保图像是最佳的。

> **注意：**本课的一个练习要求读者的计算机连接了 PostScript 彩色打印机；即使没有，读者也能够完成该练习的大部分（但不是全部）。

如果你打算将图像打印出来（无论是使用自己的喷墨打印机打印，还是发送给专业打印服务提供商进行打印），那么就必须完成下面的任务，这样才能获得最佳的结果（其中的很多任务都将在本课后面更详细地介绍）。

- 确定最终目的地。无论是自己打印还是发出去打印，都需确定将使用 PostScript 桌面打印机、照排机、喷墨打印机、胶印机还是其他设备进行打印。如果要将文件发送给服务提供商打印，请咨询他们需要什么样的格式；在很多情况下，它们都要求提供按特定 PDF 标准或预设存储的文件。
- 确保图像分辨率合适。对专业打印而言，300ppi 是最起码的要求。要确定图像的最佳打印分辨率，请咨询制作团队或打印机用户手册，因为最佳分辨率取决于很多因素，如印刷机的半调网频和纸张质量。
- 执行缩放测试。仔细查看图像，通过放大来检查和校正锐度、颜色、杂色以及其他可能影响打印出来的图像的质量的问题。
- 将图像发送给专业打印服务提供商打印时，务必考虑出血的问题。如果有像素超出了图像边缘，请将画布各边都向外增大 0.25in，确保即便裁切线不准确，所有的颜色也能正确地打印。服务提供商可帮助你确定是否存在出血的问题以及如何确保文件得以正确地打印。
- 保留图像的原始色彩空间，直到服务提供商要求你进行转换。当前，在很多印刷工作流程中，图像都在整个编辑过程中保留原始色彩空间，以最大限度地保留颜色方面的灵活性；等到最终输出时，才将图像和文档转换为 CMYK。
- 考虑对大型文档进行拼合，但这样做之前务必咨询制作团队。在有些工作流程中，需要用到能够在其文档中控制 Photoshop 图层的其他应用程序，如 Adobe InDesign。这些工作流程可能要求保留 Photoshop 图层，即不对文件进行拼合。
- 对图像进行软校样，以模拟颜色将被如何打印。

14.2 概述

你将对一张 11×17in 的旅游海报进行处理，以便使用 CMYK 印刷机进行印刷。这个 Photoshop 文件很大，因为它包含多个图层，且它的分辨率为高质量打印要求的 300ppi。

首先启动 Adobe Photoshop 并恢复默认首选项。

1. 启动 Photoshop 并立刻按下 Ctrl + Alt + Shift 键（Windows）或 Command + Option + Shift 键（Mac）以恢复默认首选项（参见“前言”中的“恢复默认首选项”）。
2. 系统提示时单击“是”确认要删除 Adobe Photoshop 设置文件。
3. 选择菜单“文件” > “打开”，再切换到文件夹 Lesson14，并双击文件 14Start.psd 将其打开，如图 14.1 所示。这个文件很大，因此打开速度可能很慢，这取决于你使用的计算机的速度。
4. 选择菜单“文件” > “存储为”，切换到文件夹 Lesson14，并将文件保存为 14Working.psd。如果出现“Photoshop 格式选项”对话框，单击“确定”按钮。

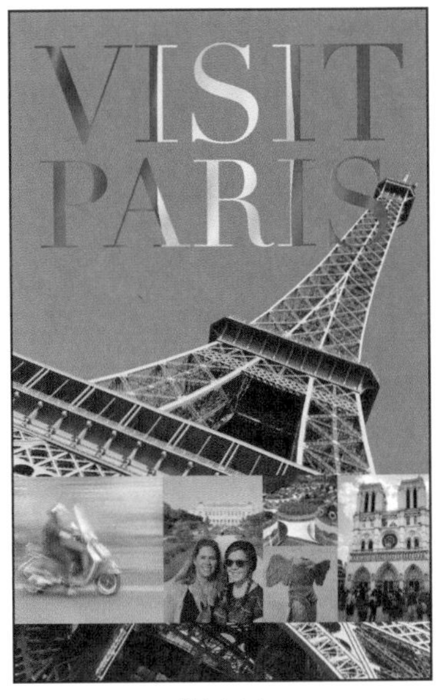

图 14.1

14.3 执行缩放测试

大型印刷作业的费用是非常高的，因此在发送图像以进行最终输出前，一定要花点时间确定各方面对输出设备来说都是合适的，且没有忽略任何潜在的问题。首先要检查的是图像分辨率。

1. 选择菜单“图像” > “图像大小”。
2. 核实高度和宽度是所需的最终输出尺寸，且分辨率是合适的。就大多数打印而言，300ppi 足以得到良好的结果。

这幅图像宽 11in、高 17in，这正是最终的海报尺寸；其分辨率为 300ppi。尺寸和分辨率都合适。

3. 单击“确定”按钮关闭对话框，如图 14.2 所示。

图 14.2

接下来，仔细查看图像，并修复发现的问题。准备用于打印的图像时，请放大并滚动以详细查看整幅图像。

4. 选择工具面板中的缩放工具，再将海报底部三分之一处的照片放大。

提示：如果你的键盘上有 Page Up、Page Down、Home 和 End 键，可使用它们来查看放大的 Photoshop 文档的不同部分。Page Up 和 Page Down 分别向上或向下移动文档，而 Home 和 End 分别移到文档的左上角和右下角。同时按住了 Ctrl（Windows）或 Command（Mac）键时，Page Up/Page Down 沿水平方向移动文档，而同时按住 Shift 键可缩小每次移动的距离。

这张旅游者照片平淡无奇且有点模糊。

5. 在“图层”面板中，选择图层 Tourists，再在“调整”面板中单击曲线图标添加一个曲线调整图层，如图 14.3 所示。

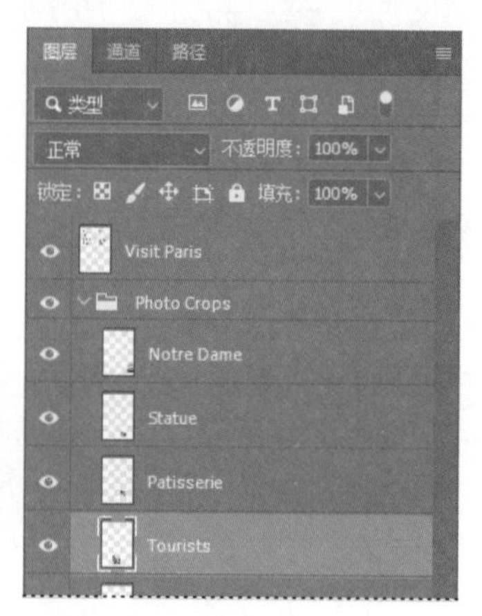

图 14.3

6. 单击“属性”面板底部的裁切到图层按钮（↲□）来创建一个剪贴蒙版，如图 14.4 所示。

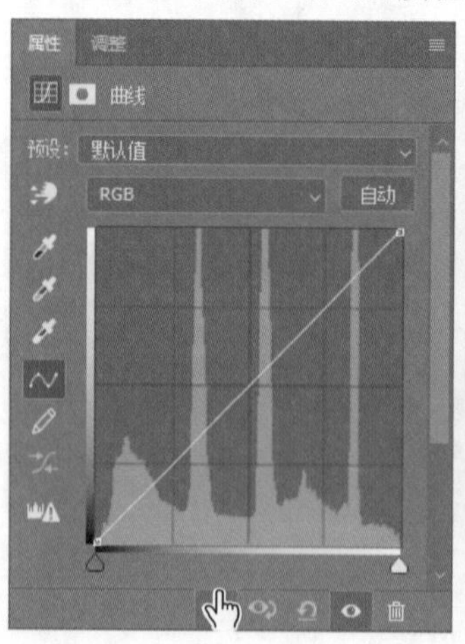

图 14.4

剪贴蒙版确保调整图层只影响它下面的那个图层。

7. 在“属性”面板中，选择白点工具，再单击旅游者身后建筑物的浅色区域，将图像加亮并校正颜色，如图 14.5 所示。

旅游者照片看起来更漂亮了，但雕塑照片平淡无奇且对比度不高，下面使用色阶调整图层来修复这个问题。

8. 在“图层”面板中选择图层 Statue，再单击“调整”面板中的“色阶”图标创建一个色阶调整图层，如图 14.6 所示。

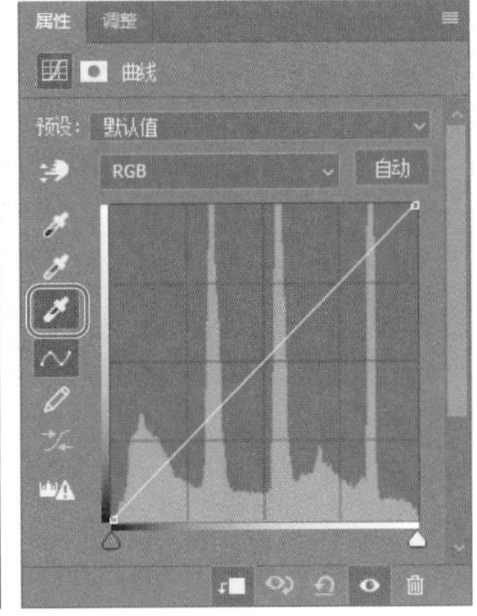

图 14.5

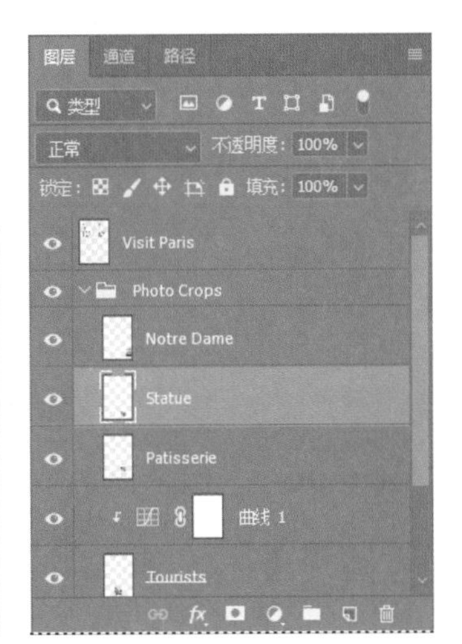

图 14.6

9. 单击“属性”面板底部的剪切到图层按钮创建一个剪贴蒙版，让这个调整图层只影响图层 Statue。

10. 在“属性”面板中，单击计算更准确的直方图图标（）来刷新直方图，如图 14.7 所示。

缓存的直方图数据显示起来更快，但通常不那么准确。在根据直方图提供的信息进行编辑前，最好先刷新直方图。

11. 通过移动输入色阶滑块来改善这幅图像，这里将它们的值分别设置为 31、1.60 和 235，如图 14.8 所示。

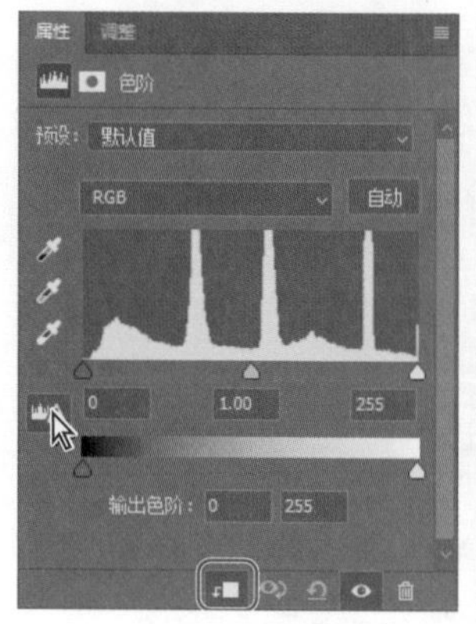

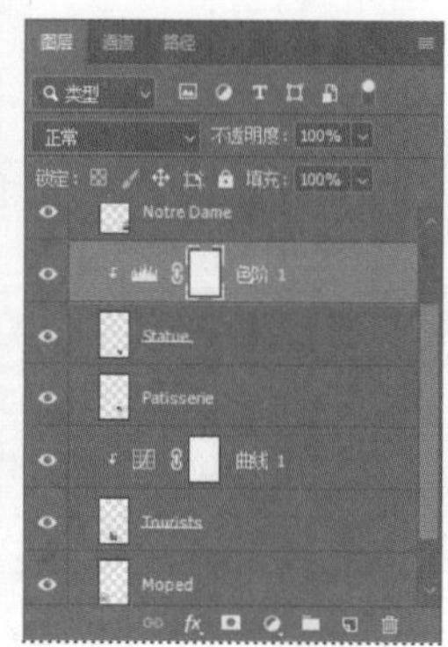

图 14.7

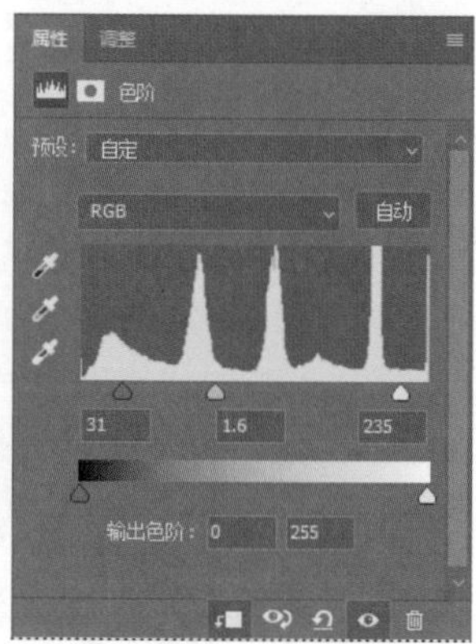

图 14.8

12. 将文件存盘。

14.4　色彩管理简介

由于RGB和CMYK颜色模式使用不同的方法显示颜色，因此它们重现的色域（颜色范围）不同。例如，由于 RGB 使用光来生成颜色，所以其色域中包括霓虹色，如霓虹灯的颜色。相反，印刷油墨擅长重现 RGB 色域外的某些颜色，如淡而柔和的色彩以及纯黑色。图 14.9 展示了颜色模式 RGB 和 CMYK 以及它们的色域。

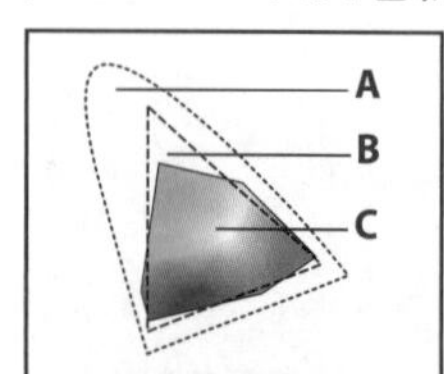

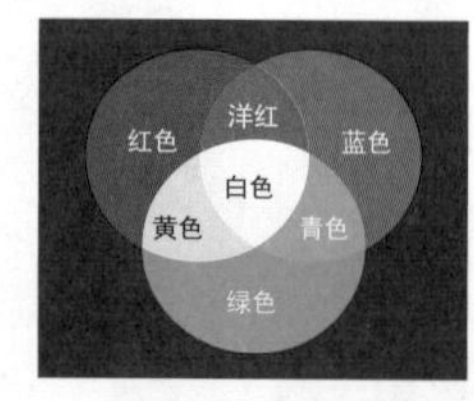

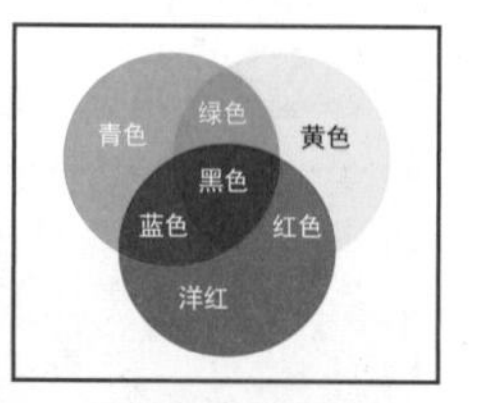

A. 自然色域
B. RGB 色域
C. CMYK 色域

RGB 颜色模式

CMYK 颜色模式

图 14.9

然而，并非所有的 RGB 和 CMYK 色域都是一样的。显示器和打印机的型号不同，它们显示的色域也稍有不同。例如，一种品牌的显示器可能比另一种品牌的显示器生成稍亮的蓝色。设备能够重现的色域决定了其色彩空间。

Photoshop 中的色彩管理系统使用遵循 ICC 的色彩配置文件。色彩配置文件就像翻译，确保颜色从一种色彩空间转换到另一种色彩空间时保持不变。色彩配置文件描述了设备的色彩空间，如打印机的 CMYK 色彩空间。读者将选择要使用的配置文件以对图像进行精确地校样和打印。指定配置文件后，Photoshop 可以将它们嵌入到图像文件中，以便 Photoshop 和其他应用程序能够保持图像颜色一致。

校准及创建配置文件

校准指的是调整设备使其符合标准，如确保显示器收到中性灰色值后显示的是中性灰。配置文件指出设备是否符合标准，如果不符合，还将指出它离标准有多远，从而让色彩管理系统能够校正误差，进而准确地显示颜色。

为充分利用色彩管理，你需要校准显示器并创建配置文件，以便能够使用它在屏幕上评估颜色。你可使用校准 / 配置文件创建软件来驱动色彩配置文件创建设备，这种软件使用设备可以测量屏幕生成的颜色，并通过创建自定义的 ICC 显示配置文件来校正误差。在进行了色彩管理的软件（如 Photoshop 和其他 Adobe 图形软件）中，系统将使用这个显示配置文件来准确地显示颜色。

注意：显示器出厂时可能校准过了，但你可能不知道校准的准确性和基于的标准。例如，如果印刷厂推荐使用常用的 D65 白点印刷标准，你如何知道你的显示器是否符合这个标准？为确保显示器符合这个标准，可使用 D65 校准显示器并创建配置文件。

RGB 模式

大部分可见光谱都可以通过混合不同比例和强度的红色光、绿色光和蓝色光（RGB）来表示。使用这 3 种颜色的光可混合出青色、洋红、黄色和白色。

由于混合 RGB 可生成白色（即所有光线都传播到眼睛中），因此 R、G、B 被称为加色。加色用于光照、视频和显示器。例如，读者的显示器通过红色、绿色和蓝色荧光体发射光线来生成颜色。

CMYK 模式

CMYK 模式基于打印在纸张上的油墨对光线的吸收量。白色光照射在半透明的油墨上时，部分光谱被吸收，部分光谱被反射到人眼中。

从理论上说，纯的青色（C）、洋红（M）和黄色（Y）颜料混合在一起将吸收所有颜色的光，结果为黑色。因此，这些颜色被称为减色。由于所有印刷油墨都有杂质，因此这 3 种油墨混合在一起实际上得到的是土棕色，必须再混合黑色（K）油墨才能得到纯黑色。使用 K 而不是 B 表示黑色，旨在避免同蓝色混淆。将这几种颜色的油墨混在一起来生成颜色被称为四色印刷。

14.5 指定色彩管理设置

即便校准了显示器并创建了配置文件，要在屏幕上准确地预览颜色，也必须在 Photoshop“颜色设置”对话框中准确地设置色彩管理。Photoshop 提供了用户所需的大部分色彩管理控件。

默认情况下，Photoshop 的色域设置更适合基于 RGB 的数字工作流程。然而，如果要处理用于印刷的图像（如本章的文档），那你可能需要修改设置，使其适合处理在纸上印刷而不是在显示器上显示的图像。

下面创建自定义的颜色设置。

1. 选择“编辑”>“颜色设置”以打开“颜色设置”对话框。

对话框的底部描述了鼠标指针当前指向的色彩管理选项。

2. 将鼠标指针指向对话框的不同部分（不用单击以修改设置），包括区域的名称（如“工作空间”）、下拉列表名称及选项。当你移动鼠标时，Photoshop 将在“说明”部分显示相关的信息。

下面选择一组用于印刷（而不是在线）工作流程的选项。

3. 从下拉列表“设置”中选择“北美印前 2”，工作空间和色彩管理方案选项的设置将相应变化，它们适用于印前工作流程。然后单击“确定”按钮，如图 14.10 所示。

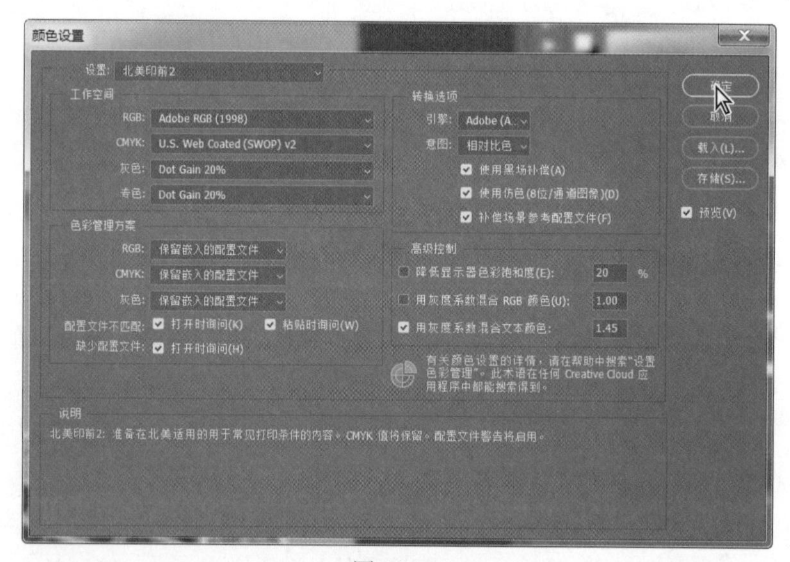

图 14.10

14.6 找出溢色

显示器通过组合红色、绿色和蓝色光来显示颜色，这被称为 RGB 模式；而印刷出来的颜色通常是通过组合 4 种颜色（青色、洋红色、黄色和黑色）的油墨生成的，这被称为 CMYK 模式。这 4 种颜色被称为印刷色，因为它们是四色印刷中使用的标准油墨。

在使用扫描仪和数码相机生成的图像中，很多颜色都在 CMYK 色域内，但 RGB 图像可能包含位于 CMYK 色域外的颜色，如 LED 灯或鲜艳的花朵。打印这些颜色时，细节和饱和度可能不尽如人意；例如，在 RGB 图像中，有些鲜艳的蓝色转换为 CMYK 模式后可能变成紫色。

将图像从 RGB 模式转换为 CMYK 模式之前，可先进行预览，找出哪些 RGB 颜色值不在 CMYK 色域内。

1. 选择菜单“视图”>“按屏幕大小缩放”。
2. 选择“视图”>“色域警告”以查看溢色。Photoshop 将创建一个颜色转换表，并在图像窗口中将溢色显示为中性灰色。

图像的大部分区域（尤其是蓝色区域）都被发出色域警告的灰色覆盖。相比于大多数 RGB 色域，典型的 CMYK 印刷机可重现的蓝色范围都较小，因此 RGB 图像中的蓝色值常常在 CMYK 色域范围外。

由于在图像中灰色不太显眼，下面将其转换为更显眼的色域警告颜色。

3. 选择“编辑”>“首选项”>“透明度与色域”（Windows）或“Photoshop CC”>“首选项”>“透明度与色域”（Mac）。
4. 单击对话框底部“色域警告”部分的颜色样本，并选择一种鲜艳的颜色，如紫色或亮绿色，再单击“确定”按钮。
5. 单击“确定”按钮关闭“首选项”对话框。

你选择的新颜色将代替灰色用作色域警告颜色，如图 14.11 所示。

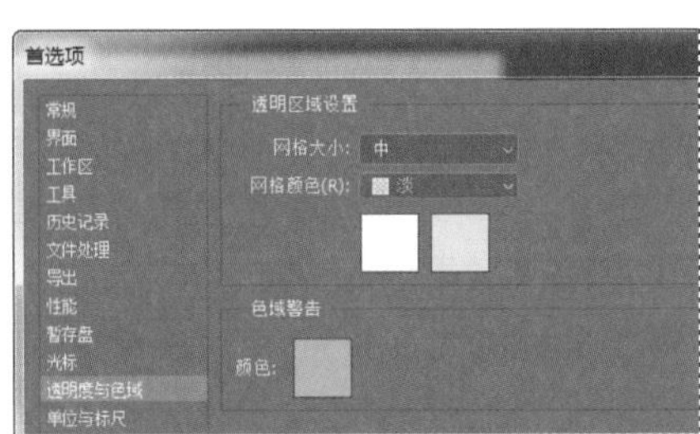

图 14.11

提示：如果你看到的溢色区域与这里显示的不同，可能是因为你在“视图”>“校样设置”>“自定”对话框中进行了不同的设置（详情请参阅 14.7 节）。

6. 选择“视图”>“色域警告”关闭溢色预览。

接下来，你将在屏幕上模拟这个文档的颜色打印出来是什么样的，再确保这些颜色在印刷色域内。

14.7 在显示器上校样图像

你将选择一种校样配置文件，以便在屏幕上看到图像打印后的效果。这让你能够在屏幕上校样（软校样）用于打印的图像。

校样设置指定打印条件，而打印条件决定了屏幕模拟的结果。Photoshop 提供了各种设置，以校样不同用途的图像，包括使用各种打印机和设备进行输出。在这里，你将创建一种自定校样设置。你可将其保存，以便用于以同样方式输出的其他图像。

1. 选择“视图”>“校样设置”>“自定”打开“自定校样条件”对话框，再确保选中了复选框“预览”，如图 14.12 所示。

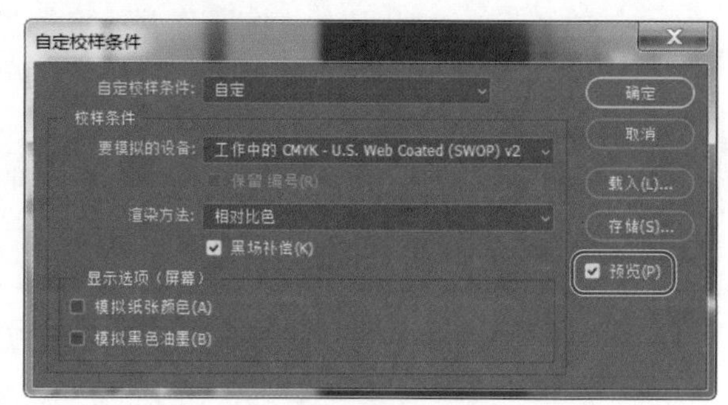

图 14.12

2. 在下拉列表“要模拟的设备”中，选择一个代表最终输出设备的配置文件，如要用来打印图像的打印机的配置文件。如果不是专用打印机，可使用默认配置文件“工作中的 CMYK-U.S.Web Coated（SWOP）v2”。
3. 如果你选择了其他配置文件，请确保没有选中复选框“保留编号”。

复选框“保留编号”模拟未转换到输出设备的色彩空间时颜色将如何显示。在你选择了 CMYK 输出配置文件时，这个复选框可能名为“保留 CMYK 编号”。

提示： 打印机配置文件不仅代表了输出设备，还是特定的设置、油墨和纸张设置。修改其中的任何设置都可能改变屏幕校样模拟的色域，因此请选择与最终打印条件尽可能接近的配置文件。

4. 确保从下拉列表“渲染方法”中选择了“相对比色”。

渲染方法决定了颜色如何从一种色彩空间转换到另一种色彩空间。“相对比色”保留了颜色关系而又不牺牲颜色准确性，是北美和欧洲印刷使用的标准渲染方法。

5. 选中复选框“模拟黑色油墨”（如果它可用），再取消选择它，并选中复选框“模拟纸张颜色”，注意到这将自动选择复选框“模拟黑色油墨”。

注意到图像的对比度好像降低了，如图 14.13 所示。“模拟纸张颜色”根据校样配置文件模拟实际纸张的白色；“模拟黑色油墨”模拟大多数打印机实际打印的暗灰色，而不是纯黑色。并非所有配置文件都支持这些选项。

提示： 在没有打开对话框“自定校样条件”时，要想查看文档在启用 / 禁用了校样设置时的外观，可选择菜单“视图”>“校样颜色”。

选择“显示选项”部分的复选框后，图像对比度和饱和度可能降低，这不值得大惊小怪。虽然图像质量看起来可能降低了，但这只是软校样功能展示的图像实际打印出来后的效果。在屏幕上显示的图像可能比实际打印的图像更亮、颜色更饱和。通过使用高品质的纸张和油墨，可让打印出的图像更接近屏幕上显示的图像。

正常图像

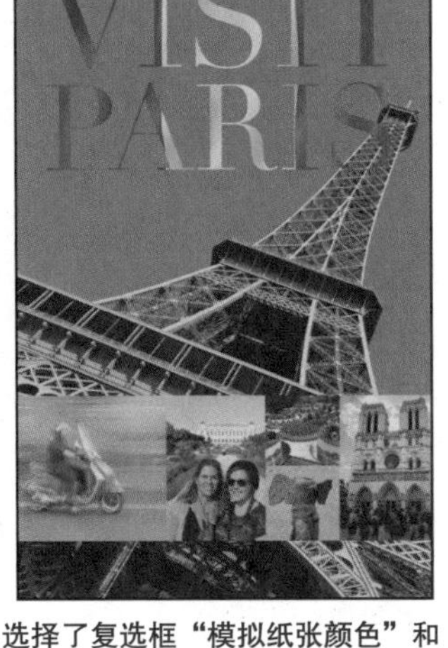

选择了复选框“模拟纸张颜色”和“模拟黑色油墨”时的图像

图 14.13

6. 在选择和取消选择复选框“预览”之间切换，看看图像在屏幕上显示和使用选定的配置文件打印出来有何不同，然后单击“确定”按钮。

14.8 确保颜色在输出色域内

为输出准备图像的下一步是做必要的颜色和色调调整。在这节中，你将进行一些颜色和色调调整，以校正原始海报存在的溢色。

提示：并非所有的溢色都需要调整。溢色警告最大的用处在于，让你知道校样文档颜色时应更加注意哪些颜色。如果校样时发现溢色看起来是可以接受的，就可以不修改它们。

为方便对校正前后的图像进行比较，你将首先创建一个副本。

1. 选择菜单“图像”>“复制”，并单击“确定”按钮以复制图像。
2. 选择菜单“窗口”>“排列”>“双联垂直”以便编辑时能够对图像进行比较。

下面来调整图像的色相和饱和度，以让所有颜色都位于色域内。

3. 选择图像 14Working.psd（原件）以激活它，再在“图层”面板中选择图层 Vist Paris。
4. 选择菜单“选择”>“色彩范围”。
5. 在“色彩范围”对话框中，从“选择”下拉列表中选择“溢色”，再单击“确定”按钮。

这将选择前面显示的溢色（如图 14.14 所示），让你所做的修改只影响这些区域。

6. 选择菜单“视图”>“显示额外内容”以便在你处理选区时隐藏它。

选区边界可能分散注意力。隐藏额外内容后，就看不到选区了，但它依然有效。

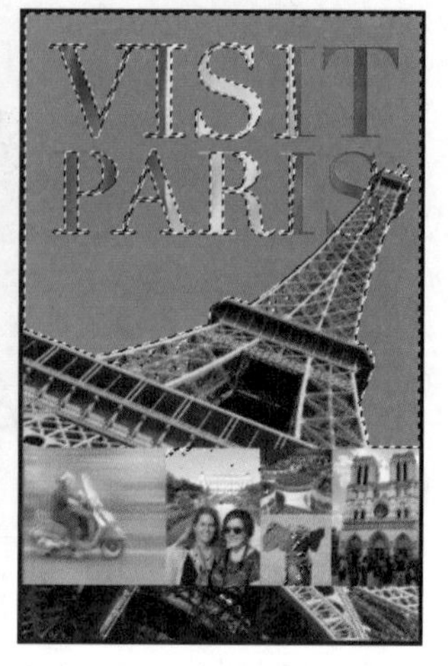

图 14.14

7. 在“调整”面板中，单击色相 / 饱和度按钮创建一个色相 / 饱和度调整图层（如果这个面板没有打开，请选择菜单“窗口” > “调整”）。这个色相 / 饱和度调整图层包含一个根据选区创建的图层蒙版。
8. 在“属性”面板中做如下设置（如图 14.15 所示）：
- 保留默认的“色相”设置；
- 拖曳“饱和度”滑块，直到颜色的强度看起来更真实（这里将其设置为 −14）；
- 向左拖曳“明度”滑块以加暗颜色（这里将其设置为 −2）。
9. 选择菜单“视图” > “色域警告”，注意到图像中的大部分溢色都消除了。再次选择菜单“视图” > “色域警告”以取消选择它。

Ps **提示：** 你也可在调整时开启色域警告，这样就知道颜色是否调整到了打印色域内了。

10. 选择菜单“视图” > “显示额外内容”以启用它，让选区边界和其他非打印辅助元素可见。
11. 关闭复制的图像（14Working 拷贝）而不保存它。

在这个练习中，你主要是通过降低饱和度来调整溢色，使其位于打印色域内。这种方法快速易行，非常简单。训练有素的图像编辑人员会使用更高级的技巧来保留颜色细节，同时尽可能地保持颜色饱和度不变。另外，对于细节不多的溢色区域（如平淡的蓝色天空区域），保持不变也许是可以接受的。

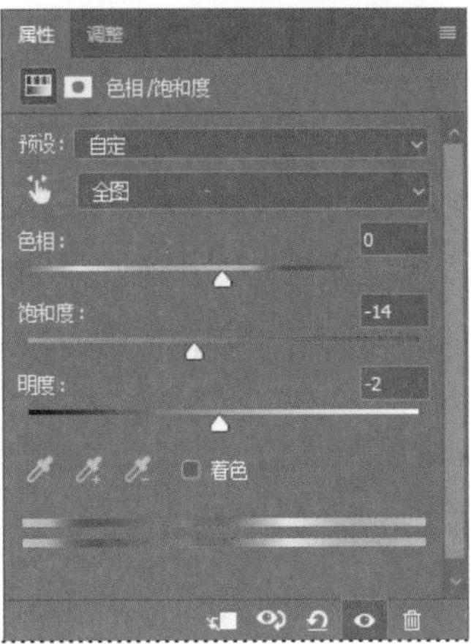

图 14.15

14.9 将图像转换为 CMYK

尽可能在 RGB 模式下工作通常是个不错的主意，因为这样可在更大的 RGB 色域中进行编辑。另外，在不同的模式之间转换会导致颜色值出现舍入误差，因此转换多次可能出现不希望的颜色变化。

完成最后的校正后，就可将图像转换为 CMYK 了。如果你以后需要将图像输出到喷墨打印机或以数字方式分发，请在将图像转换为 CMYK 模式前保存其 RGB 副本。

1. 单击“通道”标签以显示“通道”面板。

图像当前处于 RGB 模式，因此“通道”面板中列出了 3 个通道：红、绿和蓝。RGB 通道并非真正的通道，而是这 3 个通道的组合。还有一个名为“色相 / 饱和度 1 蒙版”的通道，这个通道包含当前在“图层”面板中选择的图层的蒙版信息。

2. 选择菜单“图像”>“模式”>“CMYK 颜色”。

3. 在出现的指出将扔掉一些调整图层的警告对话框中，单击“合并”按钮。

合并图层有助于保持颜色不变。

接着将出现另一个消息框，指出：你即将转换为使用 U.S. Web Coated (SWOP) v2 配置文件的 CMYK，这可能不是你所期望的，要选择其他配置文件，请使用“编辑”>“转换为配置文件”。这条消息指出活动的 CMYK 配置文件为 U.S. Web Coated (SWOP) v2，这是 Photoshop 默认使用的 CMYK 色彩配置文件。这个配置文件表示的可能并非你要使用的印刷规范或校样标准。在实际工作中，你会向印刷服务提供商询问该使用哪个 CMYK 配置文件来进行颜色转换，而印刷服务提供商可能提供一个自定义的配置文件，该配置文件准确地指出了印刷服务提供商设备的色调和颜色范围。

4. 在有关转换中使用的色彩配置文件的消息框中，单击“确定”按钮。

现在“通道”面板中显示了 4 个通道：青色、杨红、黄色和黑色；同时还显示了 CMYK 复合通道，如图 14.16 所示。在转换期间，图层被合并，因此“图层”面板中只有一个图层。

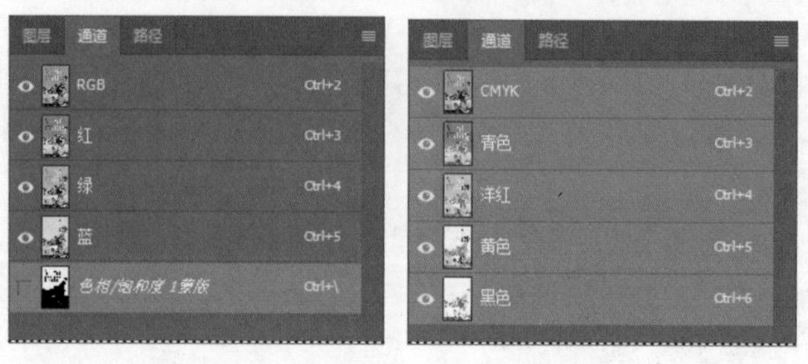

图 14.16

14.10 将图像保存为 CMYK EPS 文件

有些专业印刷厂要求以 EPS 格式提交 Photoshop 图像，虽然这种格式在较新的印刷工作流程中不常用，但最好还是要知道如何将文档转换为这种格式。下面将这幅图像存储为 CMYK EPS 文件。

1. 选择菜单“文件”>“存储为”。
2. 在“存储为”对话框中做如下设置（如图 14.17 所示）并单击“保存”按钮：

- 从下拉列表“格式”中选择“Photoshop EPS”；
- 在“颜色”部分，选中复选框“使用校样设置”，不用担心警告图标，因为你将存储副本；
- 接受文件名 14Working.eps。

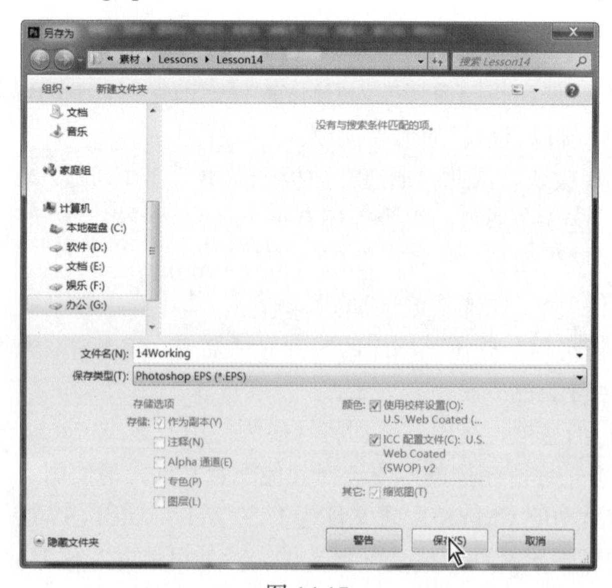

图 14.17

3. 在出现的“EPS 选项”对话框中单击“确定”按钮。
4. 保存并关闭文件 14Working.psd。
5. 选择“文件” > “打开”，切换到文件夹 Lessons\Lesson14，再双击文件 14Working.eps。

打印到桌面喷墨打印机

很多彩色喷墨打印机都擅长打印照片和其他图像文件。可选择的设置随打印机而异，且不同于最佳的印刷设置。在 Photoshop 中使用桌面喷墨打印机打印图像时，按下面这样做可获得最佳结果。

- 确保安装并选择了合适的打印机驱动程序。保留通用的打印机驱动程序设置（如“任何打印机”）可能引发问题，如页边距不正确。
- 根据用途选择合适的纸张。打印要装裱的照片时，专用的涂层相纸是不错的选择。
- 在打印机设置中，选择正确的纸张来源和介质设置。打印机喷墨的方式随纸张类型而异，例如，如果你使用的是照片级纸张，务必在打印机设置中选择它。
- 在打印机设置中选择图像质量。用于重要的查看（如彩色校样）或打印要装裱的照片时，质量越高越好。较低的打印质量可提高打印速度，还可节省油墨。
- 不要仅仅为打印到桌面喷墨打印机而将 RGB 图像转换为 CMYK 模式，因为大多数喷墨打印机都能够接收 RGB 图像并根据其使用的油墨进行转换。仅当需要专业打印（如使用支持 Adobe PostScript 的桌面打印机模拟分色）时才需要将图像转换为 CMYK 模式。

14.11 在 Photoshop 中打印 CMYK 图像

你可打印颜色复合（color composite）来对图像进行校样。颜色复合组合了 RGB 图像的红、绿、蓝通道（或 CMYK 图像的青色、洋红、黄色和黑色通道），指出了最终打印图像的外观。

提示：使用桌面打印机打印分色有助于核实颜色将出现在正确的印版上，但桌面打印机打印的分色在精度上与照排机相比有较大差异。对于印刷作业，使用配置了 Adobe PostScript RIP（光栅图像处理器）的桌面打印机可打印出更精确的校样。

在 Photoshop 中直接打印分色时，通常采用如下工作流程。

- 设置半调网屏参数。有关这方面的推荐设置，请向打印服务提供商咨询。
- 打印测试分色，以核实元素出现在正确的分色中。
- 将最终的分色打印到胶片或印版，这项工作通常由打印服务提供商来完成。

打印分色时，Photoshop 为每种油墨打印一个印版。对于 CMYK 图像，Photoshop 将打印 4 个印版，每种印刷色一个。在本节中，读者将打印分色。

1. 确保打开了图像 14Working.eps，并选择菜单“文件”>“打印”。

默认情况下，Photoshop 将打印文档的复合图像。要将该文件以分色方式打印，需要在“Photoshop 打印设置”对话框中进行设置。

2. 在“Photoshop 打印设置”对话框，执行如下操作（如图 14.18 所示）。

- 在“打印机设置”部分，确保选择了你要使用的打印机。
- 在“色彩管理”部分，从下拉列表“颜色处理”中选择“分色”。
- 在“位置和大小”部分，核实设置是正确的。对很多桌面打印机来说，11×17in 的文档太大了，无法以实际尺寸打印，因此请选择复选框“缩放以适合介质”。
- 单击“打印”按钮（如果你不想打印分色，请单击“取消”或“完成”按钮，它们的差别在于单击“完成”按钮将保存当前打印设置），如图 14.18 所示。

图 14.18

提示： 在“Photoshop 打印设置”对话框中，如果无法从“颜色处理”下拉列表中选择“分色”，请单击“完成”按钮，再确保文档处于 CMYK 模式（选择菜单“图像”>“模式”>“CMYK 颜色”）。

提示：在“Photoshop 打印设置”对话框中，“大小和位置”部分位于“色彩管理”部分下方，因此如果你找不到它，请在右边的面板中向下滚动。另外，你也可拖曳“Photoshop 打印设置”对话框的边或角来增大它，以便能够同时看到更多选项。

本课简要地介绍了如何在 Adobe Photoshop 中生成和打印一致的颜色。如果使用桌面打印机打印，你可尝试不同的设置，以找出你的系统的最佳颜色和打印设置；如果图像将由打印服务提供商打印，请向他们咨询应使用的设置。有关色彩管理、打印选项和分色的更详细信息，请参阅 Photoshop 帮助。

在 Adobe Portfolio 上分享作品

Adobe Portfolio 被集成到 Adobe Creative Cloud 中，你可使用它来快速创建设计良好的网站以展示你的作品；你只需单击就可关联到社交媒体，如 Instagram、Facebook 和 Twitter。另外，它还内置了联系表，让潜在的客户和顾客能够轻松地联系到你。为尝试使用它，下面先来处理本章的图像，以方便在 Web 浏览器中查看它。

1. 在 Photoshop 中打开文件 14Start.psd，如果出现“嵌入的配置文件不匹配”对话框，请单击“确定”按钮。

14Start.psd 是本章使用的图像的 RGB 版本，它包含的色域比为印刷而转换为 CMYK 的版本更广。

2. 选择菜单“文件”>“导出”>“导出为”，以处理这幅图像，从而方便在网站上显示它。这幅图像很大，其分辨率是针对打印而设置的，因此可能“导出为”对话框需要一段时间才能显示出来。
3. 从下拉列表“格式”中选择“JPG”，并将“品质”设置为 90%。
4. 在“图像大小”部分，将“高度”设置为 918 像素。这将把图像高度缩小到 918 像素并保持长宽比不变，这样在任何显示器上都能够以 100% 的缩放比例查看它。
5. 在“色彩空间”部分，选择复选框“转换为 sRGB”和“嵌入色彩配置文件”，以确保图像在 Web 浏览器中的颜色是一致的，如图 14.19 所示。
6. 单击“全部导出”按钮，切换到文件夹 Lesson14，并单击“导出”或“保存”按钮。

现在可以启动 Adobe Portfolio 了。随着 Adobe 更新 Portfolio，其用户界面可能与这里说的不同。

1. 在 Web 浏览器中，访问 Adobe Portfolio 的官方网站。

图 14.19

2. 单击 Adobe Portfolio 主页顶部的"登录"按钮，输入你的 Adobe ID 和密码，再单击"登录"。
3. 单击"编辑你的站点"，通过滚动预览可使用的布局（我们选择的是 Lina），然后选择 Try This Layout，结果如图 14.20 所示。如果出现 Edit Your Portfolio 按钮，单击它。

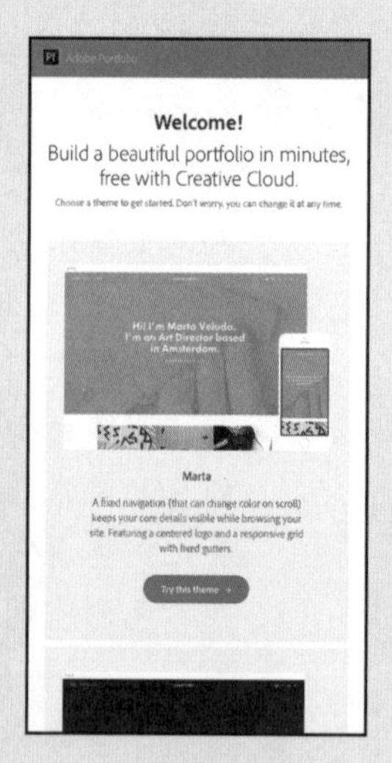

图 14.20

4. 单击 Add Content，再单击 Page。输入 Visit Paris，再单击 Create Page。如果出现 Continue 按钮，单击它。
5. 现在来添加你的作品。单击 Files，切换到文件夹 Lesson14，选择 14Start.jpg，再单击 Choose 或 Open（这个按钮的名称取决于你使用的浏览器）。Adobe Portfolio 将处理这幅图像，并将其加入到页面中。
6. 单击 Text，并输入 Poster created for the Visit Paris campaign。选中这些文本，文本上方将出现格式设置栏，让你能够根据需要修改格式设置。
7. 单击 Preview 按钮，如图 14.21 所示。在预览底部有一些按钮，让你能够选择在不同设备和朝向下进行预览，如纵向和横向的智能手机，如图 14.22 所示
8. 在预览页面中，单击 Back to Edit，如图 14.23 所示。

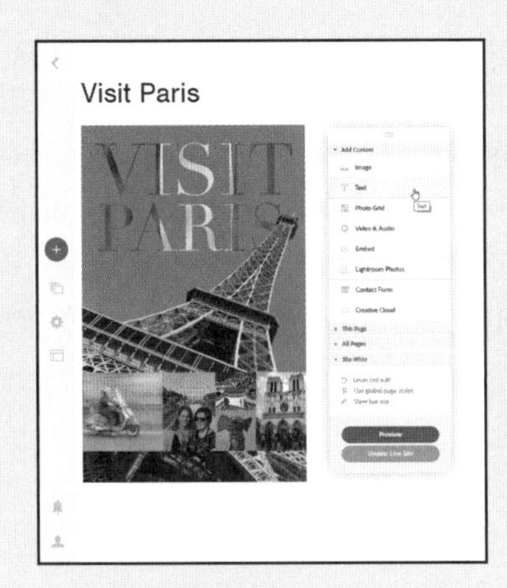

图 14.21

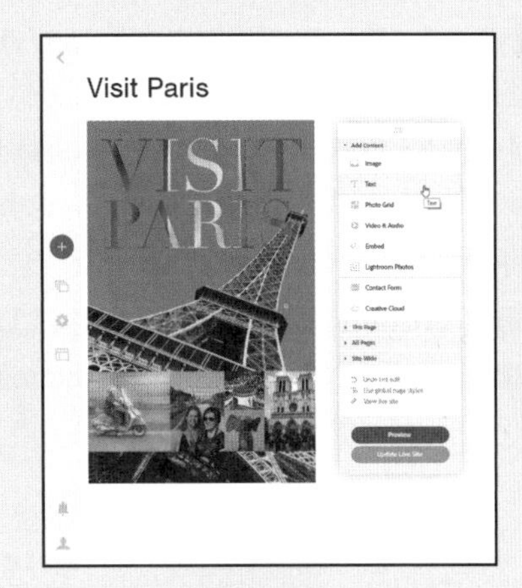

图 14.22

9. 当你将鼠标指针指向各个页面元素时，其左上方将出现一个编辑图标，单击该图标将显示可用于该页面元素的编辑选项。

图 14.23

10. 使用浮动遥控器在当前页面中添加内容或编辑其既有内容，还可单击左上角的 Return to Home 给你的 Adobe Portfolio 网站添加并组织页面，如图 14.24 所示。

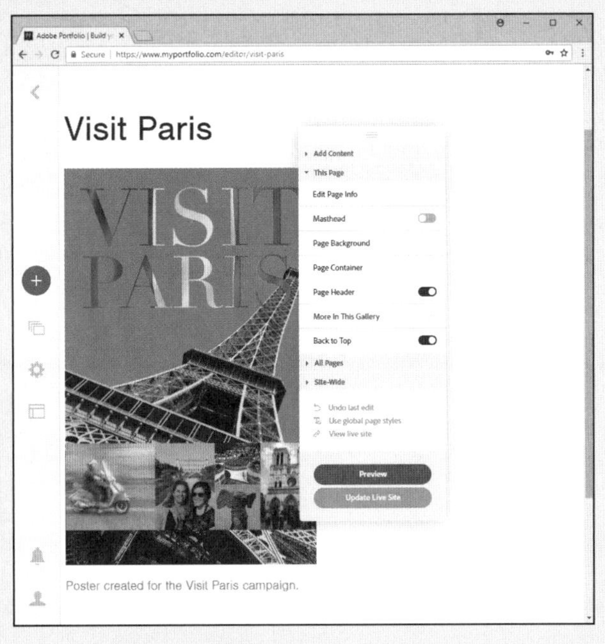

图 14.24

在 Adobe Portlio 网站中，你可修改很多设计选项，如字体、字号、背景颜色和间距等。你还可随时修改总体布局。如果你有互联网域名，那么可轻松地将其关联到 Adobe Portfolio，让你的网站地址与你的品牌一致。

如果你的网站看起来不错，而你想让全世界都看到它，可单击 Publish Site。发布网站后，如果你不想让人看到它，可单击 Settings（齿轮）图标、单击 Unpublish Portfolio、选择选项再单击 Unpublish Portfolio 按钮。你还可发布网站，并在 Settings 面板的 Password Protection 部分设置密码。

14.12 复习题

1. 要准确地重现颜色应采取哪些步骤？
2. 什么是色域？
3. 什么是色彩配置文件？
4. 什么是分色？

14.13 复习题答案

1. 要准确地重现颜色，应首先校准显示器并创建配置文件，再使用“颜色设置”对话框来指定要使用的色彩空间。例如，可指定在线图像使用哪种 RGB 色彩空间，打印图像使用哪种 CMYK 色彩空间。然后可以校样图像，检查是否有溢色，并在必要时调整颜色。
2. 色域是颜色模式或设备能够重现的颜色范围。例如，颜色模式 RGB 和 CMYK 的色域不同。在每种颜色模式下，不同的打印机、打印标准和设备显示器可重现的色域都不同。
3. 色彩配置文件描述了设备的色彩空间，如打印机的 CMYK 色彩空间。诸如 Photoshop 等应用程序能够解释图像中的色彩配置文件，从而在跨应用程序、平台和设备时保持颜色一致。
4. 分色是文档中使用的每种油墨对应的印版，打印服务提供商将为你提供的文件打印青色、洋红色、黄色和黑色油墨分色。

第15课　打印3D文件

在本课中，你将学习以下内容：

- 使用网格预设创建简单的 3D 对象；
- 使用 Photoshop 中的 3D 工具；
- 操作 3D 对象；
- 调整相机视图；
- 准备用于打印的 3D 文件；
- 导出文件以便远程打印。

本课大约需要 30 分钟。启动 Photoshop 之前，请先在异步社区将本书的课程资源下载到本地硬盘中，并进行解压。在学习本课时，请打开相应的课程文件。建议先做好原始课程文件的备份工作，以免后期用到这些原始文件时，还需重新下载。

在 Photoshop 中，你可直接打印 3D 对象。如果你有 3D 打印机，可现场打印；如果没有，可导出文件，再发送给在线厂商进行打印。

15.1 简介

Photoshop 提供了一组基本的 3D 功能，旨在让你能够创建简单的 3D 对象或将既有的 3D 模型集成到 Photoshop 复合文档中。在本课中，你将创建一个 3D 行李牌来学习如何在 3D 空间中导航、如何创建简单的 3D 形状以及如何打印到 3D 打印机。首先来看看完成后的行李牌。

1. 启动 Photoshop 并立刻按下 Ctrl + Alt + Shift 键（Windows）或 Command + Option + Shift 键（Mac）以恢复默认首选项（参见前言中的“恢复默认首选项”）。
2. 出现提示对话框时，单击“是”确认要删除 Adobe Photoshop 设置文件。
3. 选择菜单“文件”>“在 Bridge 中浏览”以启动 Adobe Bridge。
4. 在 Bridge 中，单击“收藏夹”面板中的 Lessons，再在“内容”面板中双击文件夹 Lesson15。
5. 在 Bridge 中查看文件 15End.psd，如图 15.1 所示。

图 15.1

这个文件包含一个行李牌的 3D 渲染结果。在本章中，你将组合不同的元素来创建这个行李牌，并为打印做好准备。如果你愿意，可使用 3D 打印机来打印它，也可导出它再发送给在线厂商进行打印（下单前你会看到估算的费用）。

在创建这个行李牌之前，你将尝试使用各种 3D 工具，以熟悉 3D 环境。

6. 回到 Photoshop。

15.2 理解 3D 环境

显然，处理 3D 对象的优点是，用户可在三维空间内处理它们，还可随时调整 3D 图层的光照、颜色、材质和位置，而无须重新创建大量的元素。Photoshop 提供了一些基本工具，使用它们可轻松地旋转 3D 对象、调整其大小和位置。选项栏中的 3D 工具用于操作 3D 对象；应用程序窗口左下角的相机控件用于操作相机，让你能够从不同角度查看 3D 场景。

在“图层”面板中选择 3D 图层后，你便可使用 3D 工具了。3D 图层与其他图层一样，可对其应用图层样式、添加蒙版等。然而，3D 图层可能非常复杂。

与普通图层不同，3D 图层包含一个或多个网格，而网格定义了 3D 对象。例如，在下面的练习中，网格是一个圆锥形状。每个网格又包含一种或多种材质，这些材质决定了整个或部分网格的外观。每种材质包含一个或多个纹理映射，这些纹理映射的积累效果决定了材质的外观。有 9 种典型的纹理映射（包括凹凸），每种纹理映射只能有一个，但用户也可使用自定义纹理映射。每种纹理映射包含一种纹理——定义纹理映射和材质外观的图像。纹理可能是简单的位图图形，也可能是一组图层。不同的纹理映射和材质可使用相同的纹理。

除网格外，3D 图层还包含一个或多个光源，这些光源影响 3D 对象的外观，其位置在用户旋转或移动对象时保持不变。3D 图层还包含相机，它是在对象位于特定位置时存储的视图。着色器根据材质、对象属性和渲染方法创建最终的外观。

这听起来很复杂，但最重要的是别忘了，选项栏中的 3D 工具在 3D 空间内移动对象，而相机控件移动生成对象视图的相机。

下面首先从纯色填充的图层创建一个简单的 3D 对象。

1. 在 Photoshop 中，选择菜单“文件”>“新建”，接受默认设置并单击“创建”按钮。
2. 选择菜单“选择”>“全部”以选择整个背景图层。
3. 选择菜单“编辑”>“填充”。在“填充”对话框中，从“内容”下拉列表中选择“颜色”，再在拾色器中选择一种鲜艳的蓝色。单击“确定”按钮关闭拾色器，再单击“确定”按钮关闭“填充”对话框，如图 15.2 所示。

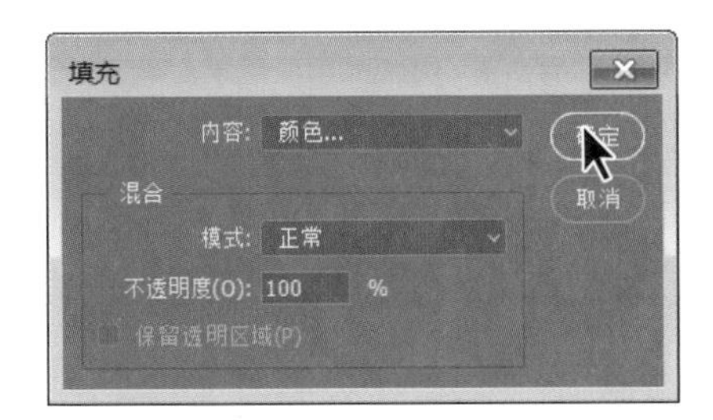

图 15.2

4. 选择菜单“选择”>“取消选择”。
5. 选择菜单“3D”>“从图层新建网格”>“网格预设”>“锥形”。如果 Photoshop 询问是否要切换到 3D 工作区，单击“是”按钮，结果如图 15.3 所示。

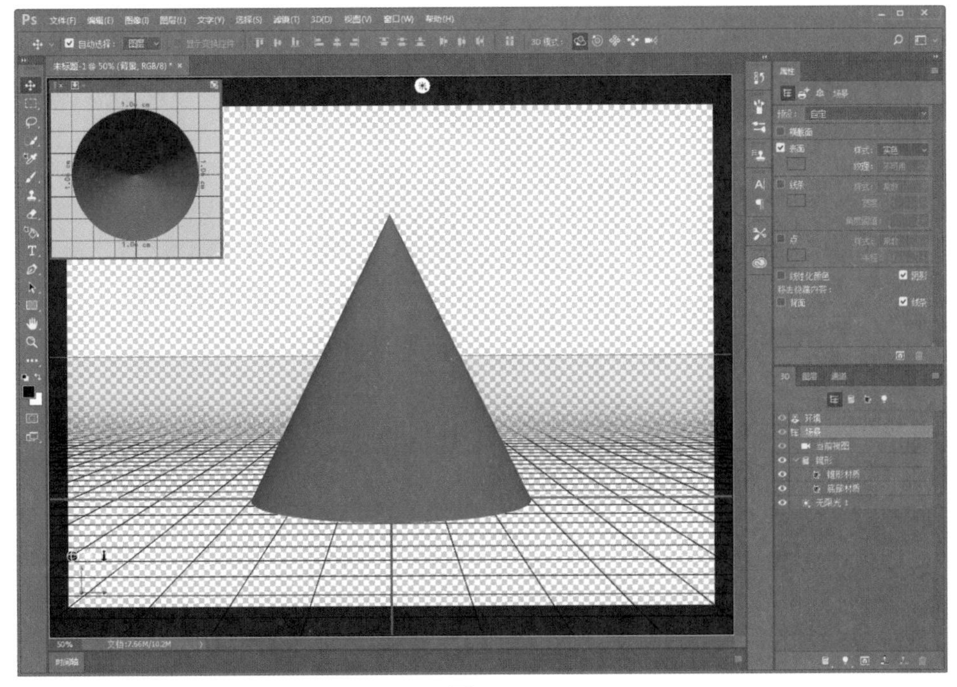

图 15.3

提示： 如果出现“嵌入的配置文件不匹配”对话框，请单击“确定”按钮。

提示： 如果出现了一个描述 Adobe Dimension CC 的窗口，请将其关闭。如果 3D 是作品的重要组成部分，你可能想探索 Dimension。Dimension 让图形设计人员能够轻松地创建像照片一样逼真的高品质 3D 图像；你可结合使用 2D 和 3D 素材来创建产品实拍图、场景可视化、抽象艺术品，还可将 Dimension 和 Photoshop 结合起来使用。有关 Adobe Dimension CC 更详细的信息，请访问 Adobe 官网。

你的蓝色图层变成了一个蓝色锥形，而 Photoshop 显示了格栅、副视图窗口、相机控件和其他 3D 资源。有了 3D 对象后，就可以使用 3D 工具了。

6. 在工具面板中选择移动工具（✣）。

所有 3D 功能都放在移动工具中。如果当前选择的是 3D 图层，则选择移动工具后，选项栏将显示所有的 3D 工具。

7. 在选项栏中，选择“平移 3D 相机”模式（✣）。

未选定 3D 对象时，3D 模式决定了移动工具将如何修改相机；选定了 3D 对象时，3D 模式决定了移动工具将如何变换对象。

8. 单击锥形的边缘或其附近（而不要单击锥形本身），并通过拖曳来上下或左右移动它，再让锥形重新居中，如图 15.4 所示。

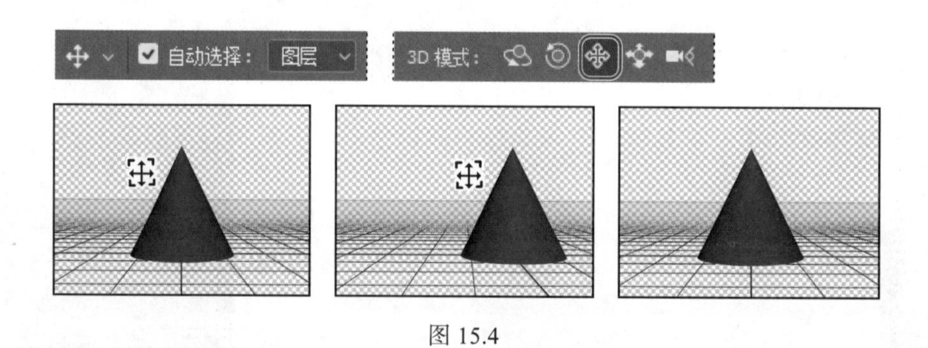

图 15.4

提示： 无论是在哪种 3D 相机模式下使用移动工具，都务必在对象外部单击并拖曳，这很重要。如果你单击对象，将选择该对象，这样移动工具操作的将是这个对象，而不是相机。

9. 在选项栏中，选择“环绕移动 3D 相机”工具（），再单击并拖曳锥形以旋转它，如图 15.5 所示。尝试使用其他工具，看看它们将如何影响 3D 对象。

10. 使用移动工具单击锥形以选择它。

3D 模式：

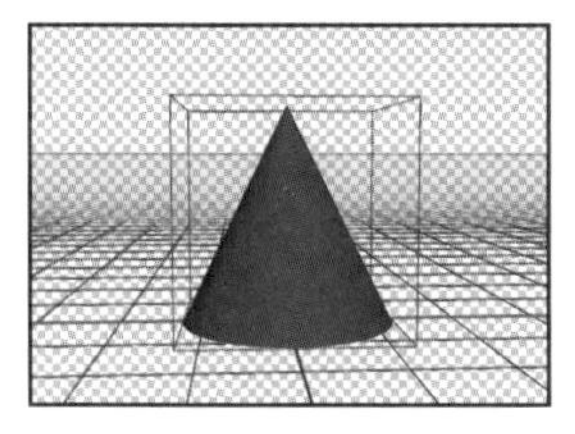
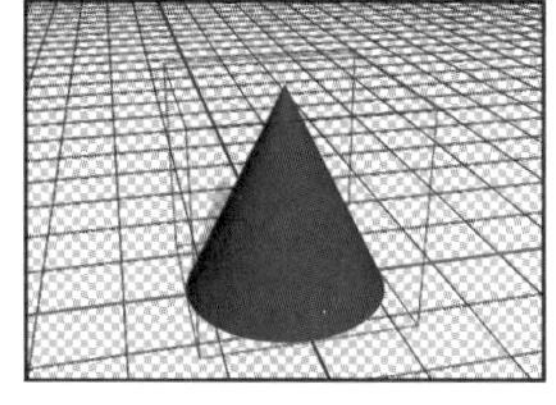
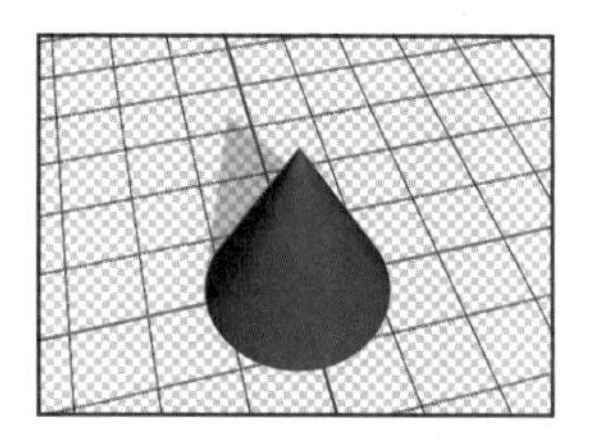

图 15.5

你选择了 3D 对象后，Photoshop 将在对象内显示 3D 轴控件（如图 15.6 所示），你可使用它来操作选定的 3D 对象。这个控件的 3 种颜色表示不同的 3D 轴：红色表示 *X* 轴、绿色表示 *Y* 轴，而蓝色表示 *Z* 轴。将鼠标指针指向 3D 轴控件的不同部分，将显示你可执行的各种操作：

- 要均匀地缩放选定的 3D 对象，可将鼠标指针指向中央的灰色框，并等它变成黄色后单击并拖曳；
- 要沿特定的轴移动选定的 3D 对象，可将鼠标指针指向 3D 轴控件中相应轴末尾的箭头，再单击并拖曳；
- 要绕特定的坐标轴旋转选定的 3D 对象，可将鼠标指针指向该坐标轴箭头旁边的弯曲手柄，再单击并拖曳。

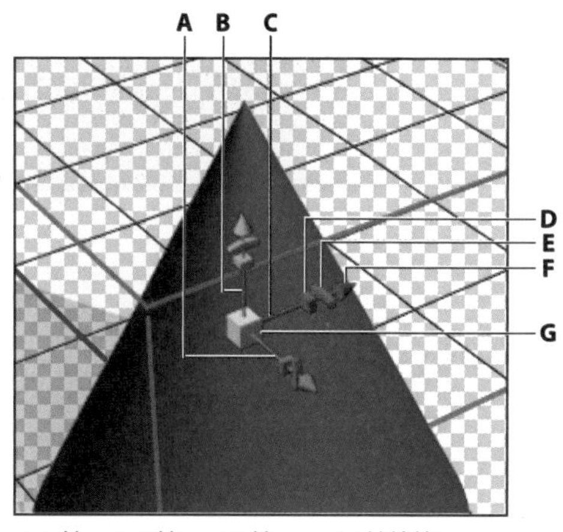

A. *Z* 轴　**B.** *Y* 轴　**C.** *X* 轴　**D.** 沿*X*轴缩放
E.绕*Y*轴旋转　**F.** 沿*X*轴移动
G.均匀地缩放

图 15.6

提示：记不住什么颜色对应于 3D 轴控件的哪个坐标轴？RGB 与 XYZ 相对应，即红色为 *X* 轴，绿色为 *Y* 轴，蓝色为 *Z* 轴。将鼠标指针指向 3D 控件时，请注意查看工具提示，它们指出了当前控件是做什么用的。

提示：3D 轴控件随对象一起移动，如果你看不到要操作的 3D 轴控件部分，可能是因为它处于难以看到的角度或者被 3D 轴控件的其他部分遮住了。为了能够看清 3D 轴控件的各个部分，可尝试旋转 3D 视图。

11. 使用 3D 轴控件旋转、缩放和移动锥形。

12. 在应用程序窗口左下角的相机控件（有两条轴可见）上单击鼠标右键（Windows）或按住 Control 键并单击（Mac），再选择“俯视图”，如图 15.7 所示。

“相机”菜单中的选项决定了从什么角度观看对象。相机角度变了，但对象本身没变。不要被它与背景图像的关系蒙蔽，背景图像不是 3D 的，因此你移动相机时，Photoshop 保留背景图像不变。

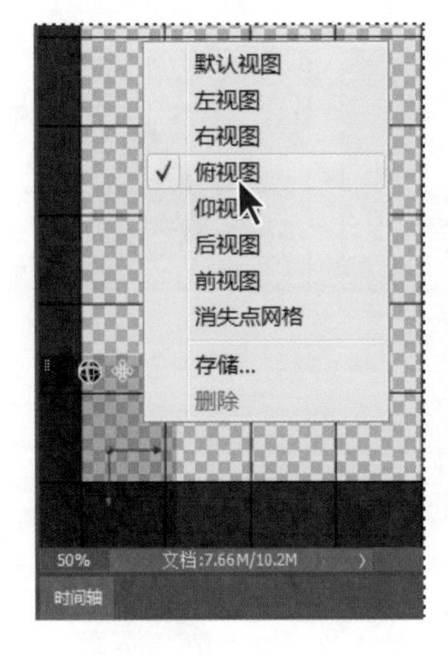

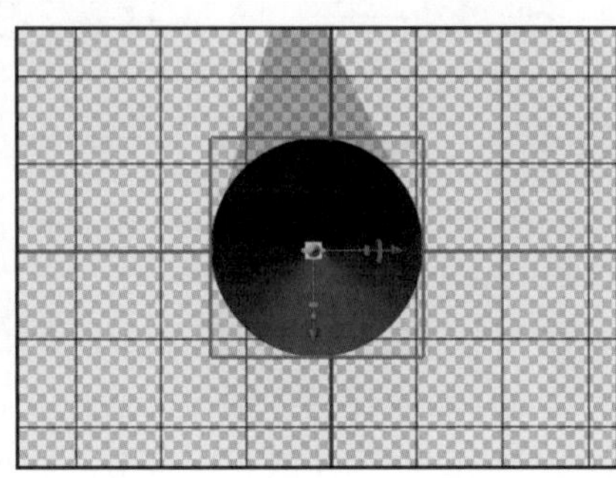

图 15.7

13. 选择其他相机位置，看看它们将如何影响透视。
14. 尝试完毕后关闭文件。如果愿意，你可保存创作的作品，也可直接关闭而不保存。

15.3 调整 3D 元素的位置

对 3D 工具有大致了解后，下面使用它们将文本放到行李牌上。

1. 选择菜单“文件”>“打开”，切换到文件夹 Lesson15，并双击文件 15Start.psd。

提示：如果出现“嵌入的配置文件不匹配”对话框，单击“确定”按钮。

这个文件包含两个 3D 元素：文本和行李牌本身。当前，文本的位置不合适——在行李牌的左上方，如图 15.8 所示。下面首先来让它与行李牌居中对齐。

图 15.8

2. 确保在工具面板中选择了移动工具。
3. 将鼠标指针指向文本 Visit Paris，出现定界框后单击，以选择这些文本并激活其 3D 轴控件。

提示：如果你无法使用移动工具来选择 3D 对象，请等对象的 3D 定界框出现后再单击。仅当你单击 3D 对象的实心部分（而不是其包含空间，即内部）时，才能选择它。

4. 将鼠标指针指向绿色箭头的末尾。
5. 等出现工具提示“在 Y 轴上移动”时单击并向下拖曳，直到这些文本与红色行李牌垂直居中对齐。

6. 单击红色箭头末尾并向右拖曳，直到文本与红色行李牌水平居中对齐，如图 15.9 所示。

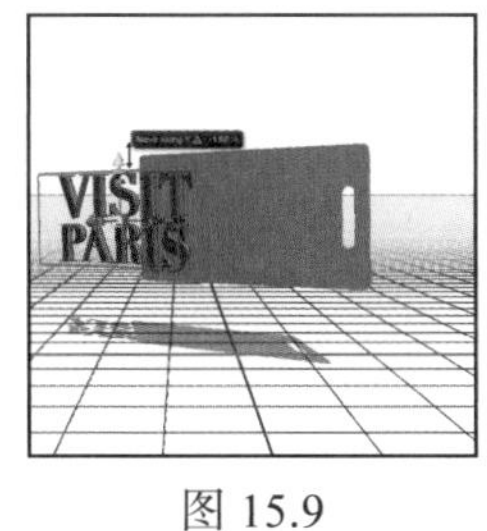

图 15.9

至此，行李牌便制作好了，可以打印了！

7. 选择菜单“文件”>“存储为”，切换到文件夹 Lesson15，将文件保存为 15Working.psd。在“Photoshop 格式选项”对话框中，单击“确定”按钮。

15.4　打印 3D 文件

说到打印，你通常想到的是将二维文本和图像打印到纸张上。这样打印出来的图像也许品质一流，但你无法从不同的角度查看，且得到的是纸质品或其他相对简单的介质。

3D 打印机提供了全新的打印方式，它打印的不是物件的图像，而是物件本身。3D 打印提供了无穷的可能性，应用领域包括医疗领域的应用、原型制作和创意实现（如首饰和纪念品的制作）。

3D 打印机曾是一个资助资金丰厚的实验领域，但当前有了更广泛的应用。在很多社区，都有装备了 3D 打印机的 DIY 作坊，在这些作坊中你可付费使用众多的资源。如果你没有 3D 打印机可用，也可将 3D 作品发送给在线厂商，它们将使用指定的材质将你的作品打印出来，并通过快递发送给你。

在 Photoshop 中，你可创建 3D 对象，也可导入使用其他软件创建的 3D 对象，再将它们打印出来。

15.4.1　指定 3D 打印设置

在 Photoshop 中打印 3D 对象时，你使用的不是标准“打印”对话框。另外，打印前必须确保设置是合适的。

1. 选择菜单“3D”>“3D 打印设置”。

“属性”面板将显示 3D 打印设置选项，而图像窗口将显示 3D 对象预览，该预览根据你选择的打印机指出了打印出来的 3D 对象是什么样的。

2. 在“属性”面板中，从“打印到”下拉列表中选择 Shapeways，如图 15.10 所示。

Shapeways 是一家在线厂商，以收费的方式提供 3D 对象打印和邮寄服务。还有其他在线厂商，但 Shapeways 提供的服务易于使用，因为你可在 Photoshop 中直接选择其打印机。如果你要使用其他厂商，请询问如何在 Photoshop 中订购其服务。

如果你有 3D 打印机，请从“打印到”下拉列表中选择“本地”，再从下拉列表“打印机”中选择你的打印机，然后下载所有支持的打印机的配置文件。

当你从“打印到”下拉列表中选择 Shapeways 时，下拉列表“打印机”将包含数十种材质。你选择的材质决定了打印出来的 3D 对象的外观以及打印费用；具体有哪些材质可供选择取决于你选择的打印机。

3. 从下拉列表“打印机”中选择 Plastic-Alumide，如图 15.11 所示。Plastic alumide 是一种仿金属塑料。

图 15.10

图 15.11

3D 对象的预览图在图像窗口中发生变化，以反映你所做的选择。当你选择 Plastic Alumide 时，预览会显示一个银灰色的带有文本的标签。

> **提示：**有关 Shapeways 提供的各种材质及其费用的更详细信息，请参阅 Shapeways 官网。

4. 确保从“打印机单位”下拉列表中选择了“英寸”，这个下拉列表用于指定打印机体积的度量单位。

3D 打印机的容量各不相同，你必须考虑你的 3D 对象是否在打印机的体积范围内，这很重要。“打印机体积”部分的值呈灰色，因为你不能修改它们，这些值指出了你选定的打印机的体积。“场景体积”部分的值指出了你的 3D 场景（这里是单个对象）的尺寸。如果你选择了复选框“显示”，预览将在表示打印机的轮廓线内显示场景。

如果场景体积大于打印机体积，那可在“属性”面板中单击“缩放至打印体积”，以缩小场景让打印机能够打印它。在这里，场景体积比打印机体积小得多。

5. 从下拉列表“细节级别”中选择“中（0.0112 英寸）”（如图 15.12 所示），这个选项决定了预览图像有多详细。

图 15.12

“表面细节”选项在打印时保留凹凸图、纹理以及不透明度设置。你可保留这些选项的默认设置（即选中它们），虽然这里的对象没有凹凸图和不透明度设置。

现在可以打印了。

15.4.2　导出3D对象

与打印二维图像相比，3D对象打印起来要复杂些。对从事打印的人来说这不是很难，但Photoshop必须在幕后做大量的计算工作。

3D打印机从底部开始打印对象。例如，如果你打印一个立方体或其他有底基的对象，那么打印机无须额外的支撑就能打印它。然而，很多3D对象的形状都不规则，其底基可能是一系列不相连的表面。就拿动物模型来说吧，其底基是4条分开的腿。为打印这样的对象，打印机需要使用支撑结构。这种结构通常由底座和支架组成，其中前者提供了底基，而后者用于支撑对象的既有部分，以免它们在打印其他部分期间坍塌。

当你选择“3D打印”时，Photoshop将为打印对象做好准备，并计算所需的板式基础和支撑架。

1. 选择菜单“3D”>“3D打印”或单击“属性”面板底部的“开始打印”图标（![]）。

Photoshop将准备打印作业并显示进度条。这可能需要一段时间，具体取决于你的计算机的速度。

2. 在指出估计价格可能与最终购买价格不同的消息框中，单击“确定”按钮。
3. 在“Photoshop 3D打印设置”对话框中，查看估计价格和打印尺寸，如图15.13所示。

在这个对话框中，单击预览区域中的选项，以查看大小、阴影、底座、支架和打印作业的其他方面。这个对象不需要底座和支架，因此相应的选项呈灰色。

使用这个对话框顶部的3D工具从不同的角度查看你的对象。

选择不同的材质时，打印价格天壤之别。你可单击“取消”按钮，选择其他的打印机，再让Photoshop重新计算价格。到目前为止，你还没有提交对象。

4. 单击“导出”按钮。
5. 在“另存为”对话框中单击“保存”按钮。

Photoshop将把3D打印文件信息导出到文件15Working.stl中。

6. 在Photoshop询问你是否要将导出的文件上传到Shapeways网站进行打印时，单击“是”按钮接着访问该网站，或者单击“否”按钮结束这个过程。
7. 如果你选择了接着访问Shapeways网站，请使用你的账户登录。如果没有账户，就创建一个（这是免费的）。
8. 在Shapeways网站中，单击Upload按钮（这个按钮可能隐藏在下拉列表中），再按说明做。如果网站要求你指定度量单位，将其指定为英寸。选择文件夹Lesson15中名为15Working.stl.zip的文件，再单击Upload。

Shapeways将上传并解压缩这个文件，然后显示其中的对象，并列出可供选择的材质及其价格，网站还显示可通过拖曳来旋转的3D预览，如图15.14所示。

Ps　**注意：**只要没有结账并支付费用，就未提交订单。

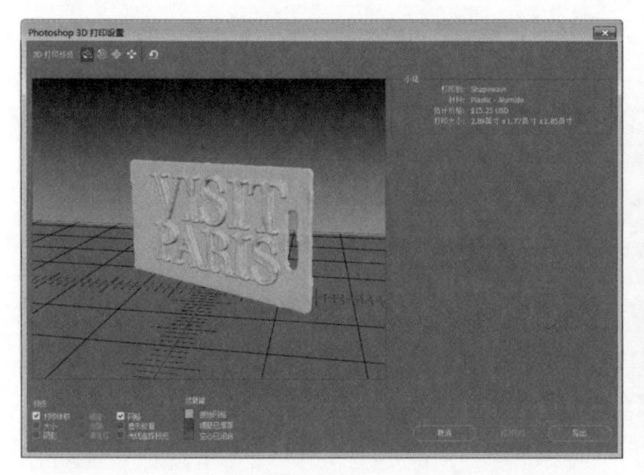

图 15.13

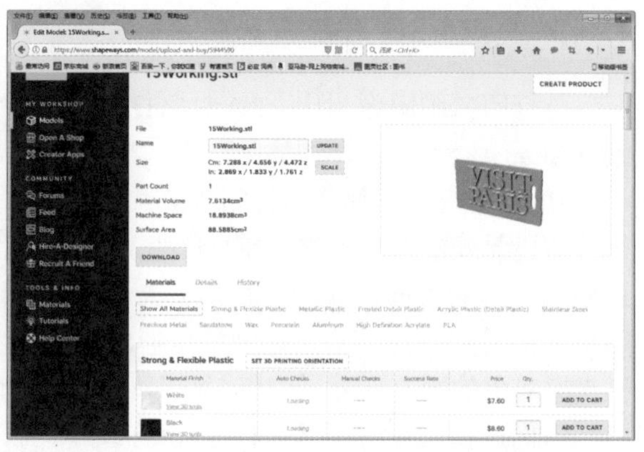

图 15.14

9. 如果你想支付费用以将这个对象打印出来，可指定材质并单击 Add to Cart 按钮，再按屏幕上的说明下订单。打印出来的对象将快递给你，如图 15.15 所示。

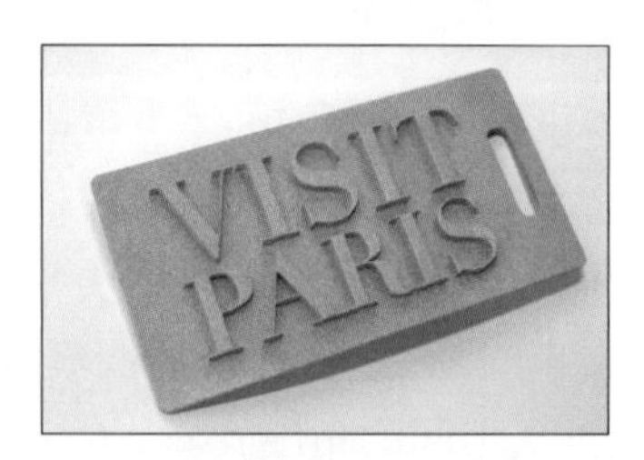

图 15.15

如果你不想让 Shapeways 将这个对象打印出来，你可从 Shapeways 网站注销，再关闭这个网页。

15.5 复习题

1. 3D 图层与 Photoshop 中的其他图层有何不同？
2. 如何修改相机视图？
3. 在 3D 轴控件中，各个轴都用什么颜色表示？
4. 如何打印 3D 对象？

15.6 复习题答案

1. 3D 图层与其他图层一样，你可对其应用图层样式、添加蒙版等。然而，与普通图层不同，3D 图层包含一个或多个定义 3D 对象的网格。用户可处理 3D 图层包含的网格、材质、纹理映射和纹理，还可调整 3D 图层的光源。
2. 要修改相机视图，可移动相机控件，也可在该控件上单击鼠标右键（Windows）或按住 Control 键并单击（Mac）来选择一种相机视图预设。
3. 在 3D 轴控件中，红色箭头表示 *X* 轴，绿色箭头表示 *Y* 轴，蓝色箭头表示 *Z* 轴。
4. 在 Photoshop 中，要打印 3D 对象，可首先选择菜单“3D”>“3D 打印设置”，并设置打印机选项，再选择菜单“3D” > “3D 打印”或单击“属性”面板底部的“开始打印”图标。

附录A　工具面板概述

Photoshop CC 2019 工具面板

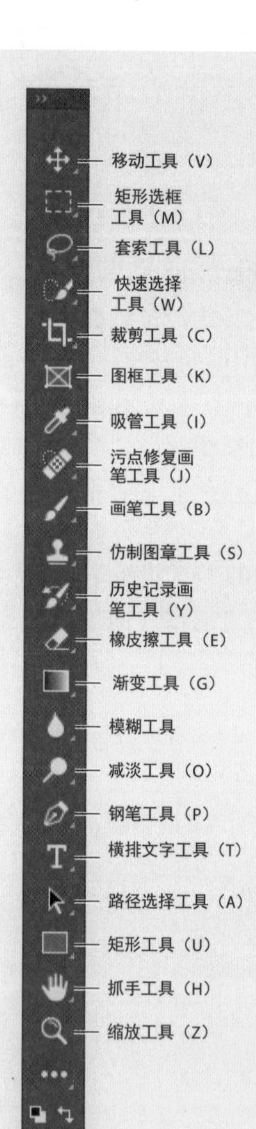

移动工具：移动选区、图层和参考线

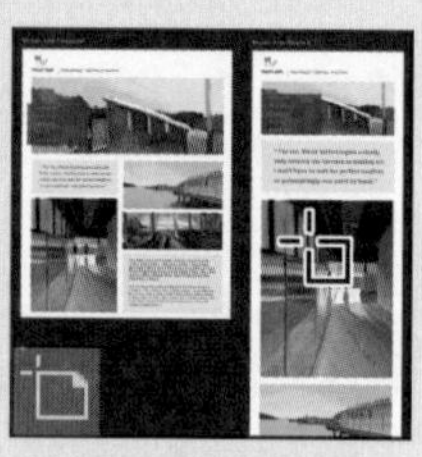
画板工具：移动和添加画板并调整其大小

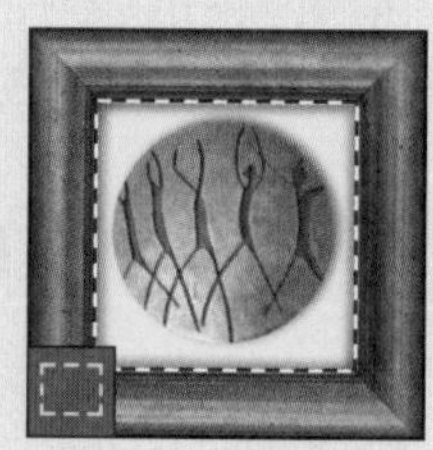
选框工具：创建矩形、椭圆、一行和一列的选区

套索工具：建立手绘、多边形和磁性选区

快速选择工具：使用可调整的圆形画笔笔尖快速“绘制”选区

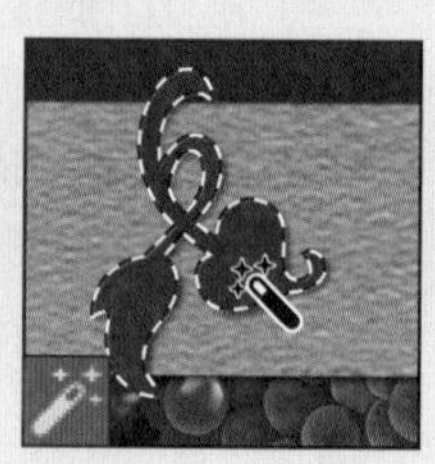
魔棒工具：选择颜色相似的区域

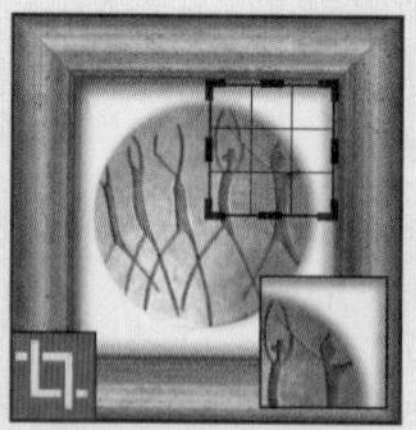
裁剪工具：裁剪和拉直图像以及修改透视

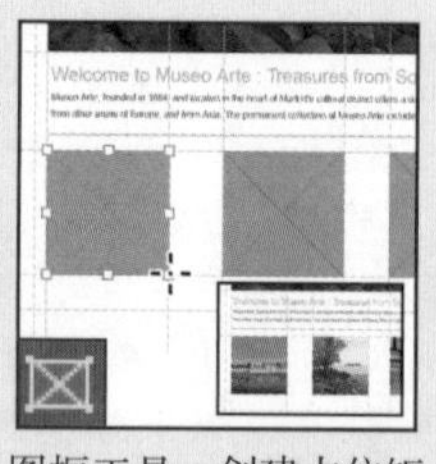
图框工具：创建占位矩形，让你能够先设计版面，以后再添加要使用的图形

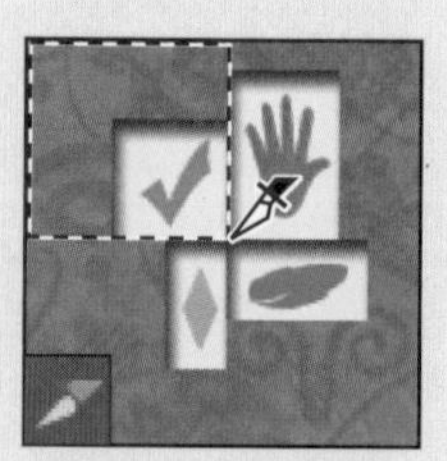
切片工具：创建可导出为独立图像的切片

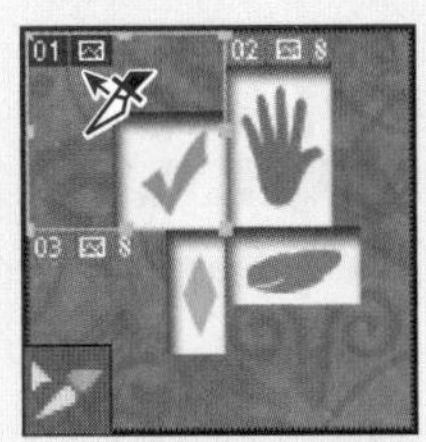

切片选择工具：选择切片

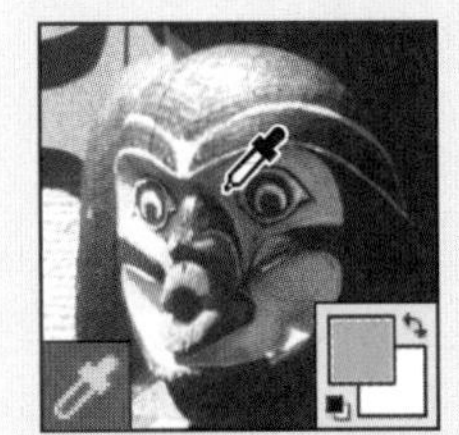

吸管工具：在图像中拾取颜色

3D 材质吸管工具：从 3D 对象载入选定的材质

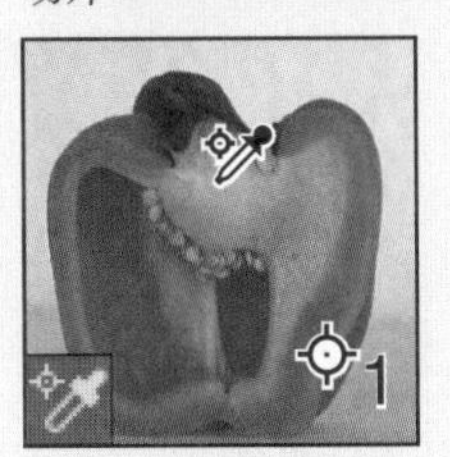

颜色取样器工具：最多可从图像的 4 个区域取样

标尺工具：测量距离、位置和角度

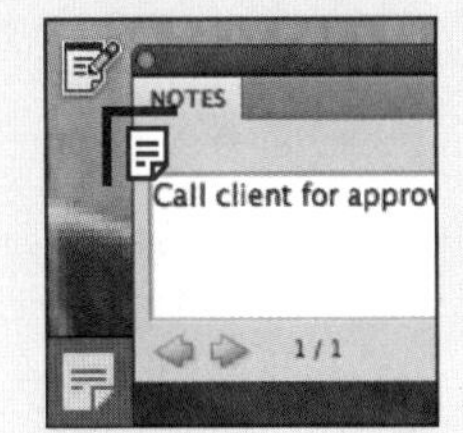

注释工具：在图像中添加注释

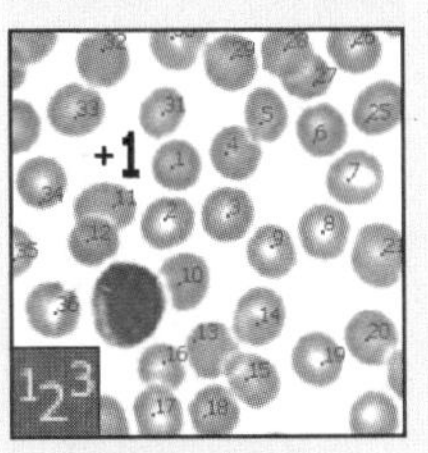

计数工具：统计图像中对象的个数

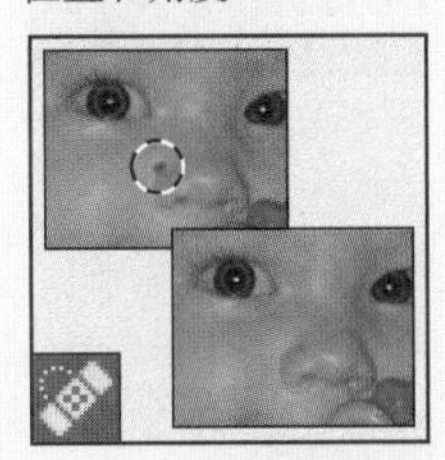

污点修复画笔工具：使用统一的背景快速消除照片中的污点和瑕疵

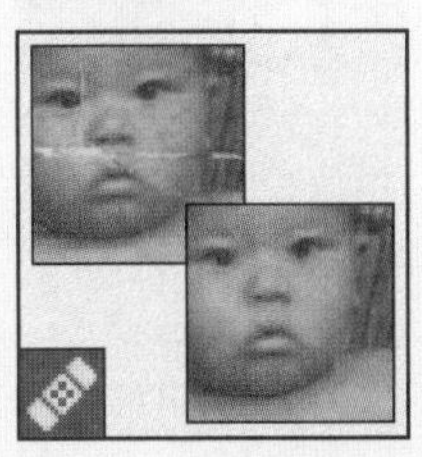

修复画笔工具：使用样本或图案修复图像中的瑕疵

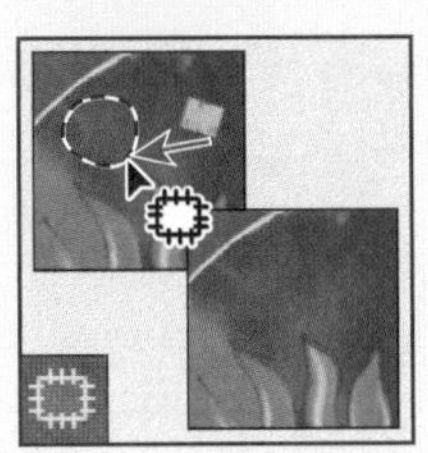

修补工具：使用样本或图案修复图像中选区内的瑕疵

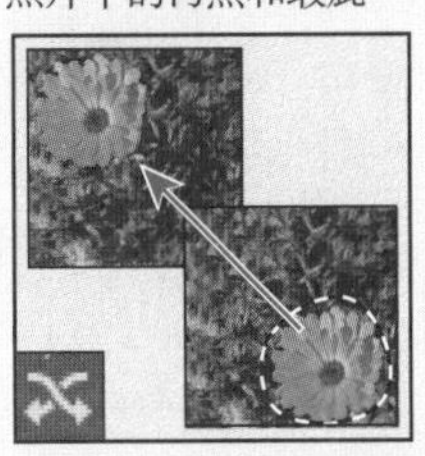

内容感知移动工具：混合像素，让移动的对象与周边环境混为一体

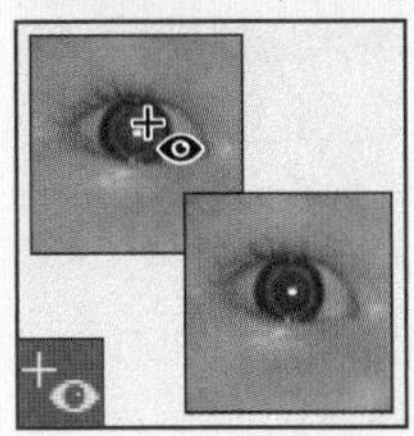

红眼工具：只需单击就可消除用闪光灯拍摄的照片中的红眼

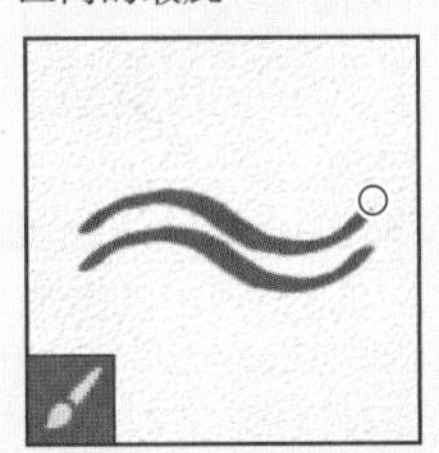

画笔工具：绘制画笔描边

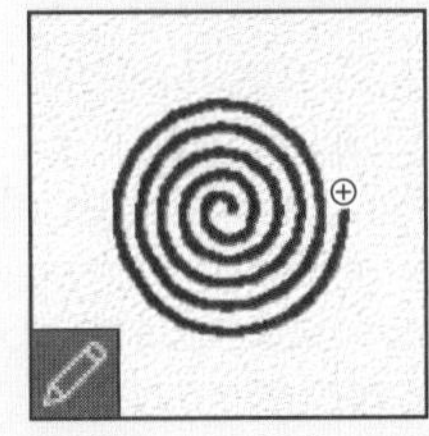

铅笔工具：绘制硬边缘描边

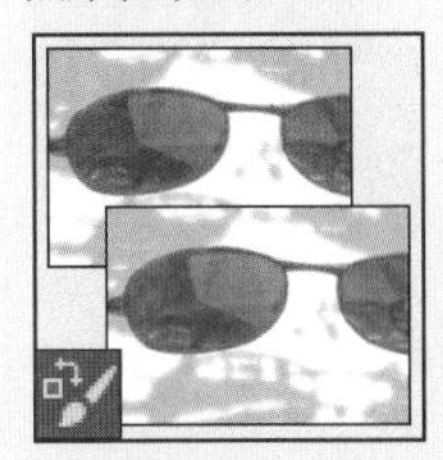

颜色替换工具：用一种颜色替换另一种颜色

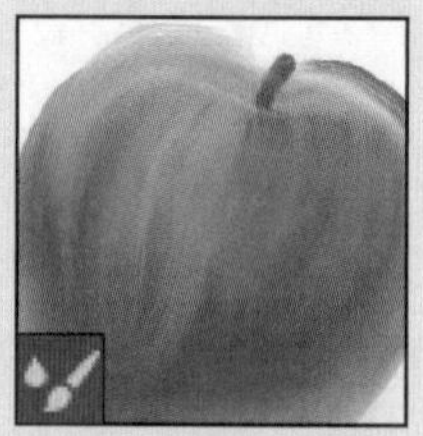

混合器画笔工具：混合采集的颜色与现有颜色

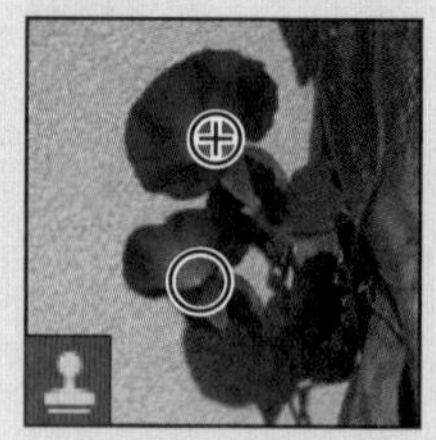

仿制图章工具：使用样本绘画

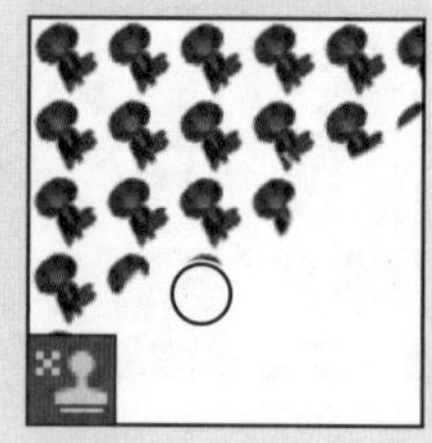

图案图章工具：使用图像的一部分作为图案来绘画

历史记录画笔工具：在当前图像窗口绘制选定状态或快照的副本

历史记录艺术画笔：绘制样式化描边，以模拟不同的绘画风格

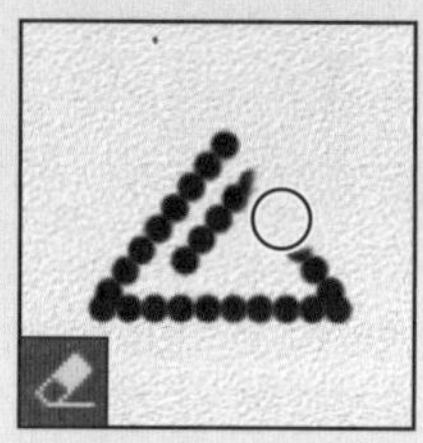

橡皮擦工具：擦除像素，将部分图像恢复到以前存储的状态

背景橡皮擦工具：通过拖曳鼠标使区域变成透明的

魔术橡皮擦工具：只需单击便可让纯色区域变成透明的

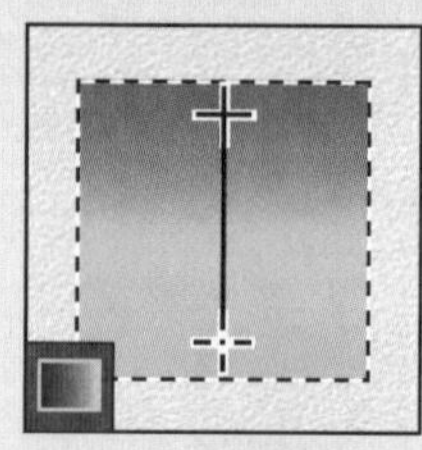

渐变工具：创建不同颜色间的线性、径向、角度、对称、菱形混合

油漆桶工具：使用前景颜色填充颜色相似的区域

3D 材质拖放工具：将 3D 材质吸管工具载入的材质放到 3D 对象的目标区域

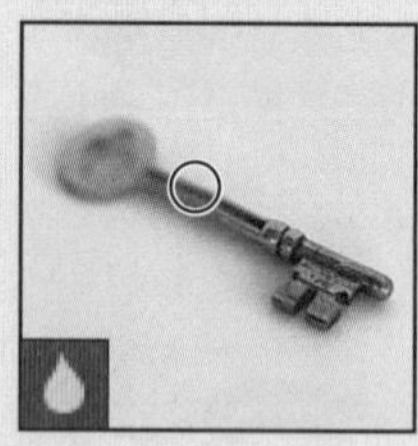

模糊工具：柔化图像的硬边缘

锐化工具：锐化图像的软边缘

涂抹工具：在图像中涂抹颜色

减淡工具：使图像区域变亮

加深工具：使图像区域变暗

海绵工具：修改区域中的颜色饱和度

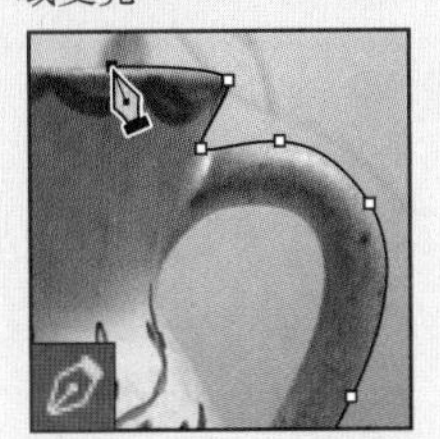

钢笔工具：绘制边缘平滑的路径

文字工具：在图像中创建文字

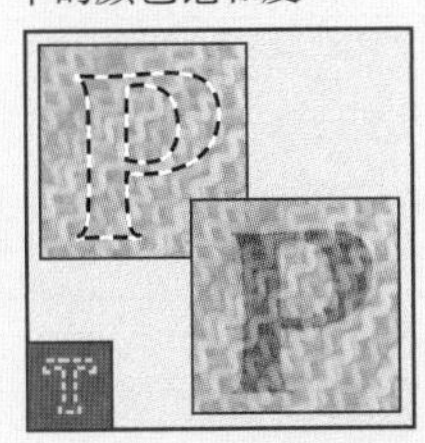

文字蒙版工具：基于文字的形状创建选区

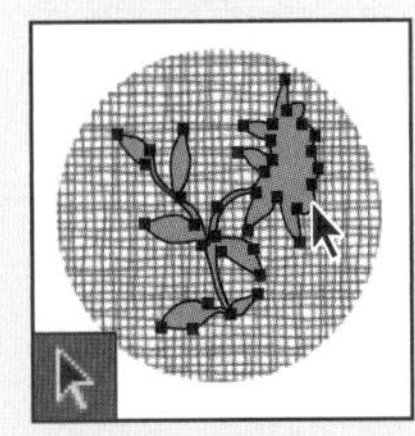

路径选择工具：使形状或路径段显示锚点、方向线和方向点

形状工具和直线工具：在常规图层或形状图层中绘制形状和直线

自定形状工具：创建自定义形状列表中的自定义形状

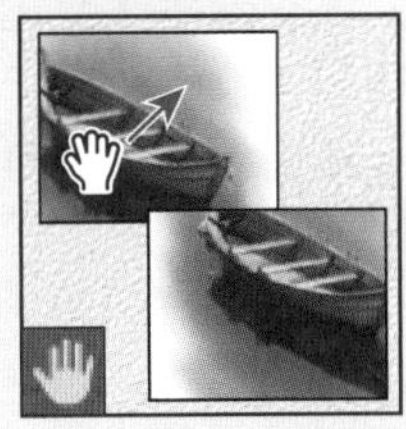

抓手工具：在图像窗口中移动图像

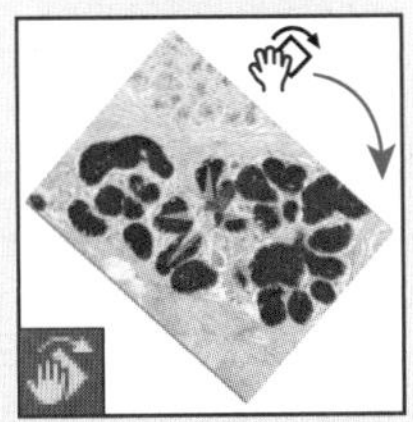

旋转视图工具：旋转画布以方便使用光笔进行绘画

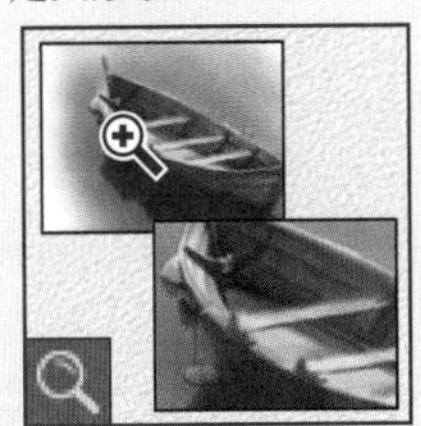

缩放工具：放大和缩小图像视图

附录B　键盘快捷键

知道常用工具和命令的快捷键可节省时间。如果你要定制这些快捷键，可选择菜单“编辑”>“键盘快捷键”。在打开的对话框中，单击“摘要”可导出快捷键列表，其中包含你定义的快捷键。

工具快捷键

工具面板中的每组工具都共享一个快捷键，按 Shift 和快捷键可在相应的一组工具之间切换。各个工具的快捷键如下表所示。

移动工具	V
画板工具	V
矩形选框工具	M
椭圆选框工具	M
套索工具	L
多边形套索工具	L
磁性套索工具	L
快速选择工具	W
魔棒工具	W
吸管工具	I
3D 材质吸管工具	I
颜色取样器工具	I
标尺工具	I
注释工具	I
计数工具	I
裁剪工具	C
透视裁剪工具	C
切片工具	C
切片选择工具	C
图框工具	K
污点修复画笔工具	J
修复画笔工具	J

续表

修补工具	J
内容感知移动工具	J
红眼工具	J
画笔工具	B
铅笔工具	B
颜色替换工具	B
混合器画笔工具	B
仿制图章工具	S
图案图章工具	S
历史记录画笔工具	Y
历史记录艺术画笔工具	Y
橡皮擦工具	E
背景橡皮擦工具	E
魔术橡皮擦工具	E
渐变工具	G
油漆桶工具	G
3D 材质拖放工具	G
减淡工具	O
加深工具	O
海绵工具	O
钢笔工具	P
自由钢笔工具	P
横排文字工具	T
直排文字工具	T
直排文字蒙版工具	T
横排文字蒙版工具	T
路径选择工具	A
直接选择工具	A
矩形工具	U
圆角矩形工具	U
椭圆工具	U

续表

多边形工具	U
直线工具	U
自定形状工具	U
抓手工具	H
旋转视图工具	R
缩放工具	Z
默认前景色 / 背景色	D
前景色 / 背景色互换	X
切换标准 / 快速蒙版模式	Q
切换屏幕模式	F
切换保留透明区域	/
减小画笔大小	[
增加画笔大小	]
减小画笔硬度	{
增加画笔硬度	}
渐细画笔	,
渐粗画笔	.
最细画笔	<
最粗画笔	>

应用程序菜单快捷键

下表列出了 Windows 中的菜单快捷键；要获得 Mac 中的菜单快捷键，只需将 Ctrl 键替换为 Command 键，并将 Alt 键替换为 Option 键。

文件		
	新建 ...	Ctrl+N
	打开 ...	Ctrl+O
	在 Bridge 中浏览 ...	Alt+Ctrl+O
	关闭	Ctrl+W
	关闭全部	Alt+Ctrl+W
	关闭并转到 Bridge...	Shift+Ctrl+W
	存储	Ctrl+S

续表

	存储为 ...	Shift+Ctrl+S 或 Alt+Ctrl+S
	导出为 ...	Alt+Shift+Ctrl+W
	存储为 Web 所用格式（旧版）...	Alt+Shift+Ctrl+S
	恢复	F12
	文件简介 ...	Alt+Shift+Ctrl+I
	打印 ...	Ctrl+P
	打印一份	Alt+Shift+Ctrl+P
	退出	Ctrl+Q
编辑		
	还原	Ctrl+Z
	重做	Shift + Ctrl + Z
	切换最终状态	Alt + Ctrl + Z
	渐隐 ...	Shift+Ctrl+F
	剪切	Ctrl+X 或 F2
	拷贝	Ctrl+C 或 F3
	合并拷贝	Shift+Ctrl+C
	粘贴	Ctrl+V 或 F4
	选择性粘贴 >	
	原位粘贴	Shift+Ctrl+V
	贴入	Alt+Shift+Ctrl+V
	搜索	Ctrl+F
	填充 ...	Shift+F5
	内容识别缩放	Alt+Shift+Ctrl+C
	自由变换	Ctrl+T
	变换 >	
	再次	Shift+Ctrl+T
	颜色设置 ...	Shift+Ctrl+K
	键盘快捷键 ...	Alt+Shift+Ctrl+K
	菜单 ...	Alt+Shift+Ctrl+M
	首选项 >	

续表

	常规 ...	Ctrl+K
图像		
	调整 >	
	色阶 ...	Ctrl+L
	曲线 ...	Ctrl+M
	色相 / 饱和度 ...	Ctrl+U
	色彩平衡 ...	Ctrl+B
	黑白 ...	Alt+Shift+Ctrl+B
	反相	Ctrl+I
	去色	Shift+Ctrl+U
	自动色调	Shift+Ctrl+L
	自动对比度	Alt+Shift+Ctrl+L
	自动颜色	Shift+Ctrl+B
	图像大小 ...	Alt+Ctrl+I
	画布大小 ...	Alt+Ctrl+C
	记录测量	Alt+Ctrl+M
图层		
	新建 >	
	图层 ...	Shift+Ctrl+N
	通过复制的图层	Ctrl+J
	通过剪切的图层	Shift+Ctrl+J
	快速导出为 PNG	Shift+Ctrl+'
	导出为 ...	Alt+Shift+Ctrl+'
	创建 / 释放剪贴蒙版	Alt+Ctrl+G
	图层编组	Ctrl+G
	取消图层编组	Shift+Ctrl+G
	隐藏图层	Ctrl+,
	排列 >	
	置为顶层	Shift+Ctrl+]
	前移一层	Ctrl+]
	后移一层	Ctrl+[

	置为底层	Shift+Ctrl+[
	锁定图层 ...	Ctrl+/
	合并图层	Ctrl+E
	合并可见图层	Shift+Ctrl+E
选择		
	全部	Ctrl+A
	取消选择	Ctrl+D
	重新选择	Shift+Ctrl+D
	反选	Shift+Ctrl+I 或 Shift+F7
	所有图层	Alt+Ctrl+A
	查找图层	Alt+Shift+Ctrl+F
	选择并遮住 ...	Alt+Ctrl+R
	修改 >	
	羽化 ...	Shift+F6
滤镜		
	上次滤镜操作	Alt+Ctrl+F（Windows） 或 Control+ Command+ F（Mac）
	自适应广角 ...	Alt+Shift+Ctrl+A
	Camera Raw 滤镜 ...	Shift+Ctrl+A
	镜头校正 ...	Shift+Ctrl+R
	液化 ...	Shift+Ctrl+X
	消失点 ...	Alt+Ctrl+V
3D		
	显示 / 隐藏多边形 >	
	选区内	Alt+Ctrl+X
	显示全部	Alt+Shift+Ctrl+X
	渲染 3D 图层	Alt+Shift+Ctrl+R
视图		
	校样颜色	Ctrl+Y
	色域警告	Shift+Ctrl+Y
	放大	Ctrl++ 或 Ctrl+=

续表

	缩小	Ctrl+-
	按屏幕大小缩放	Ctrl+0
	100%	Ctrl+1 或 Alt+Ctrl+0
	显示额外内容	Ctrl+H
	显示 >	
	目标路径	Shift+Ctrl+H
	网格	Ctrl+'
	参考线	Ctrl+;
	标尺	Ctrl+R
	对齐	Shift+Ctrl+;
	锁定参考线	Alt+Ctrl+;
窗口		
	动作	Alt+F9 或 F9
	画笔	F5
	图层	F7
	信息	F8
	颜色	F6
帮助		
	Photoshop 帮助	F1